U0792210

普通高等教育“十二五”规划教材
全国水利行业“十二五”规划教材

# 水力学

## （第二版）

何文学 编著

中国水利水电出版社
www.waterpub.com.cn

## 内 容 提 要

按照“一个理论基础、两个重点应用、三项职业技能”的实用教学新体系组织内容，分为“水力学基础理论”、“实用水力计算”、“综合应用实例”三部分，共计11章。分别是：绪论、静水压强与静水总压力、液体运动的流束理论、水头损失计算、有压管道的水力计算、明渠均匀流的水力计算、明渠非均匀流的水力计算、堰流与闸孔出流的水力计算、衔接与消能的水力计算、渗流的水力计算、水力计算综合应用实例。

本书编排体例新颖，叙述简洁清楚，注重水力计算类型及其求解方法，可作为水利类、土建类高职专业教材使用，也可供中职教育、成人教育及相关专业技术人员参考。

**图书在版编目（CIP）数据**

水力学 / 何文学编著. -- 2版. -- 北京 : 中国水利水电出版社, 2013.1(2022.7 重印)
普通高等教育“十二五”规划教材 全国水利行业“十二五”规划教材
ISBN 978-7-5170-0536-0

Ⅰ. ①水… Ⅱ. ①何… Ⅲ. ①水力学—高等学校—教材 Ⅳ. ①TV13

中国版本图书馆CIP数据核字(2013)第004938号

| | |
|---|---|
| 书　名 | 普通高等教育“十二五”规划教材<br>全国水利行业“十二五”规划教材<br>**水力学（第二版）** |
| 作　者 | 何文学　编著 |
| 出版发行 | 中国水利水电出版社<br>（北京市海淀区玉渊潭南路1号D座　100038）<br>网址：www.waterpub.com.cn<br>E-mail：sales@mwr.gov.cn<br>电话：（010）68545888（营销中心） |
| 经　售 | 北京科水图书销售有限公司<br>电话：（010）68545874、63202643<br>全国各地新华书店和相关出版物销售网点 |
| 排　版 | 中国水利水电出版社微机排版中心 |
| 印　刷 | 天津嘉恒印务有限公司 |
| 规　格 | 184mm×260mm　16开本　18.75印张　444千字 |
| 版　次 | 2010年9月第1版　2010年9月第1次印刷<br>2013年1月第2版　2022年7月第5次印刷 |
| 印　数 | 11001—14000册 |
| 定　价 | **55.00**元 |

# 前言

水力学是研究液体机械运动规律及其工程应用的一门科学，是水利、土木、环境、机械、热能、动力、矿山等诸多技术领域相关专业必修的一门技术基础课。通过合理取舍教学内容，优化重构课程体系，形成了“一个理论基础、两个重点应用、三项职业技能”的实用《水力学》教材新体系。“一个理论基础”是指流束理论基础，“两个重点应用”是指有压管道恒定流与明渠恒定流的工程应用，“三项职业技能”是指水流现象分析技能、简单水力计算技能、基本水力要素量测技能。

整部教材除“水力学基础理论”篇、“实用水力计算”篇之外，还特别增加了“综合应用实例”篇。水力计算综合应用实例以离心泵站、排洪闸、拦河溢流坝、河岸溢洪道、有压泄洪洞的水力计算为代表，重点分析水力计算任务及其相应的求解方法。教材编排体例新颖，注重知识的内在联系以及对水力计算类型与计算方法的阐述。【情景提示】以趣味性或常识性问题为切入点，引出的知识点。【本章导读】除提示教学要点之外，还对知识点的前后衔接关系给予说明。【教学要求】明确了教学重点。章节内容力求叙述简洁清楚，图文并茂，例题尽可能系列化并提倡一题多解以及迭代求解。适时的试问与【课堂练习】有利于引导学生深入思考与动手练习。“本章小结”采用留白方式，便于学生自行归纳总结。页脚格言渗透中华文化，饱含人生哲理。“思考题”留足想象空间，“作业题”紧扣教学基本要求。水力学课程网站（http：//shuilixue.zjwchc.com/）还提供了更多实用教学资源（如课件、动画、实验演示、水力计算小程序等），既方便教师开展教学活动，又有利于学生课后自主学习。

本书由浙江水利水电专科学校何文学执笔编撰。参加编写大纲讨论的有：浙江水利水电专科学校李东风、吴婉玲、陈冬云、冯建江、李荼青；浙江省水利河口研究院韩海骞、吴辉；浙江同济科技职业学院楼骏、王颖；东平黄河河务局孙晓明等。

限于编著者水平及其他诸多方面的因素，教材中可能存在疏漏和不妥之处，敬请广大读者批评指正！

**编著者**

2012年12月

# 目录

## 第二篇 实用水力计算

## 第三篇　综合应用实例

# 第一篇　水力学基础理论

《水力学》课程的主要任务是分析水流与边界的相互作用以及在各种相互作用条件下所形成的各种水流现象，为水利工程的勘测、规划、设计、施工以及运行管理提供科学依据。

水力学基本原理包括“流束理论”和“流场理论”两个理论体系。考虑到职业岗位的实际工作需要，以“必需、够用”原则为指导，只介绍“流束理论”。即以液体的基本特征与主要物理性质、静水压强与静水总压力、液体运动的流束理论以及水头损失计算为核心，构成“水力学基础理论”篇。为更好地突出教学内容的针对性与实用性，舍弃了流场理论基础、边界层理论基础、恒定势流以及量纲分析、相似原理的相关内容。

## 第1章　绪　　论

**【情景提示】**

1. 水力与水利有何不同？

2. 从都江堰到三峡水利枢纽，在2000多年的历史进程中，水利工程为社会经济发展作出了不可磨灭的贡献，而水利建设中的水力学问题又有哪些呢？

3. 大多数物质在一定压力下，随着温度的下降，其密度会上升。但水的密度变化却有其特殊性。这一性质对维持水生生物的生存有重要意义。你了解水的这个性质吗？

4. 什么原因使得重力场中的水滴形状是上小下大的尖椭圆球体，同时水滴还不会散开？我们常看见水面上有小昆虫站立，这时如果用一定倍数的放大镜观察，就会看到昆虫站立处的水表面就像有一层膜一样微微下凹。对于植物来说，水会在没有外来压力的情况下自动沿植物的毛细管或毛细缝上升。这些现象的发生与水的哪一个物理性质有关？

5. 用手搅动盆中的水，停止搅动，水的运动会逐渐变慢，不久便又恢复静止状态。如果将水换成黏稠的油，搅动油就比搅动水费力，而停止搅动，与水比较，油会更快地静止。这一现象又与液体的哪个物理性质有关？

6. 马德堡半球实验中有这样一段话：把两个直径30多cm的空心铜半球紧贴在一起，用抽气机抽出球内的空气，然后用两队马向相反的方向拉两个半球，“连16匹马（拼命挣扎着）都不能把它们拉开，或者只有费了很大的劲才能拉开它们，当马用尽了全力把两个半球最后拉开的时候，还发出了很大的响声，像放炮一样”。试问这巨大的响声是怎么产生的？灯泡摔破时，为什么也会发出很大的响声？

**【本章导读】**

通过绪论的学习，不仅可以了解水力学课程的性质及其结构体系、研究对象与研究任务、基本内容与服务对象、发展简史与研究方法等，而且还需要掌握液体的基本特征和主

---

敏而好学，不耻下问。（【春秋】孔子《论语·公冶长》）

要物理性质，这是研究液体机械运动规律及其工程应用的出发点。

**【教学要求】**

①了解水力学课程的性质、任务、研究对象、工程应用等；②掌握液体的基本特征和主要物理性质，重点是惯性、万有引力特性、黏滞性三个主要物理性质；③了解理想液体与实际液体、牛顿流体与非牛顿流体的概念。

## 1.1　水力学的研究对象和主要任务

水力学是研究液体机械运动规律及其工程应用的一门科学。液体的种类很多，如水、石油、酒精、水银等。由于工程实际中最为常见的液体是水，便以水作为研究液体机械运动的代表，故称水力学。即水力学的研究对象是以水为代表的液体。实际上，水力学的基本原理与水力计算的一般方法不仅适用于水，而且适用于一般常见液体和可忽略压缩性影响的气体。事实上，当气体的运动速度远比音速为小时，在运动过程中其密度的变化很小（当气体运动速度小于 68m/s 时，密度的变化为 1%；当气体运动速度等于 150m/s 时，密度的变化也只有 10%），可视为不可压缩，即忽略压缩性影响。

水力学课程的主要内容及主要任务概括为如下 3 个方面。

（1）水力学基本原理：研究液体的主要物理性质及机械运动规律。其中，液体的机械运动规律主要包括两大部分。一是关于液体的平衡规律，即当液体处于静止（或相对平衡）状态时，作用于液体上的各种力之间的关系，这一部分称为水静力学。二是关于液体的运动规律，即当液体处于运动状态时，作用于液体上的力与各运动要素之间的关系，这部分内容称为水动力学。

（2）工程水力学基础：主要介绍工程实际中常见的管道、渠道、堰、闸等典型水力学问题的分析方法与水力计算方法，为后续相关课程的学习与将来从事专业工作奠定基础。

（3）水力试验原理：主要介绍量纲分析、相似原理、模型试验基础，是验证水力学基本原理、发展水力学理论以及解决工程实际中诸多水力学问题的必备基础。但限于篇幅并考虑到教材使用对象，这部分内容请参阅相关教材或专著。

从专业教学与知识应用两方面出发，将上述水力学内容整合为“水力学基础理论、实用水力计算、综合应用实例”三个篇章。

从课程性质来看，“水力学”是一门技术基础课。一方面根据基础科学中的普遍规律（如质量守恒、能量守恒、动量守恒等），结合水流特点，建立自己的理论基础，另一方面又密切联系工程实际，发展学科内容。也就是说，“水力学”是继“高等数学”、“工程力学”之后开设的一门技术基础课，其基本理论与水力计算的基本方法也是后续专业课程（如“水工建筑物”、“水利工程施工”、“水电站”、“水泵站”等）学习的必备基础，更是从事专业性工作必不可少的知识。

实际上，社会经济发展的许多领域都要用到水力学知识，水利工程建设更不例外。为了实现灌溉、发电、防洪、供水、航运、养殖、改善水环境等诸多目的，通常要在河道上修建系列水工建筑物。这样一来，必然会改变天然河道原有的水流状态，从而引起一系列水力学问题。概括起来，主要体现在以下几方面：①水流对挡水建筑物的作用力；②渗透流量、渗透流速、渗透压强；③输水建筑物的断面设计；④泄水建筑物的泄洪能力；⑤下


国家厉行节约用水，大力推行节约用水措施。（《中华人民共和国水法（2002）》）

泄水流对河床的冲刷及消能防冲措施的设计；⑥洪水的演进、溃坝波、压力管道中的压强波动等；⑦上游回水淹没范围的确定；⑧模型试验等。

上述几方面水力学问题，归纳起来主要表现在以下4个方面。

（1）建筑物（及河槽）所承受的水力荷载。包括：静水压力、动水压力、渗透压力等，这是水工建筑物稳定分析和结构计算必不可少的依据之一。

（2）建筑物（及河槽）的过水能力。输水及泄水建筑物、河渠、管道等的断面形式及尺寸的确定，是水力计算的一项基本任务。

（3）水流的流动形态。研究和改善水流通过河渠、水工建筑物及其附近的水流形态，为合理布置建筑物，保证其正常运行提供理论依据。

（4）水流的能量消耗。分析水流能量转换中的能量损失规律，研究充分利用水流有效能量的方式方法和高效率消除多余有害动能的消能防冲措施。

从工程实际中常见的水力学问题不难看到：水力学在水利建设中的主要任务就是分析水流与边界的相互作用，以及在各种相互作用条件下所形成的各种水流现象和边界上各种力的作用，为水利工程的勘测、规划、设计、施工和运行管理提供合理的水力学依据。此外，水力学在建筑工程、港口航运、市政工程、冶金采矿、能源化工等许多领域都有广泛应用，在此不予详细介绍。

## 1.2　液体的基本特征和主要物理性质

### 1.2.1　液体的基本特征

自然界的物质一般以3种状态存在，即固态、液态、气态。固体分子间距离很小，内聚力很大，能够保持固定的形状和体积，也能承受一定数量的拉力、压力、剪切力。而液体则由于分子间距离较大，内聚力很小，几乎不能承受拉力，抵抗拉伸变形；在微小的剪切力作用下即发生剪切变形，液体剪切变形的过程就是流动过程。此外，液体有一定的体积，呈现容器的形状，并能形成自由表面；液体虽不能承受拉力，却可以承受很大的压力，并且压缩性很小。此外，液体分子之间彼此存在间隙并在不断地进行着复杂的热运动。由于分子在空间分布上的不连续性和热运动在时间上的随机性，导致水流运动要素在空间与时间上呈现不连续变化，这给研究液体的运动带来了一定的困难。但由于水力学研究的是液体的宏观机械运动，即研究大量液体分子的统计平均效应。因此，把液体看作是不连续的分子结构也就没有必要了。事实上，早在1753年，欧拉就已经提出了连续介质假定，即液体是由无数质点组成，质点毫无间隙地充满所占空间，其物理性质和运动要素都是连续分布的。也就是说，水流在宏观机械运动过程中，一切物理量均可视为空间位置坐标和时间的连续函数，可以充分利用连续函数这一数学工具解决液体的流动问题。

为研究问题方便，在连续介质假定的基础上，一般还认为液体是均匀的，各个方向上物理性质相同。如此一来，水力学中液体的基本特征可归纳为：易于流动、不易压缩、均匀等向、连续介质。

### 1.2.2　液体的主要物理性质

物体运动状态的改变都是外力作用的结果。研究液体的运动规律，必须从分析液体的受力情况入手。而任何一种力的作用都要通过液体自身的物理性质表现出来。因此，研究液体的物理性质是研究液体机械运动的出发点。

**1.2.2.1** 惯性、质量与密度

物体所固有的保持原有运动状态的性质称为惯性。惯性的大小以质量 $M$ 来度量。当液体受外力作用使运动状态发生变化时，由于液体的惯性所引起的抵抗外界作用的反作用力称为惯性力，惯性力 $\boldsymbol{F}$ 的大小可表示为

$$\boldsymbol{F}=-M\boldsymbol{a}$$

式中：$M$ 为质量，kg；$\boldsymbol{a}$ 为加速度，$m/s^2$；负号表示惯性力的方向与物体加速度的方向相反。

单位体积内的质量称为密度，以符号 $\rho$ 来表示，其单位为 $kg/m^3$。

对均质液体，其密度为

$$\rho=\frac{M}{V} \tag{1.1}$$

对非均质液体，其密度可表示为

$$\rho=\lim_{\Delta V\to 0}\frac{\Delta M}{\Delta V} \tag{1.2}$$

不同种类的液体，其密度值各不相同。同一种类的液体，其密度随温度和压强的变化而变化，但这种变化很小。因此，在水力学中，通常把水的密度视为常数，采用一个标准大气压下，温度为4℃的蒸馏水的密度作为计算值，即 $\rho=1000kg/m^3$。

**1.2.2.2** 万有引力特性与重力

任何物体之间的引力称为万有引力。地球对物体的引力称为重力，或称为重量。质量为 $M$ 的物体，其所受重力 $\boldsymbol{G}$ 的大小可以表示为

$$\boldsymbol{G}=M\boldsymbol{g} \tag{1.3}$$

式中：$\boldsymbol{g}$ 为重力加速度，其值为 $9.8m/s^2$。

**1.2.2.3** 黏滞性与黏滞系数

由液体的基本特征可知，液体具有易流动性，即静止时不能承受切力，抵抗剪切变形。但在运动状态下，液体就具有抵抗剪切变形的能力，这就是所谓的黏滞性。由于分子引力的存在，导致紧贴固体壁面的一层极薄的液体质点被紧紧吸持，流速为零，如图1.1所示。水流运动过程中，流速必然从零逐渐增大。流速分布不均匀，相邻液层之间必然存在相对运动，也就出现了抵抗相对运动的内摩擦力。此内摩擦力由黏滞性产生，故又称为黏滞力。内摩擦力总是对水流运动做负功，导致机械能损失。因此，黏滞性的存在是水流运动过程中能量损失的根源。

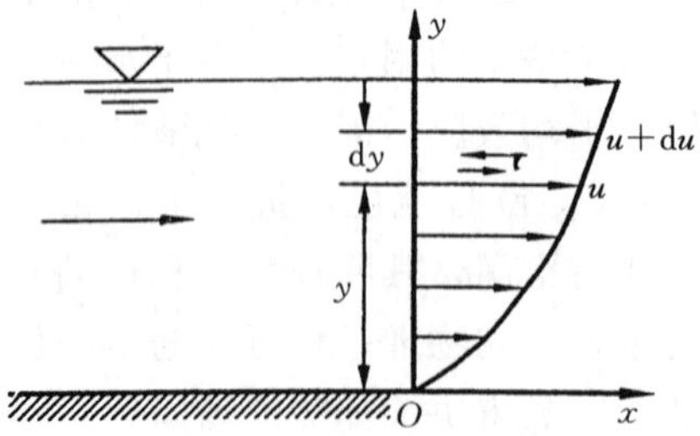

图1.1

内摩擦力的概念是牛顿最先提出并经后人验证，习惯上称为牛顿内摩擦定律。其内容是：作层流运动的液体，相邻两液层间单位面积上所作用的内摩擦力与流速梯度成正比，同时与液体的性质有关。其数学表达式为

$$\tau=\mu\frac{du}{dy} \tag{1.4}$$

式中：$\tau$ 为内摩擦切应力，$N/m^2$；$\mu$ 为动力黏度（或动力黏滞系数），简称黏度，

N·s/m²、Pa·s；$\frac{du}{dy}$为流速梯度。

牛顿内摩擦定律只适用于一般流体，对于某些特殊流体是不适用的。层流时内摩擦切应力与流速梯度成正比例的流体称为牛顿流体。否则，称为非牛顿流体。常见的液体和气体多属于牛顿流体，如水、空气等。

黏度$\mu$值的大小反映了液体性质对内摩擦力的影响。黏滞性大的液体，$\mu$值大。液体种类不同，黏度$\mu$值的大小也不一样。并且，黏度$\mu$随温度和压强的变化而变化。但对常见液体而言，$\mu$值的大小随压强的变化可以忽略不计，随温度的变化却比较大。温度升高，液体的黏滞性降低。

液体黏滞性的大小还可以用运动黏度（或称运动黏滞系数）$\nu$来表示，其定义为

$$\nu=\frac{\mu}{\rho} \tag{1.5}$$

式中：$\nu$为运动黏度，m²/s。

对水而言，不同水温时的运动黏度$\nu$的数值参见表1.1，也可按式（1.6）计算。

$$\nu=\frac{0.01775}{1+0.0337t+0.000221t^2} \tag{1.6}$$

式中：$t$为水温，℃；$\nu$为不同水温时的运动黏度，cm²/s。

**表1.1 不同温度时水的运动黏度$\nu$值**

| 温度（℃） | 0 | 2 | 4 | 6 | 8 | 10 | 12 |
|---|---|---|---|---|---|---|---|
| $\nu$（cm²/s） | 0.01775 | 0.01674 | 0.01568 | 0.01473 | 0.01387 | 0.01310 | 0.01239 |
| 温度（℃） | 14 | 16 | 18 | 20 | 22 | 24 | 26 |
| $\nu$（cm²/s） | 0.01176 | 0.01118 | 0.01062 | 0.01010 | 0.00989 | 0.00919 | 0.00877 |
| 温度（℃） | 28 | 30 | 35 | 40 | 45 | 50 | 55 |
| $\nu$（cm²/s） | 0.00839 | 0.00803 | 0.00725 | 0.00659 | 0.00603 | 0.00556 | 0.00515 |

#### 1.2.2.4 压缩性及压缩率

液体受压，体积缩小，压力撤除之后又能恢复原状的性质称为压缩性或弹性。当液体受压而出现压缩变形时，液体内部就出现抵抗压缩变形，企图恢复原状的内力，即内压力。

液体压缩性的大小以体积压缩率（也称体积压缩系数）$\beta$或体积模量（也称体积弹性系数）$K$来表示。

体积压缩率$\beta$是液体体积的相对缩小值与压强增值之比。可以表示为

$$\beta=-\frac{dV/V}{dp} \tag{1.7}$$

由于$dp$与$dV$始终异号，为保证$\beta$为正，前面加负号。$\beta$值越大，液体越容易压缩，其单位为m²/N。

体积模量$K$是体积压缩率$\beta$的倒数，即

$$K=\frac{1}{\beta} \tag{1.8}$$

体积模量$K$值越大，液体越不容易被压缩。$K$值的单位是N/m²。

读书有三到，谓心到，眼到，口到。（【宋】朱熹《训学斋规》）

液体种类不同，体积压缩率 $\beta$ 或体积模量 $K$ 的值不同。对同一种类的液体，体积压缩率 $\beta$ 或体积模量 $K$ 的值也会随温度和压强而有所变化，但变化较小，一般可视为常数。

水的压缩性很小，在 10℃时，其体积模量 $K=2.10\times10^{9}\text{Pa}$，其值比较大，仅比钢材的弹性模量小 100 倍。因此，通常认为液体不可压缩是符合实际情况的。

**1.2.2.5**　表面张力与表面张力系数

自由表面上的液体分子由于受到两侧分子引力不平衡，而承受的一个极其微小的拉力，称为表面张力。其大小以表面张力系数 $\sigma$ 来表示，单位为 N/m，即自由表面单位长度上所承受的拉力值。

表面张力系数 $\sigma$ 的大小随液体种类、温度和表面接触情况的变化而变化。例如，温度为 20℃时，空气与水接触的自由表面，$\sigma=0.074\text{N/m}$，空气与水银接触的自由表面，$\sigma=0.54\text{N/m}$。注意：表面张力一般产生在液体与气体接触的自由表面上，液体内部并不存在表面张力。此外，表面张力还会引起毛管现象发生，如图 1.2 所示。对水而言，引起毛管上升，弯月面向上；对水银而言，引起毛管下降，弯月面向下。

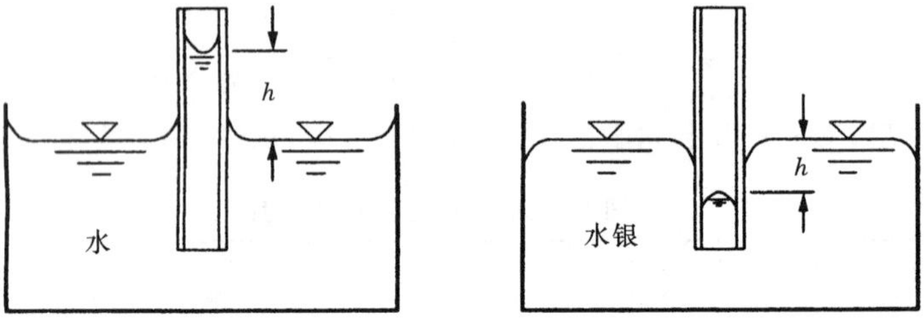


图 1.2

**1.2.2.6**　蒸汽压强

物质从液态变为气态的现象称为汽化。汽化有两种方式，只在液体表面进行的称为蒸发；在液体表面和内部都在进行的称为沸腾。沸腾时，液体内部产生的小气泡上升到液面，破裂后逸入大气。液体总是在一定的温度和压强条件下沸腾，这个温度就称为沸点，这个压强就称为蒸汽压强或汽化压强，也称饱和蒸汽压强，以 $p_{汽}$ 表示。汽化压强与沸点的关系是：汽化压强增大，沸点升高；汽化压强减小，沸点降低。以水为例，在一个标准大气压条件下，水的沸点是 100℃；当压强降低到 0.024 个大气压时，20℃的水即可沸腾。一般来讲，在相同温度下，汽化压强小的液体不容易沸腾，即不易汽化。与水相比，水银的汽化压强较小（20℃时约为 $1.7\times10^{-6}\text{Pa}$），故常用水银作为差压计中的工作液体。

当液体中某处压强达到或小于当时温度下液体的蒸汽压强时，该处液体便沸腾，液体内部形成许多气泡，这种因压强降低而发生沸腾的汽化现象也称为气穴。在低压区产生的气泡随液体流到高压区，受到挤压而破灭。气泡一旦破灭，周围的液体必将迅速充填其空间，从而产生极高的压强。如果这一过程发生在固体壁面上，由于固体壁面不断地受到巨大压强的冲击，超过材料的强度而产生蜂窝状剥蚀，这种现象就称为气蚀或空蚀。水力机械的转轮叶片、高速水流经过的建筑物表面等均可能发生空蚀现象。空蚀现象虽然只是局部水力现象，但危害性很大。比如，空化形成气泡，破坏水流的连续性，使过水断面减小，过水能力降低。如果空化发生在水力机械转轮内部的水流中，则会降低水力机械的效率。

### 1.2.2.7 理想液体和实际液体

理想液体是指没有黏滞性、绝对不可压缩、不能膨胀、没有表面张力的连续介质。由于黏滞性对液体流动有很大的影响，且不易分析，为使问题简化，便于理论分析，人为地引入了理想液体的概念。其中心要点是液体没有黏滞性，当然运动过程中也不会有能量损失。

实际液体则是指具有黏滞性的液体。常见的液体均为实际液体。

## 本　章　小　结

1. 水力学的主要任务：____________________。
2. 水力学的研究对象：____________________。
3. 工程实际中经常遇到的水力学问题：____________________。
4. 连续介质假定：____________________。
5. 惯性：____________________；表征惯性的物理指标：____________________。
6. 黏滞性：____________________。
7. 表征液体黏滞性的物理指标：____________________。
8. 蒸汽压强：____________________。
9. 理想液体：____________________。
10. 实际液体：____________________。
11. 牛顿流体：____________________________________________________________。

## 思　考　题

1. 水力学的定义及主要内容？水力学基本原理和计算方法是否只适用于水？
2. 水利工程中经常遇到的水力学问题有哪几方面？
3. 水力学中液体的基本特征是什么？
4. 引入连续介质假定的意义是什么？
5. 密度是如何定义的？它随温度和压强如何变化？
6. 何谓液体的黏滞性？它对液体的运动有何贡献？
7. 牛顿内摩擦定律的内容是什么？
8. 表面张力的概念及产生原因？

## 作　业　题

1. 充满石油的油罐，现从罐中排放 $0.04\text{m}^3$ 的石油后，罐内压强降低了一个大气压，求油罐的体积。设石油的体积压缩率 $\beta=7.553\times10^{-10}\text{m}^2/\text{N}$。

（参考答案：$V=540.4\text{m}^3$）

2. 某一油缸内的活塞直径 $d=11.96\text{cm}$，油缸内径 $D=12.00\text{cm}$，长度 $l=20\text{cm}$，如图 1.3 所示。油缸侧壁与活塞的间隙中充满润滑油，其动力黏度 $\mu=0.065\text{Pa}\cdot\text{s}$。若以力 $F=9.8\text{N}$ 推拉活塞，问活塞的移动速度 $u$ 为多少？

（参考答案：$u=0.4\text{m/s}$）

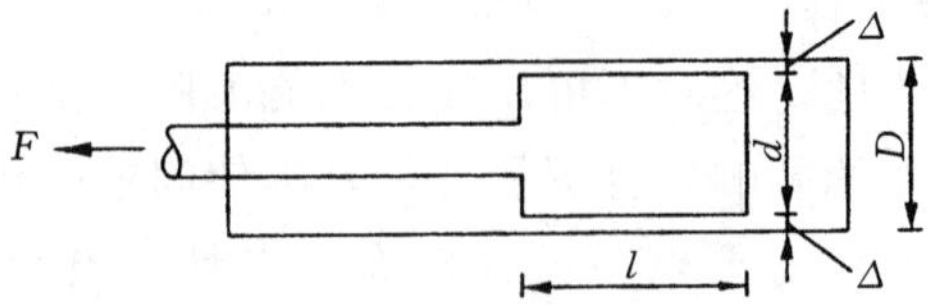


图 1.3

3. 已知某水流流速分布函数为 $u=u_m\left(\frac{y}{H}\right)^{2/3}$。式中，$H$ 为水深，$u_m$ 为液面流速，$y$ 为离开固体壁面的距离。试计算 $\frac{y}{H}=0.25$ 及 0.50 处的流速梯度。

$\left[\text{参考答案：}\left(\frac{\mathrm{d}u}{\mathrm{d}y}\right)_{y=0.25H}=1.058\frac{u_m}{H}，\left(\frac{\mathrm{d}u}{\mathrm{d}y}\right)_{y=0.5H}=0.84\frac{u_m}{H}\right]$

4. 输水管长 $l=300\text{m}$，直径 $d=400\text{mm}$，做水压试验时，使管中压强达到 30kPa 后停止加压，经历 1h 后，管中压强降到 25kPa。如不计管壁的胀缩影响，求经由管道缝隙漏出的水的体积。已知水的体积压缩系数 $\beta=4.83\times10^{-10}\text{Pa}^{-1}$。

（参考答案：$\Delta V=91\text{cm}^3$）

# 第 2 章　静水压强与静水总压力

**【情景提示】**

1. 潜水员为什么要穿坚硬、皮质的潜水衣？在潜水过程中，随着下潜深度的增加，耳朵怎么会有疼痛的感觉？

2. 找一塑料盒，盛满水。然后，用钉子在侧面的底部、中部和靠上部各刺一小孔，你会看到什么现象？三个孔的喷水有什么不同？

3. 拦河坝为什么要造成上薄下厚的形状？拦河坝承受的水压力到底该如何计算？

4. 液体中有真空存在吗？用吸管喝饮料时，饮料是被吸上来的，还是被大气压上来的？

5. 潜水艇的潜水深度有一定限制吗？潜水艇深潜时，继续往水舱中充水不但毫无必要，而且十分有害，你能解释其中的道理吗？

**【本章导读】**

自然界和实际工程中的水流，不外乎两种状态：静止和流动。挡水坝、紧闭的闸门、蓄水池等，其水流都是处于静止状态。当设计这些建筑物或构筑物时，必须计算它所承受的水力荷载，即静水总压力。为了计算静水总压力，首先需要了解静水压强的分布规律，即点压强的计算。其次，确定平面和曲面上的静水总压力，包括大小、方向、作用点。

这一章是解决工程实际中水力荷载问题的基础，也是学习水动力学的必备知识。

**【教学要求】**

①掌握静水压强的两个特性；②掌握静水压强的分布规律及其计算；③掌握绝对压强、相对压强、真空及真空度的概念；④掌握静水总压力的计算方法。重点是矩形平面上静水总压力的计算和二向曲面静水总压力的计算。

## 2.1　静水压强及其特性

### 2.1.1　压力与压强的概念

压力是指垂直作用于物体表面上的力。如图 2.1 所示的水库泄洪洞前设置的闸门，挡水的同时水对闸门施加压力 $P$。压强是指单位面积上所承受的压力。在图 2.1 所示的静水中，矩形受压面 $CDEF$，其面积为 $A$，所受的静水压力为 $P$。在该受压面上有某一点 $K$，设其占据的空间位置坐标为 $K(x, y, z)$，包围该点取微分面积 $\Delta A$，作用在该微分面积上的静水压力为 $\Delta P$，则该微分面积上的平均静水压强为

$$\bar{p}=\frac{\Delta P}{\Delta A} \tag{2.1}$$

当 $\Delta A \to 0$ 时，平均压强的极限就是空间点 $K$ 处的压强，即 $K$ 点的点压强，可以表示为

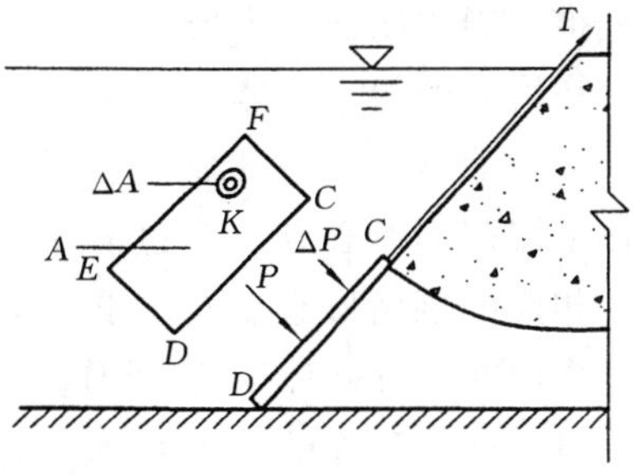


图 2.1

傲不可长，欲不可纵，志不可满，乐不可极。(《礼记·曲礼上》)

$$p = p_{(x,y,z)} = \lim_{\Delta A \to 0} \frac{\Delta P}{\Delta A} \tag{2.2}$$

式（2.2）说明了静水压强 $p$ 是关于空间位置坐标的函数。

根据我国法定计量单位，静水压力 $P$ 的单位为 N 或 kN，受压面面积的单位为 $m^2$，相应的压强的单位为 $N/m^2$ 即 Pa（帕斯卡），或 $kN/m^2$ 即 kPa。

实际上，静水压力 $P$ 并非集中作用于某一点，而是连续地分布在整个受压面上，是静水压强 $p$ 这一分布荷载的合力，即静水压强 $p$ 实质上反映了荷载集度。由于水利工程中有时习惯将压强称为压力，故水力学中就将静水压力称为静水总压力，以示区别。

### 2.1.2 静水压强的特性

静水压强有两个重要特性，现分别介绍如下。

特性 1：静水压强的方向垂直指向受压面，即与受压面的内法线方向一致。

特性 2：同一点各个方向上的静水压强大小相等，与受压面方位无关。

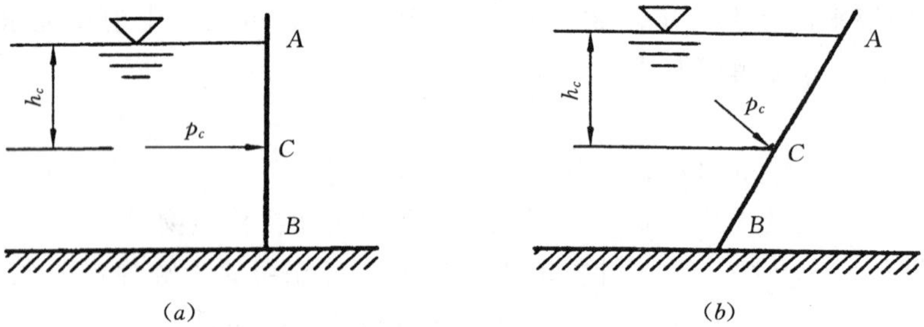


图 2.2

如图 2.2（$a$）所示，静止液体中有一垂直的受压面 $AB$，其 $C$ 点的静水压强为 $p_c$，$p_c$ 垂直并指向受压面 $AB$。假定 $C$ 点位置固定不动，平板 $AB$ 绕 $C$ 点转动一个方位，变成如图 2.2（$b$）所示的情况。则 $AB$ 改变方位前后，作用在 $C$ 点的静水压强大小保持不变，还是 $p_c$；方向发生了改变，但垂直指向受压面的性质保持不变。

两个特性的数学证明过程从略，有兴趣可参阅其它版本教材。

## 2.2 静水压强基本公式

### 2.2.1 方程推导

处于静止状态的液体，从力学本质来看，只受重力作用且保持平衡。故可通过列平衡方程推导静水压强基本公式。

在均质的静止液体中，建立如图 2.3 所示坐标系。$xoy$ 平面位于自由表面以下，深度为 $z_0$，并且规定 $z$ 轴铅直向上为正。任取一高度为 $dz$、底面积为 $dA$ 的微分柱体 $ab$。设柱体下端截面形心点 $a$ 处的铅直坐标为 $z$，压强为 $p$，则上端面形心点 $b$ 处铅直坐标为 $z+dz$，相应的端面形心点 $b$ 处压强变为 $p+dp$。

作用在微分柱体 $ab$ 上的作用力有：

(1) 柱体顶面的总压力 $p_b=(p+dp)dA$，方向垂直向下。

(2) 柱体底面的总压力 $p_a=pdA$，方向垂直向上。


盛年不重来，一日难再晨。及时宜自勉，岁月不待人。（【晋】陶渊明《杂诗》）

(3) 柱体自重 $dG=\rho g dA dz$，方向垂直向下。

(4) 作用在柱体周围的静水压力，方向是水平的，彼此抵消，即$\sum F_x=\sum F_y=0$。

由$\sum F_z=0$，可得到相应的平衡方程

$$P_a=P_b+G$$

$$p dA-(p+dp)dA-\rho g dA dz=0$$

$$dp=-\rho g dz$$

将上式积分可得

$$p=-\rho g z+C \tag{2.3}$$

设液体表面压强为 $p_0$，自由表面离开基准面的几何高度为 $z_0$，则积分常数 $C=p_0+\rho g z_0$，代入式 (2.3) 可得：

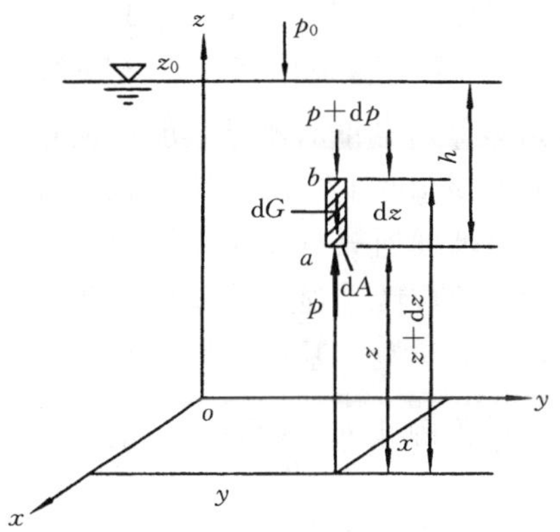


图 2.3

$$p=p_0+\rho g(z_0-z) \tag{2.4}$$

化简整理之后可得到重力作用下静水压强基本公式的两种不同表达形式。

### 2.2.2　静水压强基本公式及其意义

#### 2.2.2.1　静水压强基本公式（一）

从图 2.3 可知，$z_0-z=h$，则静水压强基本公式（一）可表示为

$$p=p_0+\rho g h \tag{2.5}$$

式中：$p_0$ 为表面压强；$p$ 为表面以下任意一点的压强；$h$ 为该点在表面以下的淹没深度。

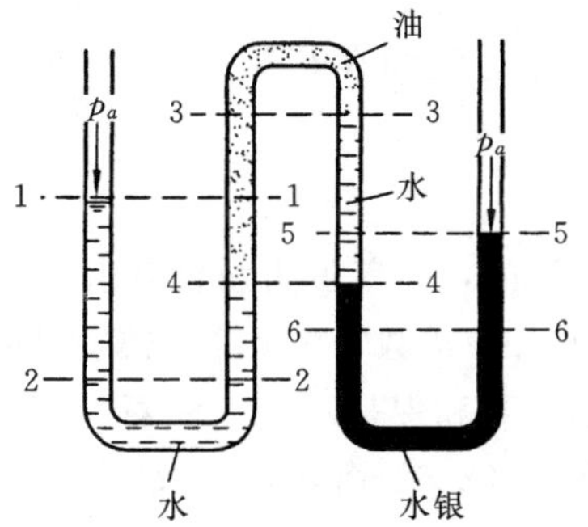


图 2.4

公式 (2.5) 的物理意义是：重力作用下静止液体中任一点的静水压强 $p$ 等于表面压强 $p_0$ 与该点在表面以下单位面积上高度为 $h$ 的液柱重量之和。

公式 (2.5) 也给出了静水压强的分布规律，即任一点的静水压强是淹没深度 $h$ 的一次函数。同时还可以看出，位于同一淹没深度上的各点具有相等的静水压强值，即等高面就是等压面。

液体中压强相等的点组成的面称为等压面。等压面是点压强计算中常用到的概念。重力作用下等压面必须具备的充要条件是：①重力作用下的等压面是水平面（必要条件）；②水平面以上或以下是相互贯通的同种液体（充分条件）。

图 2.4 所示曲管中有 3 种互不混杂的液体：水、油及水银，图中共标出了 6 个水平面，试判断其中的哪些平面是等压面，哪些不是，为什么？

式 (2.5) 是计算静止液体中任意一点压强的基本公式。即利用等压面的概念，可以方便地计算出静止液体中任一点的压强值。

#### 2.2.2.2　静水压强基本公式（二）

将公式 (2.4) 恒等变形，可得到静水压强基本公式（二），其表达式为

$$z+\frac{p}{\rho g}=z_0+\frac{p_0}{\rho g}=C \tag{2.6}$$

聪明出于勤奋，天才在于积累。（【当代】华罗庚）

下面重点介绍公式（2.6）中各项的物理意义：

$z$为静止液体中任一点离开基准面（$xoy$平面）的几何高度，习惯上称为位置水头，也表示单位重量液体具有的位能，即单位位能。由物理学可知，将质量为$M$的物体，由基准面移至某一高度$z$的位置，外力克服重力做的功为$Mgz$，这个功就转化为该物体对所选基准面所具有的位能。对单位重量的物体而言，它所具有的位能恰好为$z$，所以将$z$称为单位位能。显然，位置水头$z$的正负只与基准面有关，点的位置在基准面以上，$z$为正，点的位置在基准面以下，$z$为负。

$\frac{p}{\rho g}$为静止液体中任一点的压强水头，表示单位重量液体具有的压能。压能是一种潜在势能，正是压强$p$的作用才能把密度为$\rho$的液体举高一个几何高度$\frac{p}{\rho g}$。压强水头$\frac{p}{\rho g}$的正负与基准面无关，但与测压管液面（大气压强作用面）有关。测压管是一开口的细管，用来测定液体中某点的压强值，如图2.5所示。点的位置在测压管液面以上，$\frac{p}{\rho g}$为负；点的位置在测压管液面以下，$\frac{p}{\rho g}$为正。

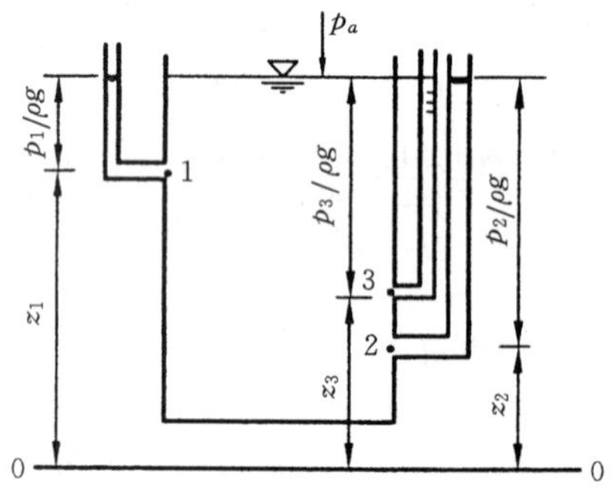


图 2.5

$z+\frac{p}{\rho g}$称为测压管水头，表示单位重量液体具有的势能。$z+\frac{p}{\rho g}$的正负既与基准面有关，也与测压管液面有关。测压管液面在基准面以上，$z+\frac{p}{\rho g}$为正；测压管液面在基准面以下，$z+\frac{p}{\rho g}$为负。

$C$表示静止液体中各点对同一基准面所具有的测压管水头值，是单位重量液体具有的势能，其值为常数。即静止液体中不同点的位能与压能之和保持常数，但点的位置不同，位能与压能可以相互转化。具体来说，位能增大、压能减小，其和保持不变。注意，当基准面不同时，其常数值$C$也不同。对照图2.5，认真理解公式（2.6）各项的意义。

## 2.3　压强的量度与量测

压强是基本的水力要素，水力学实验与工程实际中经常需要量测某一点的压强值。而量度压强的大小，首先要明确起算基准，其次要了解计量单位。

### 2.3.1　压强的量度基准

压强从不同的基准起算，就有不同的表示方法。下面介绍的绝对压强与相对压强就是起算基准不同而引出的概念，如图2.6所示。

#### 2.3.1.1　绝对压强

由物理学可知，大气也有压强，它是地面以上高达200多km的大气层在单位面积上产生的压力。在我国的法定计量单位中，一个标准大气压$1p_{atm}=101.325\text{kPa}$。

以设想的没有大气压存在的绝对真空状态为零点计量得到的压强称为绝对压强，以 $p'$来表示。

由于大气压强随高程而变化，地球上不同地点的大气压强值不同，故提出了当地大气压强的概念。但利用当地大气压强进行水力计算又不是很方便。为此，水力学计算中统一采用工程大气压 $p_a$，并规定 $1p_a=98\text{kPa}$，略小于标准大气压。

#### 2.3.1.2　相对压强

由于所有的水工建筑物都处在大气压强的包围之中，而所有的测压仪表测出的压强都是绝对压强与当地大气压强的差值，故引入相对压强的概念。

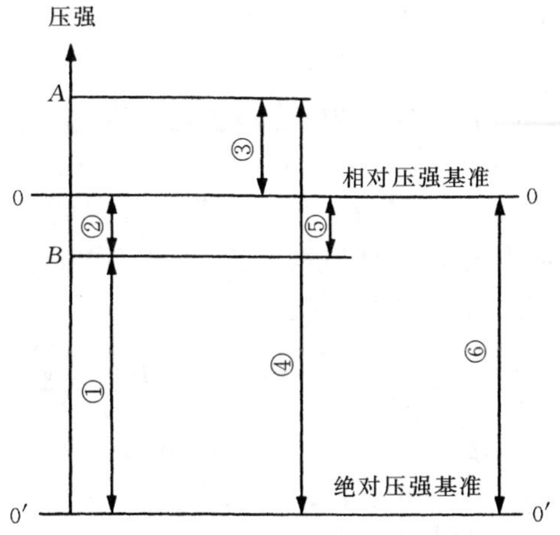


图 2.6

①—B 点绝对压强；②—B 点真空压强；③—A 点相对压强（计示压强，表压强）；④—A 点绝对压强；⑤—B 点相对压强；⑥—当地大气压强

相对压强是以当地大气压强为零点计量得到的压强，又称计示压强或表压强，以 $p$ 表示。

$$p=p'-p_a \tag{2.7}$$

从上面的介绍不难理解到：绝对压强恒为正值，相对压强可正、可负、可为零。

对气体来讲，由于扩散现象，其密度沿高程有变化，在自然通风、烟道、煤气、蒸汽等工程设计中，应考虑管道内外气体密度的不同，相对压强应以与计算点同高程位置处的大气压强为零点进行计算。在高差不大的情况下，因气柱产生的压强很小，可以认为气柱部分各点的气体压强都相等，例如液体容器中的测压管，压力锅炉的上部气体空间等。

#### 2.3.1.3　真空及真空度

液体中某点的相对压强为负值，则该点存在负压，$p<0$。负压也称真空，其值反映了某点绝对压强小于当地大气压强的数值。负压的大小常以真空度 $p_v$ 来衡量，即

$$p_v=p_a-p'=|p| \tag{2.8}$$

真空不一定只产生于气体当中，液体中也可以有真空出现。由式（2.8）可以看到：当绝对压强为零时，真空度达到理论上的最大值（一个当地大气压强）。事实上，由于受汽化压强的限制，液体的最大真空度只能达到当地大气压强与当时温度下液体的汽化压强之差，即 $p_{v\max}=p_a-p_{汽}$。

图 2.6 中的 $A$、$B$ 两点清晰地反映出绝对压强、相对压强、真空度之间的关系。

重力作用下静水压强基本公式（一）并未规定压强 $p$ 应该采用绝对压强还是相对压强，那也就是说可以用绝对压强，也可以用相对压强，但必须用同一起算基准。即公式（2.5）中，如果 $p_0$ 用绝对压强，则求得的 $p$ 必然为绝对压强。值得注意的是，由于公式（2.6）反映测压管水头，所以压强 $p$ 只能用相对压强，因为相对压强所表示的水头高度 $\frac{p}{\rho g}$才是液柱实际上升高度。若用绝对压强表示，则与实际情况不符。

### 2.3.2　压强的计量单位

1. *以应力单位表示*

由压强的定义很容易理解以应力单位表示压强。即压强单位一般表示为 $\text{N/m}^2$ 或

忆我少壮时，无乐自欣豫，猛志逸四海，骞翮思远翥。（晋・陶渊明《杂诗》）

$kN/m^2$，其中，$1N/m^2=1Pa$（帕斯卡）。

2. 以大气压强倍数表示

以工程大气压强作为衡量压强大小的尺度，即以工程大气压强的倍数表示压强。尽管国际单位制规定一个标准大气压 $1p_{atm}=101.325kPa$，它是纬度45°海平面上，当温度为0℃时的大气压强。但水力学计算中更多地采用工程大气压，故习惯上仍以工程大气压的倍数表示压强大小。

3. 以液柱高度表示

任一点的压强 $p$ 均可转化为某一密度的液柱高度，即 $h=\dfrac{p}{\rho g}$。

上述3种压强的计量单位是可以互相转换的。比如，一个工程大气压 $p_a$ 相当于 $98kN/m^2$，相当于10m水柱。

### 2.3.3 压强的量测

在工程实际中，特别是在水力学实验中，往往需要量测液体中某点的压强或两点间的压强差。量测压强的仪器有多种，从测压原理上来分，常见的有以下3种。

#### 2.3.3.1 液柱式测压计

利用压强可用液柱高度表示的原理来测定液体或气体中某点的压强，这是最基本的压强量测仪器。根据压强量测目的的不同，常用的有测压管（计）和差压计。

1. 测压管

测压管用于测量某一点的相对压强值，如图2.7所示。

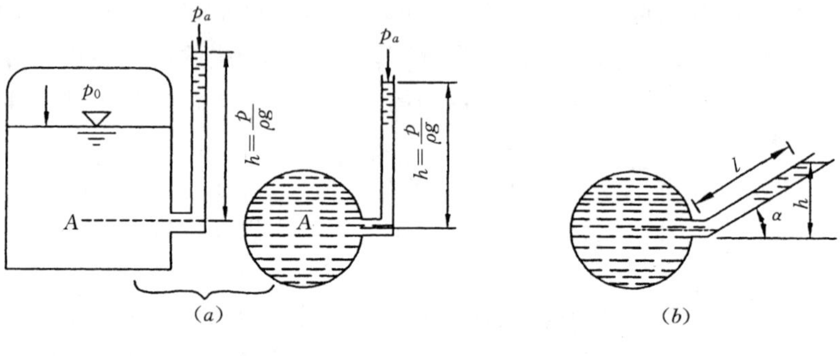


图2.7

在图2.7（$a$）中，$A$ 点压强为

$$p_A=\rho g h$$

当 $A$ 点的压强比较小时，可将测压管倾斜设置，以便测读，如图2.7（$b$）所示。此时，$A$ 点压强为

$$p_A=\rho g l\sin\alpha$$

也可在测压管内装入与水不相混的轻质液体（如乙醇、汽油等），此时，同样的压强 $p$ 可以有较大的液柱上升高度。还可采用上述二者相结合的方法，使量测精度更高。

2. U形水银测压计

当某点的压强值比较大时，若用水测定压强，则液柱上升高度太大，不便测读。此时可在U形管中装水银，从而形成U形水银测压计，如图2.8所示。

从图 2.8 可以看到，$A$ 点压强

$$p_A=\rho_m g h'-\rho g h$$

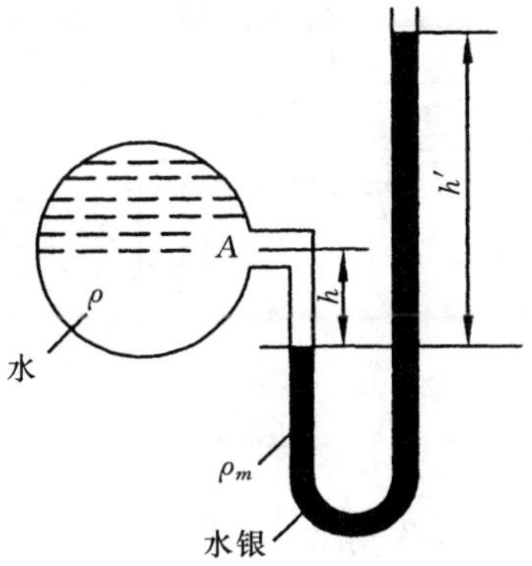


图 2.8

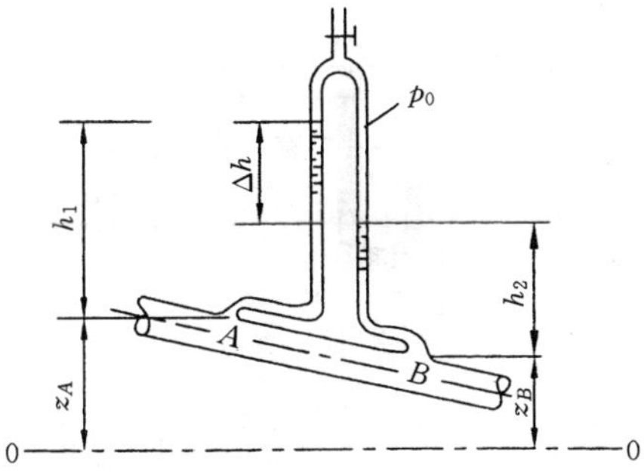


图 2.9

3. 差压计

差压计是直接量测两点压强差或测压管水头差的装置，也称比压计。常用的有空气比压计和水银比压计。

图 2.9 所示为一空气比压计，顶端连通，上装开关，可使顶部空气压强 $p_0$ 大于或小于大气压强 $p_a$。当水管内液体不流动时，比压计两管内的液面齐平。如有流动，比压计两管液面即出现高差，读取这一高差 $\Delta h$，并结合其它数据，即可求出 $A$、$B$ 两点的压强差和测管水头差。通常，可以忽略空气柱重量所产生的压强，即将顶部空气内的压强看成一样大，即两管液面上的压强均为 $p_0$。此时，$A$、$B$ 两点的压强差为

$$p_A=p_0+\rho g h_1$$

$$p_B=p_0+\rho g h_2$$

$$p_A-p_B=\rho g(h_1-h_2)$$

由图 2.9 可知：$h_1=h_2+\Delta h-(z_A-z_B)$，代入上式可得

$$p_A-p_B=\rho g\Delta h-\rho g(z_A-z_B)$$

化简整理得
$$\Delta h=\left(z_A+\frac{p_A}{\rho g}\right)-\left(z_B+\frac{p_B}{\rho g}\right)$$

即 $A$、$B$ 两点的测压管水头差就是两测压管的液面差 $\Delta h$。

当 $A$、$B$ 两点压强差较大时，采用 U 形水银差压计，如图 2.10 所示。由图 2.10 可知，1—1 为等压面，其压强为

左侧
$$p_1=p_A+\rho g z_A+\rho g\Delta h$$

右侧
$$p_1=p_B+\rho g z_B+\rho_m g\,\Delta h$$

则
$$p_A-p_B=(\rho_m-\rho)g\Delta h+\rho g(z_B-z_A)$$

以测压管水头差表示

$$\left(z_A+\frac{p_A}{\rho g}\right)-\left(z_B+\frac{p_B}{\rho g}\right)=\frac{\rho_m-\rho}{\rho}\Delta h$$

当 $A$、$B$ 两点压强差较小时，可在其顶部装入密度较小的轻质液体，即所谓的倒 U 形差压计，如图 2.11 所示。其测压管水头差可表示为

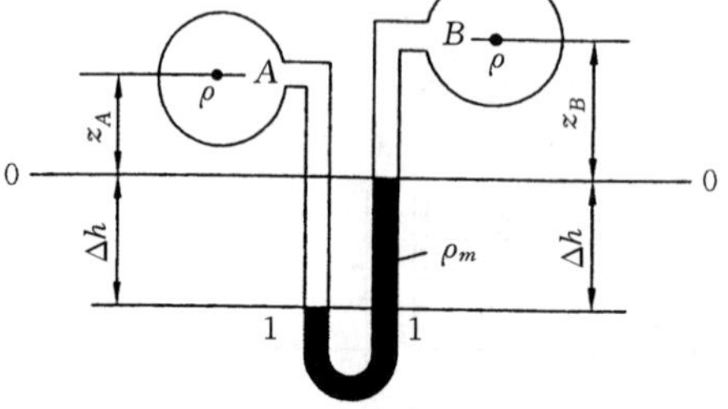


图 2.10

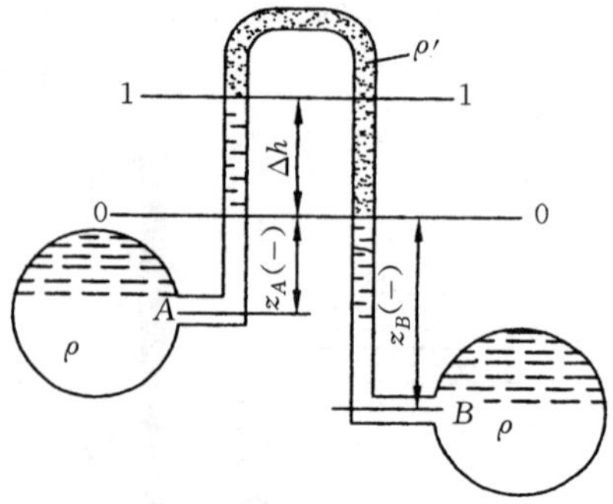


图 2.11

$$\left(z_A+\frac{p_A}{\rho g}\right)-\left(z_B+\frac{p_B}{\rho g}\right)=\frac{\rho-\rho'}{\rho}\Delta h$$

具体计算过程请自行完成。注意：如图 2.11 所示 0—0 基准面，位置水头应为负值。

**2.3.3.2**　金属测压计

金属测压计常见的有压力表和真空表。

常见的机械压力表是利用弹性敏感元件（如弹簧管、膜片、膜盒、波纹管等）随着压力变化而产生弹性变形，利用金属材料的变形大小测定压强。除机械压力表外，还有电接点压力表、带有远传机构的压力表等。压力表装卸方便，读数直观，应用比较普遍。但金属材料变形较大，需要定期率定方可使用。

**2.3.3.3**　非电量电测系统

非电量电测系统是利用传感器将压强这一非电学量转化为各种电学量，如电压、电流、电容、电感等，用电学仪表量出这些量，再经过相应的换算求出压强。非电量电测系统一般由以下部分组成：①将待测的非电量转换成相应电量的传感器；②对电量进行测量的测量电路及其控制软、硬件等；③非电量的显示及处理装置。显然，整个测量系统需要较多的设备，仪器的率定也比较复杂，但量测精度高，常用于研究比较复杂的问题。

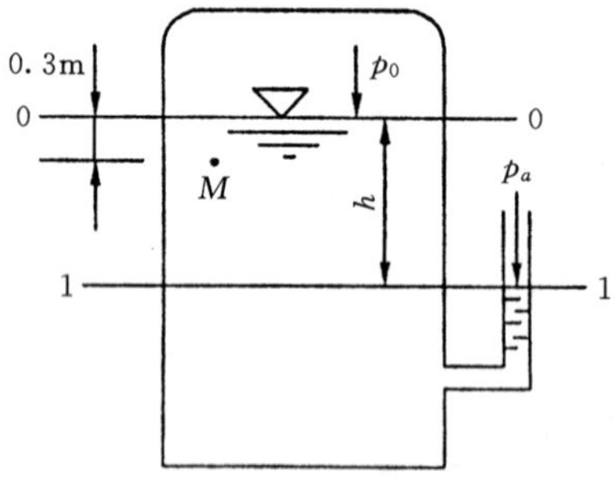


图 2.12

**【例 2.1】**　一封闭水箱，如图 2.12 所示，若水箱表面压强 $p_0=-44.5\text{kN/m}^2$，试求：

（1）$h$ 值是多少？

（2）水面以下 0.3m 处 $M$ 点的压强（要求：①分别以绝对压强、相对压强及真空度表达；②用各种单位表示）；

（3）$M$ 点相对于基准面 0—0 的测压管水头值。

**解：**（1）应首先寻找有关等压面，以计算 $h$。

利用右侧测压管中空气与水的分界面为等压面这一特性，画出 1—1 水平面，实际上为等压面。该等压面上的压强为大气压强，其上各点的绝对压强为大气压强 $p_a$；若以相对压强表示，则应为零。而例题给出 $p_0=-44.5\text{kN/m}^2$，显然是相对压强。

根据水静力学基本公式 $p=p_0+\rho gh$ 可得

$$p_0+\rho gh=0\Rightarrow h=-\frac{p_0}{\rho g}$$

代入例题给出数据得

$$h=-\frac{p_0}{\rho g}=-\frac{-44.5\times10^3}{1000\times9.8}=4.541(\text{m})$$

(2) 求 $M$ 点的压强。

1) 以相对压强表示。

以应力单位表示

$$p_M=p_0+\rho gh=-44.5\times10^3+1000\times9.8\times0.3=-41.56\times10^3(\text{Pa})$$

以大气压强倍数表示

$$\frac{p_M}{p_a}=\frac{-41.56}{98}=-0.424(\text{Pa})$$

以液柱高度表示

$$\frac{p_M}{\rho g}=\frac{-41.56\times10^3}{1000\times9.8}=-4.24(\text{m})$$

2) 以绝对压强表示。

以应力单位表示

$$p'_M=p_a+p_0+\rho gh=98000-44.5\times10^3+1000\times9.8\times0.3=56.44\times10^3(\text{Pa})$$

以大气压强倍数表示

$$\frac{p'_M}{p_a}=\frac{56.44\times10^3}{98\times10^3}=0.576(\text{Pa})$$

以液柱高度表示

$$\frac{p'_M}{\rho g}=\frac{56.44\times10^3}{1000\times9.8}=5.76(\text{m})$$

3) 以真空度表示。

以应力单位表示

$$p_{vM}=p_a-p'_M=|-p_M|=41.56\times10^3(\text{Pa})$$

以大气压强倍数表示

$$\frac{p_{vM}}{p_a}=\frac{41.56}{98}=0.424(\text{Pa})$$

以液柱高度表示

$$\frac{p_{vM}}{\rho g}=\frac{41.56\times10^3}{1000\times9.8}=4.24(\text{m})$$

请思考：如果用右侧测压管内的已知条件，能求出 $M$ 点的压强吗？该如何计算？

(3) $M$ 点的测压管水头。

以 0—0 为基准面，计算得到的测压管水头为

$$z_M+\frac{p_M}{\rho g}=-0.3+\frac{-41.56\times10^3}{1000\times9.8}=-4.54(\text{m})$$

---

自安于弱，而终于弱矣；自安于遇，而终于愚矣。（【宋】吕祖谦《东莱博议·葵邱之会》）

**【课堂练习 2.1】**

已知条件同【例 2.1】，请问以 0—0 为基准面，则液面上任一点的测压管水头值与 1—1 等压面上任一点的测压管水头值分别为多少？

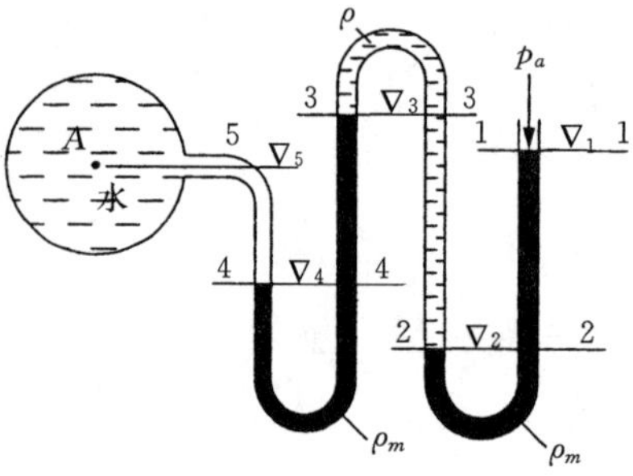


图 2.13

**【例 2.2】** 在管道上装一复式 U 形水银测压计，如图 2.13 所示。已知测压计上各液面及 $A$ 点的标高为：$\nabla_1=1.8\text{m}$，$\nabla_2=0.6\text{m}$，$\nabla_3=2.0\text{m}$，$\nabla_4=1.0\text{m}$，$\nabla_5=\nabla_A=1.5\text{m}$。水银密度 $\rho_m=13.6\times10^3\text{kg/m}^3$。试确定管中 $A$ 点压强 $p_A$。

**解：** 已知右侧测压管断面 1—1 上作用着大气压强，因此可从点 1 开始，通过等压面，并利用水静力学基本公式逐点推算，最后可求得 $A$ 点压强 $p_A$。图 2.13 中 2—2，3—3，4—4 都是等压面。以相对压强表示，直接写出 $A$ 点相对压强计算式

$$p_2=0+\rho_m g(\nabla_1-\nabla_2)$$
$$p_3=p_2-\rho g(\nabla_3-\nabla_2)$$
$$p_4=p_3+\rho_m g(\nabla_3-\nabla_4)$$
$$p_5=p_4-\rho g(\nabla_5-\nabla_4)$$
$$p_A=p_5$$

化简整理可得：

$$p_A=\rho_m g(\nabla_1-\nabla_2)-\rho g(\nabla_3-\nabla_2)+\rho_m g(\nabla_3-\nabla_4)-\rho g(\nabla_5-\nabla_4)$$
$$p_A=\rho_m g(\nabla_1-\nabla_2+\nabla_3-\nabla_4)-\rho g(\nabla_3-\nabla_2+\nabla_5-\nabla_4)$$
$$p_A=13.6\times10^3\times9.8\times(1.8-0.6+2.0-1.0)-1.0\times10^3\times9.8\times(2.0-0.6+1.5-1.0)$$
$$=274.596\times10^3(\text{Pa})$$

**【课堂练习 2.2】**

已知条件同【例 2.2】，若以绝对压强计算，试问：$p'_A$ 的值为多少？若以液柱高度表示，问 $\dfrac{p_A}{\rho g}$ 的值为多少？

**【课堂练习 2.3】**

有一管路如图 2.14 所示，末端阀门全关闭，管道直径 $d=100\text{mm}$，管道全长 $l=6\text{m}$，倾角 $\alpha=30$，$H=5\text{m}$，试求：当以过断面 $D$ 中心的水平面为基准时，$A$、$B$、$C$、$D$ 各点的位置水头、压强水头以及测压管水头，并在图 2.14 标明。

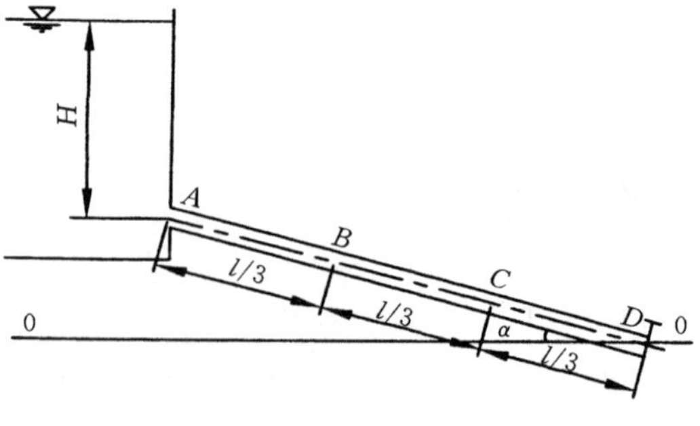


图 2.14

## 2.4　静水总压力的计算

闸门、挡水坝、闸墩、渡槽、蓄水池等水工建筑物或构筑物的设计都需要计算静水总压力的大小。静水压强为面分布荷载，且垂直指向受压面。从力学效果分析，静水总压力

计算就是如何把受压面上的面分布荷载等效地以一个集中作用力代替，并确定其大小、方向、作用点。工程实际中的受压面可能是平面，也可能是曲面，其静水总压力的计算方法也各不相同。

### 2.4.1　作用于平面上的静水总压力

#### 2.4.1.1　矩形平面上静水总压力的计算

工程实际中受压面为矩形平面的情况最为常见，如平板闸门、重力坝迎水面等。故先介绍适用于矩形平面静水总压力求解的压力图法。

1. 压强分布图的绘制

压强分布图是指某一受压面上压强随水深的变化关系图，是压强分布规律的图示，它实质上反映的是水力荷载集度。绘制静水压强分布图的理论依据：①静水压强的两个基本特性；②静水压强基本公式 $p=p_0+\rho gh$。

静水压强分布图的绘制原则：①按一定比例，用线段长度表示静水压强的大小；②用箭头表示静水压强的方向，并与作用面垂直。

图 2.15 绘出了常见的一些压强分布图。由于建筑物四周都处于大气包围之中，各个方向上的大气压强是互相抵消的，因此，在绘制压强分布图时，仅需绘出相对压强分布图即可。

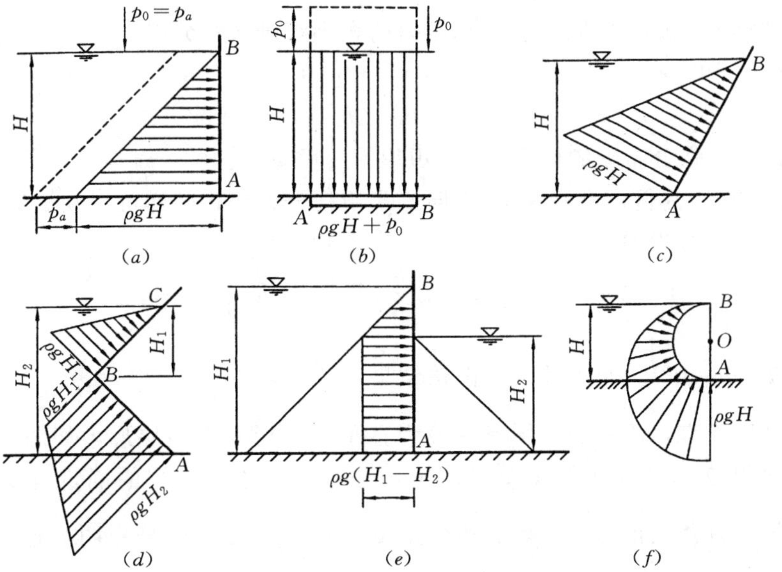


图 2.15

2. 矩形平面上静水总压力的求解——压力图法

压力图法是借助静水压强分布图求解矩形平面上静水总压力的方法。如图 2.16 所示，宽度为 $b$，水深为 $H$ 的矩形平面 $ABA'B'$，其压强分布如图 2.16（$a$）中 $ABCA'B'C'$ 所示。由于沿水深方向单位宽度的静水压强为水深的一次函数，其压强分布图形为直角三角形，且压强分布沿宽度方向保持不变，故实用中仅绘出如图 2.16（$b$）所示形式。设图 2.16（$b$）中的压强分布图面积为 $\Omega$，$\Omega=\frac{1}{2}p_BH=\frac{1}{2}\rho gH^2$，则单位宽度上与该分布荷载

等效的集中作用力 $P'$ 的大小就等于荷载集度图形的面积，即 $P'=\Omega$，方向垂直指向受压面，作用线通过压强分布图的形心。那么，沿宽度 $b$ 方向承受的静水总压力应该为 $P=\Omega b$，方向也垂直指向受压面，作用点在位置 $\left(\frac{b}{2},\frac{H}{3}\right)$。从几何关系上理解，$P=\Omega b$ 实质上是以压强分布图为底高为受压面宽度 $b$ 的棱柱体体积。即静水总压力的大小等于压强分布体的体积，方向垂直指向受压面，作用点通过压强分布体的形心。

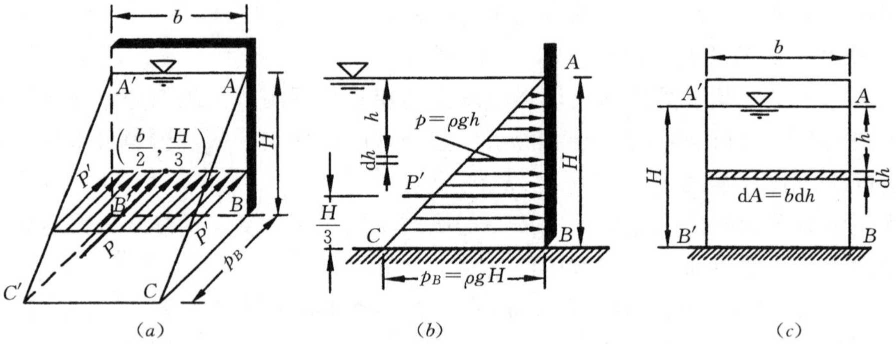


图 2.16

由此得到结论：矩形平面上静水总压力的大小等于压强分布图的面积与受压面宽度的乘积，即

$$P=\Omega b \tag{2.9}$$

式中：$\Omega$ 为压强分布图的面积；$b$ 为矩形受压面宽度。

以图 2.16（c）为例，沿水深 $H$ 方向，采用积分方法，同样可得到矩形平面上静水总压力的大小，证明过程如下

$$P=\int_0^H \rho ghb\,\mathrm{d}h=\rho gb\frac{1}{2}h^2\Big|_0^H=\frac{1}{2}\rho gH^2b=\Omega b$$

其中，$\Omega=\frac{1}{2}\rho gH^2$，与上述压力图法结果一致。

对矩形平面而言，压强分布图形一般为直角三角形和直角梯形，如图 2.17 所示。压强分布图形面积 $\Omega$ 的计算比较简单，而压强分布图形心点位置的确定有如下两种情况：①压强分布图为直角三角形时，离底边的距离 $e=\frac{1}{3}L$；②压强分布图为梯形时，$e=\frac{L}{3}\times\frac{2p_1+p_2}{p_1+p_2}$。其中，$L$ 为受压面长度，$p_1$、$p_2$ 分别为压强分布图上边缘与下边缘处的静水压强，如图 2.17 所示。

矩形平面静水总压力计算的压力图法概念清晰，易于理解，但正确绘制压强分布图是问题求解的关键。因此，必须掌握压强分布图的绘制方法。

**2.4.1.2　任意平面上静水总压力的求解**

如图 2.18 所示，有一任意形状平面 $EF$ 倾斜置放于水中，与自由表面的夹角为 $\alpha$，受压面面积为 $A$，平面形心点为 $C$。为了分析方便，以平面 $EF$ 的延长面与自由表面的交线 $Ob$ 以及与 $Ob$ 相垂直的 $OL$ 为一组参考坐标系。必须注意，坐标原点一定要在受压面或其

延长面与自由表面的交点。

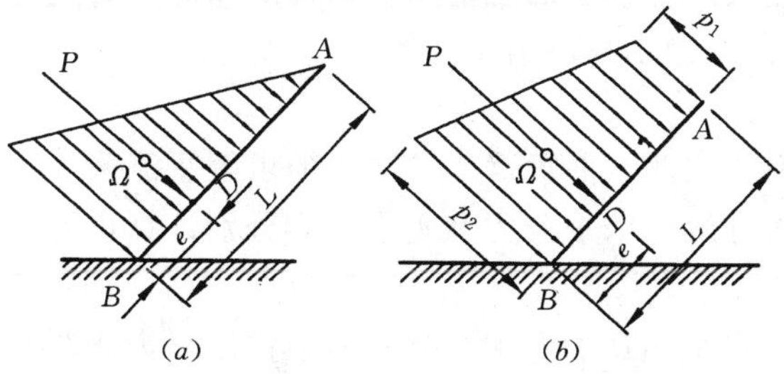


图 2.17

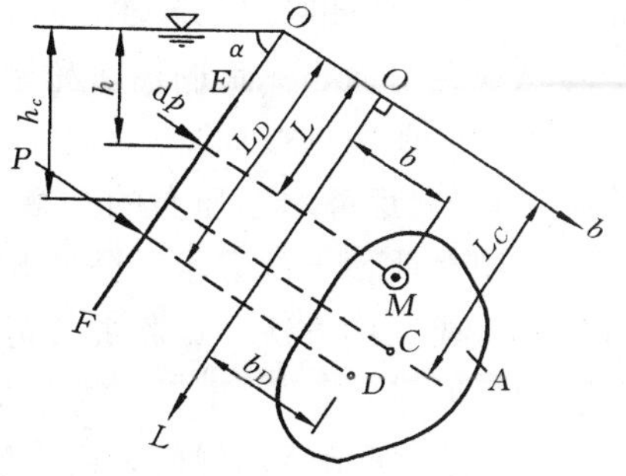


图 2.18

1. 静水总压力 $P$ 的大小

静水总压力是由每一部分面积上的静水压力所构成。先在 $EF$ 平面上任选一点 $M$，围绕点 $M$ 取一微分面积 $\mathrm{d}A$。设 $M$ 点在自由液面以下的淹没深度为 $h$，则 $M$ 点的静水压强 $p_M=\rho gh$。此时，微分面积 $\mathrm{d}A$ 上各点压强可视为与 $M$ 点相同，则在微分面积 $\mathrm{d}A$ 上所作用的静水压力 $\mathrm{d}P=p_M\mathrm{d}A$。整个 $EF$ 平面上的静水总压力为

$$P=\int_A \mathrm{d}P=\int_A \rho gh\,\mathrm{d}A$$

设 $M$ 点在 $bOL$ 参考坐标系上的坐标为（$b$，$L$），由图可知：

$$h=L\sin\alpha$$

代入上式并积分，引入面积矩的概念，化简整理可得：

$$P=\rho gh_cA=p_cA \tag{2.10}$$

式中：$h_c$ 为受压面形心点处的淹没深度；$p_c$ 为受压面形心点处的压强；$A$ 为受压面面积。

式（2.10）表示：作用在任意平面上静水总压力的大小等于受压面形心点处的压强与受压面面积的乘积，即形心点处的压强就是受压面上的平均压强。

2. 静水总压力 $P$ 的方向

静水总压力 $P$ 的方向垂直指向受压面。

3. 静水总压力 $P$ 的作用点

静水总压力 $P$ 的作用点即压力中心，以 $D$ 表示。在图示坐标系中的坐标为（$b_D$，$L_D$）。根据理论力学中合力对任一轴的力矩等于各个分力对该轴力矩的代数和，可分别求得压力中心 $D$ 的位置坐标。其计算公式如下

$$L_D=L_C+\frac{I_C}{AL_C} \tag{2.11}$$

$$b_D=\frac{I_{bL}}{AL_C} \tag{2.12}$$

式中：$L_C$ 为形心点离 $Ob$ 轴的距离；$I_C$ 为平面 $EF$ 对过形心 $C$ 且平行于 $Ob$ 轴的轴线的惯性矩；$I_{bL}$ 为平面 $EF$ 对过形心 $C$ 且平行于 $Ob$ 轴及 $OL$ 轴的惯性积。

根据式（2.11）及式（2.12）即可求出压力中心 $D$ 的位置坐标。若平面 $EF$ 有纵向

莫等闲，白了少年头，空悲切。（【宋】岳飞《满江红》）

对称轴，则压力中心 $D$ 点一定位于纵向对称轴上。

### 2.4.2　作用于曲面上的静水总压力

拱坝迎水面、弧形闸门、桥墩、闸墩等实际工程中遇到的受压面都是曲面，而这些曲面多为二向曲面（柱面）。下面仅介绍二向曲面静水总压力的计算。

#### 2.4.2.1　曲面静水总压力的求解

作用在曲面上的静水压强不是平行力系。因此，曲面静水总压力的求解只能采用“先分解后合成”的方法，即将曲面静水总压力分解为水平分力和垂直分力分别计算，然后求其合力。

图 2.19 所示弧形闸门，闸门宽度为 $b$，曲面 $AB$ 的左侧受静水压力作用。为研究问题方便，以水平面 $xoy$ 为坐标平面，$z$ 轴铅垂向上为正。此时，作用于曲面上的静水总压力 $P$ 可分解为水平方向的静水总压力 $P_x$ 和铅垂方向的静水总压力 $P_z$，如图 2.19（$a$）所示。只要求出水平分力 $P_x$ 和铅垂分力 $P_z$，就可得到合力 $P$。选择宽度为 $b$、面积为 $ABC$ 的水体作为研究对象，如图 2.19（$b$）所示。作用在这块水体的力有：①重力 $G$；②作用在 $AC$ 和 $BC$ 面上的压力 $P_{AC}$ 和 $P_{BC}$；③闸门对这块水体的边界反力 $P'$，它与水体对闸门的作用力是一对作用与反作用力。这个边界作用力 $P'$ 也可分解为水平方向 $P'_x$ 和铅垂方向 $P'_z$。由于闸门 $AB$ 附近截面积为 $ABC$、宽度为 $b$ 这块水体处于静止状态，作用其上外力的代数和一定等于零。据此，可建立平衡方程。

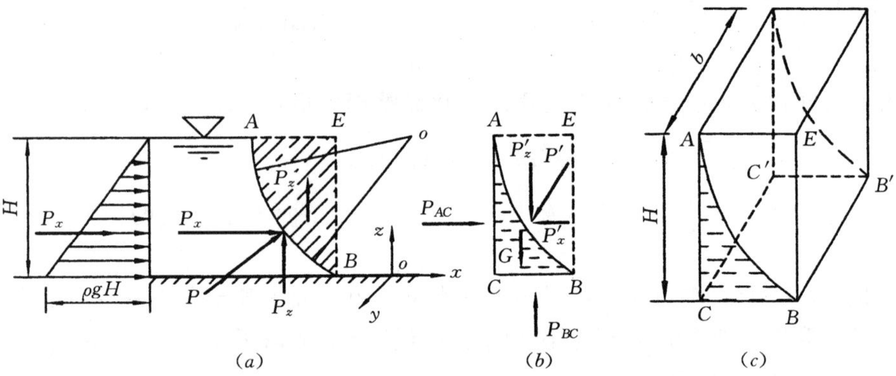


图 2.19

（1）水平方向。

$$P'_x = P_{AC}$$

$P_{AC}$ 可以理解为曲面 $AB$ 在有水一侧铅垂投影面 $AC$ 上的静水总压力。即作用于曲面 $AB$ 上的静水总压力的水平分力 $P_x$ 的大小等于曲面在有水一侧铅直投影面上的静水总压力。二向曲面 $AB$ 在铅直坐标面 $yoz$ 上的投影面一般为矩形平面，故可按矩形平面静水总压力的求解方法计算 $P_x$，图解法和分析法均可，计算公式如下：

$$P_x = \Omega_x b = \rho g h_c A_x \tag{2.13}$$

式中：$\Omega_x$ 为铅垂投影面 $AC$ 上的压强分布图面积；$h_c$ 为铅垂投影面 $AC$ 形心点的淹没深度；$A_x$ 为铅垂投影面 $AC$ 的面积。在图 2.19 中，$\Omega_x = \frac{1}{2}\rho g H^2$，$h_c = \frac{1}{2}H$，$A_x = bH$。

$P_x$ 的方向垂直指向受压曲面的铅垂投影面，作用点通过受压曲面的铅垂投影面压强分布图的形心。

（2）铅垂方向。

$$P'_z = P_{BC} - G$$

其中，$P_{BC} = \rho g H \cdot \overline{BC} \cdot b = \rho g S_{ACBE} b$，$G = \rho g S_{ABC} b$。$S_{ACBE}$、$S_{ABC}$ 分别代表图 2.19（$b$）中矩形 $ACBE$ 和曲边三角形 $ABC$ 的面积。

由几何关系可知

$$S_{ABC} = S_{ACBE} - S_{ABE}$$

代入上式可得

$$P'_z = \rho g S_{ACBE} b - \rho g S_{ABC} b = \rho g S_{ABE} b$$

令 $V_P = S_{ABE} b$，并称其为压力体。即压力体是指截面积为 $S_{ABE}$，宽度为 $b$ 的柱体，$V_P$ 代表了压力体的体积，如图 2.19（$c$）所示。据此，可得到曲面静水总压力的铅垂分力的计算公式为

$$P_z = \rho g V_P \tag{2.14}$$

由此可得到结论：作用于曲面上的静水总压力的铅垂分力 $P_z$ 的大小等于压力体内的液体重量；方向取决于压力体的虚实（有水为实压力体，无水为虚压力体）。具体来讲，若压力体为实压力体，$P_z$ 方向向下；若压力体为虚压力体，$P_z$ 方向向上；$P_z$ 的作用线通过压力体的体积形心。如此一来，曲面静水总压力铅垂分力的求解问题就归结为对压力体内液体重量的计算问题。

（3）静水总压力合力的大小与方向。

求得 $P_x$ 和 $P_z$ 之后，可得到曲面静水总压力合力的大小和方向

$$P = \sqrt{P_x^2 + P_z^2} \tag{2.15}$$

$$\tan\alpha = \frac{P_z}{P_x} \tag{2.16}$$

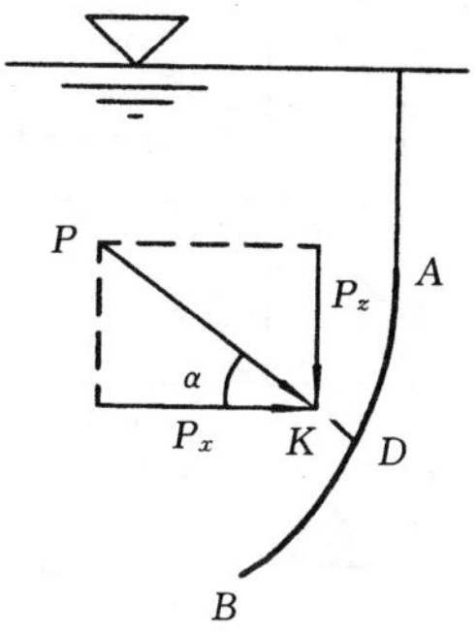


图 2.20

曲面静水总压力 $P$ 的作用线应通过 $P_x$ 与 $P_z$ 的交点 $K$，过 $K$ 点作一与水平方向成 $\alpha$ 角的直线，该直线即为合力作用线，它与曲面的交点即为压力中心 $D$，如图 2.20 所示。

曲面静水总压力的求解方法，除用于曲面外，也可用于倾斜平面或折平面上静水总压力的计算。

#### 2.4.2.2　压力体的绘制

曲面静水总压力的铅垂分力 $P_z$ 的大小在数值上与压力体内的液体重量相等，方向取决于压力体的虚实。通常，压力体由以下三部分组成：①曲面本身；②液面或液面的延长面；③曲面的四个周边向液面或液面的延长面所做的铅垂平面。

当曲面是凹凸相间的复杂柱面时，以曲面与铅垂面的切点为分界点，将曲面分为几部分，分别绘出曲面各部分的压力体，并确定其方向。然后，将各部分绘出的压力体叠加（或称合成），即得到复杂曲面的压力体，如图 2.21 所示。

绘制压力体时应注意以下几点：①一定是曲面以上至水面（大气压强作用面或测压管液面，即相对压强为零的面）或水面的延长面之间的一块体积，而不管液体位于曲面的哪

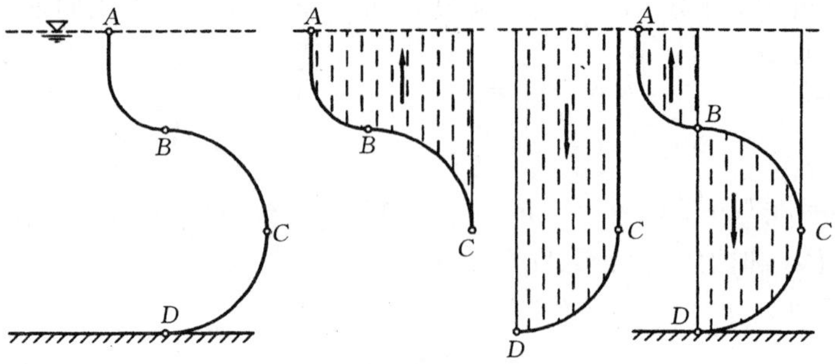


图 2.21

一侧，也不管压力体内有水还是无水。②压力体的虚实不影响计算曲面静水总压力铅垂分力 $P_z$ 的大小，只影响 $P_z$ 的方向。③绘制压力体时，一定要标明 $P_z$ 的方向。

### 2.4.3　应用举例

**【例 2.3】**　某引水闸采用矩形平面钢闸门挡水，如图 2.22 所示。闸门宽度 $b=8$m，上游水深 $H=2$m，水压力经闸门面板传到两根横梁上，要求每根横梁所受荷载相等，试确定两根横梁的位置，即横梁到水面的距离。

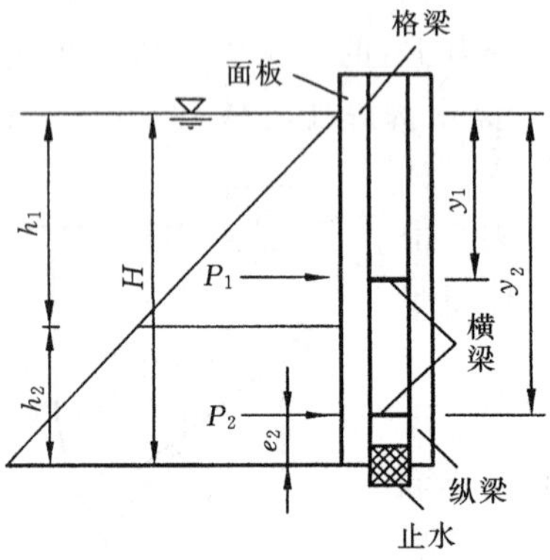


图 2.22

**解：**取闸门的单位宽度（1m）来分析。先作出压强分布图，其面积代表闸门单位宽度上所受到的静水总压力，即

$$P=\frac{1}{2}\rho g H^2=\frac{1}{2}\times 1.0\times 9.8\times 2^2=19.6(\text{kN/m})$$

要使每根横梁所受荷载相等，则每根横梁单位长度上所受的水压力为

$$P_1=P_2=\frac{1}{2}P=9.8(\text{kN/m})$$

如果用水平线把压强分布图分为两部分，则横梁承受的水压力相等，实质上要求上、下两部分压强分布图的面积相等。设上部压强分布图的高度为 $h_1$，则

$$P_1=\frac{1}{2}\rho g h_1^2=\frac{1}{2}\times 1.0\times 9.8\times h_1^2=9.8(\text{kN/m})$$

可解得 $h_1=1.414$m，相应的另一部分水深

$$h_2=2-1.414=0.586(\text{m})$$

由于两根横梁分别承受上述两部分静水压强分布图所代表的静水总压力 $P_1$ 和 $P_2$。因此，两根横梁应安放在 $P_1$ 和 $P_2$ 的作用点位置。而 $P_1$ 和 $P_2$ 的作用线通过上、下两部分压强分布图的形心。该作用线与闸门的交点即横梁安装位置。

第一根横梁到水面的距离

$$y_1=\frac{2}{3}h_1=\frac{2}{3}\times 1.414=0.943(\text{m})$$

第二根横梁到水面的距离

$$y_2=H-e_2=H-\frac{h_2}{3}\frac{2h_1+H}{h_1+H}=2-\frac{0.586}{3}\times\frac{2\times 1.414+2}{1.414+2}=1.724(\text{m})$$

**【例 2.4】** 如图 2.23 所示，一矩形平板闸门 $AB$，门的转轴位于 $A$ 端，已知门宽 $b=3\text{m}$，闸门自重 $G=9800\text{N}$，门厚均匀。闸门与水平面夹角 $\alpha=60°$，水深 $h_1=1.0\text{m}$，$h_2=1.73\text{m}$，若不计门轴摩擦，在闸门 $B$ 端用铅垂方向钢索起吊，当下游有水，且 $h_2=h_3=1.73\text{m}$ 时，求启门所需的拉力 $T$？

**解：** 此题考虑用多种方法求解。

(1) 压力图法（图解法）。先绘出闸门迎水面和背水面的压强分布图，如图 2.24 所示。

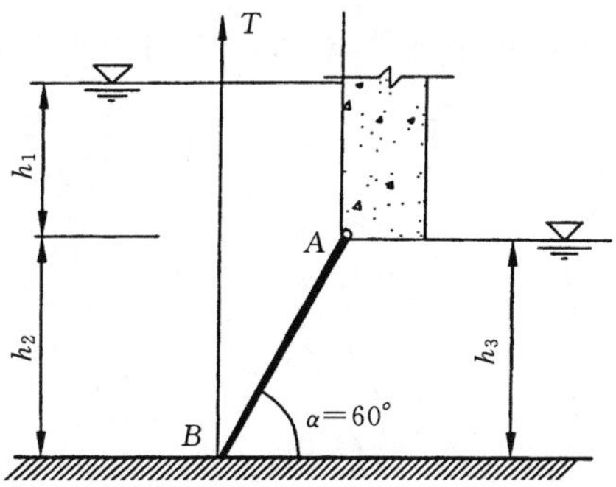


图 2.23

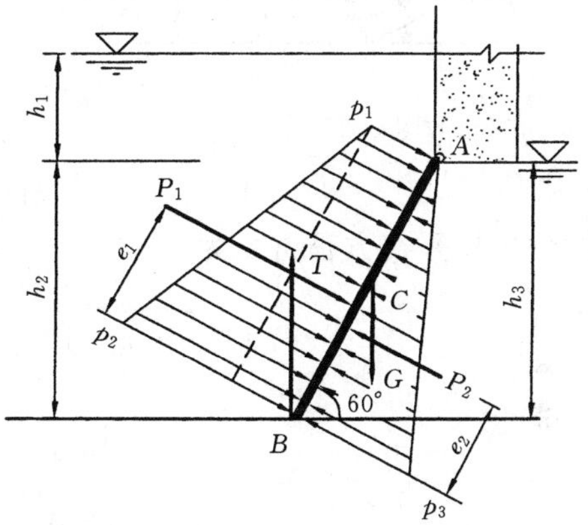


图 2.24

闸门高度 $L=\dfrac{h_2}{\sin 60°}=2\text{m}$，受压面面积 $A=bL=3\times2=6\ (\text{m}^2)$。

上游静水总压力的大小、方向、作用点

$$P_1=\Omega_1 b=\frac{\rho g(h_1+h_1+h_2)}{2}Lb=\frac{1.0\times9.8\times(1+1+1.73)}{2}\times2\times3=109.66(\text{kN})$$

方向垂直指向受压面，作用点离下端 $B$ 点的距离

$$e_1=\frac{L}{3}\frac{2h_1+h_1+h_2}{h_1+h_1+h_2}=0.85(\text{m})$$

下游静水总压力的大小、方向、作用点

$$P_2=\Omega_2 b=\frac{\rho g h_3}{2}Lb=\frac{1.0\times9.8\times1.73}{2}\times2\times3=50.86(\text{kN})$$

方向垂直指向受压面，作用点离下端 $B$ 点的距离

$$e_2=\frac{L}{3}=0.667(\text{m})$$

所有作用力对 $A$ 点取力矩，由 $\sum M_A(F)=0$ 可求得启门力 $T$。

$$TL\cos60°-P_1(L-e_1)-\frac{1}{2}GL\cos60°+P_2(L-e_2)\geqslant0$$

$$T\geqslant\frac{P_1(L-e_1)+\frac{1}{2}GL\cos60°-P_2(L-e_2)}{L\cos60°}$$

$$T\geqslant\frac{109.66\times(2-0.85)+\frac{1}{2}\times9.8\times2\times\cos60°-50.86\times(2-0.667)}{2\times\cos60°}=63.36(\text{kN})$$

岁月不居，时节如流。（【晋】陈寿《三国志·吴书·孙韶传》）

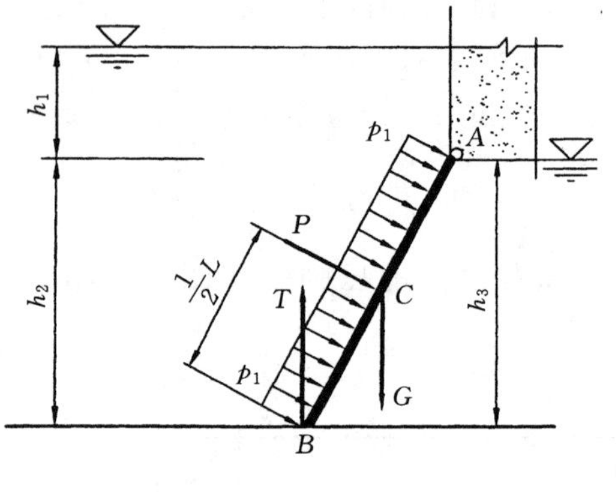


图 2.25

上述方法可进行如下简化：上、下游压强分布图互相抵消后，实际的压强分布图将是矩形，如图 2.25 所示。这就更便于确定静水总压力大小及其作用点位置。

上、下游静水总压力的差值

$$P=P_1-P_2=\rho g h_1 Lb$$
$$=1.0\times9.8\times1\times2\times3$$
$$=58.8(\text{kN})$$

方向垂直指向受压面，作用点在受压面形心 $C$。

此时，力矩平衡方程将变为

$$TL\cos60^\circ-P\frac{L}{2}-G\frac{1}{2}L\cos60^\circ\geqslant0$$

$$T\geqslant\frac{P\frac{L}{2}+\frac{1}{2}GL\cos60^\circ}{L\cos60^\circ}=\frac{P}{2\cos60^\circ}+\frac{1}{2}G$$

$$T\geqslant\frac{58.8}{2\times0.5}+4.9=63.7(\text{kN})$$

显然，计算过程更为简洁。至于能否简化要根据题目的具体情况而定。

（2）分析法。分析法的坐标原点必须建立在受压面与自由表面的交点，故上、下游的坐标原点不同，上游静水总压力计算的坐标原点在 $O$ 点，下游静水总压力计算的坐标原点在 $A$ 点，如图 2.26 所示。

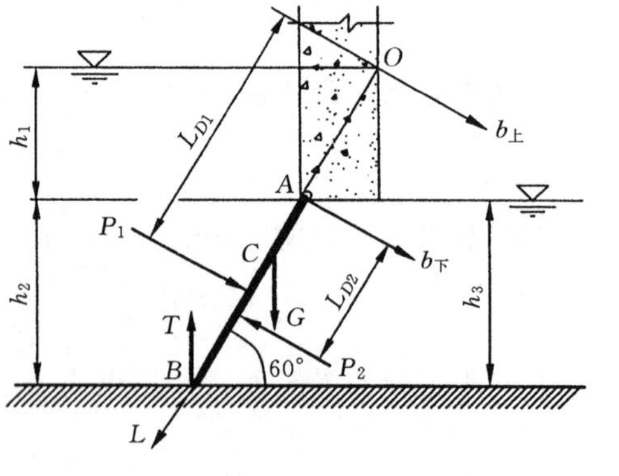


图 2.26

闸门高度 $L=\frac{h_2}{\sin60^\circ}=2$（m），受压面面积 $A=bL=3\times2=6$（$\text{m}^2$）。

上游静水总压力的大小、方向、作用点

$$P_1=p_{c1}A=\rho g\left(h_1+\frac{h_2}{2}\right)Lb$$
$$=1.0\times9.8\times\left(1.0+\frac{1.73}{2}\right)\times2\times3$$
$$=109.53(\text{kN})$$

方向垂直指向受压面。作用点一定位于纵向对称轴上，其中

$$L_{C1}=\frac{h_1}{\sin60^\circ}+\frac{L}{2}=\frac{1.0}{0.866}+\frac{2.0}{2}=2.15(\text{m})$$

受压面对过形心 $C$ 的惯性矩 $I_C=\frac{bL^3}{12}=\frac{3\times2^3}{12}=2(\text{m}^4)$，那么压力中心坐标

$$L_{D1}=L_{C1}+\frac{I_C}{AL_{C1}}=2.155+\frac{2}{6\times2.155}=2.309(\text{m})$$

下游静水总压力的大小、方向、作用点

$$P_2=p_{c2}A=\rho g\frac{h_3}{2}Lb=1.0\times9.8\times\frac{1.73}{2}\times2\times3=50.86(\text{kN})$$

方向垂直指向受压面。作用点也一定位于纵向对称轴上，其中，$L_{C2}=\frac{L}{2}=1.0\text{m}$，受压面对过形心 $C$ 的惯性矩仍为 $I_C=\frac{bL^3}{12}=\frac{3\times2^3}{12}=2(\text{m}^4)$，此时，压力中心坐标

$$L_{D2}=L_{C2}+\frac{I_C}{AL_{C2}}=\frac{2L}{3}=\frac{2\times2}{3}=1.333(\text{m})$$

列力矩平衡方程，由 $\sum M_A(F)=0$ 可得

$$TL\cos60^\circ-P_1\left(L_{D1}-\frac{h_1}{\sin60^\circ}\right)-\frac{1}{2}GL\cos60^\circ+P_2L_{D2}\geqslant0$$

$$T\geqslant\frac{P_1\left(L_{D1}-\frac{h_1}{\sin60^\circ}\right)+\frac{1}{2}GL\cos60^\circ-P_2L_{D2}}{L\cos60^\circ}$$

$$T\geqslant\frac{109.53\times\left(2.309-\frac{1.0}{0.866}\right)+\frac{1}{2}\times9.8\times2\times0.5-50.86\times1.333}{2\times0.5}$$

$$T\geqslant63.530(\text{kN})$$

(3) 压力体法。压力体法求解静水总压力总是先求出静水总压力的水平分力 $P_x$ 和铅垂分力 $P_z$，如图 2.27 所示。

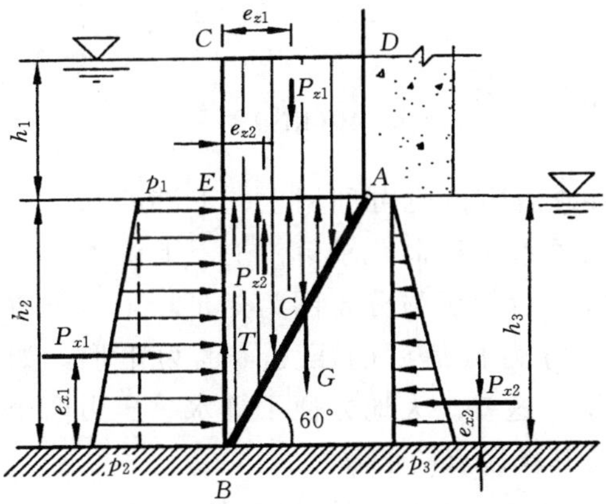

图 2.27

上游静水总压力的两个分力的大小、方向、作用点

$$P_{x1}=\Omega_{x1}b=\frac{\rho g(h_1+h_1+h_2)}{2}h_2b$$

$$=\frac{1.0\times9.8\times(1.0+1.0+1.73)}{2}\times1.73\times3$$

$$=94.86(\text{kN})$$

方向水平向右，作用线通过压强分布图的形心，距底边的距离为

$$e_{x1}=\frac{h_2}{3}\frac{2h_1+h_1+h_2}{h_1+h_1+h_2}=\frac{1.73}{3}\times\frac{2\times1.0+1.0+1.73}{1.0+1.0+1.73}=0.731(\text{m})$$

$$P_{z1}=\rho gV_{P1}=\rho g\,\frac{h_1+h_1+h_2}{2}bL\cos60^\circ$$

$$=1.0\times9.8\times\frac{1.0+1.0+1.73}{2}\times3\times2\times0.5=54.83(\text{kN})$$

方向铅垂向下，作用线通过压力体的体积形心。

距 $BC$ 边的距离

$$e_{z1}=\frac{L\cos60°}{3}\frac{2h_1+h_1+h_2}{h_1+h_1+h_2}=\frac{2\times0.5}{3}\times\frac{2\times1.0+1.0+1.73}{1.0+1.0+1.73}=0.42(\mathrm{m})$$

下游静水总压力的两个分力的大小、方向、作用点

$$P_{x2}=\Omega_{x2}b=\frac{1}{2}\rho gh_3^2b=\frac{1}{2}\times1.0\times9.8\times1.73^2\times3=44.0(\mathrm{kN})$$

方向水平向左，作用线通过压强分布图的形心，距底边的距离 $e_{x2}=\frac{h_3}{3}=0.577\mathrm{m}$。

$$P_{z2}=\rho gV_{P2}=\frac{1}{2}\rho gh_3L\cos60°b=\frac{1}{2}\times1.0\times9.8\times1.73\times2\times0.5\times3=25.43(\mathrm{kN})$$

方向铅垂向上，作用线通过压力体的体积形心，距 BE 边的距离 $e_{z2}=\frac{L\cos60°}{3}=0.333\mathrm{m}$。列力矩平衡方程，由 $\sum M_A(F)=0$ 可得：

$$TL\cos60°-P_{x1}(h_2-e_{x1})-P_{z1}(L\cos60°-e_{z1})-G\frac{1}{2}L\cos60°+P_{x2}(h_3-e_{x2})$$

$$+P_{z2}(L\cos60°-e_{z2})\geqslant0$$

$$T\geqslant\frac{P_{x1}(h_2-e_{x1})+P_{z1}(L\cos60°-e_{z1})+G\frac{1}{2}L\cos60°-P_{x2}(h_3-e_{x2})-P_{z2}(L\cos60°-e_{z2})}{L\cos60°}$$

$$T\geqslant\frac{94.86\times(1.73-0.731)+54.83\times(2\times0.5-0.42)+9.8\times\frac{1}{2}\times2\times0.5}{2\times0.5}$$

$$-\frac{44.0\times(1.73-0.577)+25.43\times(2\times0.5-0.333)}{2\times0.5}=63.40(\mathrm{kN})$$

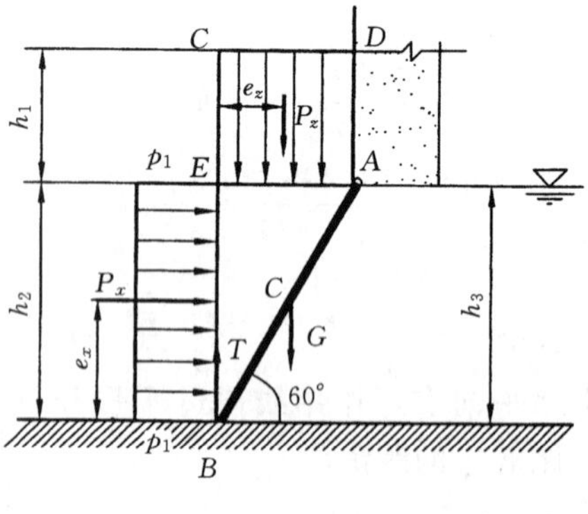


图 2.28

上述求解方法也可利用上、下游静水压力方向相反的关系进行简化求解。上、下游水平方向的分力抵消后的压强分布图为矩形，上、下游铅垂方向的分力抵消后的压力体也为矩形，如图 2.28 所示。这就极大地方便了静水总压力两个分力大小及其作用点的求解。

$$P_x=P_{x1}-P_{x2}=\rho gh_1bh_2=1.0\times9.8\times1.0\times3\times1.73$$

$$=50.862(\mathrm{kN})$$

方向水平向右，作用线过压强分布图的形心。由于上下游抵消后的压强分布图是矩形，所以水平分力的作用点与受压面形心点 C 重合，$e_x=\frac{1}{2}h_2$。

$$P_z=P_{z1}-P_{z2}=\rho gL\cos60°h_1b=1.0\times9.8\times2\times0.5\times1.0\times3=29.4(\mathrm{kN})$$

方向铅垂向下，作用线过压力体形心。由于上下游抵消后的压力体图形是矩形，所以铅垂分力的作用点也对应受压面形心 C，$e_z=\frac{1}{2}L\cos60°$。

列力矩平衡方程，由 $\sum M_A(F)=0$ 可得

$$TL\cos60^\circ - P_x\frac{h_2}{2} - P_z\frac{L\cos60^\circ}{2} - G\frac{L\cos60^\circ}{2} \geqslant 0$$

$$T \geqslant \frac{P_x\frac{h_2}{2} + P_z\frac{L\cos60^\circ}{2} + G\frac{L\cos60^\circ}{2}}{L\cos60^\circ}$$

$$T \geqslant \frac{50.862\times\frac{1.72}{2} + 29.4\frac{2\times0.5}{2} + 9.8\times\frac{2\times0.5}{2}}{2\times0.5} = 63.60(\text{kN})$$

**【课堂练习 2.4】**

如图 2.29 所示，平板闸门 $AB$，门宽 $b=2\text{m}$，忽略门的自重。试求作用在其支承梁 $C$ 上的作用力 $R_C$。（提示：参照【例 2.4】，考虑用不同方法完成计算。参考答案：$R_C=31.16\text{kN}$）

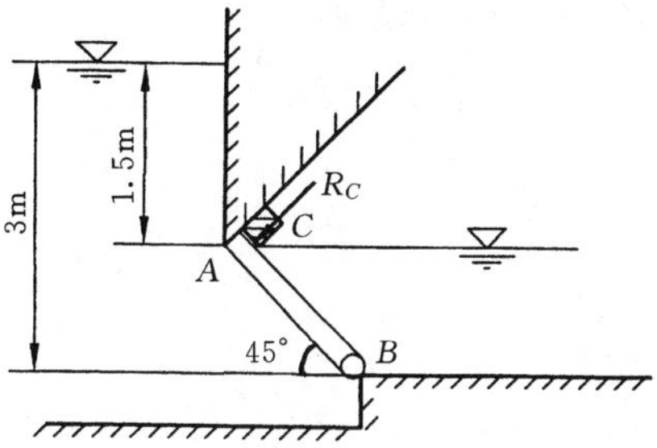


图 2.29

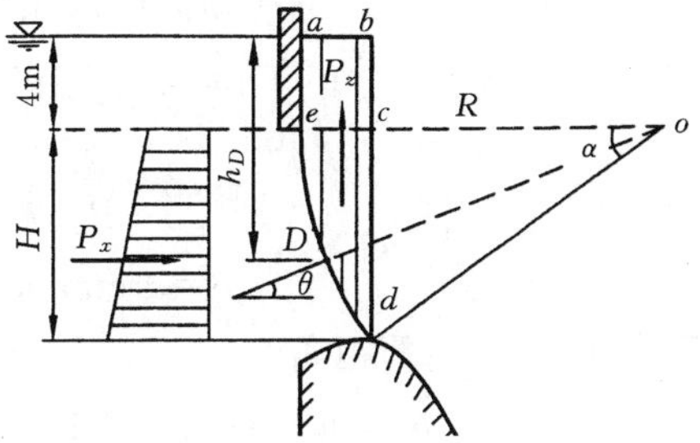


图 2.30

**【例 2.5】** 如图 2.30 所示，溢流堰顶设弧形闸门。弧门半径 $R=10\text{m}$，门宽 $b=8\text{m}$，圆心角 $\alpha=30^\circ$，胸墙段水深 $h=4.0\text{m}$。试求作用在该弧形闸门上静水总压力的大小、方向、作用点。

**解：**(1) 水平分力计算。

由几何关系可求得弧门前水深

$$H=R\sin\alpha=10\times\sin30^\circ=5.0(\text{m})$$

$$P_x=\rho g h_c A_x=\rho g\left(h+\frac{H}{2}\right)bH=1.0\times9.8\times\left(4+\frac{5}{2}\right)\times8\times5=2548(\text{kN})$$

$P_x$ 的方向水平向右，垂直指向受压曲面的铅垂投影面，作用点通过受压曲面的铅垂投影面压强分布图的形心。

(2) 铅垂分力计算。

首先根据压力体的组成及其绘制原则，绘出曲面压力体 $abcde$，如图 2.30 所示。其面积计算如下：

$$\overline{ce}=R-R\cos\alpha=10\times(1-\cos30^\circ)=1.34(\text{m})$$

压力体上部面积

$$S_{abce}=h\cdot\overline{ce}=4\times1.34=5.36(\text{m}^2)$$

扇形面积

$$S_{oed}=\frac{1}{2}R^2\alpha=\frac{1}{2}\times10^2\times\frac{3.14}{180^\circ}\times30^\circ=26.167(\text{m}^2)$$

近朱者赤，近墨者黑。(【晋】傅玄《太子少傅箴》)

三角形面积

$$S_{ocd}=\frac{1}{2}\overline{cd}\cdot\overline{oc}=\frac{1}{2}\times5\times(10-1.34)=21.65(\text{m}^2)$$

压力体下部面积

$$S_{cde}=S_{oed}-S_{ocd}=26.167-21.65=4.517(\text{m}^2)$$

压力体总面积

$$S_{abcde}=S_{abce}+S_{cde}=5.36+4.517=9.877(\text{m}^2)$$

相应的铅垂分力为

$$P_z=\rho gV_P=\rho gS_{abcde}b=1.0\times9.8\times9.877\times8=774.25(\text{kN})$$

弧形闸门所受静水总压力的铅垂分力 $P_z$ 方向铅垂向上，作用线通过压力体体积形心。

求得 $P_x$ 和 $P_z$ 之后，可得到曲面静水总压力的合力大小与方向

$$P=\sqrt{P_x^2+P_z^2}=\sqrt{2548^2+774.251^2}=2663.037(\text{kN})$$

$$\tan\theta=\frac{P_z}{P_x}=\frac{774.251}{2548}=0.3039$$

$$\theta=\arctan0.3039=16°54'08''$$

作用点 $D$ 到水面的距离

$$h_D=h+R\sin\theta=4+10\times\sin16°54'08''=6.907(\text{m})$$

## 本　章　小　结

1. 静水压强的定义：____________________。

2. 静水压强特性：①____________________；②____________________。

3. 重力作用下等压面具备的充要条件：①____________________；②____________。

4. 静水压强计算公式的两种表达形式：①____________________；②____________。

5. $p=p_0+\rho gh$ 的意义：____________________。

6. $z+\frac{p}{\rho g}=C$ 的意义：____________________。

7. 绝对压强：____________________；相对压强：____________________；
真空：____________________；真空度：____________________。

8. 压强的三种表示单位：①____________________；②____________________；③____________________。

9. 压强的三种量测方法：①____________________；②____________________；③____________________。

10. 静水压强分布图的绘制原则：____________________。

11. 矩形平面静水总压力的图解法：①大小____________________；②方向____________________；③作用点____________________。

12. 任意平面静水总压力的分析法：①大小____________________；②方向____________________；③作用点____________________。



事有必至，理有固然。（【宋】苏洵《辨奸论》）

13. 曲面静水总压力的计算：

水平分力：①大小____________；②方向____________；③作用点____________。

铅垂分力：①大小____________；②方向____________；③作用点____________。

静水总压力的合力：①大小____________；②方向____________；③作用点____________。

14. 压力体的组成：①____________；②____________；③____________。

## 思　考　题

1. 如图 2.31 所示的管路，在 $A$、$B$、$C$ 三点装上测压管，末端设一阀门。当阀门完全关闭时，试问：

(1) 各测压管中的水面高度一样高吗？为什么？

(2) 在图上标出 $A$、$B$、$C$ 三点的位置水头、压强水头和测压管水头。

2. 在一个大水箱中倒置一个开口杯，初始时杯中充满水（没空气存在），试问：当将杯向上提升时，会有什么现象发生？这种现象将继续到何时为止？解释该现象发生的原因。

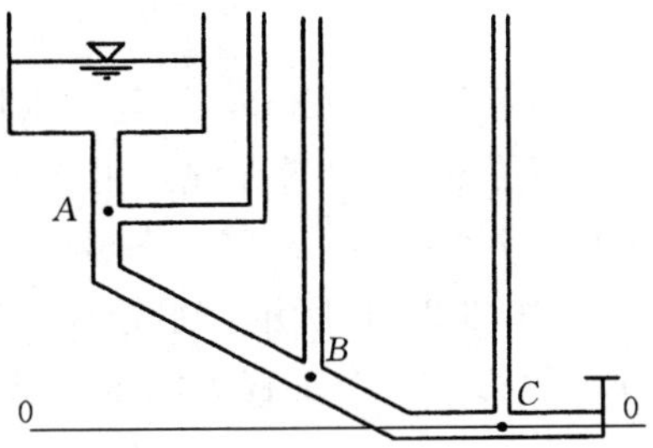

图 2.31

3. 如图 2.32 所示，5 个容器的底面积均为 $A$，水深均为 $H$，放在桌面 $M—M$ 上，试问：

(1) 各容器底面 $A$ 承受的静水总压力为多大？

(2) 桌面承受的压力多大？

(3) 为什么容器底面上的静水总压力与桌面承受的压力不相等？

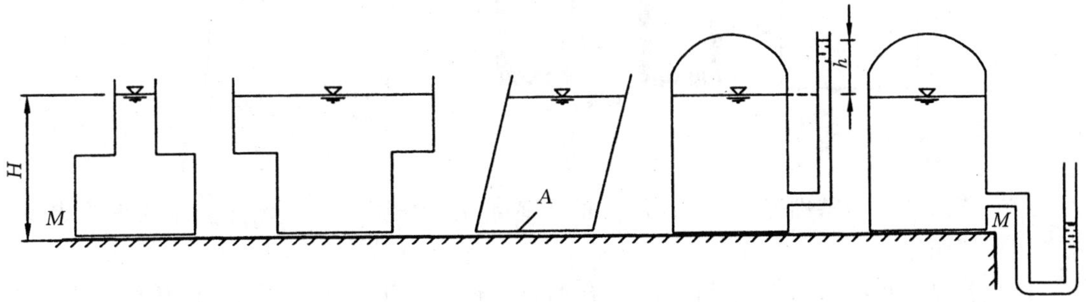

图 2.32

4. 如图 2.33 所示，两种混凝土坝断面设计方案，已知混凝土坝的底宽与断面面积相同，从倾斜稳定角度分析，哪种方案合理？

5. 如图 2.34 所示，有一单宽矩形闸门，只在上游受静水压力作用，如果该闸门绕中心轴旋转某一角度 $\alpha$。试问：

(1) 闸门上任意一点的压强有无变化？为什么？

志当存高远。（【东汉】诸葛亮《诫外生书》）

（2）闸门上的静水总压力有无变化？为什么？

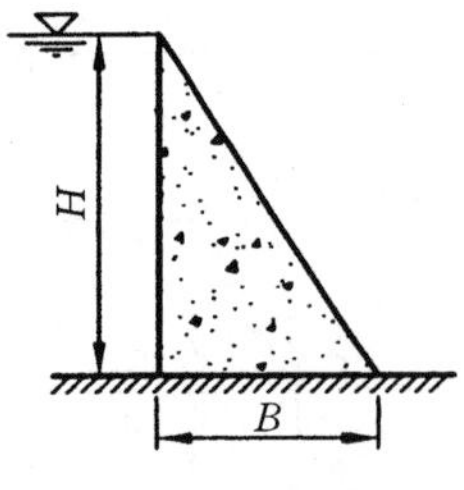

(a)　(b)

图 2.33

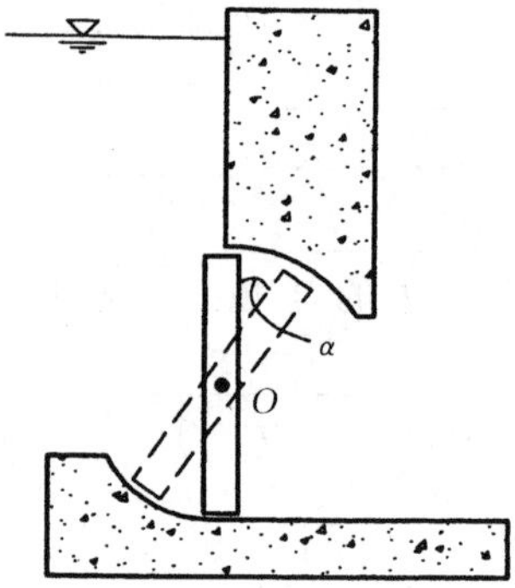

图 2.34

## 作　业　题

1. 如图 2.35 所示，一复式水银测压计，用来测水箱中的表面压强 $p_0$，试根据图中读数（单位：m），计算水箱中的表面压强 $p_0$，分别以绝对压强和相对压强表示。

（参考答案：$p_0=264.796\text{kN/m}^2$，$p_0'=362.796\text{kN/m}^2$）

2. 如图 2.36 所示，水箱底高出地面 $h_2=3\text{m}$，箱中水深 $h_1=2\text{m}$，其表面压强以绝对压强表示为 0.7 个工程大气压。试问：

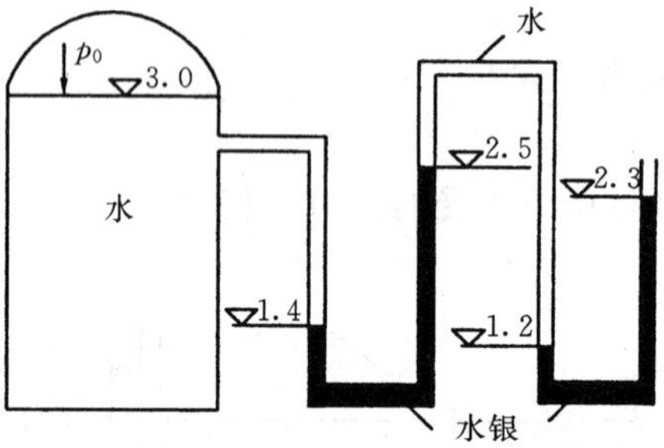

图 2.35

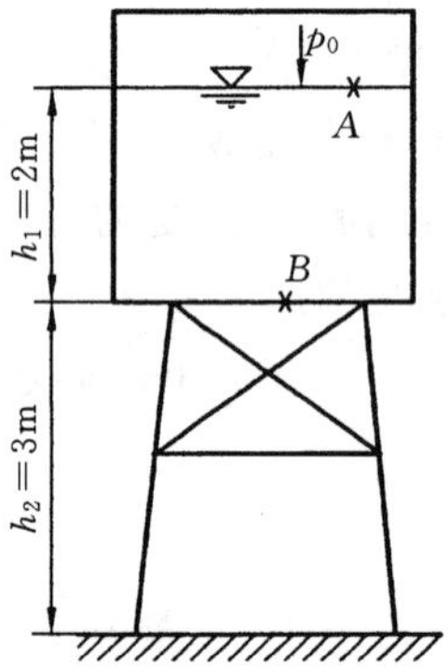

图 2.36

（1）若以地面为基准面，A、B 两点的位置水头、压强水头、测压管水头各为多少？并在图上标明之。

（2）若以水箱中水面为基准面，A、B 两点的位置水头、压强水头、测压管水头各为多少？并在图上标明之。

［参考答案：（1）若以地面为基准面，A、B 两点的位置水头为 5m、3m，压强水头分别为−3m、−1m。（2）若以水箱中水面为基准面，A、B 两点的位置水头为 0m、−2m，压强水头分别为−3m、−1m］

3. 一密闭容器如图 2.37 所示，两侧各装一测压管，右管上端封闭，其水面高出容器水面 3m，管内液面绝对压强 $p_0'$ 为 78kPa；左管与大气相通。求：

（1）容器内液面压强 $p_c'$。

（2）左侧测压管内水面距容器液面高度 $h$。

［参考答案：（1）$p_c'=107.4\text{kPa}$。（2）$h=0.959\text{m}$］

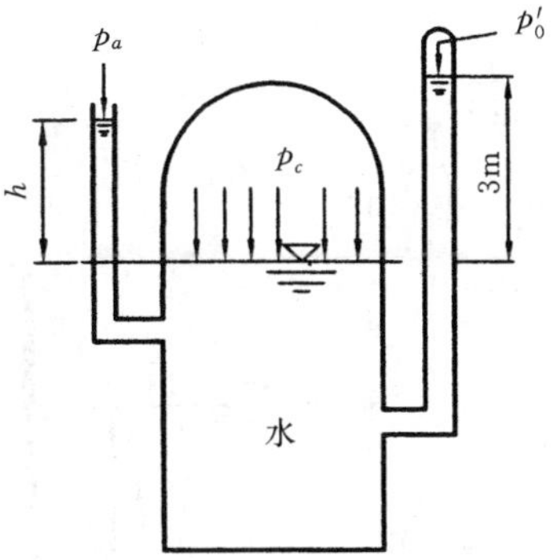


图 2.37

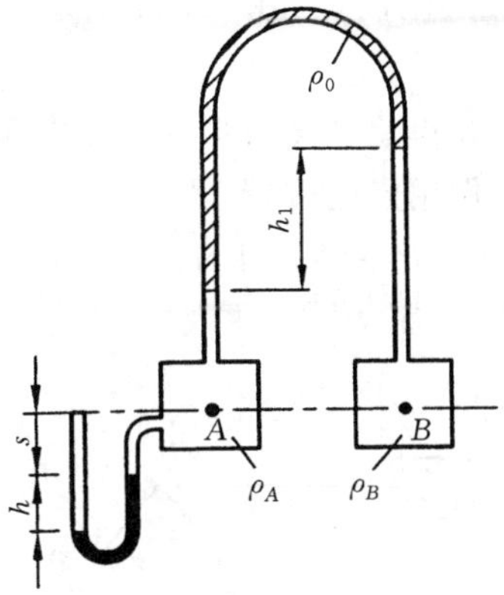


图 2.38

4. 盛有同种介质（密度 $\rho_A=\rho_B=1132.6\text{kg/m}^3$）的两容器，其中心点 $A$ 与 $B$ 位于同一高程，今用 U 形差压计测定 $A$、$B$ 两点之压差（差压计内盛油，密度 $\rho_0=867.3\text{kg/m}^3$），$A$ 点还装有一水银测压计。已知 $s=5\text{cm}$，$h_1=20\text{cm}$，$h=4\text{cm}$，如图 2.38 所示。问：

（1）$A$ 、$B$ 两点之压差为多少？

（2）$A$ 、$B$ 两点中有无真空存在，其值为多少？

（参考答案：$p_B-p_A=0.52\text{kPa}$，$p_{AV}=5.89\text{kPa}$，$p_{BV}=5.37\text{kPa}$）

5. 如图 2.39 所示混凝土重力坝，为了校核坝体稳定性，试分别计算当下游有水和下游无水两种情况下，作用于 1m 长坝体上水平方向与铅垂方向的静水总压力。

［参考答案：当下游无水 $P_x=3312.4\text{kN}$（→），$P_z=862.4\text{kN}$（↓）；当下游有水 $P_x=3136\text{kN}$（→），$P_z=950.6\text{kN}$（↓）］

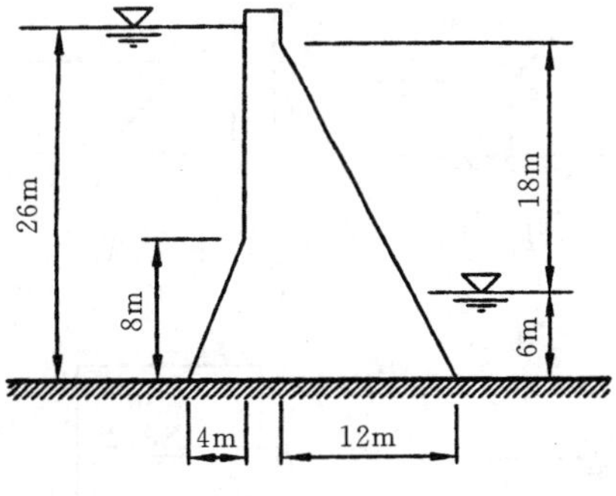


图 2.39

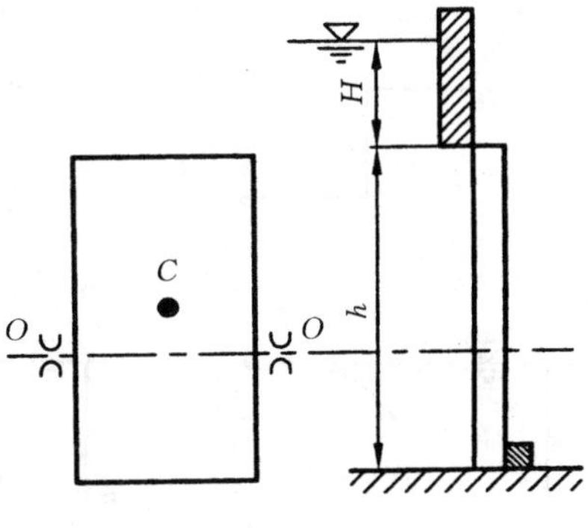


图 2.40

6. 某水闸为一铅直矩形自动泄水闸门，如图 2.40 所示。门高 $h=3\text{m}$，试问：

（1）如果要求水面超过门顶 $H=1\text{m}$ 时，泄水闸门能够自动打开，门轴 $O—O$ 应该设置在什么位置？

（2）如果将门轴放在形心 $C$ 处，$H$ 不断增大时，闸门有无自动打开的可能性？为

俭，德之共也；侈，恶之大也。（《左传·庄公二十四年》）

什么？

[参考答案：(1) 距门底不超过 1.2m 处；(2) 不可能]

7. 有一弧形闸门，如图 2.41 所示，已知弧门半径 $R=4.24$m，门前水深 $H=3$m，圆心角 $\alpha=45°$。试求：

(1) 作用在单位宽度弧形闸门上的静水总压力。

(2) 压力作用点的位置。

(参考答案：$P=45.54$kN，$\theta=14.28°$，$h_D=1.046$m)

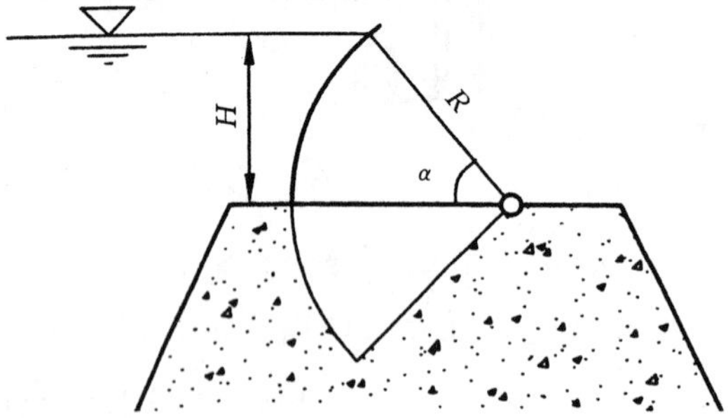


图 2.41

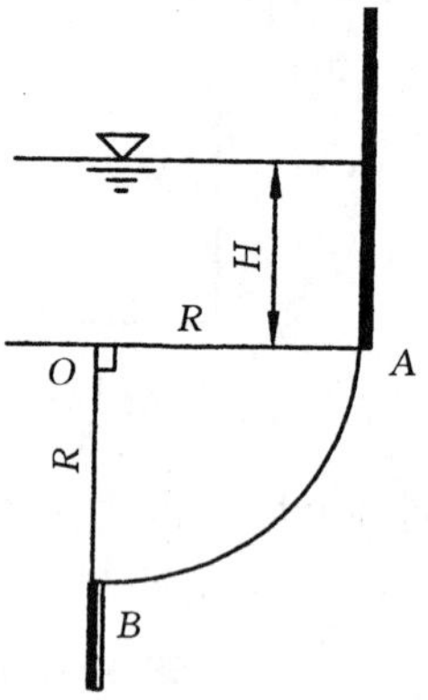


图 2.42

8. 某圆柱曲面 $AB$ 为 1/4 圆弧，如图 2.42 所示。$A$ 点以上的水深 $H=1.2$m，宽度 $b=4$m，圆弧半径 $R=1$m，水面为大气压强。试确定曲面 $AB$ 所承受的静水总压力。

(参考答案：$P=102.448$kN，作用线通过圆心，与水平方向的夹角 $\alpha=49.422°$)

9. 试绘制图 2.43 所示各类挡水面上标识字母段铅垂投影面上水平方向的压强分布图以及铅垂方向的压力体，并标明方向。

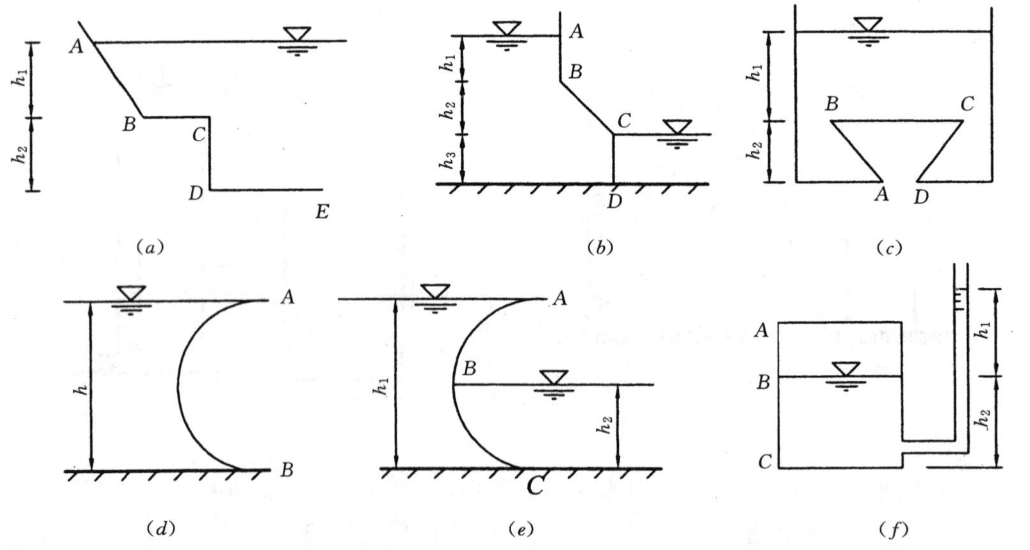


图 2.43

# 第3章　液体运动的流束理论

**【情景提示】**

1. 人往高处走，水往低处流。能举出水往高处流的例子吗？水流流向到底取决于什么？

2. 天然气炉的喷气嘴侧面有几个与外界相通的小孔，但天然气不会从侧面小孔喷出，只会从喷嘴喷出，为什么？

3. 乒乓球运动中，运动员可以利用上旋、下旋、左侧旋、右侧旋、左侧上旋、左侧下旋、右侧上旋、右侧下旋等技巧赢得比赛的胜利，其中的水力学原理是什么？

4. 铜壶滴漏、圆明园“十二生肖报时喷泉”即“水力钟”的水力学依据是什么？

5. 闸门完全关闭，将承受静水总压力。当闸门部分开启时，水流对闸门的作用力又该如何计算？

6. 利用气压的突然下降能预报即将到来的风暴吗？

**【本章导读】**

自然界和工程实际中绝大多数水流都处于运动状态。因此，研究液体的运动规律及其工程应用具有更加重要的现实意义。液体自身的物理性质和液体运动的外部条件决定着液体的运动状态以及运动要素随时空的变化，并使得运动液体呈现出各种不同的形态。描述水流运动的基本概念包括：流线、恒定流与非恒定流、均匀流与非均匀流、渐变流与急变流等。这些概念是建立水流运动基本方程的基础，必须对其分类依据与概念内涵有足够的认识和理解。水流运动也属于宏观机械运动，当然应该遵循机械运动的普遍规律，如牛顿运动定律、质量守恒定律、能量守恒定律、动量定律等。在理论力学或物理学中学习的这些机械运动基本原理都是与质点或刚体的运动特点相适应的。液体的运动是连续不断的流动，不像固体那样有明确的个体。因此，很难对液体“一个一个”地考察。此外，组成刚体的各质点之间没有相对运动，而液体的运动则不然，它是一种连续介质的流动，在流动过程中，质点之间存在着复杂的相对运动。这就决定了研究液体运动不能采用研究固体运动的方法。为此，需要首先介绍描述液体运动的两种方法，并从中引出流线的概念。实际工程中的水流往往都有一个主要的运动方向，即水流运动按一元流对待。然后，以流动方向建立流程坐标，将整个流股（束）作为研究对象，以宏观机械运动的普遍规律为依据，结合水流特点，通过分析其流速、压强等运动要素沿流程的变化情况，建立描述水流运动的3个基本方程——连续方程、能量方程、动量方程。这3个基本方程构成了水流运动的流束理论，是整个水力学课程的理论基础之一。

**【教学要求】**

①了解描述液体运动的基本概念。如流线、恒定流与非恒定流、均匀流与非均匀流、渐变流与急变流等；②通过例题研读与习题练习，掌握3个基本方程的应用条件、应用步骤、注意事项以及解题方法与技巧等，为后续课程学习与相关专业课程学习奠定坚实基础。

## 3.1　描述液体运动的两种方法

描述液体运动有两种着眼点不同的方法，分别是拉格朗日法和欧拉法。

### 3.1.1　拉格朗日法

在物理学和理论力学中，人们所熟悉的研究质点运动的方法是：选定一个坐标系，观察质点所经过的轨迹以及质点在轨迹上各点的速度和加速度。这样所掌握的是该质点在某一时段内的历程和表现，可以简单地称为“跟踪”的描述方法。如果有许多质点，那就要研究每个质点的运动历程和表现。拉格朗日（Lagrange）法就是把液体运动看作无数质点运动的总和，以研究个别液体质点的运动为基础，通过研究足够多的液体质点的运动来掌握整个液流的运动情况。所以，这种方法又称为质点系法。

拉格朗日法的着眼点在于液体质点本身的运动过程。但由于液体的运动轨迹非常复杂，要寻求为数众多的单个质点的运动规律，除了较简单的情况外，将会在数学上导致难以克服的困难。况且从实用的观点来看，实际工程中并没有必要了解液体质点运动的详尽过程。因此，这种方法在水力学中很少采用，仅在研究波浪运动、射流轨迹等问题时，才考虑应用拉格朗日法。

### 3.1.2　欧拉法

欧拉（Euler）法将液体运动看作是各个空间点上不同液体质点运动情况的总和。即在液体运动空间取许多空间点，研究某一瞬时经过这些空间点的不同质点的运动情况（如流速、压强的变化等），以了解这一瞬时整个液流的运动情况。如果研究很多瞬时，就能了解某一时段液流的运动情况。显然，欧拉法并不关注液体质点在某一时段的运动历程与表现，而只关注质点流经该空间点时的运动状况。故欧拉法也称为空间点法或流场法。

欧拉法在理论分析和实验观测中都有广泛应用。例如，用流速仪测出水流中某一瞬时许多固定点的流速，就得到了该时刻整个水流的流速分布图。图 3.1 为溢流坝下游水流纵剖面各铅垂线上的流速分布图。该图形象地反映了某一瞬时溢流坝下游各空间点流速变化情况。

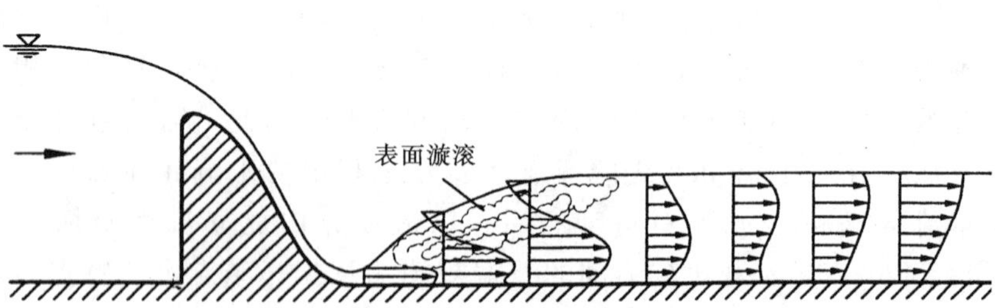


图 3.1

## 3.2　水流运动的基本概念

实际水流的运动情况比较复杂，在运动过程中往往会呈现出多种多样的形态。为研究水流运动规律方便，通常要从不同角度出发，对水流运动进行分类，形成描述水流运动的一系列基本概念。

### 3.2.1　恒定流与非恒定流

恒定流与非恒定流是根据运动要素是否随时间变化来划分的。任一点处所有的运动要素都不随时间而变化的水流称为恒定流。否则，称为非恒定流。

图 3.2 所示容器，侧壁上开一小孔，水从孔口流出。图 3.2（$a$）中，容器水位保持不变，出流水股各点流速和压强也不随时间而变，水流是恒定流；图 3.2（$b$）中，容器水位从 $t_1$ 时刻的 $H_1$ 连续下降至 $t_2$ 时刻的 $H_2$，则出流水股各点的流速和压强也相应地随时间变化，水流是非恒定流。此外，河道中的洪水过程及潮汐现象也是典型的非恒定流。

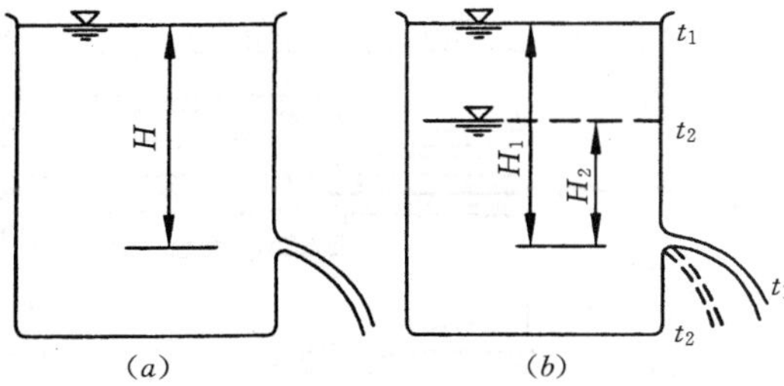


图 3.2

恒定流与非恒定流是液体运动中最主要的分类。在实际工程中，有的非恒定流问题，其运动要素随时间变化非常缓慢，或者是在一段时间内运动要素的平均值几乎不变，此时可近似地把这种流动做恒定流处理。比如，容积很大的容器上的孔口泄流，可以认为容器水位在一定时段保持不变。此外，有些非恒定流经改变坐标系后可变成恒定流。例如，船在静止的河水中等速直线行驶时，船两侧的水流对于岸上的人看来是非恒定流，但对于站在船上的人看来则是恒定流，它相当于船不动，而远处水流以与船相反的方向等速流过来。

### 3.2.2　迹线与流线

#### 3.2.2.1　迹线

迹线是某一质点在某一时段内所经历的空间点的连线，即质点的运动轨迹线。拉格朗日法正是研究液体质点运动历程和表现的，因此，迹线是由拉格朗日法引出的概念。江河中漂浮物从一处浮游到另一处时所画的曲线便是一条迹线。

#### 3.2.2.2　流线

1. 流线的概念

流线是某一瞬时在流场中绘出的曲线，该曲线上每一点处的流速矢量均与该曲线相切。流线是欧拉法引入的概念，流线的绘制方法简介如下。

如图 3.3 所示，设在某时刻 $t_1$，流场中有一空间点 $A_1$，此时经过该空间点的液体质点具有的速度为 $\boldsymbol{u}_1$，自 $A_1$ 作矢量 $\boldsymbol{u}_1$，沿 $\boldsymbol{u}_1$ 方向截取微分长度 $\Delta s_1$，得到另一空间点 $A_2$，在同一时刻 $t_1$ 经过空间点 $A_2$ 的液体质点具有的速度为 $\boldsymbol{u}_2$，自 $A_2$ 作矢量 $\boldsymbol{u}_2$，沿 $\boldsymbol{u}_2$ 方向截取微分长度 $\Delta s_2$，得到另一空间点 $A_3$，在同一时刻 $t_1$ 经过该空间点 $A_3$ 的液体质点具有的速度为 $\boldsymbol{u}_3$，自 $A_3$ 作矢量 $\boldsymbol{u}_3$，沿 $\boldsymbol{u}_3$ 方向截取微分长度 $\Delta s_3$，得到另一空间点 $A_4$，以此类推，就得到了同一时刻 $t_1$ 流场中流经不同空间点的液体质点的流速组成的一条

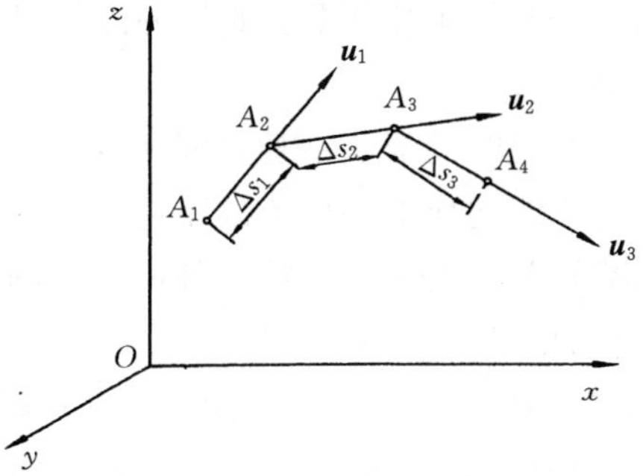


图 3.3

人间莫谩惜花落，花落明年依旧开。却最堪悲是流水，便同人事去无回。(【唐】罗邺《叹流水》)

折线。当每一段 $\Delta s_i$ 均趋于零时，折线将变成一条光滑的曲线，各点的流速矢量均与该曲线相切。这条光滑的曲线即为 $t_1$ 时刻经过起始点 $A_1$ 的一条流线。按此方法，从不同空间点开始，可以绘出无数条流线。这无数条流线形象地反映了 $t_1$ 时刻流速场的瞬态图景。图 3.4 为某一瞬时管道与溢流坝的流线示意图，是瞬时流动图景的展示。

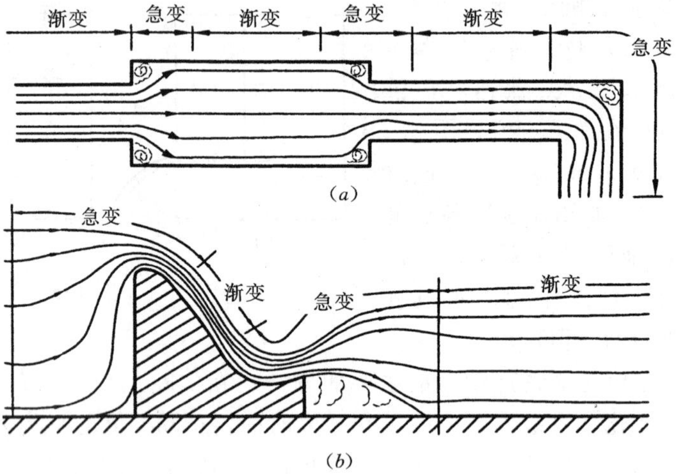


图 3.4

2. 流线的性质

(1) 流线上任一点的切线方向代表该点的流速矢量方向。

(2) 同一瞬时的流线不能相交，也不能转折，只能是一条光滑的曲线。

(3) 恒定流时，流线的形状不随时间改变；非恒定流时，流线的形状随时间改变，即非恒定流的流线具有瞬时性，不同瞬时的流线各不相同。

(4) 恒定流时流线与迹线相重合。

(5) 流线分布的疏密程度反映流速的大小，密则大，疏则小。

(6) 流线的形状总是尽可能接近边界的形状。

从上述流线的性质可以理解到，流线是空间流速分布情况的形象化。如果获得了某一瞬时的许多流线，也就了解了该瞬时整个液流的运动图景，如图 3.1、图 3.4 所示。

### 3.2.3 流管、微小流束、总流、过水断面、流量、断面平均流速

#### 3.2.3.1 流管

如图 3.5 所示，在水流中任意取一微分面积 $dA$，通过该面积周界上的每一点均可作出一条流线，这无数条流线组成的封闭的管状曲面称为流管。

根据流线的性质，不难得到流管的性质：①恒定流时流管的形状不随时间改变，非恒定流时流管的形状随时间而变。②由于流管的侧壁是由流线构成的，由流线不能相交的性质可得出液体只能在流管以内或以外运动，不能穿越流管侧壁由里向外或由外向里流动。

#### 3.2.3.2 微小流束

充满以流管为边界的一束液流称为微小流束，也称元流。流管的性质也就是微小流束的性质。但由于微小流束的横断面面积是微分量 $dA$，故在一般的水力学分析中均认为该断面上的水力要素是均匀分布的，即以某一点的流速和压强代表该微分面积 $dA$ 的平均流


龙跃虬蟠旋作潭，绕红溅绿下东南。春风散入侯家去，漱齿花前酒半酣。【唐】罗邺《叹流水》

速和平均压强，如图 3.5 所示。

**3.2.3.3**　总流

有一定大小尺寸的实际水流都称为总流。总流可以看作是由无数多个微小流束所组成。一切实际水流均可视为总流。总流与微小流束的关系如图 3.5 所示。

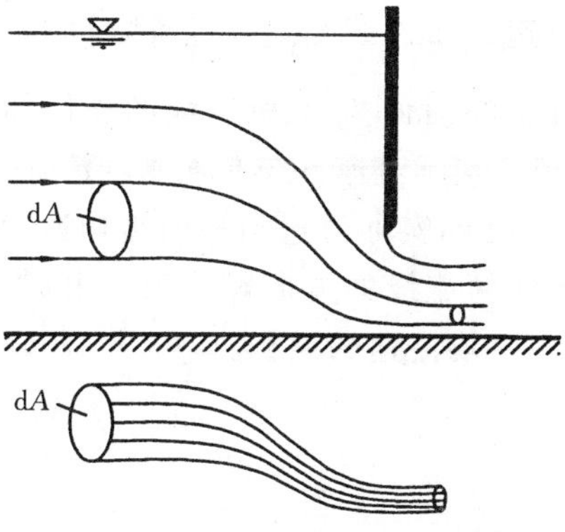


图 3.5

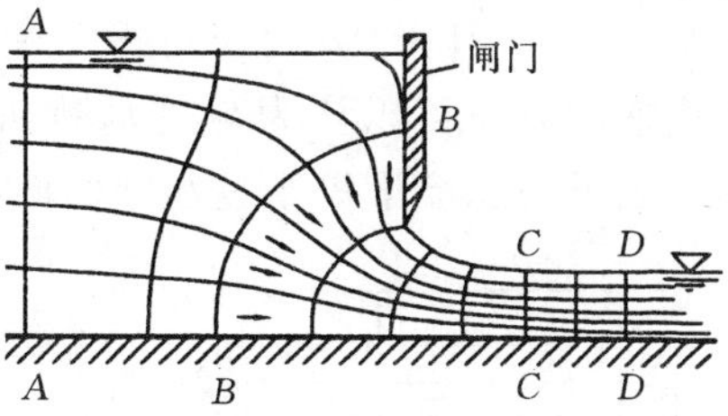


图 3.6

**3.2.3.4**　过水断面

与微小流束或总流流线呈正交的横断面称为过水断面，其面积以 d$A$ 或 $A$ 表示，单位为 $m^2$。过水断面可能是平面，也可能是曲面，其形状主要与流线分布情况有关。图 3.6 给出了闸孔出流的流线示意图，随流线形状不同，其过水断面形状也不相同。严格地讲，只有当流线为平行的直线时，过水断面才可能是平面。

**3.2.3.5**　流量

单位时间内通过某一过水断面的液体体积称为流量，以 $Q$ 表示，单位为 $m^3/s$。

如图 3.5 所示，在总流中任取一微小流束，其过水断面面积为 d$A$，可以认为微小流束过水断面上各点的流速均为 $u$，由于过水断面与流速矢量方向（流线方向）相垂直，故单位时间内通过微小流束某一过水断面的液体体积即流量可以表示为

$$\mathrm{d}Q = u\mathrm{d}A$$

对总流来讲，就应该有

$$Q = \int_Q \mathrm{d}Q = \int_A u\mathrm{d}A \tag{3.1}$$

显然，只要知道过水断面上的流速分布 $u$ 的表达式，便可利用上式计算流量。但由于流速分布 $u$ 的表达式一般不易得到，故工程实际中常采用直接或间接的方式量测流量。在水力学实验中，通常采用重量法、体积法、薄壁堰等方法测定流量，实际工程中则往往采用各种量水设施或设备，如文丘里流量计、电磁流量计、孔板流量计等。

对河渠或管道而言，流量的大小是其输运液体能力大小的体现，即流量反映的是过流能力。

**3.2.3.6**　断面平均流速

断面平均流速是假想的在过水断面上均匀分布的流速，以它通过的流量和真实流速分布通过的流量相等。断面平均流速常用 $v$ 表示，单位为 m/s。

由断面平均流速的定义可知

$$Q=Av=\int_A u\,\mathrm{d}A$$

$$v=\frac{Q}{A}=\frac{\int_A u\,\mathrm{d}A}{A} \tag{3.2}$$

从数学上理解，$Av=\int_A u\,\mathrm{d}A$ 表示的是实际流速分布曲线与过水断面之间构成的封闭空间几何体的体积与高为断面平均流速 $v$ 底为过水断面面积 $A$ 所构成的柱体体积相等，如图 3.7（$a$）、（$b$）所示。从图 3.7（$c$）可以看到，实际流速 $\boldsymbol{u}$ 与断面平均流速 $v$ 之间的关系是 $\boldsymbol{u}=v+\Delta\boldsymbol{u}$，其中 $\Delta\boldsymbol{u}$ 可正可负，仅有一个点处的实际流速与断面平均流速值相等。断面平均流速的方向可以认为与过水断面中心点处的流线的方向相一致。由此可得出结论：过水断面上的总流量等于过水断面面积与断面平均流速的乘积。

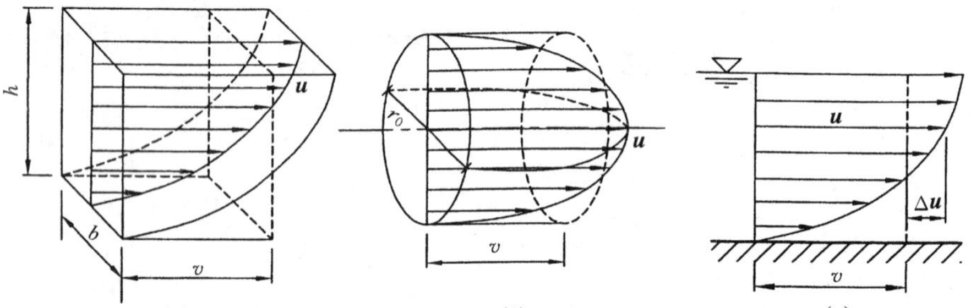


图 3.7
（$a$）矩形断面明渠；（$b$）圆管；（$c$）垂线流速分布

断面平均流速代替真实流速分布是对水流真实结构的一种简化。对大多数水流运动采用这样的处理方法可使问题的分析变得比较简单。在实际应用中，有时并不需要知道总流过水断面上的流速分布，仅需要了解断面平均流速的大小及沿程变化情况即可。

### 3.2.4　一元流、二元流、三元流

任何实际水流的运动都是在三维空间发生的。若水流的运动要素与 3 个空间自变量有关，这种水流称为三元流，或称空间运动。其一般的数学表达式为 $\boldsymbol{u}=\boldsymbol{u}(x, y, z, t)$。例如水流绕过弹头状物体或流入喇叭口时的流动，如图 3.8（$a$）所示。

若水流的运动要素只与 2 个空间自变量有关，这种水流称为二元流，或称平面运动。其一般的数学表达式为 $\boldsymbol{u}=\boldsymbol{u}(x, y, t)$。实际工程中，当水流某一方向的几何尺度远远大于其余两个方向的尺度时，就可作为平面运动处理。如轴线（$x$ 方向）很长的滚水坝，水从坝顶下泄时，可以认为 $x$ 方向没有运动，它仅存在于 $y$ 和 $z$ 方向的运动，而且在所有平行于 $yoz$ 坐标面的平面上，液体的运动情况完全相同。这样仅需研究平行平面中的任何一个平面上的液体运动情况就足够了，如图 3.8（$b$）所示。

若水流的运动要素仅与一个空间自变量（流程坐标 $s$）有关，这种水流称为一元流。其一般的数学表达式为 $\boldsymbol{u}=\boldsymbol{u}(s, t)$。这里流程坐标 $s$ 既可以是直线，也可以是曲线。实际上，水流往往沿某一主要方向运动。如管道中的水流，虽然在垂直管道轴线方向，液体质点也可能有运动，但主流的方向仍然是沿管轴线方向的运动，河道中的水流也是如此，如

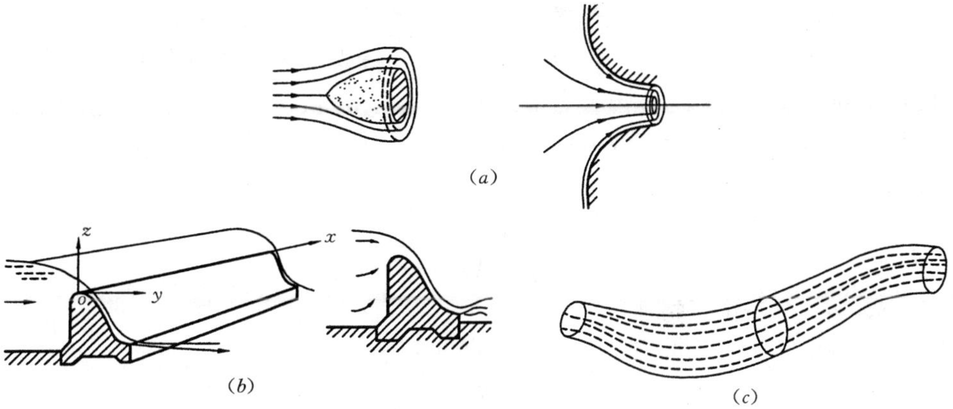


图 3.8

图 3.8（$c$）所示。

严格来讲，任何实际水流的运动都是三元流，但是，用三元流理论来分析问题时，需要考虑运动要素在空间三个方向上的变化，问题变得非常复杂，还会遇到许多数学上的困难。所以，水力学中常采用简化方法，即引入断面平均流速的概念，把总流视为一元流，用一元分析法来研究实际水流的运动规律。实践证明，水利工程中的一般水力学问题，把水流看作是一元流或二元流是可以满足生产要求的。但对于有些水力学问题，如高速水流的掺气、脉动、气蚀、泥沙输移等问题的研究都与水流内部结构有关，用一元流来分析是不能满足要求的。

### 3.2.5　均匀流与非均匀流、渐变流与急变流

把水流按流线是否为平行的直线或按流速是否沿程变化分为均匀流和非均匀流。

#### 3.2.5.1　均匀流

1. 均匀流的概念

当水流的流线为相互平行的直线时，该水流称为均匀流。管径不变的直线管道中的水流就是均匀流的典型例子。

2. 均匀流的特点

① 流线为相互平行的直线。② 流速沿程不变，即均匀流为等速直线运动。③ 过水断面为平面，且形状尺寸沿程不变。④ 任一过水断面上的流速分布均相同，断面平均流速均相等。⑤均匀流同一过水断面上的动水压强按静水压强规律分布，即均匀流同一过水断面上各点的测压管水头维持同一常数。这一性质证明如下。

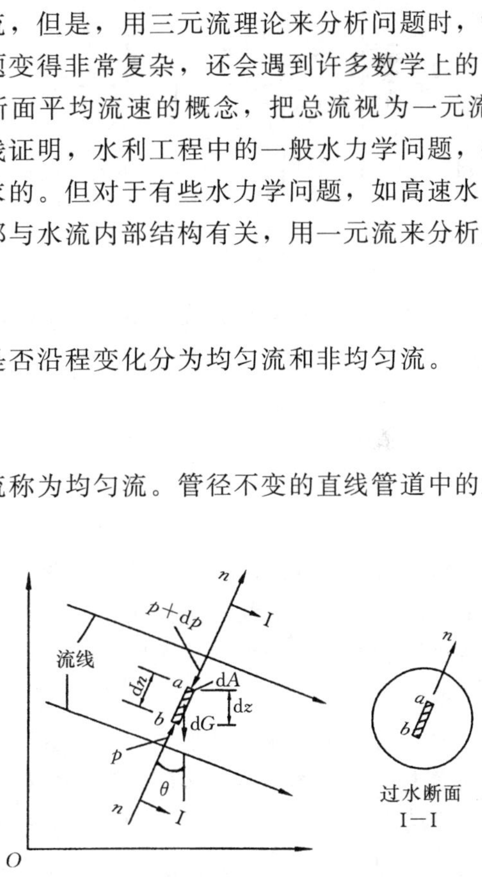


图 3.9

如图 3.9 所示，设想在均匀流中任取一流管，取一过水断面 $n-n$，在其上任作一高为 $dn$、截面积为 $dA$ 的微分柱体 $ab$，作用其上的外力有：①柱体两端面的动水压力。设 $b$ 端面形心点处的动水压强为 $p$，则 $a$ 端面形心点处的动水压强为 $p+dp$，相应的动水压力为 $pdA$ 和（$p+dp$）$dA$。②柱体侧面的动

水压力与 $n$ 方向垂直，故在 $n$ 方向无投影。③两端面及四周侧表面的黏滞阻力也均与 $n$ 方向垂直，在 $n$ 方向上无投影。④均匀流无惯性力。⑤重力，方向铅直向下，设重力与 $n$ 方向成 $\theta$ 角，则 $dG=\rho g dA dn$。

由于均匀流为等速流，沿流线方向及 $n$ 方向均无加速度，故所有作用其上的外力沿 $n$ 方向分量的代数和一定为零，即

$$\sum F_n=0$$

$$p dA-(p+dp)dA-\rho g dA dn\cos\theta=0$$

由于 $dn\cos\theta=dz$，化简整理可得

$$z+\frac{p}{\rho g}=C \tag{3.3}$$

这就表明，沿过水断面上的任一 $n$ 方向各点的测压管水头都相等，即动水压强按静水压强规律分布。由于 $n$ 的方向是任意选定的，因此，这一结论适用于整个过水断面。但必须注意，对于不同的过水断面，其常数 $C$ 值是不同的，如图 3.10 所示。这一点与静止液体有根本性质的不同，静止液体中的常数 $C$ 对容器内的所有液体均适用。

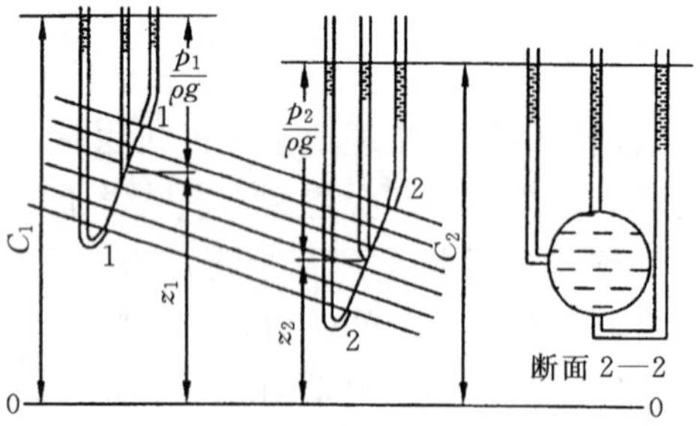

图 3.10

与静水压强的量测相似，也可以用测压管或差压计来测量动水压强或压强差。此外，由于均匀流条件下，动水压强按静水压强规律分布。所以，过水断面两侧液体相互作用的动水压力就可以按静水总压力公式来计算，即 $P=p_c A$。

### 3.2.5.2 非均匀流

若水流流线不是相互平行的直线，该水流称为非均匀流。按流线不平行和弯曲的程度，又将非均匀流分为渐变流和急变流两种类型。

1. 渐变流

当水流的流线近乎于平行的直线时，这样的水流称为渐变流。从数学上讲，流线近乎于平行的直线是指流线之间夹角很小或流线的曲率半径很大。至于流线的夹角小到什么程度或流线的曲率半径大到什么程度，一般并无定量的标准，要看对于一个具体问题所要求的精度。

由于渐变流的流线近乎于平行的直线，因此，可以近似地认为：过水断面为平面，过水断面上动水压强也按静水压强规律分布。

最后有必要说明，均匀流和渐变流过水断面上动水压强按静水压强规律分布的结论仅适用于有固体边界约束的情况，即适用于明渠水流和管流，对孔口或管道末端射入大气的射流，不再适用。尽管在出口断面或距出口断面不远处，水流的流线也近似于平行的直线，可视为均匀流或渐变流，但因该断面的周界上均与气体相接触，可以认为断面上各点的压强均为大气压强。

2. 急变流

若水流流线之间的夹角很大或曲率半径很小，这种水流称为急变流。

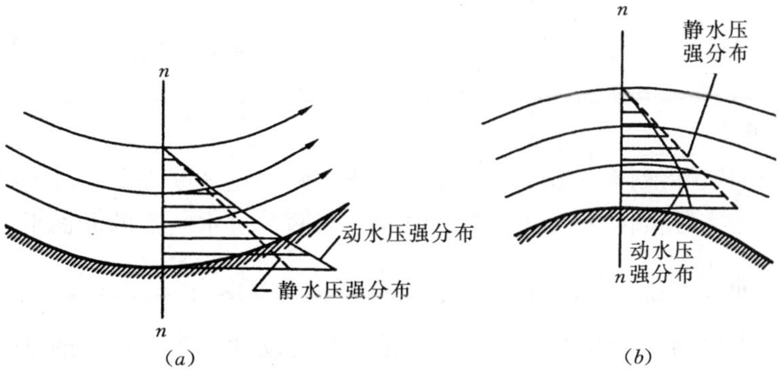


图 3.11

对急变流来讲，由于流线弯曲比较严重，离心惯性力对水流的影响已不能忽略。此时，与分析均匀流过水断面上动水压强分布规律时采用相同的方法，就会看到离心惯性力在 $n$ 方向上有分量。此时，过水断面上动水压强不按静水压强规律分布，即测压管水头不是同一常数。而且过水断面上的动水压强可能比静水压强大，也可能比静水压强小，取决于流线弯曲的方向，如图 3.11 ($a$)、($b$) 所示。图 3.12 为弯管同一过水断面上测压管水头的变化情况。

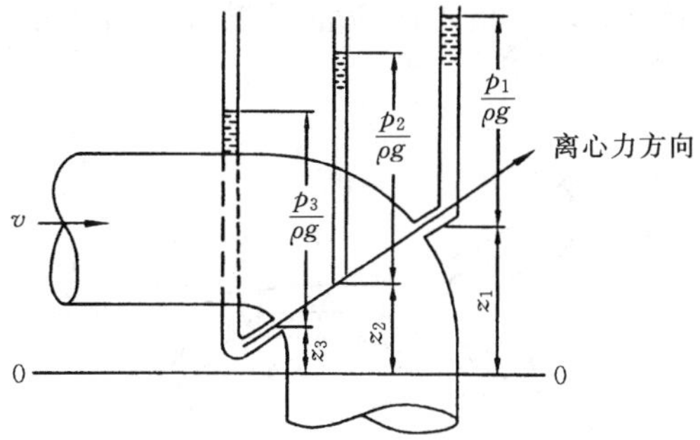


图 3.12

实际工程中的水流运动，受固体边界影响，其流线形状随边界形状而变化，导致水流有均匀流流段，也有渐变流流段和急变流流段，见图 3.4。

## 3.3　一元恒定总流的连续方程

### 3.3.1　方程的推导

根据质量守恒定律，即可建立不可压缩实际液体一元恒定总流的连续方程。

如图 3.13 所示，在不可压缩实际液体一元恒定总流中任取一微小流束，以过水断面 1—1 与 2—2 之间的水体为研究对象。由于恒定流时流管形状不随时间改变，液体只能在流管以内或流管以外运动，且液体不可压缩，则在微分时段 $dt$ 内从 1—1 断面流入的质量必然等于从 2—2 断面流出的质量，即

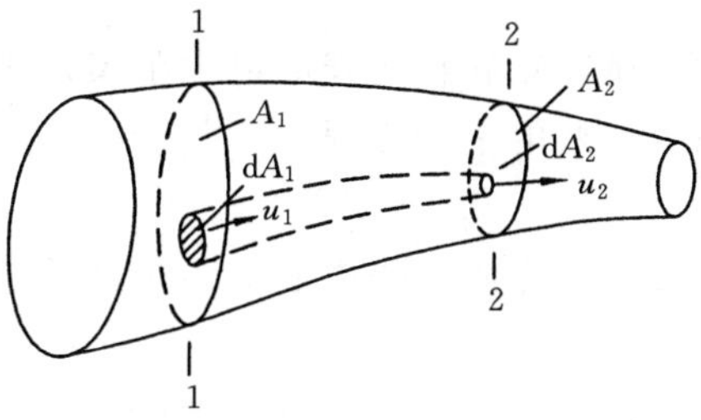

图 3.13

$$\rho u_1 dA_1 dt = \rho u_2 dA_2 dt$$

$$dQ = u_1 dA_1 = u_2 dA_2$$

将其对总流过水断面积分

$$Q = \int_{A_1} u_1 dA_1 = \int_{A_2} u_2 dA_2$$

引入断面平均流速，即可得到不可压缩实际液体一元恒定总流的连续方程。

$$Q=A_1v_1=A_2v_2 \tag{3.4}$$

式中：$A_1$、$A_2$、$v_1$、$v_2$ 分别为 1—1 断面和 2—2 断面的过水断面面积和断面平均流速。

### 3.3.2　方程的意义

（1）不可压缩实际液体一元恒定总流中，任意两个过水断面所通过的流量相等。

（2）不可压缩实际液体一元恒定总流中，任意两个过水断面的断面平均流速与过水断面面积成反比，即$\frac{A_1}{A_2}=\frac{v_2}{v_1}$。

连续方程是水力学 3 个基本方程之一，是一个运动学方程，反映的是断面平均流速与过水断面面积之间的关系，也揭示了过水断面面积与断面平均流速沿流程的变化规律。

当水流运动过程中，沿流程有流量的分出或汇入时，连续方程可以推广应用。根据质量守恒原理，流入的流量必然等于流出的流量，即$\sum Q_{入}=\sum Q_{出}$。对图 3.14 所示情况，则有

$$Q_1+Q_2=Q_3=Q_4+Q_5$$

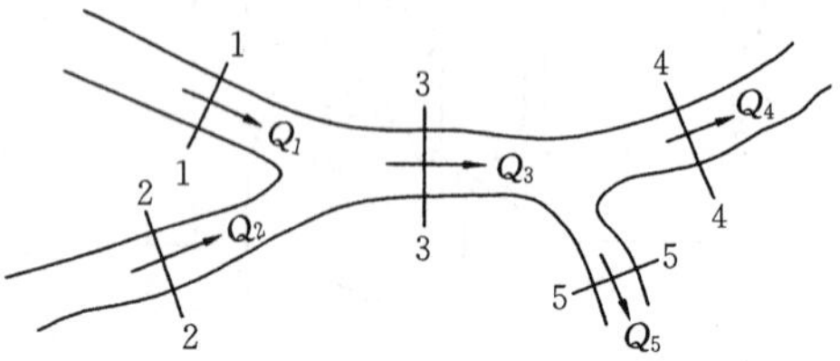


图 3.14

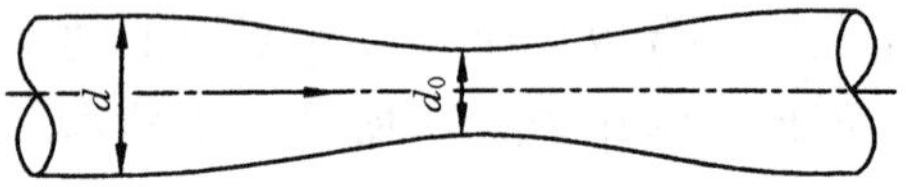


图 3.15

**【例 3.1】**　直径 $d=100$mm 的输水管道中有一变截面管段，如图 3.15 所示。若测得管内流量$Q=10$L/s，变截面喉管段最小截面处的断面平均流速 $v_0=20.3$m/s。求输水管的断面平均流速及最小截面处的直径 $d_0$。

**解：**根据连续方程，输水管的断面平均流速

$$v=\frac{Q}{A}=\frac{4Q}{\pi d^2}=\frac{4\times10\times10^{-3}}{3.14\times0.1^2}=1.274(\text{m/s})$$

由连续方程 $v_1A_1=v_2A_2$，可确定最小断面直径

$$d_0=\sqrt{\frac{v}{v_0}d^2}=\sqrt{\frac{1.274}{20.3}\times0.1^2}=0.025(\text{m})=25(\text{mm})$$

## 3.4　一元恒定总流的能量方程

能量方程是水流运动必须遵循的另一个基本方程，是能量转化与守恒定律在水力学中的具体应用，也是水流运动现象分析与计算中应用最为普遍的一个方程。

### 3.4.1　方程推导

由物理学可知，运动物体在某一时段内动能的增量等于作用于物体上全部外力所做功之代数和。这就是所谓的动能定理，即

$$\sum W=\frac{1}{2}m(v_2^2-v_1^2)$$

水流运动属于机械运动，动能定理同样也是适用的。但水流运动是连续介质的流动，液体又具有黏滞性，在运动过程中还要受到边界的约束和影响。因此，根据动能定理推导出的水流运动的能量转化与守恒规律就有其特殊的形式。

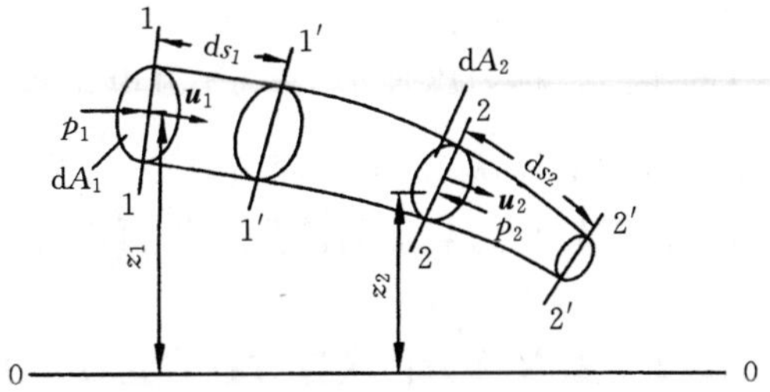

图 3.16

如图 3.16 所示，在恒定流中任取 1—1 与 2—2 两断面间的微小流束进行分析。设两过水断面面积分别为 $dA_1$、$dA_2$，其形心点处的流速为 $\boldsymbol{u}_1$、$\boldsymbol{u}_2$，压强为 $p_1$、$p_2$，断面形心距基准面的高度为 $z_1$、$z_2$，经过微分时段 $dt$，该流段运动到了 1′—1′与 2′—2′之间的位置，现分析该流段动能的变化及其作用力所作的功。

1. 动能变化量

水流为恒定流，故在微分时段 $dt$ 内流段 1′—2 这部分的质量和各点的流速都没有变化，即动能不变。整个流段的动能变化仅体现在由 1—1′段的动能变化到 2—2′段的动能。又由于水流为均质不可压缩液体，故 1—1′与 2—2′流段的体积和质量均相等，设其体积为 $dV$，相应的质量 $dm=\rho dV$。由于时段 $dt$ 是微分量，可以认为 1—1′内各点的流速均为 $\boldsymbol{u}_1$，2—2′内各点的流速均为 $\boldsymbol{u}_2$，则动能的变化量可以表示为

$$\frac{1}{2}dm\boldsymbol{u}_2^2-\frac{1}{2}dm\boldsymbol{u}_1^2=\frac{\rho}{2}dV(\boldsymbol{u}_2^2-\boldsymbol{u}_1^2)$$

2. 流段上所有作用力所作的功

（1）重力功。

$$W_1=\rho g dV(z_1-z_2)$$

其中，$z_1>z_2$，重力作正功，$z_1<z_2$，重力作负功。

（2）压力功。

$$W_2=p_1dA_1ds_1-p_2dA_2ds_2=(p_1-p_2)dV$$

其中，$ds_1=\boldsymbol{u}_1dt$，$ds_2=\boldsymbol{u}_2dt$。需要注意的是，断面 1—1 与断面 2—2 上的动水压力与水流方向平行，是作功的；而流管侧壁上的动水压力与流动方向垂直，是不作功的。

（3）阻力功：摩阻力虽然比较复杂，但它总是与水流运动方向相反，即它总是对水流运动作负功。从 1—1 断面到 2—2 断面的流动过程中，假设摩阻力对单位重量液体所作的功是 $-h'_w$，则对 $\rho g dV$ 这块水体所作的功 $W_3=-\rho g dVh'_{w1-2}$。

3. 元流的能量方程

由动能定理可知

$$\rho g dV(z_1-z_2)+(p_1-p_2)dV-\rho g dVh'_{w1-2}=\frac{\rho}{2}dV(u_2^2-u_1^2)$$

方程左右两端同除以 $\rho g dV$，并按上、下游断面整理，就得到了不可压缩实际液体一元恒定元流的能量方程。

$$z_1+\frac{p_1}{\rho g}+\frac{u_1^2}{2g}=z_2+\frac{p_2}{\rho g}+\frac{u_2^2}{2g}+h'_{w1-2} \tag{3.5}$$

海水非不广，邓林岂无枝。风波一荡薄，鱼鸟不可依。（【唐】韩愈《海水》）

式中：$z_1$、$z_2$ 为单位重量的液体具有的位能，称为位置水头；$\frac{p}{\rho g}$ 为单位重量的液体具有的压能，称为压强水头；$\frac{u^2}{2g}$ 为单位重量的液体具有的动能，称为流速水头；$h'_{w1-2}$ 为单位重量的液体从 1—1 断面流到 2—2 断面过程中由于克服水流阻力而消耗的机械能。这部分机械能转化为热能而散失，不再恢复为其它形式的能量，习惯上称为能量损失或水头损失。

这个方程又称为伯诺里方程，它反映的是恒定流微小流束单位重量液体位能、压能、动能的相互转化关系。通常，元流的能量方程只是在需要求解水流内部或边界上各点的流速和压强时才应用。实际工程中，需要考虑的是总流。

4. 总流的能量方程

元流的能量方程对总流过水断面积分，便可得到总流的能量方程。若通过元流的流量为 d$Q$，则单位时间内通过元流任一过水断面的液体重量为 $\rho g\mathrm{d}Q$，将元流能量方程中的各项均乘以 $\rho g\mathrm{d}Q$，并分别在总流的两个过水断面上积分，即

$$\int_Q\left(z_1+\frac{p_1}{\rho g}\right)\rho g\,\mathrm{d}Q+\int_Q\left(\frac{u_1^2}{2g}\right)\rho g\,\mathrm{d}Q=\int_Q\left(z_2+\frac{p_2}{\rho g}\right)\rho g\,\mathrm{d}Q+\int_Q\left(\frac{u_2^2}{2g}\right)\rho g\,\mathrm{d}Q+\int_Q(h'_{w1-2})\rho g\,\mathrm{d}Q \tag{3.6}$$

显然，式（3.6）共包含 3 种类型的积分，具体积分过程如下：

（1）若所取的过水断面位于均匀流或渐变流位置，则同一过水断面上各点的测压管水头维持同一常数，即 $z+\frac{p}{\rho g}=C$，此时有

$$\int_Q\left(z+\frac{p}{\rho g}\right)\rho g\,\mathrm{d}Q=\rho g\left(z+\frac{p}{\rho g}\right)\int_Q\mathrm{d}Q=\left(z+\frac{p}{\rho g}\right)\rho gQ$$

（2）根据连续方程，$\mathrm{d}Q=u\mathrm{d}A$，则

$$\int_Q\frac{u^2}{2g}\rho g\,\mathrm{d}Q=\int_A\frac{u^3}{2g}\rho g\,\mathrm{d}A$$

考虑用断面平均流速代替各点的真实流速，由两者的关系可知，$v=u\pm\Delta u$。一般来讲，$\int_A u^3\mathrm{d}A\neq\int_A v^3\mathrm{d}A$，故不能直接将动能积分号内的 $u$ 换成 $v$，而需要乘一个系数 $\alpha$ 才能使之相等，即

$$\int_A u^3\mathrm{d}A=\alpha\int_A v^3\mathrm{d}A=\alpha v^3\int_A\mathrm{d}A=\alpha v^3A$$

此时

$$\int_Q\frac{u^2}{2g}\rho g\,\mathrm{d}Q=\int_A\frac{u^3}{2g}\rho g\,\mathrm{d}A=\frac{\alpha v^3}{2g}\rho gA=\frac{\alpha v^2}{2g}\rho gQ$$

其中，$\alpha$ 称为动能修正系数，数学表达式为

$$\alpha=\frac{\int_A u^3\mathrm{d}A}{v^3A} \tag{3.7}$$

可以从数学上证明 $\alpha$ 是一个大于 1 的正数，其大小取决于断面流速分布。流速分布越均匀，$\alpha$ 值越接近 1；流速分布越不均匀，$\alpha$ 值越大。一般情况下，渐变流中 $\alpha=1.05\sim1.1$。因此，除流速分布很不均匀的情况（如水跃的跃后断面）需要特别考虑外，通常取

$\alpha=1.0$，即以断面平均流速代替真实流速分布所带来的误差是不大的。

(3) 假定各个微小流束单位重量液体所损失的机械能都用一个平均值 $h_w$ 来代替，则有

$$\int_Q h'_{w1-2}\rho g\,\mathrm{d}Q=\rho g h_{w1-2}\int_Q \mathrm{d}Q=h_{w_{1-2}}\rho g Q$$

将各部分积分结果代入式 (3.6)，方程两边同时除以 $\rho g Q$，就得到不可压缩实际液体一元恒定总流的能量方程。

$$z_1+\frac{p_1}{\rho g}+\frac{\alpha_1 v_1^2}{2g}=z_2+\frac{p_2}{\rho g}+\frac{\alpha_2 v_2^2}{2g}+h_{w1-2} \tag{3.8}$$

式中：下标 1、2 分别为上游、下游两个均匀流或渐变流断面；$h_{w1-2}$ 为总流从 1—1 断面流到 2—2 断面过程中的能量损失，也称水头损失。总流能量方程表达的是水流运动过程中单位重量液体机械能的转化和守恒规律。

### 3.4.2　应用条件

由能量方程的推导过程可知，应用能量方程时应满足下列条件：

(1) 均质的、不可压缩液体。

(2) 水流为恒定流。

(3) 固体边界静止不动。

(4) 作用于液体上的力只有重力。

(5) 在所选取的两个过水断面上，水流符合均匀流或渐变流条件，而两断面之间的水流可以有急变流存在。

(6) 两断面间流量保持不变，即沿流程无流量分出或汇入。

注意：当两断面间有流量流入或流出时，能量方程仍可推广应用。尽管在能量方程的推导过程中使用了流量沿程保持不变的条件，但总流能量方程中的各项都是指单位重量液体的能量，所以在有水流流入或流出的情况下，仍可分别对每一支水流建立能量方程式。对图 3.17 所示情况，可得到如下形式的能量方程。

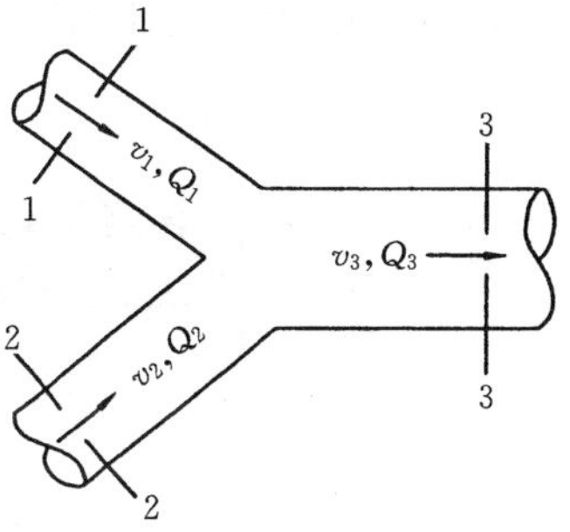


图 3.17

$$z_1+\frac{p_1}{\rho g}+\frac{\alpha_1 v_1^2}{2g}=z_3+\frac{p_3}{\rho g}+\frac{\alpha_2 v_3^2}{2g}+h_{w1-3}$$

$$z_2+\frac{p_2}{\rho g}+\frac{\alpha_2 v_2^2}{2g}=z_3+\frac{p_3}{\rho g}+\frac{\alpha_2 v_3^2}{2g}+h_{w2-3}$$

(7) 两过水断面间除了水头损失以外，没有能量的输入或输出。

注意：当总流在两断面间有水泵、风机或水轮机等流体机械时，水流将额外地获得或失去能量。此时，总流的能量方程应作如下修正。

$$z_1+\frac{p_1}{\rho g}+\frac{\alpha_1 v_1^2}{2g}\pm H_{P(t)}=z_2+\frac{p_2}{\rho g}+\frac{\alpha_2 v_2^2}{2g}+h_{w1-2} \tag{3.9}$$

式中：$H_{P(t)}$ 为单位重量液体所获得或失去（输入或输出）的机械能，对水泵取“+”，以 $H_P$（水泵扬程）表示，对水轮轮机取“−”，以 $H_t$（水轮机作用水头）表示；$h_{w1-2}$ 为两断面间管路系统的水头损失，不包括水流流经水泵或水轮机的损失。水流流过水泵或水轮机时因漏损、机械磨损等引起的能量损失反映在水力机械的效率之中。

方圆不定性空求，东注沧溟早晚休。高截碧塘长耿耿，远飞青嶂更悠悠。（【唐】韩溉《水》）

对于图 3.18 所示的水泵装置，若忽略进水池与出水池流速，取 $v_1=v_2=0$，则式（3.9）可改写为

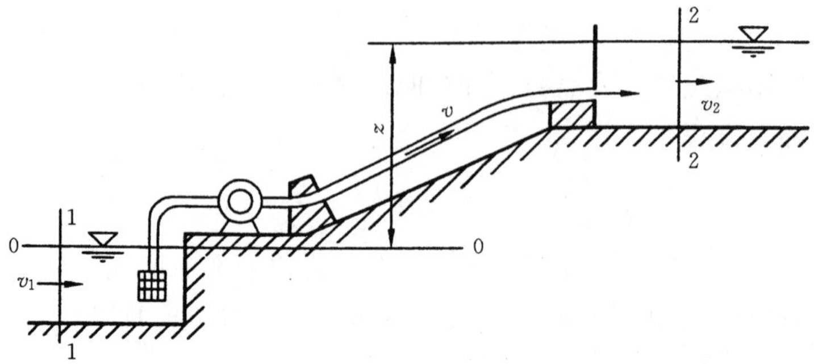


图 3.18

$$H_P=z+h_{w1-2} \tag{3.10}$$

式中：$z$ 为上下游水位差，对泵而言，也称为几何扬程或提水高度。实际上，水泵扬程就等于几何扬程与整个管路系统水头损失之和。

得到水泵扬程之后，可按式（3.11）计算水泵的轴功率。

$$N_P=\frac{\rho gQH_P}{\eta_P} \tag{3.11}$$

式中：$\eta_P$ 为水泵效率。

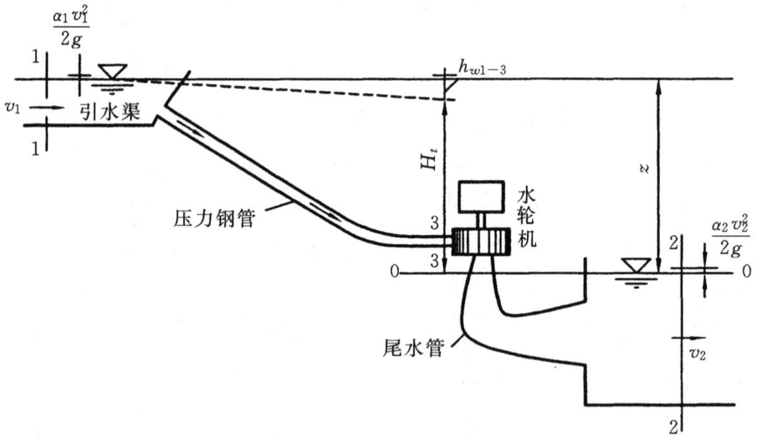


图 3.19

对于图 3.19 所示的水轮机装置，若忽略进水池与出水池流速，取 $v_1=v_2=0$，则式（3.9）可改写为

$$H_t=z-h_{w1-2} \tag{3.12}$$

式中：$z$ 为上下游水位差，对电站而言，也称为静水头。实际上，水轮机的作用水头等于上下游水位差与管路系统水头损失之差。

得到水轮机作用水头之后，可按式（3.13）计算水轮机的功率，也称水轮机出力。

$$N_t=\eta_t\rho gQH_t \tag{3.13}$$

式中：$\eta_t$ 为水轮机效率。

### 3.4.3　注意事项

（1）基准面选择：基准面可以任意选，但一定要是水平面，并且 1—1 断面与 2—2 断面必须采用同一基准面。一般将基准面选在某一过水断面液流质点所在的水平面，这样会有一个位置水头 $z=0$，便于计算。

（2）均匀流或渐变流过水断面选择：选定的 1—1 断面、2—2 断面必须符合均匀流或渐变流条件。虽然可以选取任意的均匀流或渐变流断面列能量方程，但渐变流断面的序号却不能任意编。约定：上游断面为 1—1，下游断面为 2—2，即从上游向下游断面序号递增。一般水箱或水池的液面、收缩断面、自由出流压力管道的出口断面等都是较理想的渐变流断面。

（3）液流质点选择：过水断面上充满了液流质点，但由于均匀流或渐变流过水断面上每个液流质点的单位势能 $z+\dfrac{p}{\rho g}$ 和单位动能 $\dfrac{\alpha v^2}{2g}$ 都相等。因此，可以任选方便的液流质点来计算。通常选择管轴线上或液面上的液体质点建立能量方程。

以上介绍的便是能量方程应用中的“三选”，即基准面选择、均匀流或渐变流过水断面选择、液流质点选择。解题时，“三选”应结合起来进行，并在图上标明，以便验算。

（4）能量方程中，上、下游两个渐变流断面上 $z+\dfrac{p}{\rho g}$ 中的动水压强必须采用同一个压强量度基准。在计算中，压力表或真空表的读数都是相对压强，而且其读数值常作为管轴线上或液面上的压强值。

（5）动能修正系数 $\alpha_1$、$\alpha_2$ 严格说并不相同，但通常都近似取 1.0。

（6）水头损失不得遗漏，并且能量方程常与连续方程配合应用。

### 3.4.4　水头线图

由于能量方程中的各项都是长度量。因此，就可以用线段长度表示大小，从而使水流运动过程中的能量转化关系更加清晰直观地表示出来。即以横坐标表示流程、以纵坐标表示水头大小，按一定比例尺将位置水头、压强水头、流速水头、测压管水头、总水头按其变化规律绘制成图，就得到了所谓的水头线图，如图 3.20 所示。

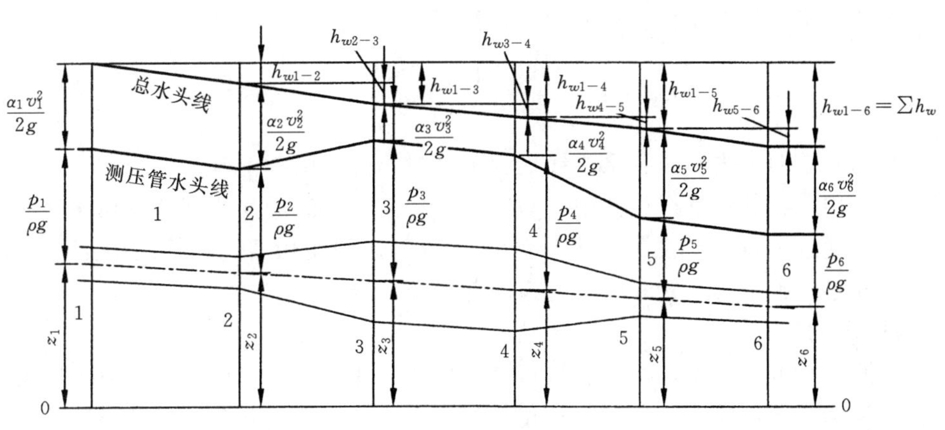


图 3.20

从图 3.20 可以看到：各断面测压管水头的连线为测压管水头线，而各断面总水头的

白帝城西万竹蟠，接筒引水喉不干。人生留滞生理难，斗水何直百忧宽。（【唐】杜甫《引水》）

连线为总水头线。测压管水头线与基准面之间的几何高度代表了测压管水头的大小；总水头线与基准面之间的几何高度代表了总水头的大小；而总流中心线（即管道轴线）与基准面之间的几何高度代表了位置水头的大小；总流中心线与测压管水头线之间的几何高度代表了压强水头的大小；测压管水头线与总水头线之间的几何高度代表了流速水头的大小。注意：当测压管水头线在管道中心线以下时，管道中出现了负压。

水头线图的意义主要体现在以下几方面。

（1）总流中心线、测压管水头线、总水头线直观地反映了位能、压能、动能、势能以及总机械能的沿程变化情况，具有直观、清晰、明了的优点。

（2）借助水头线图可以判断水流流向。

（3）可以确定任一流段上水头损失的大小。

（4）可以了解任一断面上位置水头、压强水头、测压管水头、流速水头、总水头的大小及上述各项水头沿流程的变化情况。

水头线图中，总水头线和测压管水头线具有如下特点：

（1）总水头线比测压管水头线高出一倍流速水头。当流量一定时，管径越大，总水头线与测压管水头线间的距离（即流速水头）越小；管径不变，则总水头线与测压管水头线平行。

（2）由于有水头损失，总水头线一般沿程下降（注意：当有能量输入或输出时，总水头线将如何变化?）。

（3）测压管水头线可能沿程上升（如突然扩大管段），也可能沿程下降。

（4）总水头线和测压管水头线的起始点和终止点由管道进出口边界条件确定。

为表示总水头线沿程下降的缓急程度，引入水力坡度的概念。实际液体流动过程中，总水头沿流程的降低值与流程长度之比，称为总水头线坡度，简称水力坡度。它表示单位重量液体在单位流程上的水头损失，常用 $J$ 表示，即

$$J=-\frac{\mathrm{d}H}{\mathrm{d}L} \tag{3.14}$$

测压管水头线坡度常用 $J_P$ 表示，反映测压管水头线沿程变化的缓急程度，它反映了单位重量液体在单位长度流程上势能的变化情况。

$$J_P=-\frac{\mathrm{d}\left(z+\frac{p}{\rho g}\right)}{\mathrm{d}L} \tag{3.15}$$

式（3.15）表明：当测压管水头线沿程下降时为正，沿程上升时为负。

实际工作中，尤其在管道设计中，有时只需按照水头线的变化规律，粗略地绘出水头线图，不一定通过定量计算便可了解沿程各断面压强的变化情况，管道中是否存在负压等，也可以通过调整管线布置来改变管道内部的压强分布。

### 3.4.5　应用举例

毫无疑问，水流在运动过程中总是符合机械能转化与守恒定律的，但对不同的边界条件，水流的运动状况不同，其机械能转化过程也不一样。下面几个实例从不同角度说明了能量方程在实际工程中的应用。

#### 3.4.5.1　毕托管测流速

在科学试验中，广泛应用着一种测量水流速度的仪器——毕托管。最简单的毕托管就



三月桃花浪，江流复旧痕。朝来没沙尾，碧色动柴门。（【唐】杜甫《春水》）

是一根弯成 90°的开口细玻璃管，如图 3.21 所示。量测水流中某点 $A$ 的流速时，将弯管一端的管口放在 $A$ 点，正对来流方向，这时由于受水流顶冲，管内水面升高至 $H$ 的高度。由于 $A$ 点是一个停滞点，因此，$H$ 不仅包括了水流原有的未受毕托管阻碍时所具有的压能，而且还包括了该点水流所具有的动能转化成的压能，即

$$H=\frac{p_A}{\rho g}+\frac{u_A^2}{2g}$$

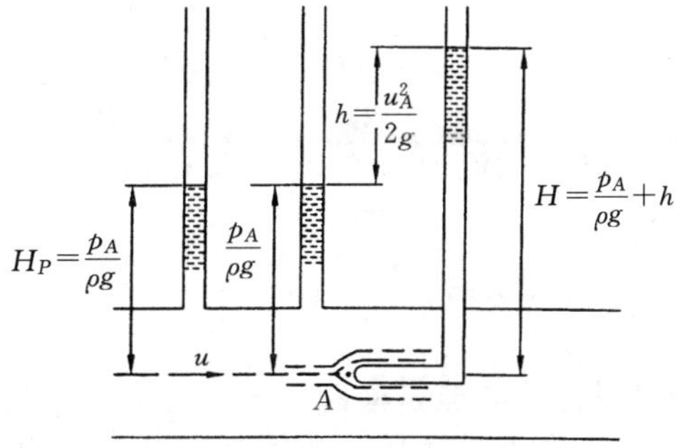

图 3.21

如果利用测压管同时测得 $A$ 点原来的压能 $H_P=\frac{p_A}{\rho g}$，则有

$$\frac{u_A^2}{2g}=H-H_P=h$$

$$u_A=\sqrt{2gh} \tag{3.16}$$

显然，毕托管必须与测压管配合使用，才能测出某点的流速。实际使用的毕托管总是将量测 $H_P$ 与量测 $H$ 的测孔由不同的通道接在两支测压管上。由于两个小孔的位置略有差异，测得的并非同一点上的能量，加之考虑毕托管放入水中产生的扰动影响，需要对测得的流速值加以修正，一般乘以修正系数 $\mu$，即

$$u=\mu\sqrt{2gh} \tag{3.17}$$

式中：$\mu$ 为毕托管的校正系数，一般 $\mu$ 约为 0.98～1.0。毕托管使用一段时间后，$\mu$ 值应再经过率定。

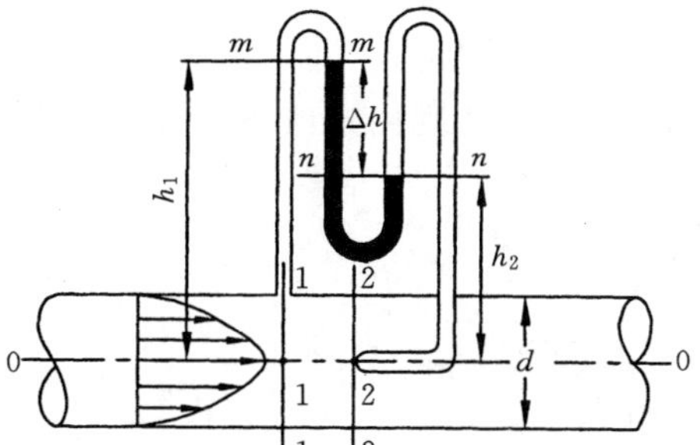

图 3.22

**【例 3.2】** 如图 3.22 所示，在直径 $d=150\text{mm}$ 的输水管道中，安装有水银差压计的毕托管，已测得压差 $\Delta h=20\text{mm}$，若此时断面平均流速 $v=0.84u_{max}$，求管道中的流量 $Q$。

**解：** 毕托管是测量点流速的仪器，故应选用元流的能量方程，“三选”如图所示。

液流质点 1 与 2 应位于同一流线上，并注意到 2 点为滞点，$u_2=0$。由于两点距离较近，可近似认为 $h_w=0$。

1—1 断面与 2—2 断面对过管轴线的水平面 0—0 列能量方程

$$u_1=\sqrt{2g\left(\frac{p_2-p_1}{\rho g}\right)}$$

$\frac{p_2-p_1}{\rho g}$ 可由水银差压计求得。1—1 断面与 2—2 断面为渐变流断面，其上动水压强按静水压强规律分布，水平面 $m$—$m$ 与 $n$—$n$ 为等压面，根据水静力学基本公式（一）可求得 $p_1-p_2$。

$$p_1-\rho gh_1+\rho_m g\Delta h+\rho gh_2=p_2$$

$$\frac{p_2-p_1}{\rho g}=\frac{\rho_m g\Delta h-\rho g(h_1-h_2)}{\rho g}=\frac{(\rho_m g-\rho g)\Delta h}{\rho g}=12.6\Delta h$$

从管流的流速分布图可以看到，管轴线处流速最大，$u_1=u_{\max}$，那么，通过管道的流量

$$Q=Av=0.84Au_1=0.84\times\frac{1}{4}\times3.14\times0.15^2\times\sqrt{2\times9.8\times12.6\times0.02}=0.03299(\mathrm{m^3/s})$$

**3.4.5.2** 文丘里流量计

文丘里流量计是一种量测管道流量的装置，它由收缩段、喉管、扩散段三部分组成。将文丘里流量计安装在欲测量流量的管道上，在管道和喉管上分别设置测压管或压差计，以测得这两个断面上的测压管水头差。然后，运用能量方程即可计算出通过管道的流量。

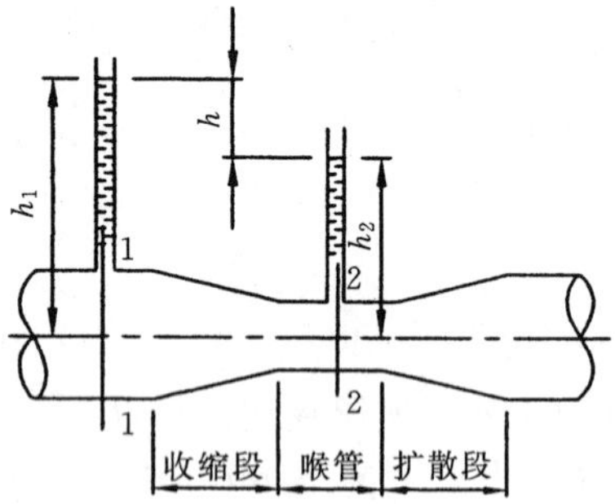


图 3.23

如图 3.23 所示，断面 1—1 与断面 2—2 对 0—0 基准面列能量方程，则有

$$z_1+\frac{p_1}{\rho g}+\frac{\alpha_1 v_1^2}{2g}=z_2+\frac{p_2}{\rho g}+\frac{\alpha_2 v_2^2}{2g}+h_{w1-2}$$

从图可知，1—1 断面与 2—2 断面之间的测压管水头差值 $h=\left(z_1+\frac{p_1}{\rho g}\right)-\left(z_2+\frac{p_2}{\rho g}\right)$。

取动能修正系数 $\alpha=1.0$，并忽略 1—1 断面与 2—2 断面间的水头损失，则上式简化为

$$\frac{v_2^2-v_1^2}{2g}=h$$

若管道断面为圆形，进口直径为 $d_1$，喉管断面直径为 $d_2$，则由连续方程可知：$\frac{v_1}{v_2}=\frac{A_2}{A_1}=\left(\frac{d_2}{d_1}\right)^2$，将其代入上式并化简整理可得

$$h=\frac{v_1^2}{2g}\left[\left(\frac{d_1}{d_2}\right)^4-1\right]\Rightarrow v_1=\sqrt{\frac{2gh}{\left(\frac{d_1}{d_2}\right)^4-1}}$$

$$Q=A_1v_1=\frac{\pi d_1^2}{4}\sqrt{\frac{2gh}{\left(\frac{d_1}{d_2}\right)^4-1}}=K\sqrt{h} \tag{3.18}$$

其中，$K=\frac{\pi d_1^2}{4}\sqrt{\frac{2g}{\left(\frac{d_1}{d_2}\right)^4-1}}$。显然，系数 $K$ 只是管径 $d_1$、$d_2$ 的函数。当已知管径 $d_1$、$d_2$ 时，$K$ 为定值，可以预先算出。故只要测出两断面的测压管水头差值 $h$，即可方便地算出管道流量 $Q$。

若式 (3.18) 以 $Q=A_2v_2$ 来表示，试自行推导系数 $K$ 的表达式。

由于上面计算中忽略了水头损失，故按上式计算出的流量必然比实际偏大。为此，考

虑在上述计算式中乘以一个修正系数 $\mu$，则通过管道的实际流量可表示为

$$Q=\mu K\sqrt{h} \tag{3.19}$$

式中：$\mu$ 为文丘里流量计的流量系数，$\mu$ 值随流动情况和管道收缩的几何形状而不同，使用文丘里流量计时应事先加以率定，$\mu$ 值一般约为 0.95～0.98。

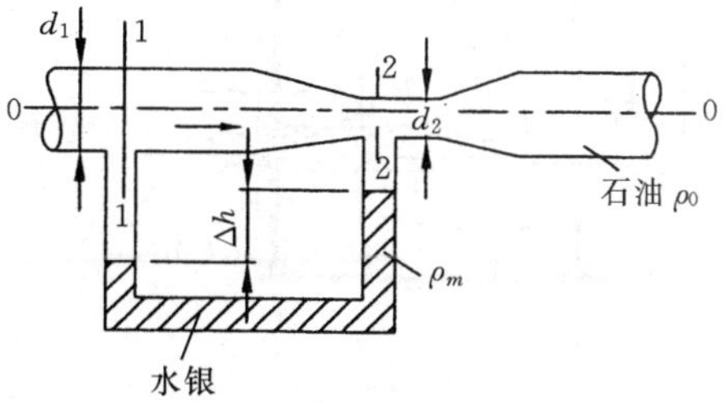

图 3.24

**【例 3.3】** 有一装设水银压差计的输送石油的水平管道，如图 3.24 所示。已知管径 $d_1=150\text{mm}$，$d_2=100\text{mm}$，石油的密度 $\rho_0=867\text{kg/m}^3$，压差计中水银面高差 $\Delta h=15\text{mm}$，如不计管道收缩段的水头损失，求管中通过的石油流量。

**解**：以管道中心线为基准面，1—1 断面与 2—2 断面列能量方程。

$$z_1+\frac{p_1}{\rho g}+\frac{\alpha_1 v_1^2}{2g}=z_2+\frac{p_2}{\rho g}+\frac{\alpha_2 v_2^2}{2g}$$

上式中

$$z_1=z_2=0$$

由等压面原理可得

$$\frac{p_1-p_2}{\rho_0 g}=\left(\frac{\rho_m-\rho_0}{\rho_0}\right)\Delta h=\left(\frac{13.6\times10^3-867}{867}\right)\times0.015=0.22(\text{m})$$

取

$$\alpha_1=\alpha_2=1.0$$

$$v_2=\frac{1}{\sqrt{1-\left(\frac{d_2}{d_1}\right)^4}}\sqrt{2g\frac{p_1-p_2}{\rho_0 g}}=\frac{1}{\sqrt{1-\left(\frac{100}{150}\right)^4}}\sqrt{2\times9.8\times0.22}=2.32(\text{m/s})$$

$$Q=A_2 v_2=\frac{3.14\times0.1^2}{4}\times2.32=18.2\times10^{-3}(\text{m}^3/\text{s})$$

### 3.4.5.3 孔口出流

在贮水容器的底部或侧壁开一小孔，液体经孔口流出的水力现象称为孔口出流，如图 3.25 所示。水利工程中，小型水库的多级卧管放水孔、船闸闸室的充水或放水孔等都是孔口出流的例子。工程实际中也常常利用孔口控制流量或量测流量。因此，孔口出流水力计算的主要任务就是确定泄流量的大小。

在孔口出流情况下，孔壁的厚度及形状、上下游液面是否随时间变化、出口水流与外界的接触环境等都可能对过流能力产生影响。具体来讲，若孔口具有尖锐的边缘，出流与孔口仅呈线的接触，这种孔口称为薄壁孔口（仅受局部阻力）；否则称为非薄壁孔口。如果上游液面不随时间改变，孔口为恒定出流，否则为非恒定出流。若孔口直径 $d$ 与水头 $H$ 相比很小，可以认为孔口上各点具有相同的水头值，这类孔口常称为小孔口，否则称为大孔口。实用上规定：$\frac{d}{H}<\frac{1}{10}$ 为小孔口；$\frac{d}{H}\geqslant\frac{1}{10}$ 为大孔口。如果孔口在大气中出流，称为自由出流，在水面下出流称为淹没出流。

1. 恒定自由出流时的泄流量计算

如图 3.25 所示，当液体从孔口流出时，水箱中的液体从各个方向趋近孔口。由于水流的惯性作用，流线不可能成折角地改变方向，以致在孔口断面流线并不相互平行，而是

圣贤将立喻，上善贮情深。洁白依全德，澄清有片心。（【唐】崔题《澄水如鉴》）

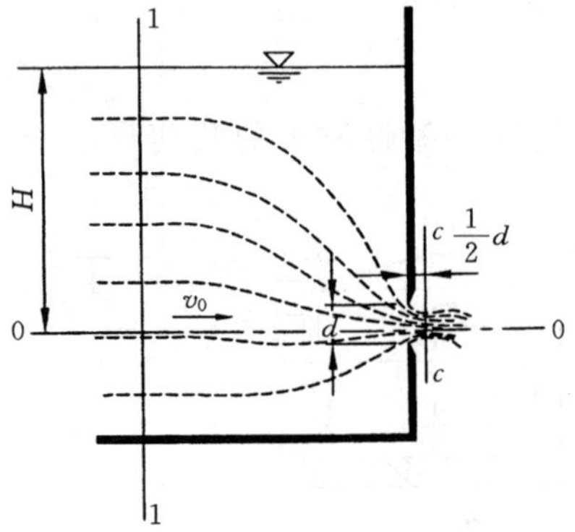


图 3.25

在离开孔口 0.5$d$ 的位置形成了断面面积最小的收缩断面 $c$—$c$，收缩断面的流线相互平行，水流为渐变流。此后，由于空气阻力的影响，流速逐渐降低，流股横断面开始扩大。

下面利用能量方程建立孔口恒定自由出流的泄流量计算公式。

上游 1—1 断面与 $c$—$c$ 断面对 0—0 基准面列能量方程

$$z_1+\frac{p_1}{\rho g}+\frac{\alpha_1 v_1^2}{2g}=z_2+\frac{p_2}{\rho g}+\frac{\alpha_2 v_2^2}{2g}+h_w$$

从图 3.25 可知：$z_1=H$，$z_2=0$，$p_1=p_2=p_c=0$，$v_1=v_0$，$v_2=v_c$。孔口出流水流为急变流，水头损失可表示为 $h_w=\zeta\frac{v_c^2}{2g}$，并令 $H_0=H+\frac{\alpha_1 v_0^2}{2g}$，即作用水头加行近流速水头等于全水头。

这样一来，上式将化简为

$$H_0=(\alpha_c+\zeta)\frac{v_c^2}{2g}$$

$$v_c=\frac{1}{\sqrt{\alpha_c+\zeta}}\sqrt{2gH_0}=\varphi\sqrt{2gH_0}$$

$$\varphi=\frac{1}{\sqrt{\alpha_c+\zeta}}$$

式中：$\varphi$ 为流速系数。

通过孔口的流量

$$Q=A_c v_c$$

式中：$A_c$ 为收缩断面的面积。

设孔口面积为 $A$，并令 $\varepsilon=\frac{A_c}{A}$，称 $\varepsilon$ 为孔口收缩系数。通过孔口的流量可表示为

$$Q=\varepsilon\varphi A\sqrt{2gH_0}$$

令 $\mu=\varepsilon\varphi$，称其为流量系数，则有

$$Q=\mu A\sqrt{2gH_0} \tag{3.20}$$

流量系数 $\mu$ 的大小与孔口形状、大小、位置以及水头等因素有关，通常由实验测定。对薄壁锐缘小孔口，根据实验测定的水头损失系数 $\zeta=0.05\sim0.06$，流速系数 $\varphi=0.97\sim0.98$，收缩系数 $\varepsilon=0.63\sim0.64$，流量系数 $\mu=0.60\sim0.62$。不同边界形式和形状的孔口，其流量系数可查阅有关资料。

2. 恒定淹没出流时的泄流量计算

当孔口为恒定淹没出流时，作用于孔口任一点的上下游水位差都相等。因此，对淹没出流就无大孔口和小孔口之分，公式的推导仍然用能量方程，得到的计算公式与式(3.20) 类似。

$$Q=\mu A\sqrt{2gz} \tag{3.21}$$

式中：$z$ 为上下游水位差；$\mu$ 为流量系数。

实验证实，自由出流与淹没出流的流量系数几乎相等，实际计算时就取自由出流的流量系数值进行计算。

3. 准恒定流情况下充水或放水时间的计算

工程实际中经常会遇到变水头泄水和充水问题，还需要计算放水与充水所需的时间，所有这些问题都属于非恒定流问题。但在水位随时间变化较小的情况下，如果将整个水头的变化范围分为若干等分，在每一等分内可近似地看作水位恒定，即准恒定流。对如图 3.26 所示的棱柱形容器，上游水位变化孔口作自由出流，如图 3.26（$a$）所示；或上游水位保持不变，下游水位逐渐升高孔口作淹没出流，如图 3.26（$b$）所示。

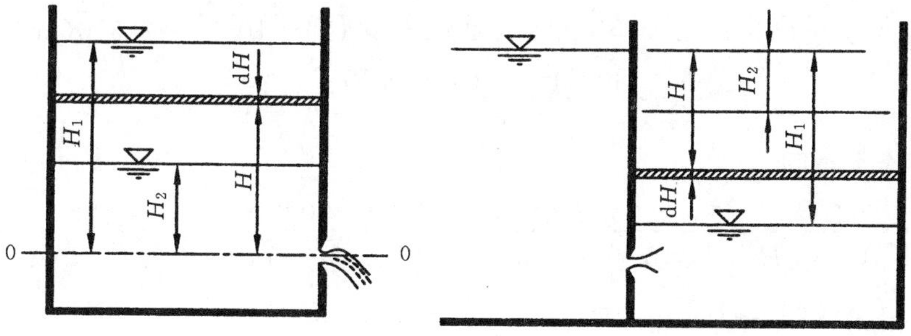


图 3.26

下面分析图 3.26（$a$）所示变水头放水时间的计算。

设棱柱形容器的截面积为 $\Omega$，孔口面积为 $A$，作用水头为 $H$，不计行近流速水头的影响，则任一瞬时的泄流量可表示为 $Q=\mu A\sqrt{2gH}$。在 $dt$ 时段内，容器中的水位降低了 $dH$。由于从孔口流出的液体体积必然与容器内减少或增加的体积相等，即 $\mu A\sqrt{2gH}dt=-\Omega dH$，分离变量求积分，可得到容器中作用水头从 $H_1$ 变化到 $H_2$ 所需时间

$$t=\frac{2\Omega}{\mu A\sqrt{2g}}(\sqrt{H_1}-\sqrt{H_2}) \tag{3.22}$$

当 $H_2=0$ 时，表示放空容器所需时间

$$t=\frac{2\Omega\sqrt{H_1}}{\mu A\sqrt{2g}}=\frac{2\Omega H_1}{\mu A\sqrt{2gH_1}} \tag{3.23}$$

式中：$\Omega H_1$ 为放空容器的水量；$\mu A\sqrt{2gH_1}$ 为孔口保持作用水头 $H_1$ 不变的恒定流情况下的孔口泄流量。

由此可知，变水头放空容器所要的时间是恒定流时放水时间的两倍。图 3.26（$b$）所示变水头充水时间的计算也可采用式（3.22）、式（3.23）进行计算。

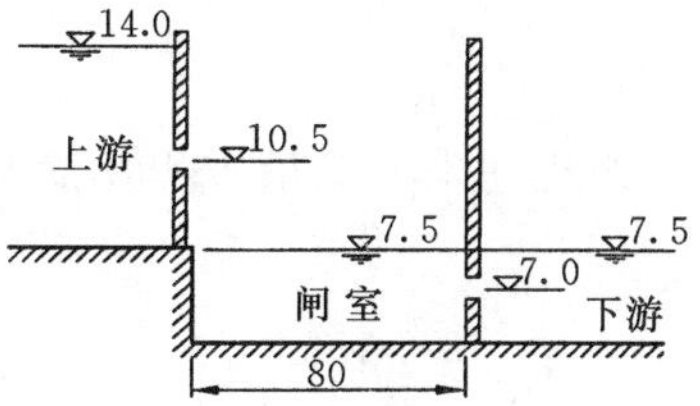


图 3.27（单位：m）

**【例 3.4】** 某船闸用闸门上的孔口输水，如图 3.27 所示。闸室长 80m，宽度 15m，上、下闸门各设正方形孔口 4 个，每孔边长 0.34m，上、下闸门孔口中心线高程分别为 10.5m 及 7.0m。当船闸上游水位为 14m，闸室

更立西江石壁，截断巫山云雨，高峡出平湖。神女应无恙，当惊世界殊。

（【当代】毛泽东《水调歌头・游泳》）

下游水位 7.5m 时，求上、下水位保持不变时，船只过闸一次所需的输水时间。

**解：** 从上游向闸室充水的时间分为两段：①上游水位不变，闸室水位由 7.5m 升高到 10.5m 所需的时间 $t_1$，按孔口恒定自由出流计算。②闸室水位从 10.5m 升至 14m 所需的时间 $t_2$，按上游水位不变，下游水位逐渐升高，孔口作非恒定淹没出流计算。

当船过渡到闸室后，从闸室向下游泄水，闸室水位由 14m 降至 7.5m 所需的时间为 $t_3$，按上游水位逐渐减小，孔口作非恒定淹没出流计算。

由于$\frac{e}{H}=\frac{0.34}{14-10.5}=0.097<\frac{1}{10}$，故属于小孔口出流，其自由出流和淹没出流时的流量系数可取 0.62 进行计算，忽略行近流速水头影响，具体计算如下。

（1）计算充水时间 $t_1$。

$$Q=\mu A\sqrt{2gH}=0.62\times4\times0.34^2\sqrt{2\times9.8\times(14-10.5)}=2.376(\text{m}^3/\text{s})$$

$$t_1=\frac{V}{Q}=\frac{80\times15\times(14-10.5)}{2.376}=1515(\text{s})$$

（2）计算充水时间 $t_2$。

$$t_2=\frac{2\Omega H_1}{\mu A\sqrt{2gH_1}}=\frac{2\times80\times15\times(14-10.5)}{4\times0.62\times0.34^2\times\sqrt{2\times9.8\times(14-10.5)}}=3536(\text{s})$$

（3）计算放水时间 $t_3$。

$$t_3=\frac{2\Omega H_1}{\mu A\sqrt{2gH_1}}=\frac{2\times80\times15\times(14-7.5)}{4\times0.62\times0.34^2\times\sqrt{2\times9.8\times(14-7.5)}}=4818(\text{s})$$

船只过闸一次所需的输水时间

$$T=t_1+t_2+t_3=9869\ (\text{s})\ =2.74\ (\text{h})$$

#### 3.4.5.4　管嘴出流

在孔口上接一段长为 3～4 倍直径的短管，液体经短管流出的水流现象称为管嘴出流，如图 3.28 所示。拱坝上的泄水孔、渠壁上的放水孔都属于管嘴出流。液体经管嘴流出时，一般情况下是首先发生液流的收缩，然后扩大到充满全管，收缩断面将有负压出现。为此，断面 0—0 与断面 $c$—$c$ 对过管嘴中心线的水平面为基准面列能量方程，并采用绝对压强计算。

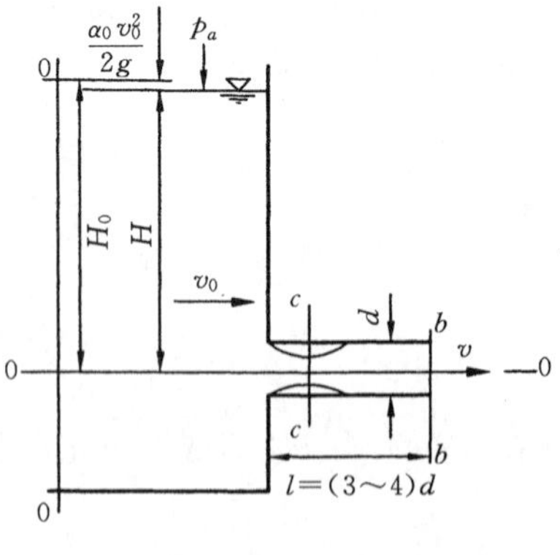


图 3.28

$$z_1+\frac{p_1}{\rho g}+\frac{\alpha_1 v_1^2}{2g}=z_2+\frac{p_2}{\rho g}+\frac{\alpha_2 v_2^2}{2g}+h_w$$

从图 3.28 可知：$z_1=H$，$z_2=0$，$p_1=p_a$，$p_2=p_c$，$v_1=v_0$，$v_2=v_c$。管嘴出流也为急变流，水头损失也可表示为 $h_w=\zeta\frac{v_c^2}{2g}$，并令 $H_0=H+\frac{v_0^2}{2g}$。

如此一来，能量方程化简整理可得：

$$v_c=\varphi\sqrt{2g\left(H_0+\frac{p_a-p_c}{\rho g}\right)}$$

$$\varphi=\frac{1}{\sqrt{\alpha_c+\zeta}}$$



万点飞泉下白云，似帘悬处望疑真。若将此水为霖雨，更胜长垂隔路尘。【唐】罗邺《水帘》

式中：$\varphi$ 为管嘴出流的流速系数，其值与孔口出流的流速系数基本相等。

$$Q=A_c v_c=\varphi\varepsilon A\sqrt{2g\left(H_0+\frac{p_a-p_c}{\rho g}\right)}$$

令 $\mu=\varphi\varepsilon$，则有

$$Q=\mu A\sqrt{2g\left(H_0+\frac{p_a-p_c}{\rho g}\right)} \tag{3.24}$$

其中，流速系数 $\varphi$、收缩系数 $\varepsilon$、流量系数 $\mu$ 与孔口出流的数值相同。由此可见，在孔口和管嘴面积相同、作用水头相等的情况下，管嘴的泄流量要比孔口大，其原因是管嘴的有效水头多了一项 $\frac{p_a-p_c}{\rho g}$，这一项正好是收缩断面的真空度值。实验表明，收缩断面的真空度 $h_v=\frac{p_a-p_c}{\rho g}=0.75H_0$，将其代入式（3.24）化简整理可得

$$Q=\mu_n A\sqrt{2gH_0} \tag{3.25}$$

式中：$\mu_n$ 为管嘴的流量系数，其值约为 0.80～0.82。

显然，式（3.25）与孔口出流的泄流量公式（3.20）具有相同的表达形式，而将管嘴因负压增大泄流量的部分反映在流量系数当中。注意：在孔口上接管嘴之后，虽然增大了水头损失，但因负压的存在而增大了作用水头，最终表现为管嘴的泄流量仍然比孔口的泄流量大。实际工程中，为了利用管嘴的负压增大泄流能力，就必须维持管嘴中真空区的存在。一般管嘴中允许真空度不宜大于 7m 水柱，由 $h_v=0.75H$ 可知，圆柱形外伸管嘴的作用水头不宜大于 9m。此外，为形成管嘴出流，管嘴长度宜为（3～4）$d$，不能太短，也不能太长。管嘴长度太短，流出的水股尚未扩散到充满全管就已流到出口，因而管嘴中不能形成并维持真空区。管嘴太长，其水头损失将会随管嘴长度的增加而增大，这时的流动应按管道恒定流处理。因此，保证圆柱形外伸管嘴正常工作的条件是：①$h_v\leqslant 7$m 或 $H\leqslant 9$m；②$l=(3\sim4)d$。

管嘴淹没出流时可按 $Q=\mu_n A\sqrt{2gz}$ 计算，式中，$z$ 为上下游水位差，$\mu_n$ 与管嘴自由出流时的流量系数相同。

其它形式的管嘴（如圆柱形内伸管嘴、扩散形管嘴、收敛形管嘴、流线形管嘴等）的流量系数值可查阅相关资料确定。

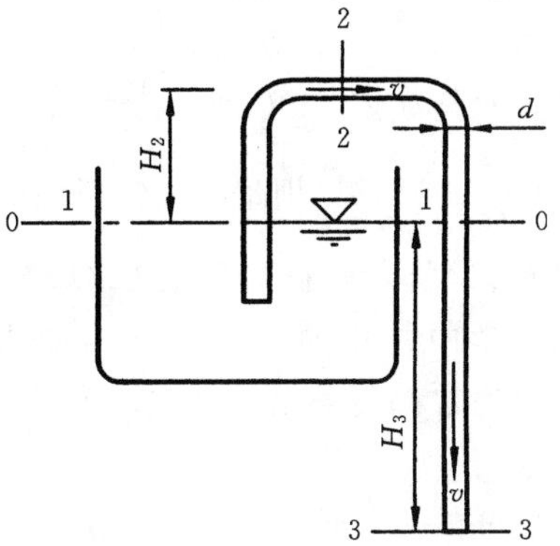


图 3.29

**【例 3.5】** 如图 3.29 所示虹吸管，已知直径 $d=10$cm，$H_2=2$m，$H_3=5$m，求断面 2—2 形心处压强 $p_2$（不计水头损失）。

**解：** 2—2 断面的流速 $v_2$ 为未知量，$p_2$ 也是待求量，有两个未知数，所以直接对断面 2—2 列能量方程不能求出 $p_2$，必须先求 $v_2$。可以考虑选水箱水面为 1—1 过水断面，并以其为基准面 0—0，选管道出口断面为 3—3 过水断面（压强水头已知），建立 1—1 过水断面与 3—3 过水断面对 0—0 基准面的能量方程，求出管道流速 $v_2$；然后，再建立 1—1 过水断面与 2—2 过水断面对 0—0 基准面的能量方程，方能求出 2—2 断面的压强 $p_2$，具

入河无昼夜，归海有谦柔。顺物宜投石，逢时可载舟。（【唐】李沛《四水合流》）

体计算过程如下。

由于水箱水面很大，可以认为 $v_1 \approx 0$；对于选定的 0—0 基准面而言，$z_1=0$，$p_1=0$，$z_3=-5\text{m}$，$p_3=0$，忽略两断面间的水头损失，建立 1—1 过水断面与 3—3 过水断面对 0—0 基准面的能量方程，可得到

$$0+0+0=-H_3+0+\frac{\alpha_3 v_3^2}{2g}+0$$

取 $\alpha_3=1.0$，由此求得

$$v_3=\sqrt{2gH_3}$$

管径不变，各断面流速相等，$v=v_2=v_3=\sqrt{2gH_3}=\sqrt{2\times 9.8\times 5}=9.899$ (m/s)。

然后，建立 1—1 过水断面与 2—2 过水断面对 0—0 基准面的能量方程，可得到

$$0+0+0=H_2+\frac{p_2}{\rho g}+\frac{\alpha_2 v_2^2}{2g}+0$$

取 $\alpha_2=1.0$，$\frac{p_2}{\rho g}=-\left(H_2+\frac{\alpha_2 v_2^2}{2g}\right)=-\left(H_2+\frac{\alpha_2\times 2gH_3}{2g}\right)=-(H_2+H_3)$

$$\frac{p_2}{\rho g}=-7\ (\text{m}),\quad p_2=68.6\ (\text{kN/m}^2)$$

从计算结果可以看出：虹吸管顶部相对压强为负，该管段在负压条件下工作。这个例子说明，有时需要两次运用能量方程，才能求得答案。

**【课堂练习 3.1】**

已知条件同【例 3.5】，请思考如下两个问题：①$H_2+H_3$ 的数值有无限制呢？$H_2+H_3$ 可以大于 10m 吗？②若计入水头损失，求得的流速 $v_2$ 与 $p_2$ 将增大还是减小？

**【课堂练习 3.2】**

已知条件同［课堂练习 2.3］，忽略水头损失，末端阀门全开，$A$、$B$、$C$、$D$ 各点的位置水头、压强水头以及测压管水头是否会发生变化？将会如何变化？（通过计算回答）

**【课堂练习 3.3】**

某溢流坝泄流量 $Q=935\text{m}^3/\text{s}$，溢流坝宽度（垂直于纸面方向）$b=30.2\text{m}$，断面为矩形，水位如图 3.30 所示。坝面水头损失 $h_w=0.1\frac{v_c^2}{2g}$。试求：坝址 $C$—$C$ 断面的流速 $v_c$ 和水深 $h_c$。（提示：此题需要试算求解，试算法是水力学中常用的一种方法。如果直接求解困难，通常都要采用试算法。参考答案：$v_c=18.2\text{m/s}$，$h_c=1.7\text{m}$）

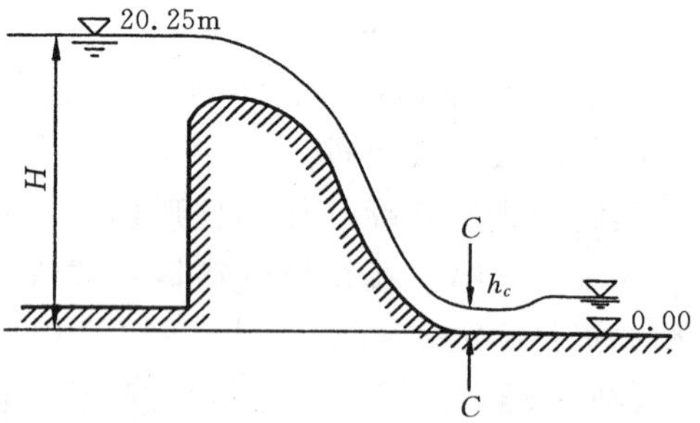


图 3.30

## 3.5　一元恒定总流的动量方程

除连续方程和能量方程之外，解决水力学问题还有另外一个重要方程——动量方程。它是动量守恒定律在水力学中的具体表现，反映了动量变化与作用力之间的关系。在分析水流与边界相互作用问题时，必须借助动量方程，即动量方程主要用于解决急变流动中水



君不见黄河之水天上来，奔流到海不复回。（【唐】李白《将进酒》）

流与边界的相互作用力问题。例如，闸门部分开启时，水流对闸门的作用力；水流对溢流坝的拖曳力，挑流鼻坎上的总作用力；水流对弯管的作用力；射流对壁面的冲击力等，如图 3.31 所示。

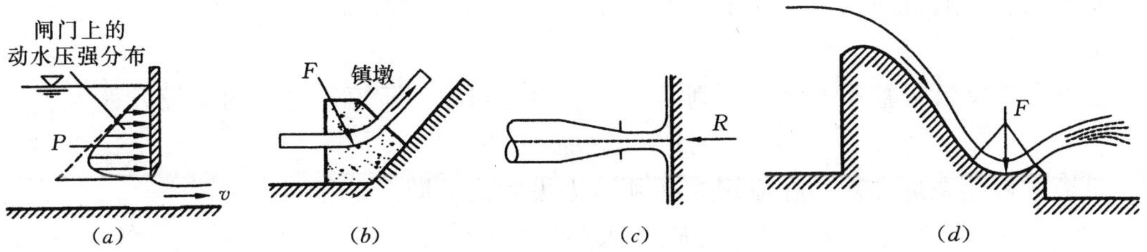


图 3.31
(a) 闸门上的动水压力；(b) 弯头上的动水作用力；
(c) 射流冲击力；(d) 作用于挑流鼻坎上的动水作用力

### 3.5.1　方程推导

由物理学中动量定律可知，单位时间内物体的动量变化量等于作用于该物体上所有外力的代数和，即$\sum F\Delta t = m(v_2 - v_1)$。

如图 3.32 所示，在恒定总流中任取 1—1 过水断面和 2—2 过水断面之间的流段作为研究对象。经微分时段 d$t$，该流段将运动至新位置 1′—2′，从而产生了动量变化。设该流段内的动量变化量为 $\Delta\boldsymbol{K}$，则 $\Delta\boldsymbol{K}=\boldsymbol{K}_{1'-2'}-\boldsymbol{K}_{1-2}=\boldsymbol{K}_{1'-2}+\boldsymbol{K}_{2-2'}-\boldsymbol{K}_{1-1'}-\boldsymbol{K}_{1'-2}$。液体为不可压缩恒定流，不同时刻的动量 $\boldsymbol{K}_{1'-2}$ 都相等，故有

$$\Delta\boldsymbol{K}=\boldsymbol{K}_{2-2'}-\boldsymbol{K}_{1-1'} \tag{3.26}$$

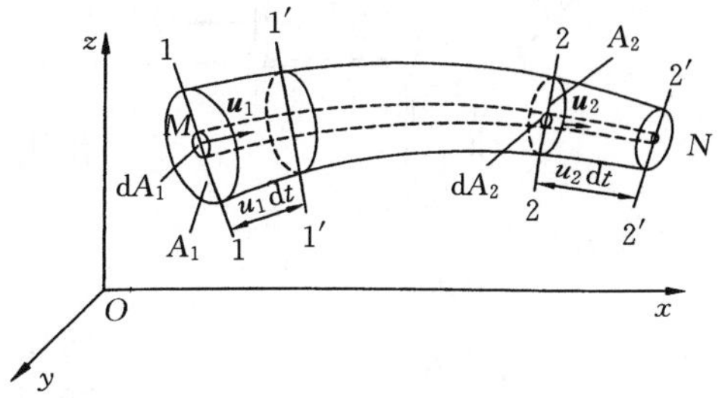


图 3.32

在总流中任取一微小流束 $MN$，设其断面面积为 d$A_1$、d$A_2$，流速为 $\boldsymbol{u}_1$、$\boldsymbol{u}_2$，则微小流束的动量 $\boldsymbol{K}_{1-1'}$、$\boldsymbol{K}_{2-2'}$ 可表示为：$\boldsymbol{K}_{1-1'}=\rho u_1 \mathrm{d}A_1 \mathrm{d}t\boldsymbol{u}_1$，$\boldsymbol{K}_{2-2'}=\rho u_2 \mathrm{d}A_2 \mathrm{d}t\boldsymbol{u}_2$。将其对总流断面积分，就得到 1—1′及 2—2′流段的总流动量。

$$\boldsymbol{K}_{1-1'}=\int_{A_1}\rho u_1 \mathrm{d}A_1 \mathrm{d}t\boldsymbol{u}_1=\rho \mathrm{d}t\int_{A_1}u_1 \mathrm{d}A_1 \boldsymbol{u}_1$$

$$\boldsymbol{K}_{2-2'}=\int_{A_2}\rho u_2 \mathrm{d}A_2 \mathrm{d}t\boldsymbol{u}_2=\rho \mathrm{d}t\int_{A_2}u_2 \mathrm{d}A_2 \boldsymbol{u}_2$$

由于断面上的流速分布一般是未知的，所以需要用断面平均流速来代替实际流速分布。在均匀流或渐变流断面上，流速 $u$ 和断面平均流速 $v$ 的方向是一致的。与推导能量方程类似，引入动量修正系数 $\beta$，即令

$$\beta=\frac{\int_A u^2 \mathrm{d}A}{v^2 A} \tag{3.27}$$

则流段 1—1′及 2—2′的动量可表示为：

$$\boldsymbol{K}_{1-1'}=\rho \mathrm{d}t\int_{A_1}u_1 \mathrm{d}A_1 \beta_1 v_1=\rho \mathrm{d}t\beta_1 v_1\int_{A_1}u_1 \mathrm{d}A_1=\rho \mathrm{d}t\beta_1 v_1 Q$$

$$\boldsymbol{K}_{2-2'}=\rho \mathrm{d}t\int_{A_2}u_2 \mathrm{d}A_2 \beta_2 v_2=\rho \mathrm{d}t\beta_2 v_2\int_{A_2}u_2 \mathrm{d}A_2=\rho \mathrm{d}t\beta_2 v_2 Q$$

---

怒声汹汹势悠悠，罗刹江边地欲浮。漫道往来存大信，也知反覆向平流。(【唐】罗隐《钱塘江潮》)

代入式（3.26）得到动量的变化量为

$$\Delta\boldsymbol{K}=\boldsymbol{K}_{2-2'}-\boldsymbol{K}_{1-1'}=\rho Q\mathrm{d}t(\beta_2\boldsymbol{v}_2-\beta_1\boldsymbol{v}_1)$$

其中，动量修正系数$\beta$表示单位时间内通过过水断面的实际动量与单位时间内以相应的断面平均流速通过的动量的比值。在一般的均匀流或渐变流中，$\beta=1.02\sim1.05$，常取$\beta=1.0$。

若以$\sum F$表示所有外力之和，则由动量定律得到的一元恒定总流的动量方程为

$$\sum\boldsymbol{F}=\rho Q(\beta_2\boldsymbol{v}_2-\beta_1\boldsymbol{v}_1) \tag{3.28}$$

动量方程是矢量方程，在应用时必须写为投影式，即

$$\begin{cases}\sum F_x=\rho Q(\beta_2 v_{2x}-\beta_1 v_{1x})\\ \sum F_y=\rho Q(\beta_2 v_{2y}-\beta_1 v_{1y})\\ \sum F_z=\rho Q(\beta_2 v_{2z}-\beta_1 v_{1z})\end{cases} \tag{3.29}$$

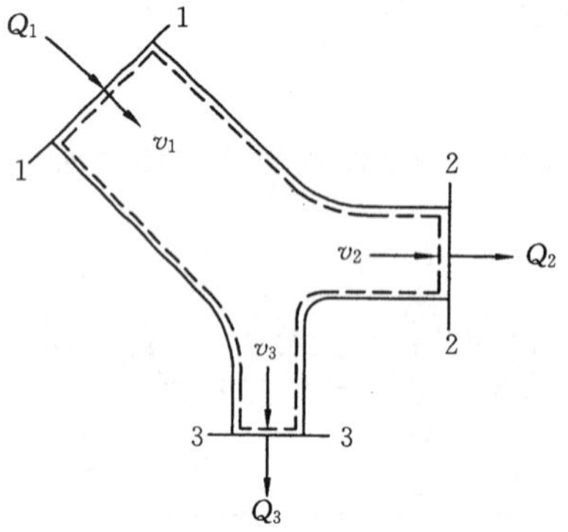


图 3.33

上述推证过程中，认为液体为不可压缩恒定流，流量沿程不变。若流量有输入或输出，如图 3.33 所示分岔管，动量方程仍可推广应用，相应的动量方程表达式为

$$\sum F=\rho Q_2\beta_2 v_2+\rho Q_3\beta_3 v_3-\rho Q_1\beta_1 v_1$$

上式表明：所有输出的动量减去输入的动量等于作用在该脱离体上所有外力的代数和。

### 3.5.2　应用步骤

（1）选取脱离体。脱离体的横向边界（与流动方向相垂直）为流段上、下游两个均匀流或渐变流过水断面；纵向边界（与流动方向相切）则为上、下游两个断面之间的所有与液流相接触的固体和气体边界。脱离体是任意选取的，但要求脱离体包括尽可能多的已知条件和待求的物理量。

（2）建立坐标系。坐标系的方向可以任意选，以计算方便为原则，并力求通过选取坐标系使动量方程中未知项的数量尽可能减少，并不要求坐标轴一定水平向右和铅垂向上。

（3）分析作用在脱离体上的力。作用在脱离体上的力一般包括：①重力。只计脱离体内液流的重力，而且要注意重力在动量变化方向是否有分量。②动水压力。脱离体两端过水断面上的动水压力可按静水总压力方法计算。上游断面动水压力$P_1$为顺流向，下游断面动水压力$P_2$为逆流向。③边界阻力。脱离体与固体边界接触面上水流阻力$F_f$，通常忽略不计。④边界反力。动量变化引起的边界反力是未知力，需要事先假定方向，利用动量方程求其大小并最终确定方向。

（4）列动量方程式。动量与作用在脱离体上的力都是矢量，将其在选定坐标轴投影以建立动量方程。动量方向由流速方向确定。计算过程中，应注意动量与作用力的投影方向与坐标方向之间的关系。

### 3.5.3　注意事项

（1）动量方程是矢量方程，必须选定坐标投影轴，列投影方程求解。换言之，只有选定了投影轴的正方向，才能确定各外力及其流速投影的正、负号。具体来讲，投影方向与坐标方向一致，投影为正；投影方向与坐标方向相反，投影为负。

（2）脱离体可任意选，但一般取整个总流的边界为脱离体边界。横向边界一般取过水断面，而且要求为均匀流或渐变流断面。若选在急变流断面上，则动水压强不按静水压强规律分布，动水总压力难以求解。

（3）动量变化量一定是输出动量减去输入动量，不可颠倒。

（4）动量方程多用于计算液流对管、渠等固体边界的作用力，即边界反力。边界反力通常是未知量，只能先假定力的方向，再从计算结果的正、负确定力的方向。计算结果为正，与假设方向相同；计算结果为负，与假设方向相反。

（5）由于大气压强到处存在，真正对管、渠等边界力学分析起作用的是相对压强值。因此，动量方程中的动水压强一定采用相对压强，并据此计算动水总压力 $P_1$、$P_2$。

（6）由于脱离体流段较短，水流阻力较其它外力很微小，可忽略不计。因此，一般可认为：①脱离体流段上液流的能量损失不计；②水平射流与光滑壁面接触后，射流只改变方向不改变大小；③光滑壁面对水平射流的反作用力与壁面相垂直。

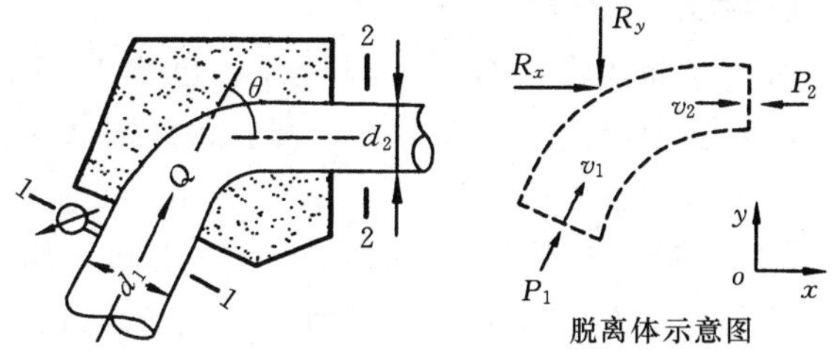


图 3.34

### 3.5.4　应用举例

【例 3.6】　水平放置在混凝土支墩上的变直径弯管，如图 3.34 所示。已知 1—1 断面压力表读数 $p_1=17.6\text{N/cm}^2$，管中流量 $Q=100\text{L/s}$，管径 $d_1=300\text{mm}$，管径 $d_2=200\text{mm}$，转角 $\theta=60$，试求水流对弯管的作用力。

**解：** 选取脱离体，建立坐标系，如图 3.34 所示。作用在脱离体上的外力有：①两端断面动水压力 $P_1$、$P_2$；②弯管对水流的作用力 $R_x$、$R_y$；③重力 $G$ 与动量变化方向垂直，不予考虑；④摩阻力 $F_f$ 忽略不计。

依连续方程计算断面平均流速。

$$v_1=\frac{4Q}{\pi d_1^2}=\frac{4\times0.1}{3.14\times0.3^2}=1.415(\text{m/s})$$

$$v_2=\frac{4Q}{\pi d_2^2}=\frac{4\times0.1}{3.14\times0.2^2}=3.185(\text{m/s})$$

由于 2—2 断面动水压强未知，故考虑用能量方程求 $p_2$。

1—1 断面与 2—2 断面对过管轴线的水平面为基准面列能量方程，忽略水头损失，取动能修正系数 $\alpha_1=\alpha_2=1.0$，则得到

$$p_2=p_1+\rho g\left(\frac{v_1^2-v_2^2}{2g}\right)=176+1.0\times9.8\times\left(\frac{1.415^2-3.185^2}{2\times9.8}\right)=172(\text{kN/m}^2)$$

两过水断面上的动水压力分别为

$$P_1=p_1A_1=176\times\frac{3.14}{4}\times0.3^2=12.434(\text{kN})$$

$$P_2=p_2A_2=172\times\frac{3.14}{4}\times0.2^2=5.401(\text{kN})$$

列动量方程，并取动量修正系数 $\beta_1=\beta_2=1.0$，则有

$x$ 方向　　　$P_1\cos\theta-P_2+R_x=\rho Q(\beta_2v_2-\beta_1v_1\cos\theta)$

动者乐流水，静者乐止水。利物不如流，鉴形不如止。（【唐】白居易《玩止水》）

$$R_x=\rho Q(\beta_2 v_2-\beta_1 v_1\cos\theta)-P_1\cos\theta+P_2$$
$$=1.0\times0.1\times(1.0\times3.185-1.0\times1.415\times\cos60°)-12.434\times\cos60°+5.401=-0.568(\text{kN})$$

$y$ 方向
$$P_1\sin\theta-R_y=\rho Q(0-\beta_1 v_1\sin\theta)$$
$$R_y=P_1\sin\theta-\rho Q(0-\beta_1 v_1\sin\theta)=12.434\times\sin60°-1.0\times0.1\times(0-1.0\times1.415\times\sin60°)=10.89(\text{kN})$$

合力大小

$$R=\sqrt{R_x^2+R_y^2}=\sqrt{0.568^2+10.89^2}=10.905(\text{kN})$$

水流对弯管的作用力与 $R$ 大小相等、方向相反。值得注意的是动量方程并不能求出合力 $R$ 的作用点位置。

**【课堂练习 3.4】**

有一立面弯管，如图 3.34 所示。已知 1—1 断面与 2—2 断面形心点的高差为 1m，两断面间管道中心线长度 3.14m，其它条件同【例 3.6】。试计算水流对弯管的作用力。（提示：必须考虑重力作用）

**【例 3.7】** 矩形断面平底渠道有一水闸，部分开启，水流从闸下流出，如图 3.35 所示。上游水深 $h_0=2.5$m，下游水深 $h_1=0.5$m，水头损失与摩阻力忽略不计，试求作用在每米宽闸门上水流的水平推力。

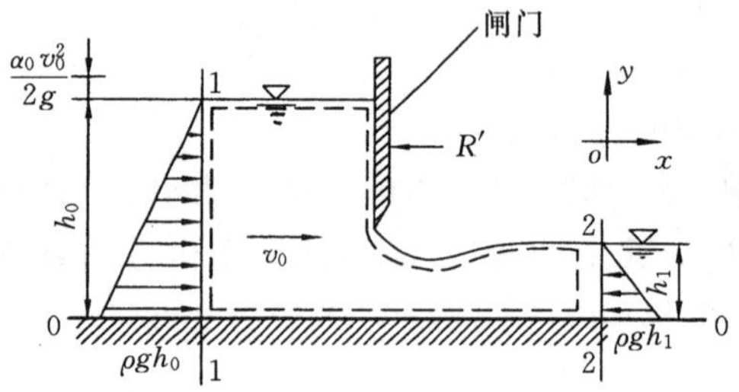


图 3.35

**解：** 欲求作用在闸门上水流的水平推力，应先求闸门对水流的反作用力。为此，选用动量方程进行求解，其解题步骤如下：

（1）选取脱离体。选择渐变流过水断面 1—1 至断面 2—2 之间的一段水体为脱离体，如图 3.35 所示。

（2）建立坐标系。由于只有一个方向流速有变化，故坐标方向为水流流动方向。

（3）分析作用在脱离体上的力。

1）过水断面 1—1、断面 2—2 的动水压力。

$$P_1=\frac{1}{2}\rho g h_0^2 b=\frac{1}{2}\times1\times9.8\times2.5^2\times1=30.625(\text{kN})$$

$$P_2=\frac{1}{2}\rho g h_1^2 b=\frac{1}{2}\times1\times9.8\times0.5^2\times1=1.225(\text{kN})$$

2）边界反力为未知力，假设为 $R'$，方向如图 3.35 所示。

3）重力与流动方向垂直，不予考虑。

4）摩阻力忽略不计。

（4）列动量方程。

由于流速未知，需借助连续方程和能量方程求得流速。

由连续方程可得

$$1\times h_0\times v_0=1\times h_1\times v_1$$
$$v_1=5v_0$$

过水断面 1—1 与断面 2—2 对过渠底的水平面列能量方程

$$z_0+\frac{p_0}{\rho g}+\frac{\alpha_0 v_0^2}{2g}=z_1+\frac{p_1}{\rho g}+\frac{\alpha_1 v_1^2}{2g}+h_w$$

取 $\alpha_0=\alpha_1=1.0$，则有

$$2.5+0+\frac{v_0^2}{2g}=0.5+0+\frac{v_1^2}{2g}+0$$

$$2.5+0+\frac{v_0^2}{2g}=0.5+0+\frac{(5v_0)^2}{2g}+0$$

代入数据可得

$$v_0=1.278\text{m/s},\ v_1=6.39\text{m/s}$$

相应的流量

$$Q=1\times h_0\times v_0=1\times2.5\times1.278=3.195(\text{m}^3/\text{s})$$

列动量方程如下

$$P_1-P_2-R'=\rho Q(\beta_1 v_1-\beta_0 v_0)$$

取 $\beta_0=\beta_1=1.0$，代入数据可得

$$R'=P_1-P_2-\rho Q(\beta_1 v_1-\beta_0 v_0)$$

$$R'=30.625-1.225-1\times3.195\times(6.39-1.278)=13.07(\text{kN})$$

水流作用在每米宽闸门上的水平推力 $R=-R'=-13.07\text{kN}$，方向向右。

**【例 3.8】** 如图 3.36 所示，喷嘴射流冲击弯曲叶片，曲面正迎着水平射流之轴线，已知喷嘴流量为 $Q$，出流速度为 $v$，面积为 $A$，叶片弯曲角为 $\beta$，假定曲面光滑，试求：水流对叶片的作用力。

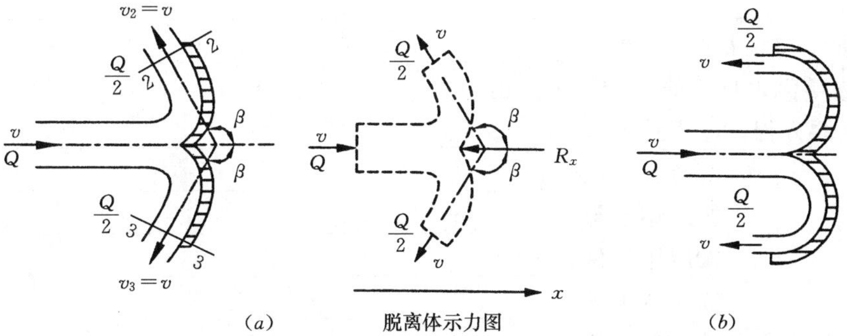


图 3.36

(a) $90°<\beta<180°$；(b) $\beta=180°$

**解：** 选取脱离体，建立坐标系，如图 3.36 所示。通常作用在脱离体上的外力有：动水压力、边界反力、重力、摩阻力。对此题而言：因 1—1 断面与 2—2 断面在同一水平面内，位置水头相等，且属于大气射流，各断面上的压强均为大气压强，相对压强为 0。在忽略水头损失的情况下，由一元恒定总流的能量方程很容易得到 2—2 断面出口流速也为 $v$，即 $v_2=v_3=v$。由于曲面对称且正对来流方向，可以认为两股流量各占一半。重力与坐标方向垂直，不予考虑。曲面光滑，摩阻力可忽略不计。

设叶片对脱离体的作用力为 $R_x$ 与 $R_y$。由于 $y$ 方向叶片对称，故无作用力，即 $R_y=$

背云冲石出深山，浅碧泠泠一带寒。不独有声流出此，会归沧海助波澜。(【唐】周濆《山下水》)

0。$x$ 方向的作用力需列动量方程求解。

$$-R_x=-\rho\frac{Q}{2}v_2\cos\ (180°-\beta)\ -\rho\frac{Q}{2}v_3\cos\ (180°-\beta)\ -\rho Qv$$

$$R_x=\rho Qv(1-\cos\beta)$$

对结果进行分析：①当 $\beta=90°$时，$R_x=\rho Qv$。此时，曲面相当于平板。②当 $\beta=180°$时，$R_x=R_{x\max}=2\rho Qv$。此时曲面所受的冲击力为平板所受作用力的 2 倍。冲击式水轮机的水斗就是根据这一原理制成的，通常取 $\beta=178°$。

## 本　章　小　结

1. 描述液体运动的两种方法：①____________________；②____________________。

2. 液体运动的相关概念。

①恒定流与非恒定流：________________________________________；

②均匀流与非均匀流：________________________________________；

③渐变流与急变流：________________________________________；

④一元流、二元流、三元流：____________________________________。

3. 表征流束理论的相关概念。

流线：________________________________________________；

流管：________________________________________________；

微小流束：____________________________________________；

总流：________________________________________________；

过水断面：____________________________________________；

流量：________________________________________________；

断面平均流速：________________________________________。

4. 水力学流束理论的三个基本方程。

(1) 连续方程：①表达形式：________________________________；

②意义或用途：______________________________；

③应用步骤：________________________________；

④应用条件：________________________________；

⑤注意事项：________________________________。

(2) 能量方程：①表达形式：________________________________；

②意义或用途：______________________________；

③应用步骤：________________________________；

④应用条件：________________________________；

⑤注意事项：________________________________。

(3) 动量方程：①表达形式：________________________________；

②意义或用途：______________________________；

③应用步骤：________________________________；

④应用条件：________________________________；

⑤注意事项：________________________________。

## 思　考　题

1. 试说明图 3.37 所示的 4 条管道，在不计水头损失的条件下，各管道轴线上动水压强沿流向如何变化（增大、减小或不变）？

图 3.37

2. 某水闸设有挡水胸墙及闸门，如图 3.38 所示。当闸前水位不变时，比较：

（1）闸门关闭与闸门开启时，胸墙面 $AB$ 上作用力的大小。

（2）闸门开启度增大时，$AB$ 面上的作用力是增大还是减小？

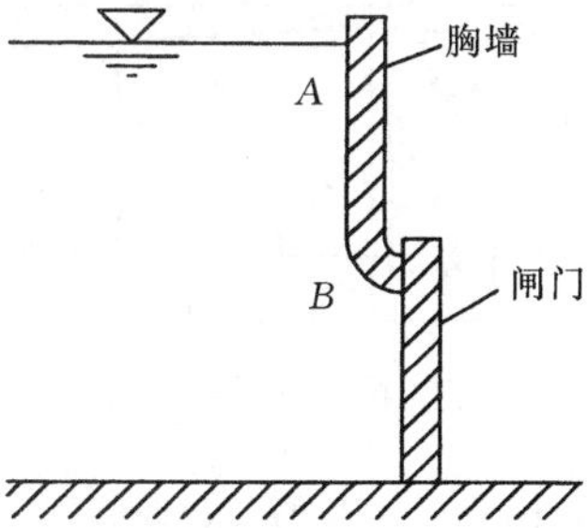


图 3.38

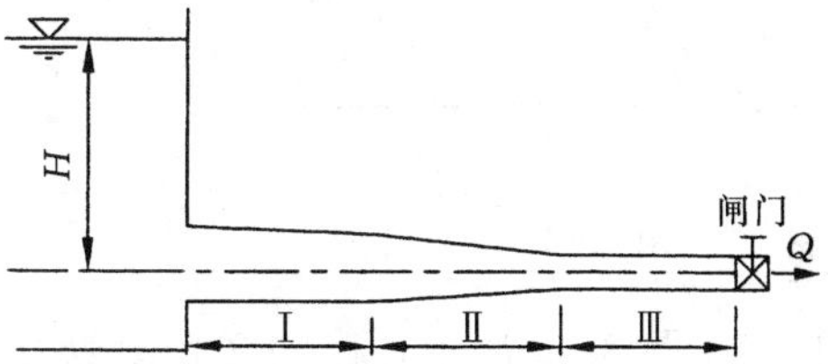


图 3.39

3. 如图 3.39 所示，水流通过由两段等截面及一段变截面组成的管道，如果上游水位保持不变、试问：

（1）当阀门开度一定，各段管道中的水流是恒定流还是非恒定流？各段管中水流为均匀流还是非均匀流？

（2）当阀门逐渐关闭，这时管中水流为恒定流还是非恒定流？

（3）在恒定流情况下，当判别第Ⅱ段管中水流是渐变流还是急变流时，与该段管长有无关系？

4. 关于水流流向问题，有如下一些说法："水一定是从高处向低处流"，"水一定是从压强大的地方向压强小的地方流"，"水一定是从流速大的地方向流速小的地方流"。这些说法是否正确？为什么？正确的说法应该是什么？

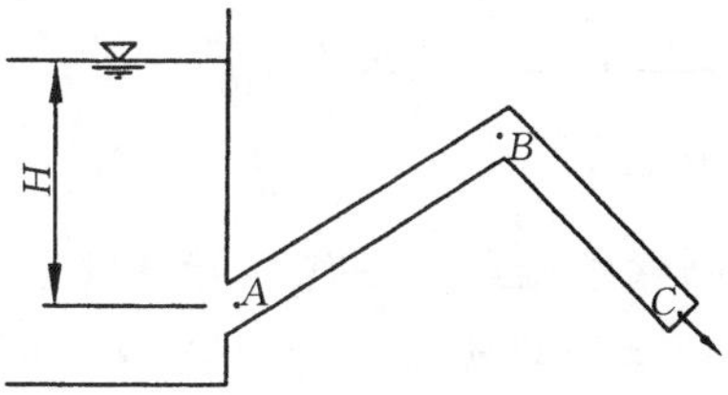


图 3.40

5. 有人认为均匀流和渐变流一定是恒定流，急变流一定是非恒定流，这种说法对否？并说明理由。

6. 有一等直径弯管，如图 3.40 所示。试问：

（1）水流由低处流向高处的 $AB$ 管段中的断面平均流速 $v$ 是否会沿程减小？水流由高处流向低处的 $BC$ 管段中的断面平均流速 $v$ 是否会沿程增大？为什么？

（2）如果不计管中的水头损失，何处压强最小？何处压强最大？进口处 $A$ 点压强是否为 $\rho g H$？

（3）如果管道末端设一阀门并完全关闭，此时，进口处 $A$ 点压强是否为 $\rho g H$？$B$、$C$ 两点中，哪个点的压强大？

7. 已知条件同第 2 章思考题 1（见图 2.31）。当阀门完全打开时，试问：

学校者，士之所受教，以至于成德达材者也。(《元史》)

(1) 各测压管中的水面高度还一样高吗？为什么？

(2) 在图上标出 $A$、$B$、$C$ 三点的位置水头、压强水头和测压管水头。

## 作　业　题

1. 有一水管，管中 $A$、$B$ 两点高差 $\Delta z=1\text{m}$，如图 3.41 所示，已知 $A$、$B$ 两断面：管径 $d_A=250\text{mm}$、$d_B=500\text{mm}$，压强 $p_A=80\text{kPa}$、$p_B=50\text{kPa}$，断面平均流速 $v_B=1.2\text{m/s}$。试判断 $A$、$B$ 两点间水流的流向，并求出 $A$、$B$ 两点间的水头损失 $h_{wAB}$。

(参考答案：由 $A$ 流向 $B$，$h_{wAB}=3.16\text{m}$)

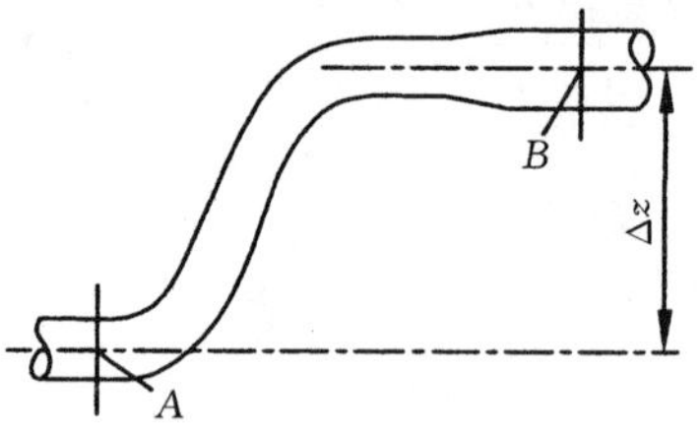


图 3.41

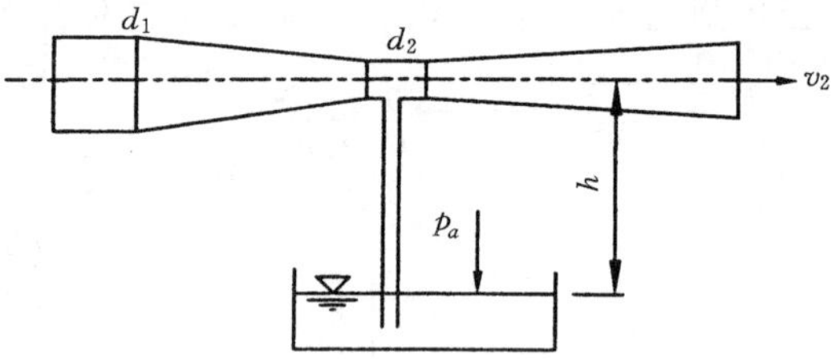


图 3.42

2. 某管路如图 3.42 所示，已知文丘里管 $d_1=500\text{mm}$，$p_1=9.377\text{N/m}^2$，$d_2=100\text{mm}$，$h=2\text{m}$，不计水头损失，试计算管中流量至少为多大时，才能抽出基坑中的积水？

(参考答案：$Q=0.0492\text{m}^3/\text{s}$)

3. 为将水库中水引至堤外灌溉，安装了一根直径 $d=150\text{mm}$ 的虹吸管（图 3.43），当不计水头损失时，问通过虹吸管的流量 $Q$ 为多少？在虹吸管顶部 $s$ 点处的压强为多少？

(参考答案：$Q=0.135\text{m}^3/\text{s}$，$\dfrac{p_s}{\rho g}=-5\text{m}$)

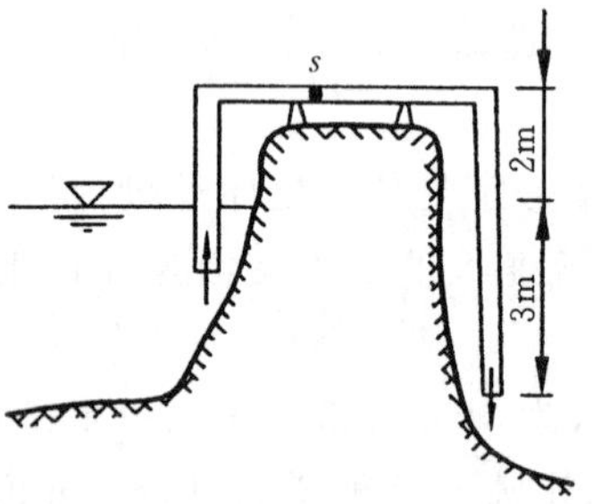


图 3.43

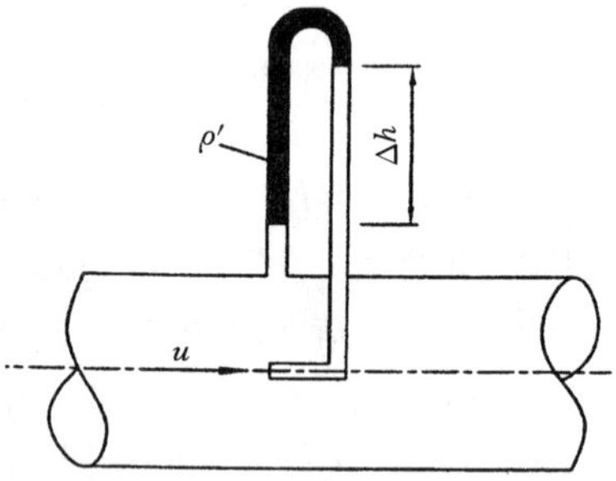


图 3.44

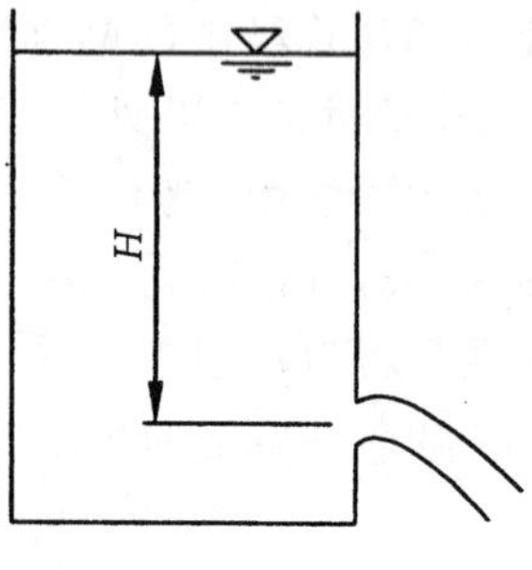


图 3.45

4. 如图 3.44 所示，水从圆管中流过，在倒 U 形管比压计中，油的密度 $\rho'=816\text{kg/m}^3$，水油界面高差 $\Delta h=200\text{mm}$，求管轴线处的流速 $u$。

(参考答案：$u=0.849\text{m/s}$)

5. 有一水箱，如图 3.45 所示，其上有一圆形孔口，直径 $d=100\text{mm}$，孔口形心水头 $H=1.2\text{m}$。试计算孔口自由出流时的泄流量 $Q$。若在孔口上接一段长度 $l=35\text{cm}$ 的短管，再计算自由出流时的泄流量 $Q_n$。

（参考答案：$Q=0.0236m^3/s$，$Q_n=0.0316m^3/s$）

6. 如图 3.46 所示，水流由直径 $d_A=200mm$ 的 $A$ 管，经一渐缩弯管，流入 $d_B=150mm$ 的 $B$ 管，管轴中心线在同一水平面内，$A$ 管与 $B$ 管之间的夹角 60°，通过管道的流量 $Q=0.1m^3/s$，$A$ 端中心处相对压强 $p_A=120kPa$，若不计水头损失，求水流对弯管的作用力。

（参考答案：$F=3.567kN$，与水平方向夹角 $\theta=37°18'$）

7. 如图 3.47 所示，一平板闸门，门宽 $b=2m$，当通过流量 $Q=8m^3/s$ 时，闸前水深 $H=4m$，闸后收缩断面水深 $h_c=0.5m$，求作用于平板闸门上的动水总压力（水头损失和摩阻力忽略不计）。

（参考答案：$F=98.35kN$，方向水平向右）

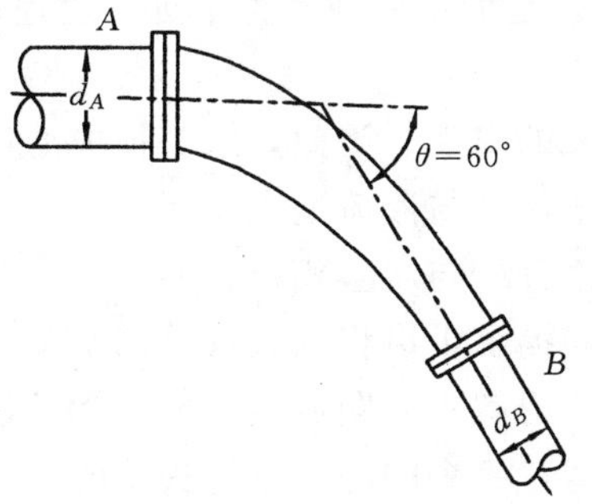


图 3.46

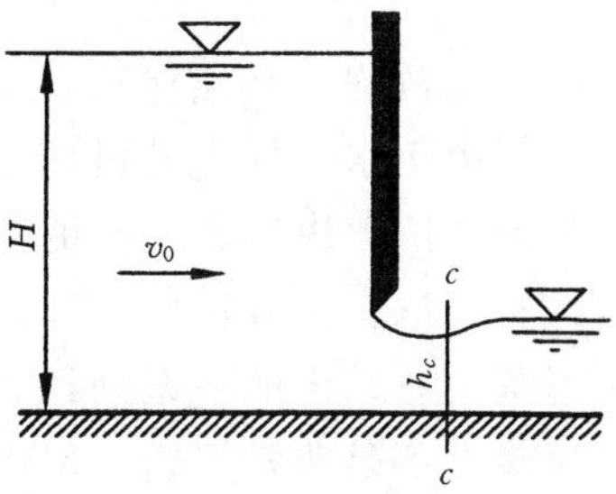


图 3.47

8. 如图 3.18 所示水泵装置。要求把低位水池中的水提升到 $z=15m$ 的高位水池，输水流量 $Q=0.03m^3/s$，管道直径 $d=150mm$，水泵装置的效率 $\eta_P=0.76$，整个管路系统的水头损失 $h_{w1-2}=1.5m$，试计算管道的断面平均流速 $v$ 及水泵的轴功率 $N_P$。

（参考答案：$v=1.699m/s$，$N_P=6.38kW$）

9. 如图 3.19 所示水轮机装置。已知引水渠水位与尾水位之间的高差 $z=15m$，输水流量 $Q=3m^3/s$，水轮机装置的效率 $\eta_P=0.76$，整个管路系统的水头损失 $h_{w1-2}=1.5m$，试计算水轮机出力 $N_t$。

（参考答案：$N_t=301.6kW$）

有志者，事竟成；破釜沉舟，百二秦关终归楚。（【清】蒲松龄）

# 第4章　水头损失计算

【情景提示】

1. 足球比赛中的“香蕉球”，其最大特点是走向扑朔迷离，弧度变化莫测。你知道其中的道理吗？

2. “鲨鱼皮”泳衣的V形结构可以减少游泳时水流带来的阻力，这已为诸多的比赛所验证。这种新材料制成的泳衣到底有何玄妙之处？

3. 高尔夫球的表面做成有凹点的粗糙表面，是为了使球打得更远，道理是什么呢？

【本章导读】

实际液体在运动过程中必然伴随着水头损失的出现。因此，水头损失的计算自然就成为本章的重点。但由于水头损失的机理比较复杂，又与液流型态密切相关，至今仍然无法用单纯理论分析的方法解决问题，只能采用理论分析与实验相结合的研究方法。几个著名的试验（雷诺试验、尼古拉兹试验）和某些论述揭示了沿程水头损失的基本规律，加上以大量试验资料为基础总结出的一系列经验公式使得解决问题成为可能。学习过程中可能感觉头绪较多，逻辑上不是非常严密。但需要弄清楚每个问题是怎样提出的，解决的途径是什么，有哪些理论分析、试验研究成果和主要的计算公式。

【教学要求】

①理解水头损失的物理概念、水头损失与水流型态间的关系；②掌握流态判别方法、沿程水头损失与局部水头损失的计算；③了解沿程水头损失的变化规律。

## 4.1　概　　述

### 4.1.1　水头损失的概念及分类

实际液体存在黏滞性，断面流速分布不均匀，运动过程中相邻液层之间必然会出现抵抗相对运动的内摩擦力，常称为水力阻力或水流阻力。从运动液体的机械能转化关系来看，液流在运动过程中必然要克服水力阻力，引起运动液体的能量损失，损失的机械能将转化为热能，逸散于空气之中。显然，黏滞性的存在是液流水头损失产生的根源，是内在的、根本的原因。而从另一方面考虑，液流又总是在一定的固体边界条件下流动。固体边界根据工程实际需要又有各种各样的变化，情况比较复杂。当固体边界沿程急剧变化时，主流必然会脱离边壁，并在脱壁处产生旋涡。旋涡的存在意味着液体质点之间的摩擦和碰撞加剧，从而引起较大的水头损失。为此，根据固体边界沿程变化情况对水头损失进行分类，即根据边界纵向轮廓变化情况对水头损失进行分类。

当固体边界的形状和尺寸沿程不变或变化缓慢时，由于克服水力阻力做功消耗能量而损失的水头称为沿程水头损失，以 $h_f$ 表示。沿程水头损失是随着流程长度增加而增大的。

当固体边界的形状和尺寸沿程急剧变化时，伴随流动结构的调整，由于克服水力阻力做功消耗能量而损失的水头称为局部水头损失，以 $h_j$ 表示。局部水头损失与边界形状有着密切关系。

从水流分类的角度来说，沿程水头损失可以理解为均匀流和渐变流情况下的水头损失，局部水头损失可以理解为急变流情况下的水头损失。

水头损失的分类反映了生产实际中利用水流规律解决实践问题的经验。例如，各种水工建筑物、各种水力机械、管道及其附件等，都可以事先用科学实验的方法测定其沿程水头损失和局部水头损失。由于没有独立于能量方程之外的确定水头损失的方法，实际工程中测定的各类沿程水头损失和局部水头损失往往是不可分割、互相影响的。但为了计算水头损失方便，通常做这样的简化处理：①沿流程如果有几处局部水头损失，只要不是相距太近，就分别计算其大小；②边界局部变化处，对沿程水头损失的影响不单独计算。即假定局部水头损失集中产生在边界突变的一个断面上，该断面的上游段和下游段的水头损失仍然只考虑沿程损失，将两者看成互不影响，单独产生。这样一来，沿流程的总水头损失 $h_w$ 就是该流段上所有沿程水头损失和局部水头损失之和，可以表示为

$$h_w=\sum h_f+\sum h_j \tag{4.1}$$

对于如图 4.1 所示的压力管道，整条管路的水头损失包括 3 段管路的沿程水头损失和 3 个位置的局部水头损失。

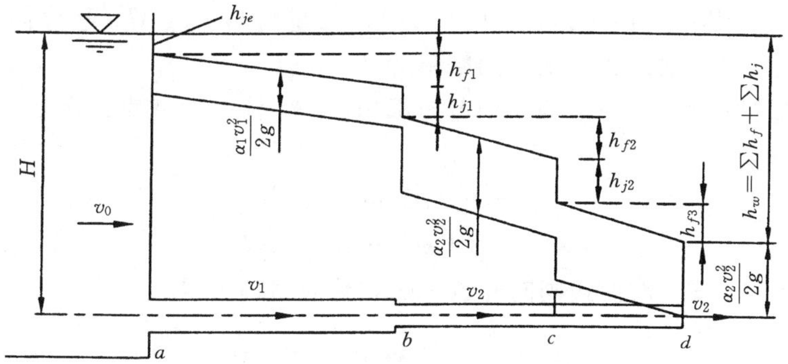


图 4.1

### 4.1.2 横向轮廓对水头损失的影响

尽管是按照液流边界的纵向轮廓对水头损失进行分类，但液流横向边界轮廓的形状和尺寸对水头损失仍然有影响。液流横向边界轮廓对水头损失的影响常用过水断面的水力要素来表示，如过水断面面积 $A$、湿周 $\chi$、水力半径 $R$ 等。湿周是指液流过水断面与固体边界接触的周界线长度。

过水断面面积 $A$ 与湿周 $\chi$ 的比值称为水力半径，以 $R$ 表示。

$$R=\frac{A}{\chi} \tag{4.2}$$

水力半径是过水断面的一个非常重要的水力要素，是过流能力的重要体现。湿周反映了横断面形状对过流能力的影响，湿周愈大，水流阻力及水头损失也大。两个面积相等的过水断面，湿周大的过流能力小，湿周小的过流能力大。单纯以过水断面面积或湿周中的任何一个水力要素来表征过水断面的水力特征都不够全面，只有把两者结合起来才能较为全面地反映横断面形状、尺寸对过流能力的影响。

上善若水，水善利万物而不争。（【春秋】老子《道德经》）

# 4.2 均匀流沿程水头损失与切应力的关系

## 4.2.1 关系式推导

均匀流沿流程各过水断面上的水力要素及断面平均流速保持不变，运动过程中只有沿程水头损失，没有局部水头损失。沿程水头损失是液体运动过程中内摩擦力做功所消耗的能量，而单位面积上的内摩擦力就是切应力，两者之间的相互关系推导如下。

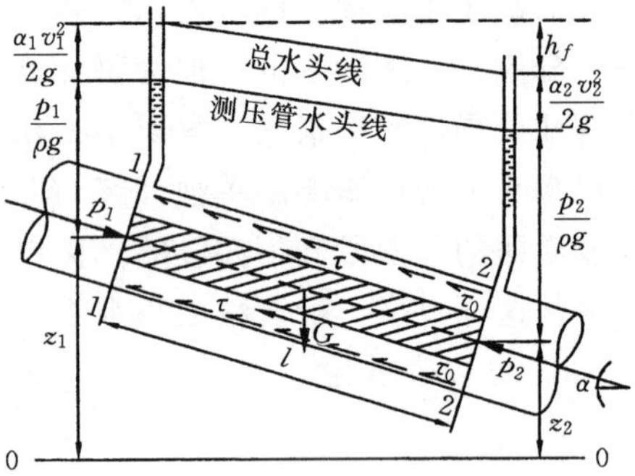


图 4.2

在管道均匀流中，任取一流段来分析，如图 4.2 所示。设所选总流流段的长度为 $l$，与水平面之间的夹角为 $\alpha$，过水断面面积为 $A$，$p_1$、$p_2$ 分别为 1—1 断面与 2—2 断面形心点的动水压强，$z_1$、$z_2$ 分别表示两过水断面形心点离开基准面的几何高度。

作用于该流段上的外力有：①两端断面上的动水压力 $P_1$、$P_2$，其中，$P_1=p_1A$，$P_2=p_2A$。②重力 $G=\rho gAl$。③摩阻力 $T$。若以 $\tau_0$ 表示总流边界上的平均切应力，则总的摩阻力 $T=\tau_0\chi l$。

由于均匀流条件下，各断面的平均流速都相等，水流是等速直线运动，故动量方程为 $\sum F=0$，即

$$P_1-P_2+G\sin\alpha-T=0$$

$$p_1A-p_2A+\rho gAl\sin\alpha-\tau_0\chi l=0$$

由于 $l\sin\alpha=z_1-z_2$，故两边同时除以 $\rho gA$，化简整理可得

$$\left(z_1+\frac{p_1}{\rho g}\right)-\left(z_2+\frac{p_2}{\rho g}\right)=\frac{\tau_0\chi l}{\rho gA} \tag{4.3}$$

然后，1—1 断面与 2—2 断面对 0—0 基准面列能量方程。

$$\left(z_1+\frac{p_1}{\rho g}+\frac{\alpha_1 v_1^2}{2g}\right)-\left(z_2+\frac{p_2}{\rho g}+\frac{\alpha_2 v_2^2}{2g}\right)=h_f+h_j$$

根据均匀流的特点

$$v_1=v_2=v, h_j=0$$

化简整理得

$$\left(z_1+\frac{p_1}{\rho g}\right)-\left(z_2+\frac{p_2}{\rho g}\right)=h_f \tag{4.4}$$

联立式（4.3）、式（4.4）可得

$$h_f=\frac{\tau_0\chi l}{\rho gA}=\frac{\tau_0 l}{\rho gR}$$

化简整理，可得到均匀流沿程水头损失与切应力之间的关系式

$$\tau_0=\rho gRJ \tag{4.5}$$

式中：$J$ 为水力坡度，在均匀流条件下 $J=\frac{h_f}{l}$。



贤达哀乐，不在穷通祸福之间。（《辽史》）

若以液流中任一微小流束作为研究对象（图 4.2），采用与上述相同的推导方法，可得到任一微小流束切应力表达式。

$$\tau=\rho g R' J \tag{4.6}$$

式中：$R'$为任一微小流束的水力半径；$J$ 为水力坡度，其值与总流的水力坡度相等（思考：为什么?）。

### 4.2.2　切应力分布规律

联立式（4.5）、式（4.6），得到切应力的分布规律如下。

$$\frac{\tau}{\tau_0}=\frac{R'}{R} \tag{4.7}$$

对圆管而言，$R=\frac{d}{4}=\frac{r_0}{2}$，其中，$d$ 为圆管直径，$r_0$ 为圆管半径。对离开管轴线距离为 $r$ 的任一圆筒而言，其水力半径 $R'=\frac{r}{2}$，其中，$r$ 为任一圆筒的半径。此时，式（4.7）将变为

$$\tau=\frac{r}{r_0}\tau_0 \tag{4.8}$$

式（4.8）表明，圆管均匀流过水断面上的切应力是按直线分布的，管道中心处的切应力为零，沿半径方向逐渐增大，管壁处达到最大值 $\tau_0$，如图 4.3 所示。

对于明渠，同样存在上述结论。对宽浅明渠均匀流，其切应力的分布规律为

$$\tau=\left(1-\frac{y}{h}\right)\tau_0 \tag{4.9}$$

式中：$y$ 为过水断面上任一点离开壁面的距离；$h$ 为过水断面水深。

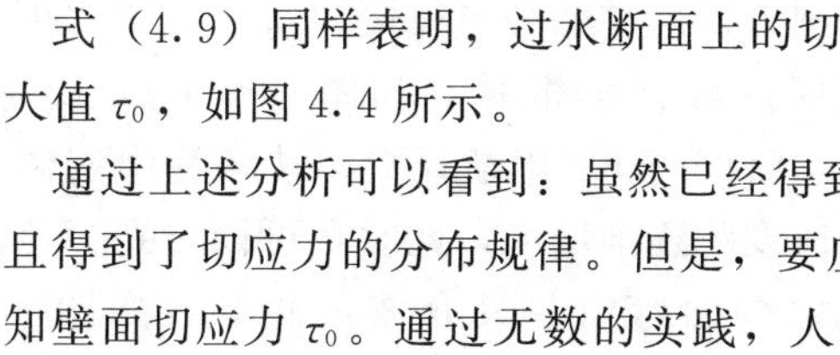


图 4.3

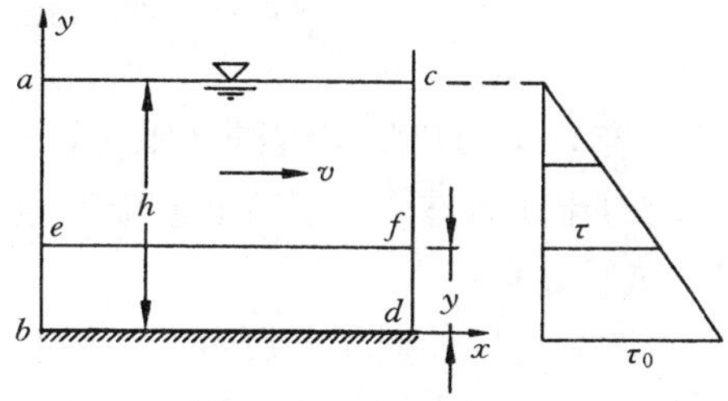


图 4.4

式（4.9）同样表明，过水断面上的切应力呈线性分布，水面处为零，渠底壁面处为最大值 $\tau_0$，如图 4.4 所示。

通过上述分析可以看到：虽然已经得到了均匀流沿程水头损失与切应力之间的关系，并且得到了切应力的分布规律。但是，要应用这一关系式求解沿程水头损失 $h_f$，就必须已知壁面切应力 $\tau_0$。通过无数的实践，人们发现，随着流速不同，流动液体的内部结构是不相同的，即液流型态是不相同的。而液流型态不同，水头损失的变化规律也不一样。

## 4.3　沿程水头损失的计算

前面已经建立了均匀流沿程水头损失与切应力之间的关系式，即式（4.5）。可将其改写为如下形式

$$\tau_0=\rho gR\frac{h_f}{l} \tag{4.10}$$

根据有关试验，均匀流中，边壁切应力 $\tau_0$ 与流速水头 $\frac{v^2}{2g}$、液体的密度 $\rho$、重力加速度 $g$ 成正比例，即

$$\tau_0=\psi\rho g\frac{v^2}{2g} \tag{4.11}$$

式中：$\psi$ 为比例系数。

比较式（4.10）与式（4.11）可得

$$h_f=\psi\frac{l}{R}\frac{v^2}{2g} \tag{4.12}$$

令 $\lambda=4\psi$，则式（4.12）可改写为如下形式

$$h_f=\lambda\frac{l}{4R}\frac{v^2}{2g} \tag{4.13}$$

式中：$\lambda$ 为无量纲待定系数，习惯上称为沿程阻力系数，由试验确定；$R$ 为水力半径，m；$l$ 为流段长度，m；$v$ 为断面平均流速，m/s。

式（4.13）是计算沿程水头损失的通用公式，习惯上称为达西—魏斯巴赫（Darcy - Weishbach）公式。对管道、明渠都适用。只是边界条件不同、水流流态不同，沿程阻力系数 $\lambda$ 的计算公式不同。下面将首先分析液流型态，其次介绍沿程阻力系数 $\lambda$ 的计算公式及其计算方法。

## 4.4　液流型态及其判别

1885 年，英国科学家雷诺（Reynolds）通过试验揭示了实际液体的运动存在着两种性质不同的流动型态——层流和紊流（也称湍流）。

### 4.4.1　试验过程

雷诺试验装置如图 4.5 所示。一等直径的玻璃管接一水箱，保持水箱中水位不变，玻璃管中的水流为恒定均匀流。试验开始，首先，将阀门 $K_1$ 徐徐开启，液体自玻璃管中流出。打开阀门 $K_2$，这时就会看到玻璃管中有一条细直而鲜亮的带色流束，这一带色流束并不与周围液体相混掺，如图 4.6（$a$）所示。其次，将阀门 $K_1$ 逐渐开大，玻璃管中液体的运动速度将逐渐增大，此时，可以看到带色流束开始颤动弯曲并具有波形轮廓，如图 4.6（$b$）所示。此后，当阀门 $K_1$ 稍有开大，随着玻璃管中液体流速的增大，可以看到个别流段上的带色流束开始断裂，失掉带色流束的清晰形状。当玻璃管中液体的流速继续增大到某一数值时，带色流束便完全破裂，迅速扩散为充满全管的旋涡，使全部水流着色，此时的水流质点已经完全混掺，如图 4.6（$c$）所示。

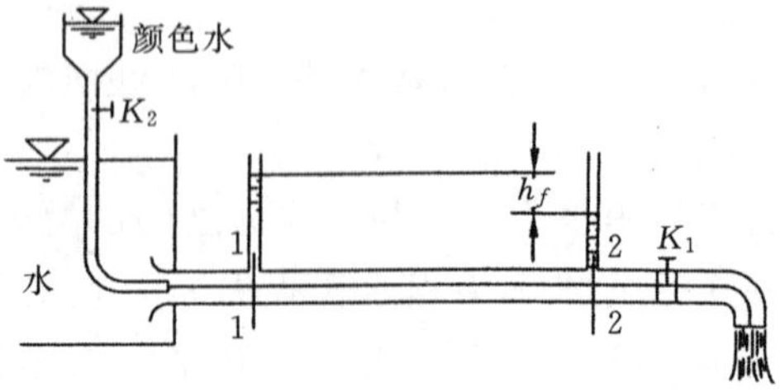


图 4.5

当试验以相反的程序进行时，观察到的现象也以相反的次序出现。

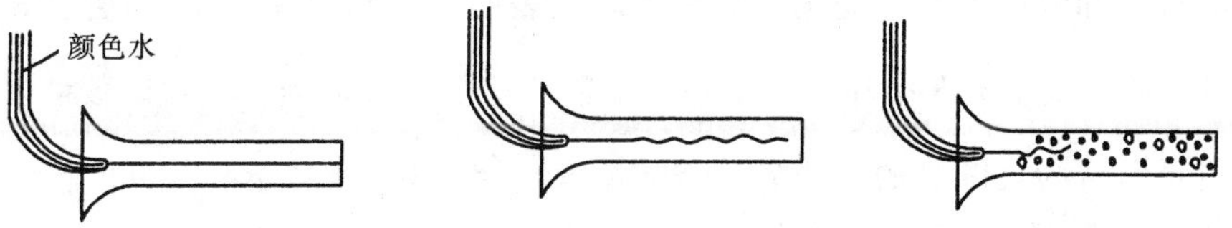


图 4.6

上述试验结果表明：同一种液体在同一管道中流动，当液体运动速度不同时，液体可能有两种不同的流动型态。当流速较小时，各流层的液体质点是有条不紊地运动，互不混掺，这种型态的运动称为层流。当流速较大时，各流层的液体质点形成涡体（涡体是指由许多质点组成的大小不等、共同旋转的质点群），在流动过程中相互混掺，这种型态的运动称为紊流。

### 4.4.2 试验结果

雷诺试验揭示了液体内部有层流和紊流两种流态。流速不同，液流型态不同，流动过程中的水头损失也不一样。为此，在雷诺试验过程中，每次改变阀门开度，同时记录管道中的流速和1—1断面与2—2断面间的测压管水头差值（该值为该管段的沿程水头损失），并将试验数据点绘在双对数坐标系中，如图4.7所示。

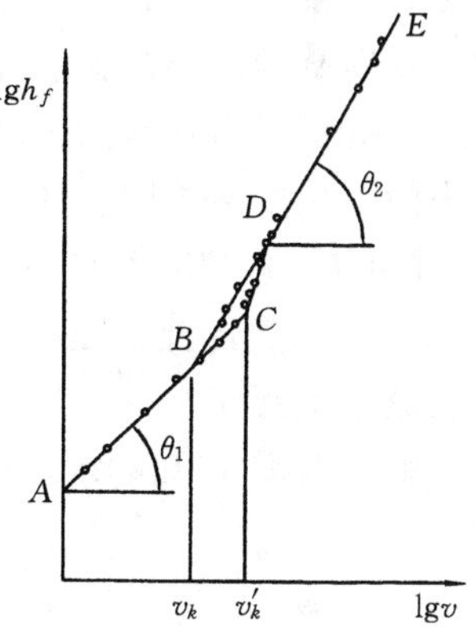


图 4.7

图4.7反映了沿程水头损失 $h_f$ 与断面平均流速 $v$ 之间的关系。流速由小变大，试验数据落在 $ACDE$ 线上，$C$ 点对应的流速为层流转化为紊流的流速，称为上临界流速，以 $v_k'$ 表示。流速由大变小，试验数据落在 $EDBA$ 线上，$B$ 点对应的流速是紊流转化为层流的流速，称为下临界流速，以 $v_k$ 表示。显然，$BC$ 之间的液流型态就依试验顺序而定，可能是层流，也可能是紊流，称为过渡区。该区段试验数据散乱，无明确的规律，但范围小，对工程实际意义不大。实用上，常以下临界流速 $v_k$ 作为层流与紊流的分界流速，即将过渡区划至紊流。如此一来，可以利用下临界流速判断液流型态：$v<v_k$，液流为层流；$v>v_k$，液流为紊流。

从图4.7可以看到：线段 $AB$ 和 $DE$ 都是直线，其方程可表示为

$$\lg h_f=\lg k+m\lg v \tag{4.14}$$

其中，$\lg k$ 与试验所取的管径、管长、管壁的粗糙程度等因素有关。

式（4.14）改写为指数形式

$$h_f=kv^m \tag{4.15}$$

式（4.15）表明：均匀流沿程水头损失与流速之间为指数关系。$v<v_k$，液流为层流，$m=1$，即层流时沿程水头损失与流速的一次方成正比；$v>v_k'$，液流为紊流，$m=1.75\sim2.0$，即紊流时沿程水头损失与流速的1.75～2.0次方成正比。

### 4.4.3 流态的判别——雷诺数

雷诺试验中，可用染色液体目测的办法判别水流型态。但在实际工作中，这种方法显然是不可行的。利用下临界流速可以判断水流流态，但下临界流速值不稳定，随试验管

士必从微而至著，功必积小以至大。（《周书》）

径、液体的种类和温度等有所变化。进一步研究表明，下临界流速 $v_k$ 与管径 $d$ 和运动黏滞系数 $\nu$ 组成的无量纲数 $Re_k$ 却大致是一个常数。这个常数称为临界雷诺数，以 $Re_k=\frac{v_k d}{\nu}$ 表示。经过反复试验，圆管的下临界雷诺数值 $Re_k\approx 2320$，常取 $Re_k=2000$。

对于任意的流速 $v$，其相应的雷诺数可定义为

$$Re=\frac{vd}{\nu} \tag{4.16}$$

如此一来，圆管水流的流态判别条件是：$Re<2000$，水流为层流；$Re\geqslant 2000$，水流为紊流。

明渠水流的雷诺数则定义为

$$Re=\frac{vR}{\nu} \tag{4.17}$$

式中：$R$ 为水力半径。

对明渠水流，其流态判别条件是：$Re<500$，水流为层流；$Re\geqslant 500$，水流为紊流。显然，明渠水流的临界雷诺数 $Re_k=500$。

雷诺试验的意义：①揭示了断面平均流速不同，液流型态不同，并给出了流态判别方法。②揭示了沿程水头损失与断面平均流速之间的指数变化关系，即流态不同，沿程水头损失的变化规律不同。③为进一步研究沿程水头损失的变化规律奠定了基础。

**【例 4.1】** 某管道直径 $d=20$mm，当温度为 15℃的水流过管道时，断面平均流速 $v=1.0$m/s，试判断流态是层流还是紊流？若通过管道的是石油，其他条件相同，试问流态是层流还是紊流？

**解：** 温度 15℃的水，其运动黏度 $\nu_{水}=0.0114\text{cm}^2/\text{s}$，相应的雷诺数为

$$Re=\frac{vd}{\nu}=\frac{1.0\times 0.020}{0.0114\times 10^{-4}}=1.754\times 10^4>2000$$

通过管道中的水流处于紊流流态。

温度为 15℃的石油，其运动黏度 $\nu_{石油}=0.6\text{cm}^2/\text{s}$，相应的雷诺数为

$$Re=\frac{vd}{\nu}=\frac{1.0\times 0.020}{0.6\times 10^{-4}}=333.3<2000$$

通过管道中的石油处于层流流态。

**【课堂练习 4.1】**

若水温升高至 35℃，其它条件同【例 4.1】。试问此时管道水流的雷诺数为多少？

## 4.5 圆　管　层　流

工程实际中遇到的层流情况比较少，故仅对圆管层流予以介绍。

### 4.5.1 流速分布

圆管中的层流运动，可以看作是许多无限薄的同心圆筒层一个套一个地向前运动，如图 4.8 所示。每一圆筒层的切应力可按牛顿内摩擦定律计算。

$$\tau=-\mu\frac{\mathrm{d}u}{\mathrm{d}r} \tag{4.18}$$



上交不谄，下交不骄，则可以有为矣。（【汉】扬雄《法言·修身》）

前已述及，圆管均匀流沿程水头损失与切应力之间的关系式为

$$\tau=\rho g \frac{r}{2} J \tag{4.19}$$

联立式（4.18）、式（4.19），分离变量求积分可得

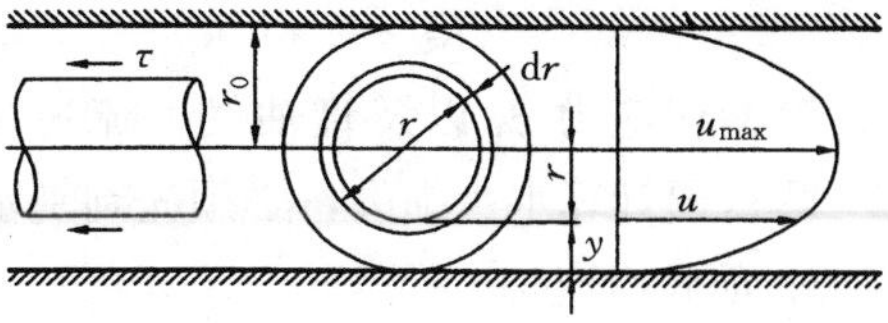


图 4.8

$$u=-\frac{\rho g J}{4\mu} r^2+C \tag{4.20}$$

式中：$C$为积分常数，可由边界条件确定。管壁处，$r=r_0$，$u=0$，代入式（4.20）可得积分常数$C=-\frac{\rho g J}{4\mu} r_0^2$。由此可得到圆管层流的流速分布表达式如下

$$u=\frac{\rho g J}{4\mu}(r_0^2-r^2) \tag{4.21}$$

式（4.21）表明，圆管均匀层流的流速分布为抛物线。管道中心处，$r=0$，$u=u_{max}=\frac{\rho g J}{4\mu} r_0^2$，即最大流速在管道中心处。

### 4.5.2　流量

已知流速分布之后，将其对过水断面积分，即可得到相应的流量表达式

$$Q=\int_A u \mathrm{d}A=\int_0^{r_0} \frac{\rho g J}{4\mu}(r_0^2-r^2) 2\pi r \mathrm{d}r=\frac{\pi \rho g J}{8\mu} r_0^4 \tag{4.22}$$

### 4.5.3　断面平均流速

根据连续性方程，可得到断面平均流速表达式。

$$v=\frac{Q}{A}=\frac{\rho g J}{8\mu} r_0^2 \tag{4.23}$$

显然，$v=\frac{1}{2} u_{max}$，即圆管层流的断面平均流速等于最大流速的1/2。

### 4.5.4　沿程水头损失

均匀流条件下，$J=\frac{h_f}{l}$，将式（4.23）化简整理即得到圆管层流沿程水头损失计算公式。

$$h_f=\frac{8\mu v l}{\rho g r_0^2}=\frac{32\mu v l}{\rho g d^2} \tag{4.24}$$

式（4.24）表明：层流时，沿程水头损失与断面平均流速的一次方成正比，这与雷诺试验的结论完全一致。

对于圆管层流而言，联立公式（4.13）和式（4.24），并结合圆管的断面几何要素，可得到圆管层流的沿程阻力系数$\lambda$计算式。

$$\lambda=\frac{64}{Re} \tag{4.25}$$

**【课堂练习4.2】**

推导：①圆管层流的动能修正系数$\alpha$与动量修正系数$\beta$值；②圆管层流的断面平均流速与点流速相等的位置。

**【例4.2】**　有一输油管道，管长$l=150$m，管径$d=100$mm，油的动力黏滞系数$\mu=$

心不清则无以见道，志不确则无以立功。（【宋】林逋《省心录》）

0.072N·s/m²，密度 $\rho=930kg/m^3$，流量 $Q=0.009m^3/s$，求输油管道的沿程水头损失 $h_f$、管壁切应力 $\tau_0$ 以及管轴最大流速 $u_{max}$。

**解**：要计算水头损失，必须先判别水流流态。因为层流、紊流的水头损失变化规律不同。

断面平均流速

$$v=\frac{4Q}{\pi d^2}=\frac{4\times 0.009}{3.14\times 0.1^2}=1.146(m/s)$$

运动黏滞系数

$$\nu=\frac{\mu}{\rho}=\frac{0.072}{930}=7.74\times 10^{-5}(m^2/s)$$

雷诺数

$$Re=\frac{vd}{\nu}=\frac{1.146\times 0.1}{7.74\times 10^{-5}}=1481.3<2320，为层流$$

其沿程水头损失可按式（4.24）计算。

$$h_f=\frac{32\mu vl}{\rho g d^2}=\frac{32\times 0.072\times 1.146\times 150}{930\times 9.8\times 0.1^2}=4.346(m)$$

管壁切应力 $\tau_0$

$$\tau_0=\rho gRJ=\rho g\frac{d}{4}\frac{h_f}{l}=930\times 9.8\times\frac{0.1}{4}\times\frac{4.346}{150}=6.601(N/m^2)$$

层流的最大流速

$$u_{max}=2v=2\times 1.146=2.292(m/s)$$

**【课堂练习 4.3】**

已知条件同【例 4.2】，若取临界雷诺数 $Re_k=2320$，要保持管道中油流为层流，问通过管道的最大流量只能为多少？相应的沿程水头损失又为多少？

## 4.6 紊　流　特　征

### 4.6.1 紊流的形成过程

由雷诺试验可知，层流与紊流的主要区别在于：紊流时各流层液体质点之间有不断地相互混掺作用，而层流则无。是什么原因促使液体质点之间相互混掺？研究发现，涡体的形成是混掺作用产生的根源，而涡体又振荡于各液层之间。也就是说，形成紊流有两个主要条件：一是液流中有涡体形成；二是涡体必须脱离原流层而冲入相邻流层，即雷诺数要达到一定的数值。那么，涡体又是怎样形成和运动的呢？

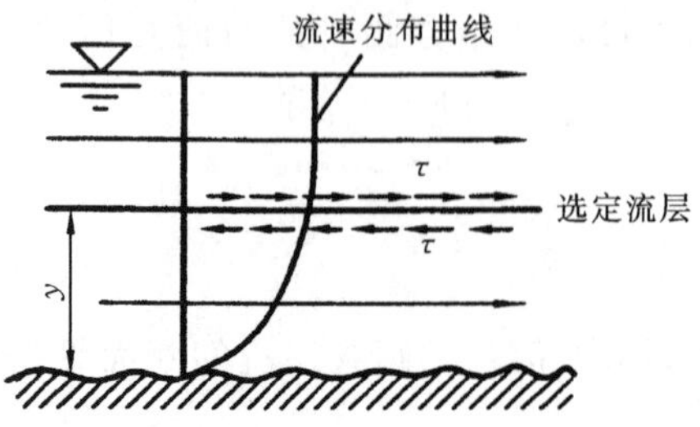


图 4.9

由于液体的黏滞性和边界滞水作用，液流过水断面上的流速分布总是不均匀的，如图 4.9 所示。也就是说，相邻液层之间的液体质点有相对运动发生，使各流层之间产生了内摩擦力。对某一选定的流层而言，上部流速较大的液层施加于它的切应力是顺流向的，而下部流速较小的液层施加于它的切应力是逆流向的。这样一来，该选定的流层所承受的切应力有构成力偶，促使液层发生旋转的趋势，如图 4.9 所示。但这并不一定就产生涡体，促使涡体产生的外部条件是液层有波动。而外界的微小干扰（如壁面的并非绝对光滑）和来流中残存的扰动总是存在的，这就不可避免地使该流层出现局部性的波动，随同这种波动而来的是局部流速和压强的重新调整。波峰附近由于流线间距变化，在波峰上面微小流束过水断面减小，流速变大，由能量方程可知压强要降低；而波峰下面微小流束过水断面增大，流速减小，压强增大。显然，波峰处存在方向向上的压强差。在波谷附近，流速和压强也有相应的变化，但与波峰处的情况相反，压强差的方向是向下的。这样就使得发生微小波动的流层各段承受不同方向的横向压力 $P$，如图 4.10（$a$）所示。这种横向压力的存在将使波峰愈凸，波谷愈凹，促使波幅更加增大，而水流又在向前运动，如图 4.10（$b$）所示。当波幅增大到一定程度之后，由于横向压力与切应力的综合作用，将使波峰与波谷相重叠，如图 4.10（$c$）所示。波峰与波谷重叠之后，就形成了涡体。涡体形成之后，涡体旋转方向与流速方向一致的一边速度增大，相反的一边速度减小，流速大的压强小，流速小的压强大，这样就使涡体上下两边出现了压力差，形成了作用于涡体的升力，如图 4.11 所示。正是在升力的作用下，推动涡体脱离原流层而冲入相邻流层，并扰动邻层进一步产生新的涡体。如此发展下去，层流就转化为紊流了。

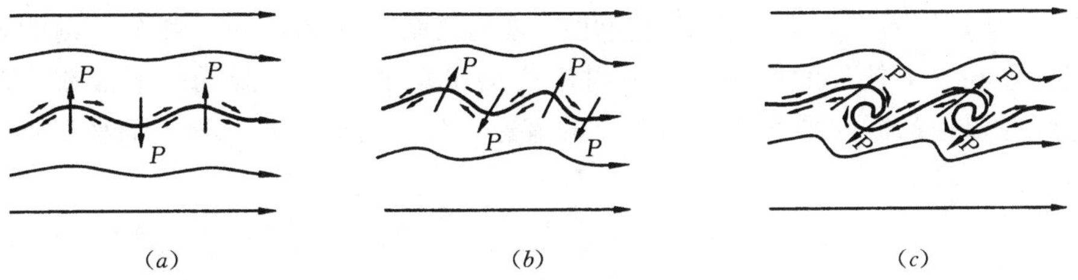


图 4.10

由涡体的形成和运动过程分析不难发现，形成涡体之后，并不一定就能形成紊流。一方面由于惯性影响，涡体有保持其本身运动的趋势。另一方面，因为液体具有黏滞性，黏滞作用又要约束涡体的运动。所以，涡体能否脱离原流层而冲入相邻流层，就要看惯性作用与黏滞作用两者的对比关系。只有惯性作用与黏滞作用相比强大到相当的程度，才可能形成紊流。而雷诺数正好表征了惯性与黏滞性的对比关系。因此，将雷诺数定义为流态判别数是完全符合实际情况的。

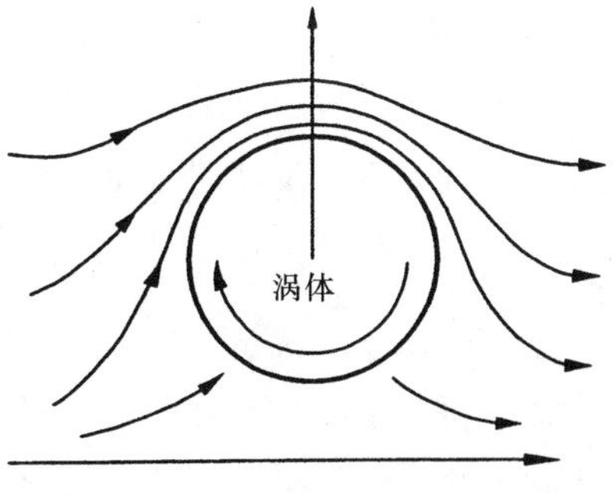


图 4.11

## 4.6.2 紊流的特征

### 4.6.2.1 运动要素的脉动

在雷诺试验过程中，利用有色液体可以看到：紊流时液体质点的轨迹是极为紊乱的，水质点不断地相互混掺、碰撞，导致过水断面上各点的流速和压强等运动要素随时间变化而出现时大时小的现象，这种现象就称为紊流运动要素的“脉动现象”，又称为紊动现象。水力学实验中，动水中设置的测压管液面总是在不断地上下波动，这就表明脉动现象的客

化于敦朴者，则质直；化于伪者，则浮薄。（《周书》）

观存在。应用仪器也可以记录下紊流时过水断面上各点的流速或压强的脉动情况，如图4.12所示。

把某一瞬时液体质点的流速称为瞬时流速，以 $u$ 表示。任一瞬时流速 $u$ 总可以分解为三个分速度 $u_x$、$u_y$、$u_z$。图4.12为瞬时流速 $u_x$ 随时间的变化过程。

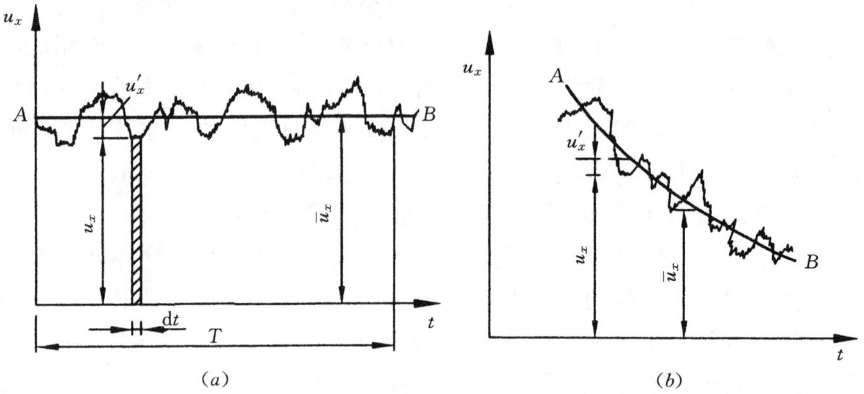


图4.12

从图4.12可以看到，紊流的流速变化好像是完全杂乱无章的，各个时刻的瞬时流速各不相同。但在一个较长的时段内，瞬时流速的平均值却大致接近一个常数。在水力学中，就把瞬时流速的时间平均值作为该点的流速，称为时间平均流速，简称时均流速，以 $\overline{u}_x$ 表示。

$$\overline{u}_x = \frac{1}{T}\int_0^T u_x \mathrm{d}t \tag{4.26}$$

从图4.12上明显可以看到，瞬时流速与时均流速之间有一个差值，这个差值称为脉动流速，以 $u_x'$ 表示

$$u_x' = u_x - \overline{u}_x \tag{4.27}$$

即紊流中任意点的运动要素的瞬时值是时均值与脉动值的和。可以证明，脉动流速的时间平均值为零。证明过程如下：

$$\overline{u_x'} = \frac{1}{T}\int_0^T u_x' \mathrm{d}t = \frac{1}{T}\int_0^T (u_x - \overline{u}_x)\mathrm{d}t = \frac{1}{T}\int_0^T u_x \mathrm{d}t - \frac{1}{T}\int_0^T \overline{u}_x \mathrm{d}t = \overline{u}_x - \overline{u}_x = 0$$

从几何意义上来看，$\overline{u_x'}=0$ 实质上表示横线 $AB$ 的上方和下方的面积相等。

对于同一个时均流速，脉动的幅度可大可小，即时均流速并不能反映脉动的强弱。而脉动流速的时均值又为零，也不能反映脉动的强弱。为此，在研究紊流问题时，常用紊动强度来表示脉动的强弱。

紊动强度表达式为

$$T_u = \frac{\sqrt{\overline{u_x'^2}}}{v} \tag{4.28}$$

式中：$v$ 为时均特征流速，常采用断面平均流速。

图4.13给出了明渠紊动强度沿水深的变化曲线。从图4.13可以看出，靠近槽底附近，紊动强度最大，靠近水面，紊动强度最弱。这是因为槽底附近的流速梯度和切应力均较大，加之槽壁粗糙度的干扰影响也较强。因此，槽底附近最容易形成涡体，是强烈旋涡

的发源地。

从严格意义上讲，紊流的运动要素有脉动，是非恒定流。但对紊流进行时均化处理之后，对时均化的紊流而言，若其时均运动要素不随时间改变，水流就为恒定流，如图 4.12（*a*）所示；否则为非恒定流，如图 4.12（*b*）所示。流线、流管、微小流束、总流、过水断面等一系列研究液体运动的概念都将针对时均化的紊流。比如，紊流流线就是时均流速场中的一条空间曲线，该曲线上每一点的切线方向代表了该点时均流速的方向，紊流的流管就是由时均流线构成的封闭的管状曲面。如不做特别说明，后续紊流都为时均化了的紊流，故“时均”二字常常省略。但必须注意，时均化了的紊流是一种假想的没有脉动存在的紊流，是对有脉动的实际紊流的简化。在研究泥沙运动、水工建筑物振动以及水环境污染等与水流内部结构相关的水力学问题时，必须考虑紊流脉动现象的存在。

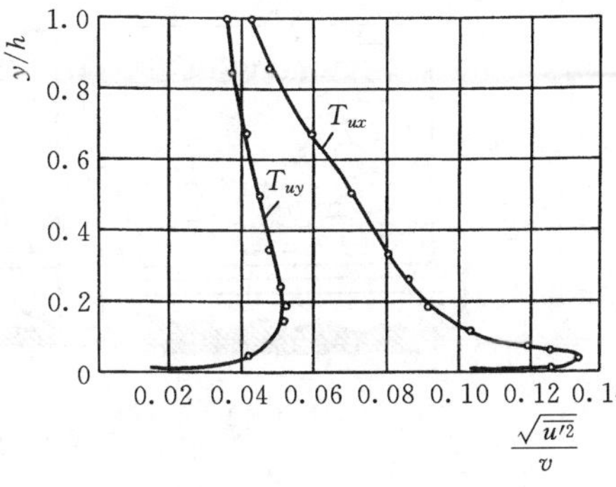


图 4.13

**4.6.2.2 紊动产生附加切应力**

在层流运动过程中，水质点有条不紊地运动，质点之间没有混掺作用发生。因此，层流时的切应力只有黏滞切应力，其大小以牛顿内摩擦定律表示。在紊流中，除因黏滞性引起的切应力之外，质点之间的相互混掺和碰撞也能产生切应力，称其为附加切应力，又称脉动切应力。这样一来，紊流的切应力就应该包括黏滞切应力$\overline{\tau_1}$和附加切应力$\overline{\tau_2}$两者。事实上，正是由于附加切应力对水流做负功，导致紊流的水头损失较层流大，这已为雷诺试验所证实。

许多学者对附加切应力进行了研究，并得到了紊动附加切应力与时均流速的关系。普朗特紊流半经验理论的基本出发点是脉动引起动量传递。即假设液体质点在横向脉动运移过程中瞬时流速保持不变，因而动量也保持不变；而到达新位置后，动量即突然改变，并与新位置上原有液体质点的动量保持一致。由于紊流中脉动流速的存在，导致流动液层在一定距离内产生动量交换，由此在液层的交界面上出现了沿流向的附加切应力。其数学表达式为

$$\overline{\tau}_2=\rho l^2\left(\frac{\mathrm{d}\,\overline{u}_x}{\mathrm{d}y}\right)^2 \tag{4.29}$$

式中：$l$ 为混掺长度，是一个与液体质点时均运移长度成比例的物理量。

这样一来，紊流的时均切应力可统一表示为

$$\overline{\tau}=\mu\frac{\mathrm{d}\,\overline{u}_x}{\mathrm{d}y}+\rho l^2\left(\frac{\mathrm{d}\,\overline{u}_x}{\mathrm{d}y}\right)^2 \tag{4.30}$$

**4.6.2.3 紊流中存在黏性底层**

普朗特等人的研究表明，在同一过水断面上，紊流质点的混掺强度并不是到处都一样，如图 4.14 所示。在紧靠边壁处，液体质点受固体边界的限制，不能产生横向运移，没有混掺现象，即固体边界附近有一层极薄的液层处于层流状态，称为黏性底层或层流底层。在黏性底层以内，黏滞切应力起主导作用。黏性底层以外，有一层由层流向紊流过渡

学贵得师，亦贵得友。（【明】唐甄《潜书·讲学》）

的过渡层。过渡层之外的液流才是紊流，称为紊流核心或紊流流核。

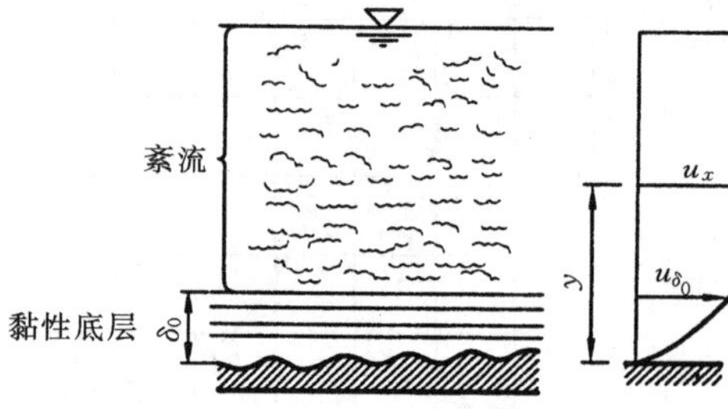

图 4.14

研究发现，过渡层对工程实际意义不大，而黏性底层虽然很薄，但对水流阻力的影响却不可忽视。对圆管中的紊流而言，黏性底层厚度 $\delta_0$ 的计算公式如下

$$\delta_0=\frac{32.8d}{Re\sqrt{\lambda}} \tag{4.31}$$

式中：$Re$ 为雷诺数；$\lambda$ 为沿程阻力系数；$d$ 为管径。

从式（4.31）可以看到，$Re$ 越大，$\delta_0$ 越小。雷诺数越大，水流紊动越强烈，质点脉动到边壁附近的几率越高，黏性底层厚度就越薄。

值得注意的是，固体壁面不管加工得如何细致光滑，实际上都不可能绝对平整，多少有些凹凸不平。将固体壁面的平均凸出高度称为绝对粗糙度，以 $\Delta$ 表示。但管壁绝对粗糙度 $\Delta$ 能否对水流阻力产生直接影响，要根据绝对粗糙度 $\Delta$ 与黏性底层厚度 $\delta_0$ 的比值大小确定，具体有以下 3 种情况。

（1）当雷诺数 $Re$ 较小，黏性底层厚度 $\delta_0$ 远大于壁面绝对粗糙度 $\Delta$，即 $\frac{\Delta}{\delta_0}<0.3$ 时，黏性底层完全掩盖了壁面的绝对粗糙度，紊流就好像在完全光滑的壁面上运动一样，其沿程阻力主要是黏性底层的黏滞阻力，绝对粗糙度对阻力没有影响，这种壁面称为光滑面，相应的管道称为光滑管，如图 4.15（$a$）所示。此时，相应的水流处于紊流光滑区。

（2）当雷诺数 $Re$ 很大，黏性底层厚度 $\delta_0$ 远小于壁面绝对粗糙度 $\Delta$，即 $\frac{\Delta}{\delta_0}>6$ 时，黏性底层厚度已很薄，根本无法掩盖绝对粗糙度，绝对粗糙度将伸入至紊流内部。当紊流绕过凸出高度时，将形成许多小的旋涡，边壁阻力主要由这些小的旋涡产生，绝对粗糙度对水流阻力的影响是主要的。这种壁面称为粗糙面，相应的管道称为粗糙管，如图 4.15（$b$）所示。此时，相应的水流处于紊流粗糙区，紊流粗糙区也称阻力平方区或自动模型区。

（3）当雷诺数 $Re$ 较大，黏性底层厚度 $\delta_0$ 与壁面绝对粗糙度 $\Delta$ 相差不多，即 $0.3\leqslant\frac{\Delta}{\delta_0}\leqslant6$ 时，黏性底层已不足以完全掩盖壁面的绝对粗糙度，但粗糙度还没有起决定作用，如图 4.15（$c$）所示。这种壁面称为过渡粗糙面，相应的管道称为过渡粗糙管。此时，相应的水流处于紊流过渡粗糙区。

必须注意，紊流壁面类型是从水力学角度划分的。即光滑面或粗糙面并非完全取决于固体壁面本身是光滑还是粗糙，而是根据绝对粗糙度 $\Delta$ 与黏性底层厚度 $\delta_0$ 两者的大小关系来确定。对某一壁面而言，绝对粗糙度 $\Delta$ 是一定的，而黏性底层厚度 $\delta_0$ 却是随水流状况而变化的。因此，即使对同一个固体壁面，由于雷诺数的改变，可能是光滑面，也可能是粗糙面。因此，常在壁面分类前冠以“水力”二字，即水力光滑面、水力过渡粗糙面、水力粗糙面。

引入黏性底层与壁面粗糙度的概念之后，紊流的壁面分为光滑面、过渡粗糙面、粗糙

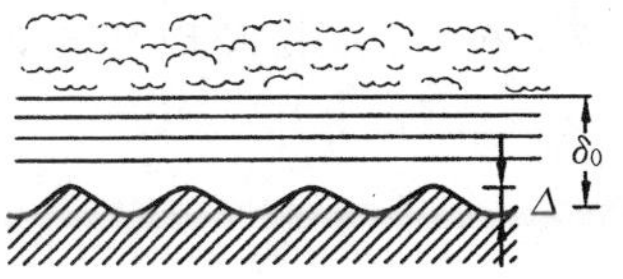

(a)

(b)

(c)

图 4.15

面 3 种类型，紊流相应地也被划分为光滑区、过渡粗糙区、粗糙区。紊流分区不同，相应的沿程阻力系数 $\lambda$ 的大小与计算公式也不一样。

**4.6.2.4** 紊动使流速分布均匀化

在紊流中，由于液体质点的相互混掺、碰撞，使得液体内部各个质点的动量发生变化，并趋于一致，结果使得紊流的断面流速分布趋于均匀。关于紊流时均流速的表达式，目前最常用的有以下两种形式。

1. 流速分布的指数公式

普朗特建议紊流的流速分布用式（4.32）表示

$$u_x = u_{max}\left(\frac{y}{r_0}\right)^n \tag{4.32}$$

式中：$u_{max}$为管道轴线处的流速；$r_0$ 为管道半径；$y$ 为离开壁面的距离；式中的指数 $n$ 与雷诺数有关。布拉休斯（H. Blasius）建议：当 $Re<1\times10^5$ 时，可取 $n=1/7$，这已为实验所证实，叫做流速分布的七分之一次方定律；当 $Re>1\times10^5$ 时，取 $n=1/8$、$n=1/9$、$n=1/10$ 等可获得更准确的结果。

对二元明渠水流，式中的 $r_0$ 可用水深 $h$ 代替。

流速分布指数公式的优点是形式较为简明，但具有当 $r=0$ 时，$\frac{du}{dr}\neq0$ 的缺点。

2. 流速分布的对数公式

前已述及，紊流的切应力包括两部分——黏滞切应力和附加切应力。这两部分切应力的大小是随着流动情况而有所不同的。在雷诺数较小，紊动较弱时，黏滞切应力占主导地位。随着雷诺数的增大，紊动逐渐加剧；当雷诺数很大时，紊动已充分发展，此时，附加切应力占绝对优势，黏滞切应力可以忽略不计。据此建立的紊流流速分布对数表达式如下。

$$u_x = \frac{u_*}{\kappa}\ln y + C \tag{4.33}$$

式中：$\kappa$ 为卡门常数；$u_* = \sqrt{gRJ}$，具有与速度相同的量纲，称为动力流速或摩阻流速。

式（4.33）是具有普遍意义的紊流流速分布表达式，可以应用于任何壁面流动，只是积分常数 $C$ 要根据具体流动情况通过试验确定。

行一件好事，心中泰然；行一件歹事，衾影抱愧。（【清】申涵光《荆园小语》）

对圆管紊流，当 $y=r_0$ 时，$u=u_{max}$，代入式（4.33）可求得积分常数 $C=u_{max}-\frac{u_*}{\kappa}\ln r_0$，将其代入式（4.33）得

$$u_x=u_{max}+\frac{u_*}{\kappa}\ln\frac{y}{r_0} \tag{4.34}$$

将卡门常数 $\kappa=0.4$ 代入上式，化简整理可得

$$u_x=u_{max}+5.75u_*\lg\frac{y}{r_0} \tag{4.35}$$

$$\frac{u_{max}-u_x}{u_*}=5.75\lg\frac{r_0}{y} \tag{4.36}$$

式（4.36）也称为相对流速差公式或相对速差定律。

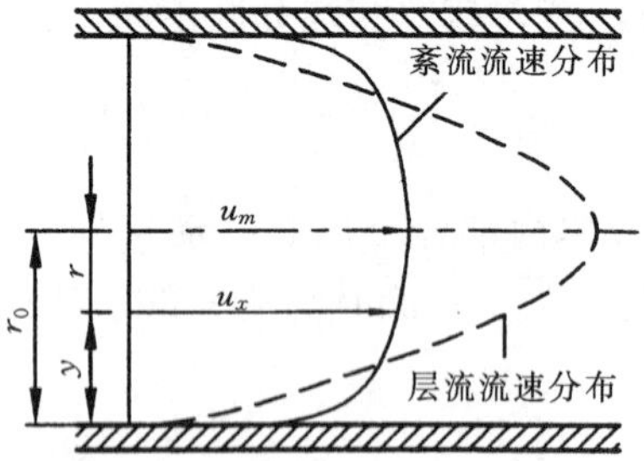


图 4.16

紊流流速分布对数表达式已为许多实验所证实，但此公式对靠近壁面的层流不适用，只适用于紊流核心区。将紊流的流速分布和层流的流速分布同时绘出，从图 4.16 不难看出，紊流的流速分布要比层流的流速分布均匀得多。

以上介绍的紊流特征当中，运动要素的脉动是最根本的特征。脉动使液体质点间不断地交换动量、能量，从而引起附加切应力，使能量损失增加，导致流速分布均匀化，水流挟沙能力增大，热量和物质扩散加速，并有可能引起建筑物的振动等一系列有利有害的现象。

## 4.7 沿程阻力系数 λ 的计算

### 4.7.1 尼古拉兹试验

计算沿程水头损失的通用公式为（4.13）式，即

$$h_f=\lambda\frac{l}{4R}\frac{v^2}{2g}$$

对圆管而言，由于 $R=\frac{d}{4}$，上式可改写为

$$h_f=\lambda\frac{l}{d}\frac{v^2}{2g} \tag{4.37}$$

1933 年，尼古拉兹（Nikuradse）用管壁粘贴均匀砂的办法，对各种人工粗糙度的管道进行了试验研究，比较系统地揭示了沿程阻力系数 λ 的变化规律。

尼古拉兹认为，管壁的绝对粗糙度不足以完全反映壁面粗糙程度对液体运动的影响。因为当管径 $d$ 不同时，同样大小的壁面凸出高度 Δ 值对液体运动的影响却不相同。因此，引入了相对粗糙度和相对光滑度的概念。砂粒直径 Δ 与管道半径 $r_0$ 的比值称为相对粗糙度，而管道半径 $r_0$ 与砂粒直径 Δ 的比值则称为相对光滑度。试验采用了 6 种不同相对光滑度 $\left(\frac{r_0}{\Delta}=15、30.6、60、126、252、507\right)$，这些参数的范围比较大，所以得到的成果比较全面。

试验依据 $h_f=\lambda\,\dfrac{l}{d}\,\dfrac{v^2}{2g}$ 进行，试验结果绘在双对数坐标系中，如图 4.17 所示。尼古拉兹图（图 4.17）全面反映了不同相对光滑度 $\dfrac{r_0}{\Delta}$ 时沿程阻力系数 $\lambda$ 与雷诺数 $Re$ 之间的关系。

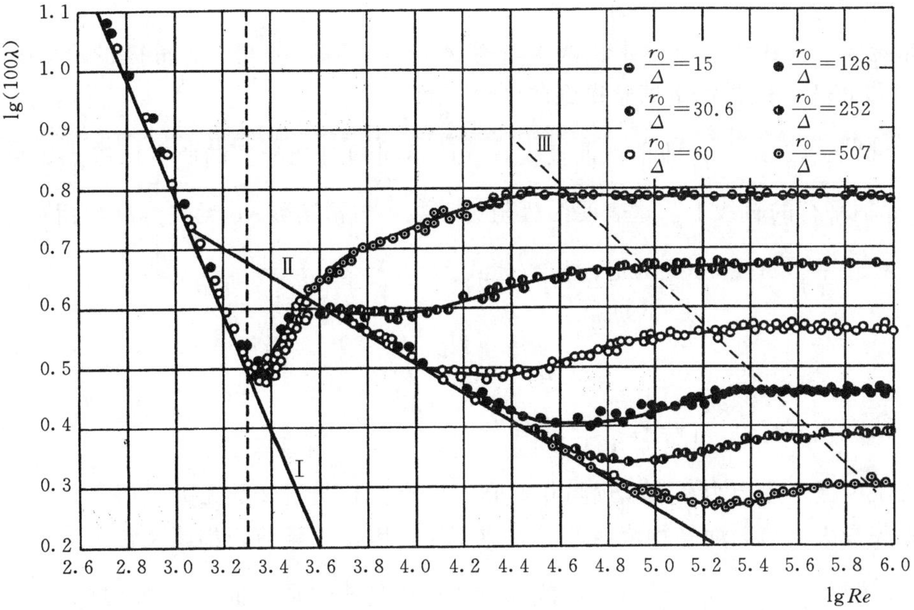


图 4.17

### 4.7.2 沿程阻力系数 λ 的计算公式

下面将结合图 4.17，重点分析紊流不同流区沿程阻力系数 $\lambda$ 的变化规律及其圆管的沿程阻力系数 $\lambda$ 计算公式。

（1）$Re<2000$ 时，液流为层流，不同相对光滑度的试验点据均落在直线Ⅰ—Ⅰ上，$\lambda=f\ (Re)$。此时，沿程水头损失 $h_f$ 与断面平均流速 $v$ 的一次方成正比，与雷诺试验结果完全一致。而由前面理论推导公式（4.25）可知：圆管层流 $\lambda=\dfrac{64}{Re}$。

（2）在 $2000<Re<4000$ 的这一区域内，试验点据散乱，相当于雷诺试验中的层流紊流过渡区。点据虽乱，但仍为直线，表示沿程阻力系数 $\lambda$ 仅与雷诺数有关，与相对光滑度无关。由于雷诺数范围很窄，实用意义不大。

（3）在 $Re>4000$ 的整个区域内，液流属于紊流。紊流可分为 3 个流区，即光滑区、过渡粗糙区、粗糙区，具体分析如下：

1）紊流光滑区（$\dfrac{\Delta}{\delta_0}<0.3$），不同相对光滑度的试验点都落在直线Ⅱ—Ⅱ上，沿程阻力系数 $\lambda$ 只与雷诺数 $Re$ 有关，而与相对光滑度 $\dfrac{r_0}{\Delta}$ 无关，即 $\lambda=f\ (Re)$，计算公式如下。

a. 尼古拉兹公式

$$\frac{1}{\sqrt{\lambda}}=-2\lg\left(\frac{2.51}{Re\sqrt{\lambda}}\right) \tag{4.38}$$

尚俭者开富之源，好奢者起贫之兆。（《魏书》）

适用范围为 $Re<1\times10^6$。

b. 布拉休斯公式

$$\lambda=\frac{0.3164}{Re^{\frac{1}{4}}} \tag{4.39}$$

适用范围为 $4000<Re<1\times10^5$。

将布拉休斯公式代入沿程水头损失计算公式（4.37）可知，光滑区的沿程水头损失 $h_f$ 与 $v^{1.75}$ 成正比，这与雷诺试验得到的结论一致。

2）粗糙区（$\frac{\Delta}{\delta_0}>6$），即Ⅲ—Ⅲ直线右方，不同相对光滑度的所有试验点都分别落在与 $Re$ 坐标轴平行的直线上，这表明沿程阻力系数 $\lambda$ 与雷诺数 $Re$ 无关，只与相对光滑度有关，即 $\lambda=f\left(\frac{r_0}{\Delta}\right)$，计算公式为尼古拉兹公式。

$$\frac{1}{\sqrt{\lambda}}=-2\lg\frac{\Delta}{3.7d} \tag{4.40}$$

适用范围为 $Re>\frac{382}{\sqrt{\lambda}}\left(\frac{r_0}{\Delta}\right)$。

紊流粗糙区沿程阻力系数 $\lambda$ 仅与相对光滑度有关，与雷诺数无关。那么，紊流粗糙区的沿程水头损失就与断面平均流速的平方成正比。因此，紊流粗糙区又称为阻力平方区。

3）过渡粗糙区（$0.3\leqslant\frac{\Delta}{\delta_0}\leqslant6$），即直线Ⅱ—Ⅱ与直线Ⅲ—Ⅲ之间的区域。不同的相对光滑度有不同的曲线，沿程阻力系数 $\lambda$ 不仅与雷诺数 $Re$ 有关，而且与相对光滑度 $\frac{r_0}{\Delta}$ 有关，即 $\lambda=f\left(Re, \frac{r_0}{\Delta}\right)$，计算公式为柯列布鲁克—怀特（Colebrook - White）公式。

$$\frac{1}{\sqrt{\lambda}}=-2\lg\left(\frac{2.51}{Re\sqrt{\lambda}}+\frac{\Delta}{3.7d}\right) \tag{4.41}$$

柯列布鲁克—怀特公式可以看作是计算沿程阻力系数 $\lambda$ 的通用公式。忽略第一项得粗糙区公式；忽略第二项得光滑区公式；两项均不忽略，得过渡粗糙区公式。

1938 年，蔡克士大（А. П. Зегжла）在矩形明槽中，同样用人工砂粒粗糙形成各种不同的相对光滑度，结合不同槽底坡度和水深进行试验，得到与尼古拉兹试验结果相类似的一组曲线。明渠的试验结果表明：明渠中沿程阻力系数 $\lambda$ 的变化规律与管流在性质方面相同。

### 4.7.3　莫迪图

由于尼古拉兹试验采用的是人工粗糙管，它与自然粗糙管相比，无论在凹凸形状、尺寸、均匀程度和排列情况等方面都有很大的不同。为此，引入当量粗糙度的概念。即将各种自然粗糙管的试验结果与人工粗糙管的结果相比较，在阻力平方区情况下，把具有同一 $\lambda$ 值的绝对粗糙度 $\Delta$ 作为自然粗糙管的当量粗糙度 $\Delta$。初步计算时，可参考表 4.1 选择当量粗糙度值。

图 4.18 为工业用各种不同相对粗糙度的圆管的沿程阻力系数 $\lambda$ 与雷诺数 $Re$ 的关系曲线，称之为莫迪（L. F. Moody）图。根据该图查得的 $\lambda$ 值与实际情况较为符合，实用计

算中可通过查图 4.18 求得管道的沿程阻力系数 λ 值。

**表 4.1**　　　　**各种壁面当量粗糙度 Δ 值**

| 管材种类 | Δ (mm) | 管材种类 | Δ (mm) |
|---|---|---|---|
| 玻璃管，清洁铜管 | 0.0015～0.01 | 污秽的金属管 | 0.75～0.90 |
| 新的无缝钢管 | 0.04～0.17 | 混凝土管及钢筋混凝土管（无抹灰面层，钢模板，施工质量良好，接缝平滑） | 0.3～0.9 |
| 普通新铸铁管 | 0.25～0.42 | | |
| 旧的生锈钢管 | 0.60～0.67 | | |

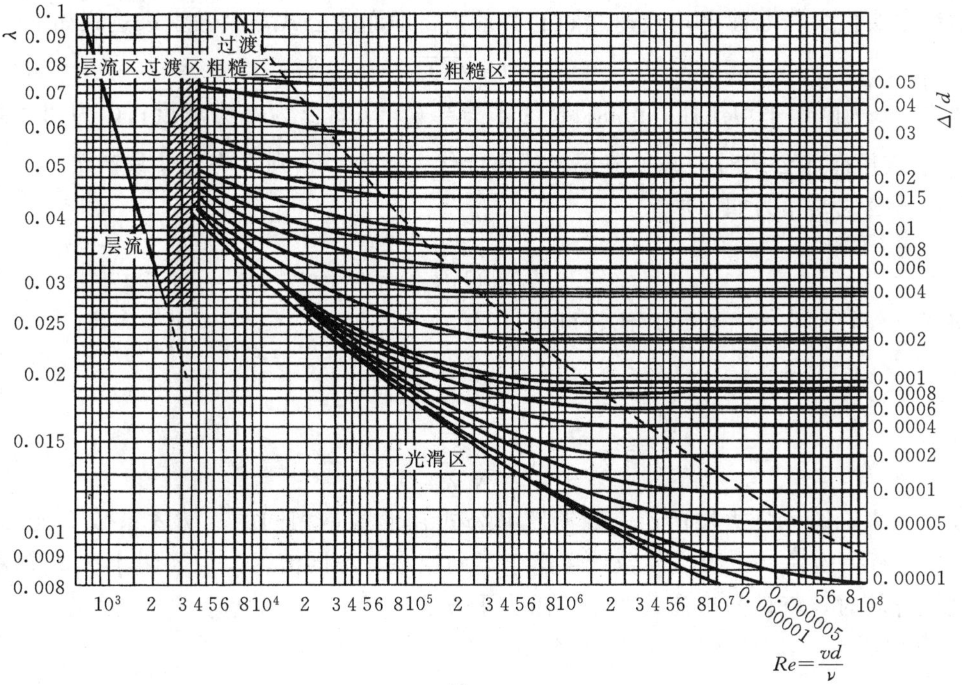


图 4.18

### 4.7.4　其它沿程水头损失或沿程阻力系数计算公式

前面已经给出了沿程阻力系数 λ 计算的两种方法：经验公式计算和查莫迪图。但由于人工粗糙管与实际管道有一定区别，现有的当量粗糙度 Δ 资料十分有限，难以完全满足工程实际计算的需要。实际工程中的水流，绝大多数都处于紊流粗糙区。为此，工程实际中，针对常见材料的管道，舍维列夫等人提出了如下沿程水头损失 $h_f$ 或计算沿程阻力系数 λ 的经验公式。

（1）钢管和铸铁管。

$v \geqslant 1.2$m/s 时

$$h_f = 0.00107\frac{v^2}{d^{1.3}}l \tag{4.42}$$

$v < 1.2$m/s 时

$$h_f = 0.000912 \times \left(1 + \frac{0.867}{v}\right)^{0.3}\frac{v^2}{d^{1.3}}l \tag{4.43}$$

（2）石棉水泥管。

$$h_f = 0.000561\frac{v^2 l}{d^{1.190}}\left(1 + \frac{3.51}{v}\right)^{0.190} \tag{4.44}$$

(3) 塑料管（硬）。

$$\lambda=\frac{0.25}{Re^{0.226}} \tag{4.45}$$

对玻璃管、铜管等内壁光滑的管道，也可参考使用。更多的沿程阻力系数 $\lambda$ 计算式可查阅有关设计手册或专业书籍。

## 4.8　计算沿程水头损失的经验公式——谢才公式

1769 年，法国工程师谢才（Chézy）对明渠均匀流进行试验研究，总结出了均匀流情况下沿程水头损失与断面平均流速之间的关系式，即谢才公式，其数学表达式如下。

$$v=C\sqrt{RJ} \tag{4.46}$$

式中：$v$ 为断面平均流速，m/s；$R$ 为水力半径，m；$J$ 为水力坡度；$C$ 为谢才系数，$m^{\frac{1}{2}}/s$。在应用谢才公式时，必须按规定的单位代入计算，否则，将会导致错误。

将谢才公式改写为如下形式

$$h_f=\frac{v^2 l}{C^2 R} \tag{4.47}$$

将式（4.47）与式（4.13）比较可知

$$\lambda=\frac{8g}{C^2} \tag{4.48}$$

$$C=\sqrt{\frac{8g}{\lambda}} \tag{4.49}$$

如此一来，谢才公式与达西—魏斯巴赫公式在形式是相同的。谢才系数 $C$ 与沿程阻力系数 $\lambda$ 一样，也是一个阻力系数，可用于不同流态、不同流区。但当谢才系数 $C$ 用下列经验公式计算时，就认为水流处于紊流阻力平方区。

1. 曼宁公式（R. Manning，1890 年）

$$C=\frac{1}{n}R^{\frac{1}{6}} \tag{4.50}$$

式中：$n$ 为粗糙系数，简称糙率；$R$ 为水力半径，m；$C$ 为谢才系数，$m^{\frac{1}{2}}/s$。其资料来源于 $n<0.02$ 及 $R<0.5$m 的管流及明渠。该式计算简便，是目前应用最广泛的一个公式，其应用范围也已经大大超过了其原来资料的范围。

2. 巴甫洛夫斯基（Лавловкии，1925 年）公式

$$C=\frac{1}{n}R^{y} \tag{4.51}$$

$$y=2.5\sqrt{n}-0.13-0.75\sqrt{R}(\sqrt{n}-0.10)$$

式中：$R$ 为水力半径，m；$y$ 为指数，近似计算时，当 $R<1.0$m 时，$y=1.5\sqrt{n}$，当 $R>1.0$m 时，$y=1.3\sqrt{n}$。

公式（4.51）的实测资料范围是：$0.1\leqslant R\leqslant 3.0$，$0.011\leqslant n\leqslant 0.035\sim 0.040$ 。这个范围基本包括了工程实际中的一般情况。

粗糙系数 $n$ 综合反映了壁面粗糙程度对水流阻力的影响，概念上不如当量粗糙度明

确，影响因素复杂，其值也不易准确确定。但在水力学中沿用已久，目前又无其它更好的代替方法，而且积累了比较多的粗糙系数资料，故在工程实践中仍然广泛采用粗糙系数，并利用谢才公式进行水力计算。在此，必须认识到选定了粗糙系数 $n$ 值，就意味着对水流阻力作出了估计，这就要求在选择和应用粗糙系数时，一定要根据实际情况，结合个人经验，通过比较研究，最后慎重确定。粗糙系数 $n$ 值可由水力计算手册或其它设计手册查得，表4.2仅给出了常见壁面的粗糙系数，供计算时参考。

**表4.2　粗糙系数 $n$ 值**

| 序号 | 壁面种类及状况 | 粗糙系数 |
|---|---|---|
| 1 | 特别光滑的黄铜管、玻璃管、涂有珐琅质或其它釉料的表面 | 0.009 |
| 2 | 精致水泥浆抹面，安装及连接良好的新制的清洁铸铁管及钢管，精刨木板 | 0.011 |
| 3 | 未刨光但连接很好的木板；正常情况下无显著水锈的给水管；非常清洁的排水管；最光滑的混凝土面 | 0.012 |
| 4 | 良好的砖砌体；正常情况下的排水管；略有积污的给水管 | 0.013 |
| 5 | 积污的给水管和排水管；一般情况下渠道的混凝土面；一般的砖砌面 | 0.014 |
| 6 | 良好的块石圬工；旧的砖砌面；比较粗糙的混凝土砌面；特别光滑、仔细开挖的岩石面 | 0.017 |
| 7 | 坚实黏土的渠道；不密实淤泥层（有的地方是不连续的）覆盖的黄土或砂砾石及泥土渠道，良好养护条件下的大土渠 | 0.0225 |
| 8 | 良好的干砌圬工；中等养护情况的土渠；情况极良好的天然河道（河床清洁、顺直、水流顺畅，没有浅滩深槽） | 0.025 |
| 9 | 养护情况中等以下土渠 | 0.0275 |
| 10 | 情况较坏的土渠（如部分渠底有杂草、卵石或砾石，部分岸坡崩塌等）；情况良好的天然河道 | 0.030 |
| 11 | 情况很坏的土渠（如断面不规则，有杂草、块石、水流不畅等）；情况比较良好的天然河道，但有不多的块石和野草 | 0.035 |
| 12 | 情况特别坏的土渠（如有不少深潭及塌岸，杂草丛生，渠底有大石块等）；情况不大良好的天然河道（如杂草、块石较多，河床不甚规则而有弯曲，有不少深潭和塌岸） | 0.040 |

**【例4.3】** 有一管道，输送运动黏度 $\nu=0.015\text{cm}^2/\text{s}$ 的水，直径 $d=200\text{mm}$，管壁当量粗糙度 $\Delta=0.2\text{mm}$。试求 $Q=5000\text{cm}^3/\text{s}$、$Q=20000\text{cm}^3/\text{s}$、$Q=400000\text{cm}^3/\text{s}$ 时，管道的沿程阻力系数 $\lambda$ 各为多少？同时，计算长度 $l=100\text{m}$ 管段上的沿程水头损失 $h_f$ 值？

**解：**（1）当 $Q=5000\text{cm}^3/\text{s}$ 时

$$A=\frac{\pi}{4}d^2=\frac{3.14}{4}\times0.2^2=0.0314\ (\text{m}^2)$$

$$v=\frac{Q}{A}=\frac{5000\times10^{-6}}{0.0314}=0.159\ (\text{m/s})$$

$$Re=\frac{vd}{\nu}=\frac{0.159\times0.2}{0.015\times10^{-4}}=21231>2000$$

管中水流型态属于紊流。下面将进一步判断属于哪个分区，并采用不同方法计算 $\lambda$ 值。

1）采用经验公式计算。假设 $\lambda=0.026$，相应的黏性底层厚度为

沉舟侧畔千帆过，病树前头万木春。（【唐】刘禹锡《酬乐天扬州初逢席上见赠》）

$$\delta_0=\frac{32.8d}{Re\sqrt{\lambda}}=\frac{32.8\times0.2}{21231\times\sqrt{0.026}}=1.916\times10^{-3}\ (m)$$

$\frac{\Delta}{\delta_0}=\frac{0.2\times10^{-3}}{1.916\times10^{-3}}=0.104<0.3$，属于光滑区。

a. 用尼古拉兹公式计算，即式（4.38）计算

$$\frac{1}{\sqrt{\lambda}}=-2\times\lg\left(\frac{2.51}{21231\times\sqrt{0.026}}\right)=6.27$$

求得 $\lambda=0.0254$。

b. 用布拉修斯公式计算，即式（4.39）计算

$$\lambda=\frac{0.3164}{Re^{\frac{1}{4}}}=\frac{0.3164}{21231^{0.25}}=0.0262$$

上述两个公式求得的 $\lambda$ 值与假设值近似相等，可以认为 $\lambda=0.0262$ 即为所求。

2）查莫迪图确定 $\lambda$。由 $\frac{\Delta}{d}=\frac{0.2}{200}=0.001$ 及 $Re=21231$，查莫迪图（图 4.18）得到 $\lambda=0.0276$。

取 $\lambda=0.026$，用式（4.37）计算沿程水头损失。

$$h_f=\lambda\frac{l}{d}\frac{v^2}{2g}=0.026\times\frac{100}{0.2}\times\frac{0.159^2}{19.6}=0.0167\ (m)$$

（2）当 $Q=20000cm^3/s$ 时：

$$v=\frac{Q}{A}=\frac{20000\times10^{-6}}{0.0314}=0.637\ (m/s)$$

$$Re=\frac{vd}{\nu}=\frac{0.637\times0.2}{0.015\times10^{-4}}=84926>2000$$

管中水流型态属于紊流。下面将进一步判断属于哪个分区，并采用不同方法计算 $\lambda$ 值。

1）采用经验公式计算。对于相对粗糙度一定的管道而言，随着雷诺数的增大，沿程阻力系数 $\lambda$ 减小。故假设 $\lambda=0.022$，并计算相应的黏性底层厚度。

$$\delta_0=\frac{32.8d}{Re\sqrt{\lambda}}=\frac{32.8\times0.2}{84926\times\sqrt{0.022}}=5.208\times10^{-3}\ (m)$$

$\frac{\Delta}{\delta_0}=\frac{0.2\times10^{-3}}{5.208\times10^{-3}}=0.384$，$0.3<\frac{\Delta}{\delta_0}<6$，属于过渡粗糙区，可用柯列布鲁克—怀特公式计算 $\lambda$ 值，即式（4.41）计算。

$$\frac{1}{\sqrt{\lambda}}=-2\lg\left(\frac{2.51}{Re\sqrt{\lambda}}+\frac{\Delta}{3.7d}\right)=-2\times\lg\left(\frac{2.51}{84926\times\sqrt{0.022}}+\frac{0.2}{3.7\times200}\right)=6.657$$

求得 $\lambda=0.0226$，与假设值近似相等。

2）查莫迪图确定 $\lambda$。由 $\frac{\Delta}{d}=\frac{0.2}{200}=0.001$ 及 $Re=84926$，查莫迪图（图 4.18）得到 $\lambda=0.0224$。

取 $\lambda=0.022$，用式（4.37）计算沿程水头损失。

$$h_f=\lambda\frac{l}{d}\frac{v^2}{2g}=0.022\times\frac{100}{0.2}\times\frac{0.637^2}{19.6}=0.228\ (m)$$

（3）当 $Q=400000\text{cm}^3/\text{s}$ 时

$$v=\frac{Q}{A}=\frac{400000\times10^{-6}}{0.0314}=12.74\ (\text{m/s})$$

$$Re=\frac{vd}{\nu}=\frac{12.74\times0.2}{0.015\times10^{-4}}=1698514>2000$$

管中水流型态属于紊流。下面将进一步判断属于哪个分区，并采用不同方法计算 $\lambda$ 值。

1）采用经验公式计算。

假设 $\lambda=0.02$，并计算相应的黏性底层厚度。

$$\delta_0=\frac{32.8d}{Re\sqrt{\lambda}}=\frac{32.8\times0.2}{1698514\times\sqrt{0.02}}=2.731\times10^{-5}(\text{m})$$

$\dfrac{\Delta}{\delta_0}=\dfrac{0.2\times10^{-3}}{2.731\times10^{-5}}=7.323$，$\dfrac{\Delta}{\delta_0}>6$，属于粗糙区，可用尼古拉兹公式计算 $\lambda$ 值，即式（4.40）计算。

$$\frac{1}{\sqrt{\lambda}}=-2\lg\left(\frac{\Delta}{3.7d}\right)=-2\times\lg\left(\frac{0.2}{3.7\times200}\right)=7.136$$

求得 $\lambda=0.0196$，与假设值近似相等。

2）查莫迪图确定 $\lambda$。由 $\dfrac{\Delta}{d}=\dfrac{0.2}{200}=0.001$ 及 $Re=1698514$，查莫迪图（图 4.18）得到 $\lambda=0.02$。

取 $\lambda=0.02$，用式（4.37）计算沿程水头损失。

$$h_f=\lambda\frac{l}{d}\frac{v^2}{2g}=0.02\times\frac{100}{0.2}\times\frac{12.74^2}{19.6}=82.81(\text{m})$$

从上述计算过程可知：对同一管道而言，通过流量不同，管道中的水流可能处于光滑区、过渡粗糙区、粗糙区，沿程阻力系数的大小不同，相应的沿程水头损失也不相同。由于沿程水头损失与断面平均流速之间呈指数函数关系，可以看到沿程阻力系数 $\lambda$ 差别不是很大，但沿程水头损失的大小相差较大。

**【课堂练习 4.4】**

有一输送石油的管道，已知石油的运动黏度 $\nu_{石油}=0.6\text{cm}^2/\text{s}$，其它条件同【例 4.3】。试计算该管道输送流量 $Q=400000\text{cm}^3/\text{s}$ 的石油时，管路的沿程阻力系数 $\lambda$ 与长度 $l=100\text{m}$ 管段上的沿程水头损失 $h_f$？

**【例 4.4】** 某水电站引水钢管采用新铸铁管，管长 $l=100\text{m}$，管径 $d=250\text{mm}$，试计算压力管道引水流量 $Q=50\text{L/s}$ 时的沿程水头损失。

**解：**（1）用达西—魏斯巴赫公式计算。

先计算流速

$$v=\frac{4Q}{\pi d^2}=\frac{4\times0.050}{3.14\times0.25^2}=1.019(\text{m/s})<1.2(\text{m/s})$$

此时，沿程阻力系数 $\lambda$ 可用舍维列夫公式计算，即式（4.43）计算。

$$\begin{aligned}h_f&=0.000912\times\left(1+\frac{0.867}{v}\right)^{0.3}\frac{v^2}{d^{1.3}}l=0.000912\times\left(1+\frac{0.867}{1.019}\right)^{0.3}\times\frac{1.019^2}{0.25^{1.3}}\times100\\&=0.691(\text{m})\end{aligned}$$

见贤思齐焉，见不贤而内自省也。（【春秋】孔子《论语·里仁》）

（2）用谢才公式计算。新钢管，选粗糙系数 $n=0.011$，此时谢才系数用式（4.50）计算。

$$C=\frac{1}{n}R^{\frac{1}{6}}=\frac{1}{n}\left(\frac{d}{4}\right)^{\frac{1}{6}}=\frac{1}{0.011}\times\left(\frac{0.25}{4}\right)^{\frac{1}{6}}=57.269(\mathrm{m}^{\frac{1}{2}}/\mathrm{s})$$

沿程水头损失用式（4.47）计算：

$$h_f=\frac{v^2 l}{C^2 R}=\frac{1.019^2\times 100}{57.269^2\times\left(\frac{0.25}{4}\right)}=0.507(\mathrm{m})$$

## 4.9　局部水头损失的计算

在边界急剧变化处（如管道的突然扩大、分岔、闸阀等），主流必然与边界相脱离，在主流与边界之间形成旋涡。旋涡区内部紊动剧烈，主流与旋涡之间也不断地发生着质量和能量交换，并出现反向流动。旋涡区不稳定，时大时小，周期变化，旋涡与主流的交界面也不断地产生变形，进一步加剧了水流的紊乱。这种因边界形状和尺寸沿程急剧变化引起的水头损失比同样长度内边界形状和尺寸沿程不变的水头损失大得多，即边界急剧变化位置产生的局部水头损失往往较大。但局部水头损失的计算，应用理论求解有很大的困难。目前，只有少数几种情况可用理论近似分析，绝大多数情况的局部水头损失只能依靠试验方法解决。

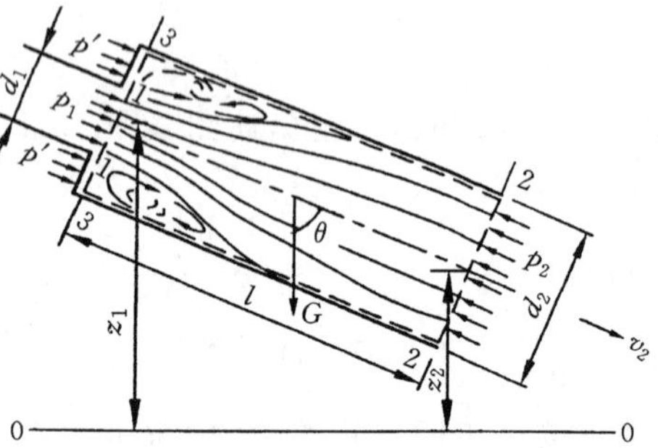

图 4.19

### 4.9.1　圆管突然扩大的局部水头损失

有一突然扩大圆管（图 4.19），断面突然从 $A_1$ 扩大至 $A_2$，致使液流进入大断面之后主流脱离边界，形成旋涡，流股逐渐扩大，大约经过（5～8）$d_2$ 之后才与大断面相吻合。在断面 1—1 与断面 2—2 处水流为渐变流，故取断面 1—1 与断面 2—2 列总流能量方程。

$$\left(z_1+\frac{p_1}{\rho g}+\frac{\alpha_1 v_1^2}{2g}\right)-\left(z_2+\frac{p_2}{\rho g}+\frac{\alpha_2 v_2^2}{2g}\right)=h_f+h_j$$

由于 1—1 断面与 2—2 断面之间距离较短，水流又为急变流，故沿程水头损失可忽略不计，仅考虑局部水头损失。这样一来，1—1 断面与 2—2 断面之间的局部水头损失可表示为

$$h_j=\left(z_1+\frac{p_1}{\rho g}\right)-\left(z_2+\frac{p_2}{\rho g}\right)+\left(\frac{\alpha_1 v_1^2}{2g}-\frac{\alpha_2 v_2^2}{2g}\right)\tag{4.52}$$

式（4.52）中除局部水头损失未知外，由于水流为急变流，动水压强项也是未知量，故还需建立另外的补充关系式。

今取 1—1 断面与 2—2 断面之间的水体为脱离体，建立动量方程。作用在该脱离体上的外力有：①1—1 断面上的动水压力 $P_1=p_1A_1$。②2—2 断面上的动水压力 $P_2=p_2A_2$。③环形面积（$A_2-A_1$）上所承受的动水压力 $P_3$。由于环形面积与旋涡相接触，其动水压强无法计算。在此，假定环形面积形心点处的压强也为 $p_1$，即 $p'=p_1$。那么，环形面积

上的动水压力 $P_3=p_1(A_2-A_1)$，整个3—1—1—3断面上的动水压力就为 $p_1A_2$。④重力。重力在流动方向上的分力可表示为 $\rho gA_2l\dfrac{z_1-z_2}{l}=\rho gA_2(z_1-z_2)$。⑤阻力。因流段较短，阻力可略去不计。

沿流动方向对脱离体列动量方程。

$$p_1A_2-p_2A_2+\rho gA_2(z_1-z_2)=\rho Q(\beta_2v_2-\beta_1v_1)$$

两边同除以 $\rho gA_2$，化简整理可得：

$$\left(z_1+\frac{p_1}{\rho g}\right)-\left(z_2+\frac{p_2}{\rho g}\right)=\frac{v_2}{g}(\beta_2v_2-\beta_1v_1) \tag{4.53}$$

将式（4.53）代入式（4.52），并取动能修正系数 $\alpha_1=\alpha_2=1.0$、动量修正系数为 $\beta_1=\beta_2=1.0$，化简整理可得

$$h_j=\frac{(v_1-v_2)^2}{2g} \tag{4.54}$$

这就是圆管突然扩大局部水头损失计算的理论公式，又称为波达公式。式（4.54）表明，圆管突然扩大的局部水头损失等于流速差的速度水头。这个公式经实验验证，有足够的精确性。

引入连续方程 $v_1=\dfrac{A_2}{A_1}v_2$，对式（4.54）进行简化，可以得到

$$h_j=\left(\frac{A_2}{A_1}-1\right)^2\frac{v_2^2}{2g}=\zeta_1\frac{v_2^2}{2g} \tag{4.55}$$

或者引入连续方程 $v_2=\dfrac{A_1}{A_2}v_1$，对上式进行简化，可以得到

$$h_j=\left(1-\frac{A_1}{A_2}\right)^2\frac{v_1^2}{2g}=\zeta_2\frac{v_1^2}{2g} \tag{4.56}$$

式（4.55）、式（4.56）中，$\zeta_1=\left(\dfrac{A_2}{A_1}-1\right)^2$，$\zeta_2=\left(1-\dfrac{A_1}{A_2}\right)^2$，它们被称为突然扩大的局部水头损失系数。

### 4.9.2 局部水头损失计算公式

除圆管突然扩大之外，其它情况下的局部水头损失虽然无法从理论上推导，但可以像圆管突然扩大的局部水头损失计算公式一样，将其表示为局部水头损失系数与流速水头的乘积，即

$$h_j=\zeta\frac{v^2}{2g} \tag{4.57}$$

式中：$\zeta$ 为局部水头损失系数，由试验确定；$v$ 为发生局部水头损失以前或以后的断面平均流速。

表4.3给出了常见情况的局部水头损失系数资料，供参考。实际应用时，应特别注意局部水头损失系数 $\zeta$ 与流速 $v$ 之间的对应关系。

通常，某种局部水头损失系数并不是常数，而是与水流的流动型态有关的，但层流在实践中遇到的机会很少。一般水流的雷诺数值都大到使局部水头损失系数 $\zeta$ 值不再随雷诺数而变的程度，这时的 $\zeta$ 值就为一常数，其大小只与局部变化的断面形状有关，而与雷诺数无关。水力学中给出的局部水头损失系数值通常都是指这一范围内的值。

君子学以聚之，问以辩之。（《易经》）

**表 4.3　　管道及明渠各种局部水头损失系数**

第一部分：管道中的各种局部水头损失

一、突然扩大

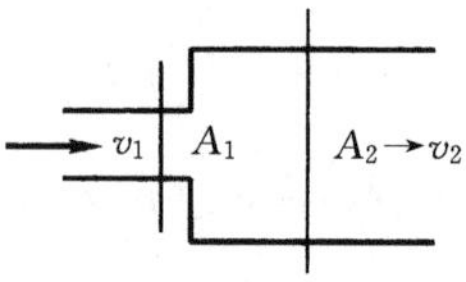


$$\zeta_1=\left(\frac{A_2}{A_1}-1\right)^2 \quad \text{应用公式}\ h_j=\zeta_1\frac{v_2^2}{2g}$$

$$\zeta_2=\left(1-\frac{A_1}{A_2}\right)^2 \quad \text{应用公式}\ h_j=\zeta_2\frac{v_1^2}{2g}$$

二、逐渐扩大

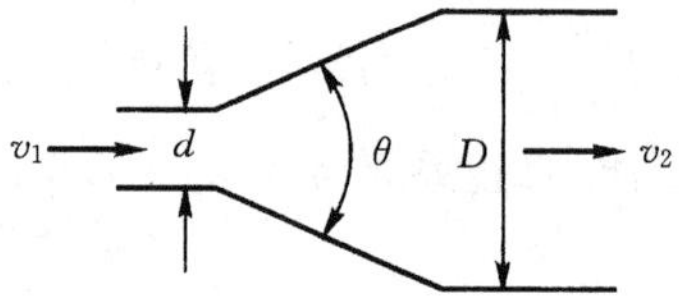


$h_j=\zeta\dfrac{v_1^2}{2g}$，$\zeta$ 值见下表

| $D/d$ | 圆锥体角度 $\theta$ | | | | | | | | | | | | | |
|---|---|---|---|---|---|---|---|---|---|---|---|---|---|---|
| | 2° | 4° | 6° | 8° | 10° | 15° | 20° | 25° | 30° | 35° | 40° | 45° | 50° | 60° |
| 1.1 | 0.01 | 0.01 | 0.01 | 0.02 | 0.03 | 0.05 | 0.10 | 0.13 | 0.16 | 0.18 | 0.19 | 0.20 | 0.21 | 0.23 |
| 1.2 | 0.02 | 0.02 | 0.02 | 0.03 | 0.04 | 0.06 | 0.16 | 0.21 | 0.25 | 0.29 | 0.31 | 0.33 | 0.35 | 0.37 |
| 1.4 | 0.02 | 0.03 | 0.03 | 0.04 | 0.06 | 0.12 | 0.23 | 0.30 | 0.36 | 0.41 | 0.44 | 0.47 | 0.50 | 0.53 |
| 1.6 | 0.03 | 0.03 | 0.04 | 0.05 | 0.07 | 0.14 | 0.26 | 0.35 | 0.42 | 0.47 | 0.51 | 0.54 | 0.57 | 0.61 |
| 1.8 | 0.03 | 0.04 | 0.04 | 0.05 | 0.07 | 0.15 | 0.28 | 0.37 | 0.44 | 0.50 | 0.54 | 0.58 | 0.61 | 0.65 |
| 2.0 | 0.03 | 0.04 | 0.04 | 0.05 | 0.07 | 0.16 | 0.29 | 0.38 | 0.45 | 0.52 | 0.56 | 0.60 | 0.63 | 0.68 |
| 2.5 | 0.03 | 0.04 | 0.04 | 0.05 | 0.08 | 0.16 | 0.30 | 0.39 | 0.48 | 0.54 | 0.58 | 0.62 | 0.65 | 0.70 |
| 3.0 | 0.03 | 0.04 | 0.04 | 0.05 | 0.08 | 0.16 | 0.31 | 0.40 | 0.48 | 0.55 | 0.59 | 0.63 | 0.66 | 0.71 |
| ∞ | 0.03 | 0.04 | 0.05 | 0.06 | 0.08 | 0.16 | 0.31 | 0.40 | 0.49 | 0.56 | 0.60 | 0.64 | 0.67 | 0.72 |

三、突然缩小

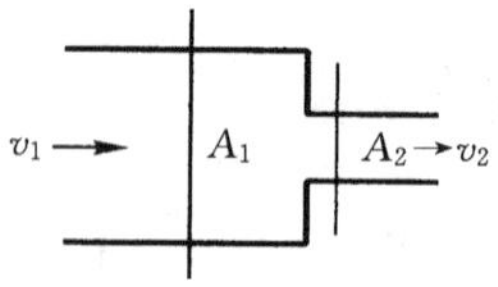


$h_j=\zeta\dfrac{v_2^2}{2g}$，$\zeta=0.5\left(1-\dfrac{A_2}{A_1}\right)$

四、逐渐缩小

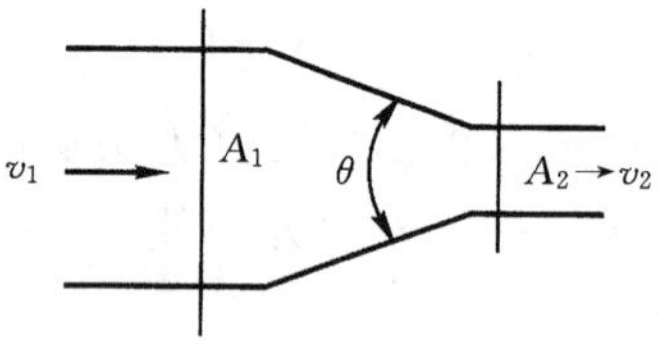


$h_j=\zeta\dfrac{v_2^2}{2g}$，$\zeta$ 值见下图

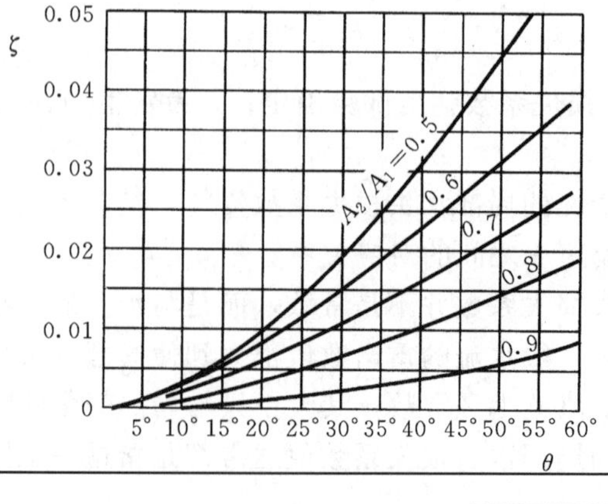

续表

五、进口

$h_j=\zeta\frac{v^2}{2g}$

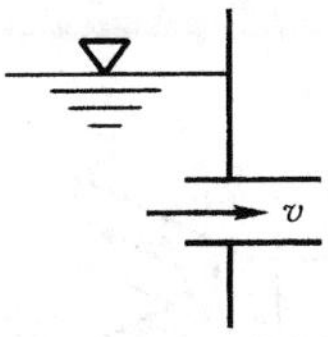


内插进口
$\zeta=1.0$

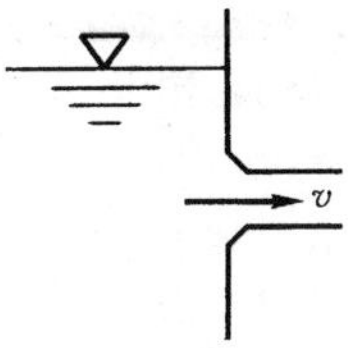


切角进口
$\zeta=0.25$

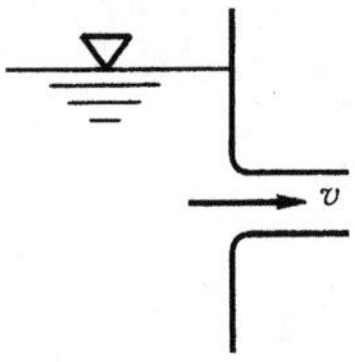


圆角进口
$\zeta=0.1$ 圆管
$\zeta=0.2$ 方管

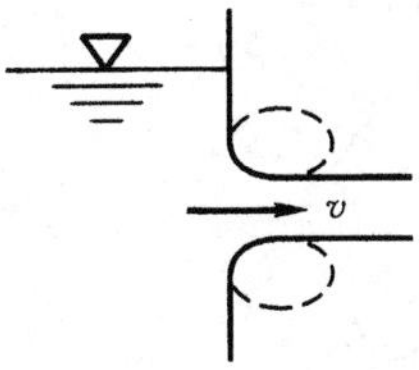


喇叭口
$\zeta=0.01\sim0.05$

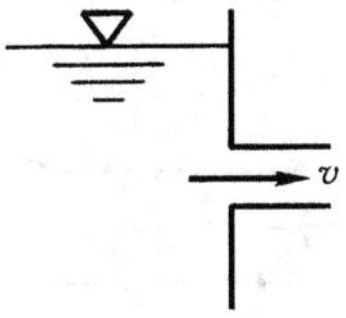


直角进口
$\zeta=0.5$

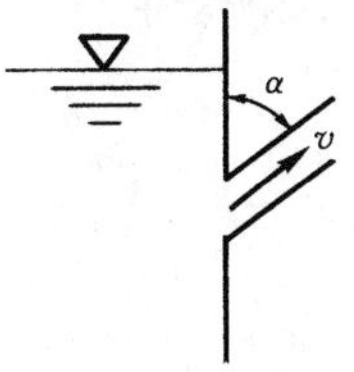


斜角进口
$\zeta=0.5+0.3\cos\alpha+0.2\cos^2\alpha$

六、出口

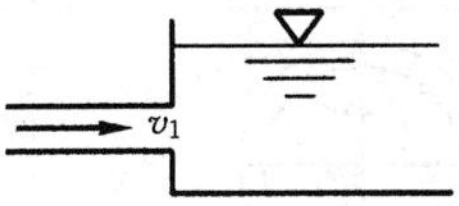


$h_j=\zeta\frac{v_1^2}{2g}$

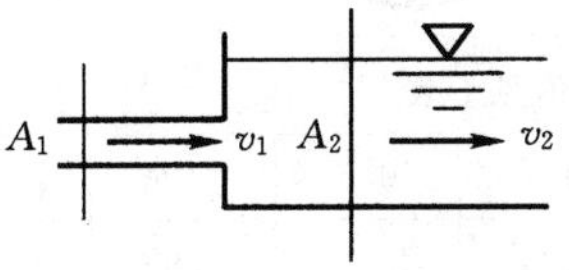


流入水池或水库 $\zeta=1$

流入明渠，$\zeta$ 值见下表

| $A_1/A_2$ | 0.1 | 0.2 | 0.3 | 0.4 | 0.5 | 0.6 | 0.7 | 0.8 | 0.9 |
|---|---|---|---|---|---|---|---|---|---|
| $\zeta$ | 0.81 | 0.64 | 0.49 | 0.36 | 0.25 | 0.16 | 0.09 | 0.04 | 0.01 |

七、弯管

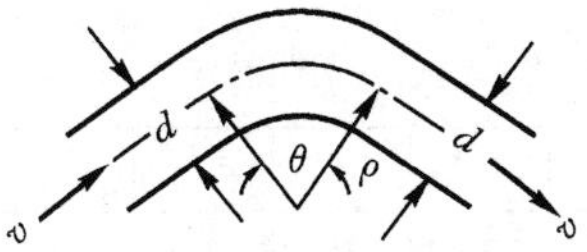


$h_j=\zeta\frac{v^2}{2g}$

$\zeta=\left[0.131+0.1632\left(\frac{d}{\rho}\right)^{7/2}\right]\left(\frac{\theta}{90°}\right)^{1/2}$

八、折管

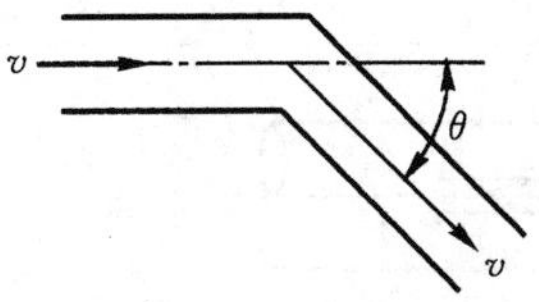


$h_j=\zeta\frac{v^2}{2g}$

$\zeta=0.946\sin^2\frac{\theta}{2}+2.05\sin^4\frac{\theta}{2}$

续表

九、岔管

$$h_j=\zeta\frac{v_0^2}{2g}$$

1. 普通 Y 形对称分岔管

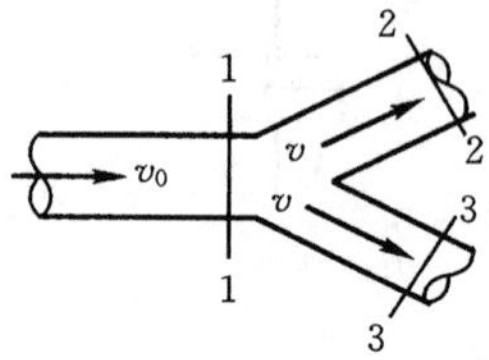


$\zeta=0.75$

2. 圆锥状 Y 形对称分岔管（分岔开始后形成逐渐收缩的圆锥形）

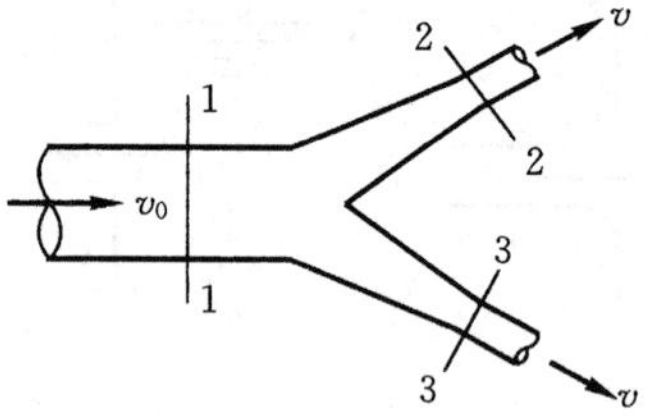


$\zeta=0.50$

十、闸板式阀门

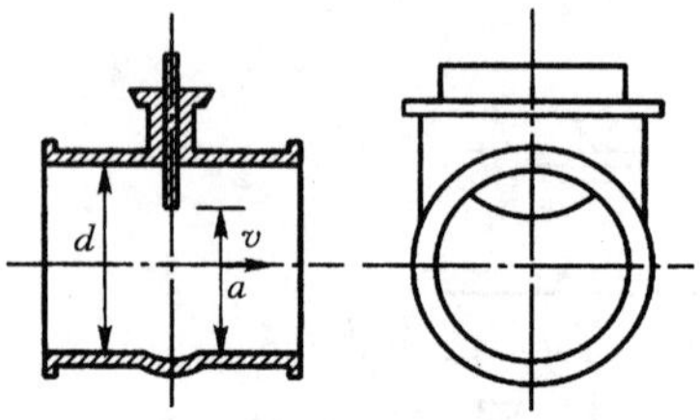


$$h_j=\zeta\frac{v^2}{2g}$$

$\zeta$ 值见下表

| $a/d$ | 0 | 0.125 | 0.2 | 0.3 | 0.4 | 0.5 | 0.6 | 0.7 | 0.8 | 0.9 | 1.0 |
|---|---|---|---|---|---|---|---|---|---|---|---|
| $\zeta$ | ∞ | 97.3 | 35.0 | 10.0 | 4.60 | 2.06 | 0.98 | 0.44 | 0.17 | 0.06 | 0 |

十一、蝶形阀

1. 部分开启

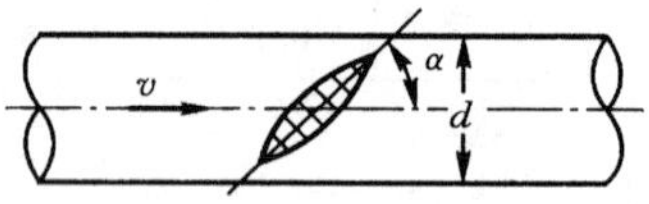


$$h_j=\zeta\frac{v^2}{2g}$$

$\zeta$ 值见下表

| $\alpha$ | 5° | 10° | 15° | 20° | 25° | 30° | 35° | 40° | 45° | 50° | 55° | 60° | 65° | 70° | 90° |
|---|---|---|---|---|---|---|---|---|---|---|---|---|---|---|---|
| $\zeta$ | 0.24 | 0.52 | 0.90 | 1.54 | 2.51 | 3.91 | 6.22 | 10.8 | 18.7 | 32.6 | 58.8 | 118.0 | 256.0 | 751.0 | ∞ |

2. 全开

| $a/d$ | 0.10 | 0.15 | 0.20 | 0.25 |
|---|---|---|---|---|
| $\zeta$ | 0.05～0.10 | 0.10～0.16 | 0.17～0.24 | 0.25～0.35 |

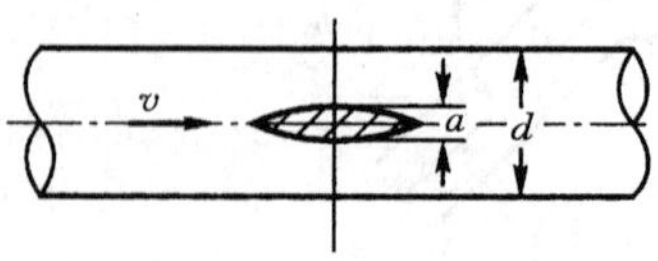




登山则情满于山，观海则意溢于海。（【南朝】刘勰《文心雕龙》）

续表

十二、截止阀

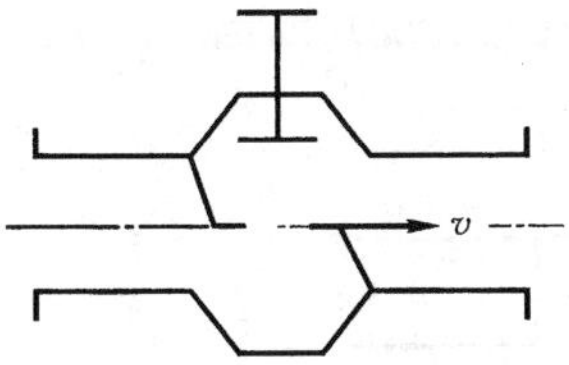


$$h_j=\zeta\frac{v^2}{2g}$$

$\zeta=4.3\sim6.1$（全开）

十三、平板门槽

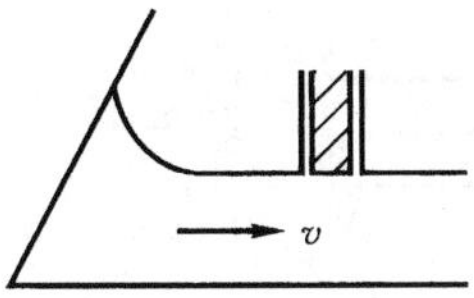


$$h_j=\zeta\frac{v^2}{2g}$$

$\zeta=0.2\sim0.4$（闸门全开）

十四、弧形闸门门槽

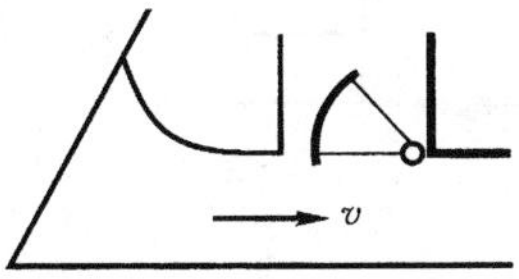


$$h_j=\zeta\frac{v^2}{2g}$$

$\zeta=0.2$（闸门全开）

十五、滤水网（莲蓬头）

1. 无底阀

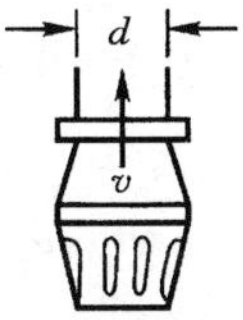


$$h_j=\zeta\frac{v^2}{2g}$$

$\zeta=2\sim3$

2. 有底阀

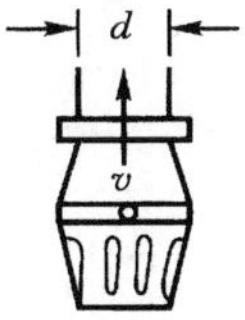


| $d$（mm） | 40 | 50 | 75 | 100 | 150 | 200 |
|---|---|---|---|---|---|---|
| $\zeta$ | 12.0 | 10.0 | 8.5 | 7.0 | 6.0 | 5.2 |
| $d$（mm） | 250 | 300 | 350 | 400 | 500 | 750 |
| $\zeta$ | 4.4 | 3.7 | 3.4 | 3.1 | 2.5 | 1.6 |

第二部分：明渠中的各种局部水头损失

十六、拦污栅

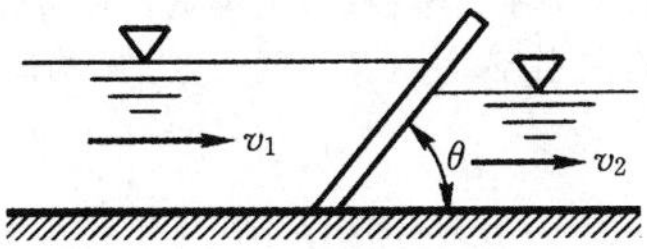


侧面

$$h_j=\zeta\frac{v_1^2}{2g}$$

$$\zeta=\beta\sin\theta\left(\frac{t}{b}\right)^{4/3}$$

式中：$t$ 为栅格厚度；$b$ 为栅格净间距；$\theta$ 为栅格倾角；$\beta$ 为栅格的断面形状系数，其值见下图。

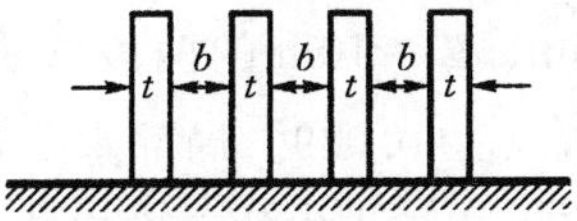


正面

$\beta=1.60$　　$\beta=1.77$　　$\beta=2.34$　　$\beta=1.73$

续表

十七、渠道收缩　　$h_j=\zeta\left(\frac{v_2^2}{2g}-\frac{v_1^2}{2g}\right)$

1. 突然收缩

圆弧

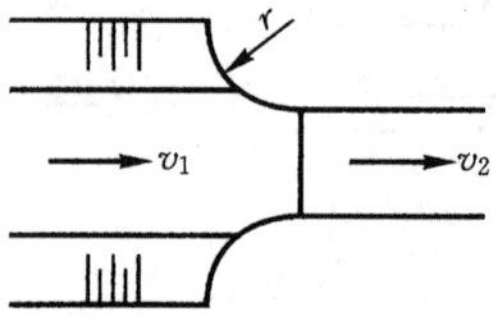


$\zeta=0.20$

直角

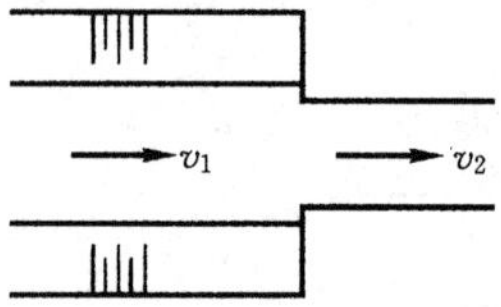


$\zeta=0.40$

2. 逐渐收缩

扭曲面

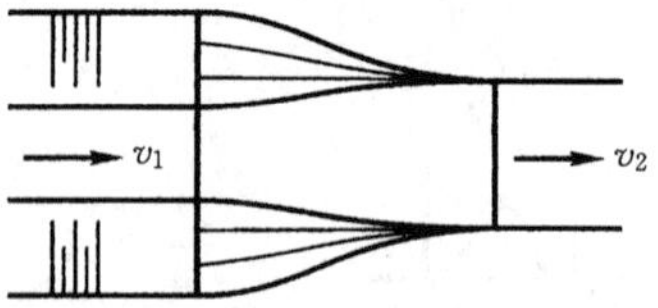


$\zeta=0.1$

楔形

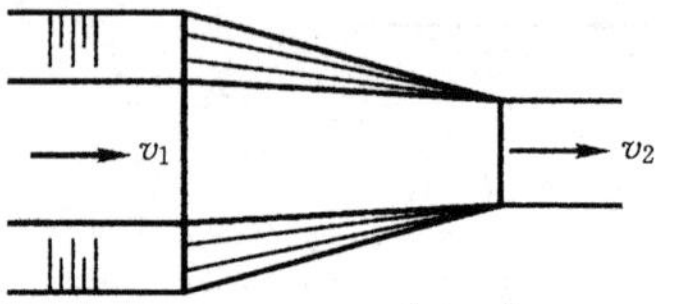


$\zeta=0.2$

十八、渠道扩大　　$h_j=\zeta\left(\frac{v_1^2}{2g}-\frac{v_2^2}{2g}\right)$

| | |
|---|---|
| 1. 突然扩大 | |
| 圆弧 | $\zeta=0.50$ |
| 直角 | $\zeta=0.75$ |
| 2. 逐渐扩大 | |
| 扭曲面 | $\zeta=0.30$ |
| 楔　形 | $\zeta=0.50$ |

十九、渠弯

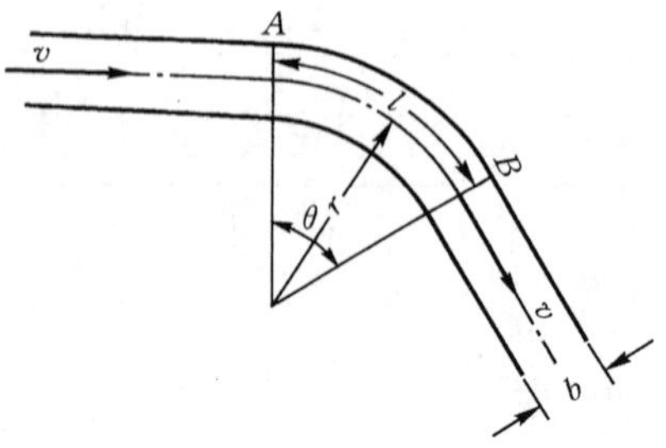


$$h_j=\zeta\frac{v^2}{2g}$$

$$\zeta=\frac{19.62l}{C^2R}\left(1+\frac{3}{4}\sqrt{\frac{b}{r}}\right)$$

式中：$R$ 为水力半径；$b$ 为渠宽，对梯形断面应为水面宽；$r$ 为渠弯轴线的弯曲半径；$l$ 为渠弯的长度；$C$ 为谢才系数

**【例 4.5】** 如图 4.20 所示，一水箱连接长 $l_1=25\text{m}$、$l_2=10\text{m}$ 的两段管道，管径 $d_1=150\text{mm}$，$d_2=125\text{mm}$，相应的沿程阻力系数 $\lambda_1=0.037$，$\lambda_2=0.039$。局部水头损失系数：直角进口 $\zeta_1=0.5$，逐渐收缩 $\zeta_2=0.15$，阀门 $\zeta_3=2.0$，以上 $\zeta$ 值相应的管道流速均为管径发生

变化后的流速。假定水箱水面保持不变，要求通过管道的流量 $Q=25000\text{cm}^3/\text{s}$，在忽略水箱行近流速的条件下，问水头 $H$ 必须达到多少？

**解**：(1) 离开管道进口一定距离的 1—1 断面与管道出口 2—2 断面对过出口断面中心线的水平面列能量方程。

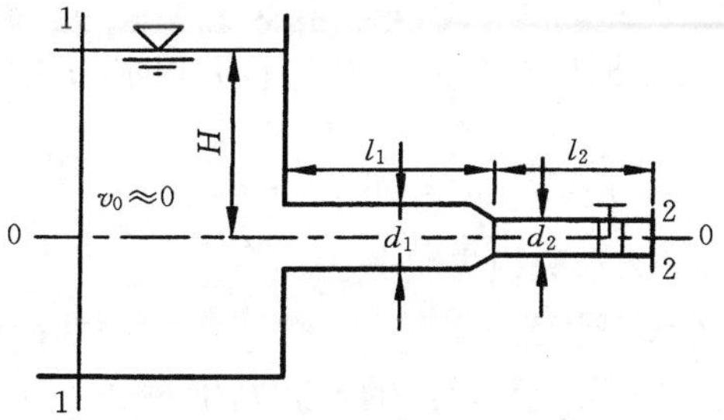


图 4.20

$$H+0+0=0+0+\frac{\alpha v_2^2}{2g}+\sum h_f+\sum h_j$$

(2) 计算管道流速。

$$v_1=\frac{4Q}{\pi d_1^2}=\frac{4\times0.025}{3.14\times0.15^2}=1.415(\text{m/s})$$

$$v_2=\frac{4Q}{\pi d_2^2}=\frac{4\times0.025}{3.14\times0.125^2}=2.0(\text{m/s})$$

(3) 按达西—魏斯巴赫公式计算沿程水头损失（因为已知沿程阻力系数 $\lambda$）。

$$h_{f1}=\lambda_1\frac{l_1}{d_1}\frac{v_1^2}{2g}=0.037\times\frac{25}{0.15}\times\frac{1.415^2}{2\times9.8}=0.63\ (\text{m})$$

$$h_{f2}=\lambda_2\frac{l_2}{d_2}\frac{v_2^2}{2g}=0.039\times\frac{10}{0.125}\times\frac{2.04^2}{2\times9.8}=0.663\ (\text{m})$$

$$\sum h_f=h_{f1}+h_{f2}=0.63+0.663=1.293\ (\text{m})$$

(4) 根据局部水头损失计算公式，计算相应的局部水头损失。

直角进口

$$h_{j1}=\zeta_1\frac{v_1^2}{2g}=0.5\times\frac{1.415^2}{2\times9.8}=0.051\ (\text{m})$$

逐渐收缩

$$h_{j2}=\zeta_2\frac{v_2^2}{2g}=0.15\times\frac{2.04^2}{2\times9.8}=0.032\ (\text{m})$$

阀门

$$h_{j3}=\zeta_3\frac{v_2^2}{2g}=2.0\times\frac{2.04^2}{2\times9.8}=0.423\ (\text{m})$$

总的局部水头损失

$$\sum h_j=h_{j1}+h_{j2}+h_{j3}=0.051+0.032+0.423=0.506\ (\text{m})$$

(5) 根据能量方程计算所需水头值。

$$H=\frac{\alpha v_2^2}{2g}+\sum h_f+\sum h_j=\frac{1.0\times2.04^2}{2\times9.8}+1.293+0.506=2.011\ (\text{m})$$

试问：保持水头不变，要增大通过管道的流量，有什么办法？

善学者，假人之长以补其短。（【战国】吕不韦《吕氏春秋·孟夏纪》）

**【课堂练习 4.5】**

一条新的输水管道，采用钢管，当量粗糙度 $\Delta=0.1\text{mm}$，管径 $d=150\text{mm}$，管长 $l=1200\text{m}$，测得沿程水头损失 $h_f=37\text{m}$，水温为 20℃，试求管道通过的流量 $Q$。（提示：可以用不同的沿程阻力系数和沿程水头损失公式计算）

## 本　章　小　结

1. 水头损失可分为：__________________和__________________。

2. 层流：__________________；紊流：__________________。

3. 层流与紊流的流态判别数是________。圆管的临界雷诺数是____________。

4. 均匀流沿程水头损失与切应力之间的关系是：__________________。

5. 沿程水头损失的计算公式有：①__________________；②__________________。

6. 紊流最基本的特征是：__________________。

7. 局部水头损失的计算公式：__________________。

8. 层流的流速分布表达式是：__________________。

9. 紊流的流速分布表达式是：①__________________；②__________________。

10. 严格意义上讲，紊流是属于________；但对紊流进行________处理之后，就可以看作是恒定流。

11. 谢才系数常用的计算公式有：①__________________；②__________。

12. 沿程阻力系数 $\lambda$ 与谢才系数 $C$ 之间的转换关系是：__________________。

## 思　考　题

1. 两条不同管径的管道，通过不同黏性的液体，它们的临界雷诺数是否相同？

2. 如图 4.21 所示，有两根输水管道，图（$a$）直径一定，流量随时间逐渐增大；图（$b$）流量一定，管径沿程逐渐增大，试问：第一根管中的雷诺数随时间如何变化？第二根管中的雷诺数沿长度如何变化？

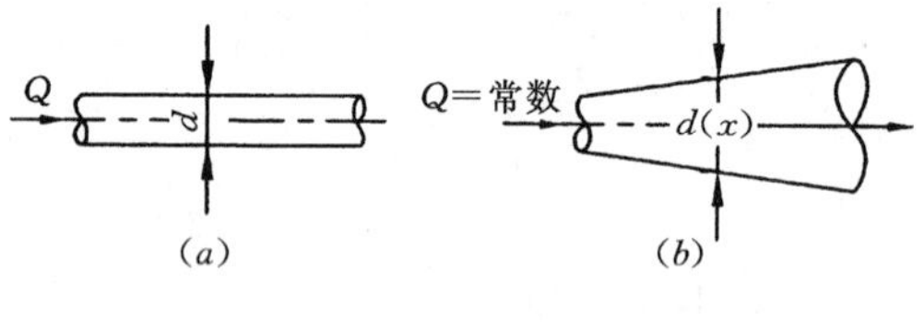


图 4.21

3. 紊流中存在脉动现象，具有非恒定性质，但又有恒定流之说，其中有无矛盾？为什么？

4. （1）在图 4.22 中，图（$a$）及图（$b$）中水流方向分别由小管到大管和由大管到小管，它们的局部水头损失是否相等？为什么？

（2）图（$c$）和图（$d$）为两个突然扩大管，粗管直径均为 $D$，但两细管直径不相等，$d_A>d_B$，二者通过的流量相同，问哪个局部水头损失大？为什么？

5. 如图 4.23 所示管路，管径为 $d$，管长为 $l$，试问：

（1）假设不考虑水头损失，管中 $A$、$B$、$C$ 三点的压强为多大？

（2）假设考虑水头损失，管中 $A$、$B$、$C$ 三点的压强为多大？

（3）同一管路，增加沿程阻力以后，各断面的压强是增大还是减小？

（4）管中 $A$、$B$、$C$ 三点的流速是否相等？是否会因为考虑水头损失而变化？



古之立大事者，不惟有超世之才，亦必有坚忍不拔之志。（【宋】苏轼《晁错论》）

6. 层流和紊流的断面流速分布有何不同？

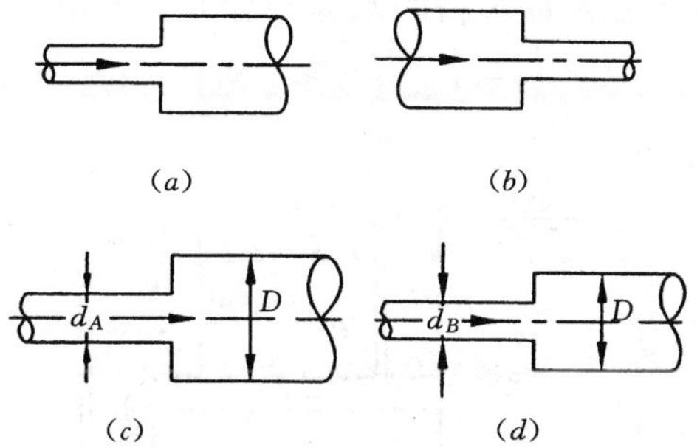


图 4.22

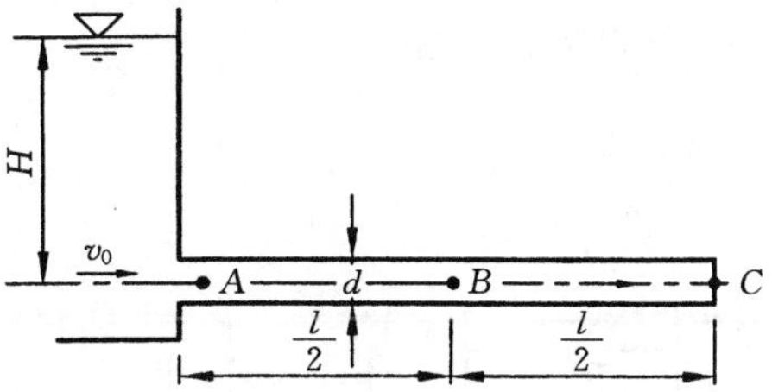


图 4.23

## 作 业 题

1.(1) 水管直径 $d=10\text{mm}$，管中水流流速 $v=0.2\text{m/s}$，水温 $t=10℃$。试判别其流态。

(2) 若流速与水温同上，管径改为 30mm，管中流态又如何？

(3) 流速与水温同上，管流由层流转变为紊流的直径为多少？

[参考答案：(1) 层流；(2) 紊流；(3) $d=15\text{mm}$]

2. 某矩形断面田间排水沟，已知：底宽 $b=50\text{cm}$，水温 $t=20℃$，水深 $h=40\text{cm}$，流速 $v=10\text{cm/s}$。

(1) 试判定水流流态。

(2) 如果水的温度、水深保持不变，流速减小到多大时，水流流态将变为层流？

[参考答案：(1) 紊流；(2) $v=0.328\text{cm/s}$]

3. 有一均匀流管路，直径 $d=0.2\text{m}$，长度 $l=100\text{m}$，该段管路上的沿程水头损失 $h_f=0.8\text{m}$，试求：

(1) 边壁上的切应力 $\tau_0$。

(2) 水力坡度 $J$。

[参考答案：(1) $\tau_0=3.92\text{N/m}^2$；(2) $J=0.8\%$]

4. 有一压力钢管，输送温度 $t=10℃$ 的水。试判别下列各种情况下的水流流态并计算沿程水头损失 $h_f$。

(1) 管长 $l=5\text{m}$，管径 $d=25\text{mm}$，流量 $Q=0.5\text{L/s}$ 时。

(2) 其它条件不变，如果管径改为 $d=250\text{mm}$。

[参考答案：(1) 紊流；$v=1.019\text{m/s}$，$Re=1.94\times10^4$，$h_f=0.284\text{m}$；(2) 层流；$v=0.0102\text{m/s}$，$Re=1945$，$h_f=3.49\times10^{-6}\text{m}$]

5. 为了测定 $AB$ 管段的沿程阻力系数 $\lambda$ 值，采用如图 4.24 所示的装置。已知 $AB$ 段管长 $l=10\text{m}$，管径 $d=50\text{mm}$。已测得实验数据：①$A$、$B$ 两测压管的水头差为 0.80m；②经 90s 流入量水箱的水体积为 $0.247\text{m}^3$。试求该管段的沿程阻力系数 $\lambda$ 值。

(参考答案：$\lambda=0.04$)

6. 为测定 90°弯管的局部水头损失系数 $\zeta$ 值，可采用如图 4.25 所示的装置。已知 $AB$

光阴似箭，日月如梭。(《增广贤文》)

段管长 $l=10\text{m}$，管径 $d=50\text{mm}$。该管段的沿程阻力系数 $\lambda=0.03$，今测得实验数据：①$A$、$B$ 两测压管的水头差为 0.629m；②经 2min 流入量水箱的水体积为 $0.329\text{m}^3$。试求弯管的局部水头损失系数 $\zeta$ 值。

（参考答案：$\zeta=0.321$）

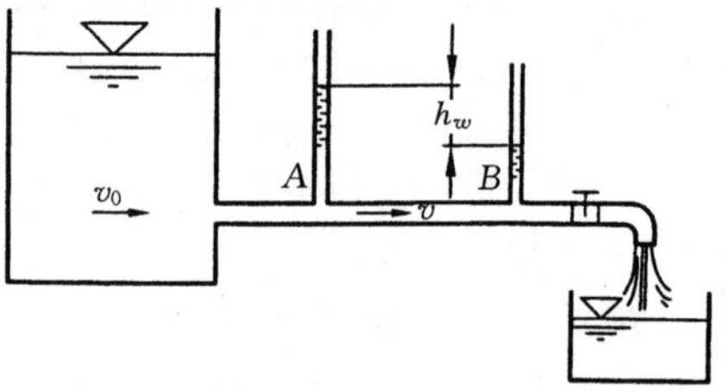


图 4.24

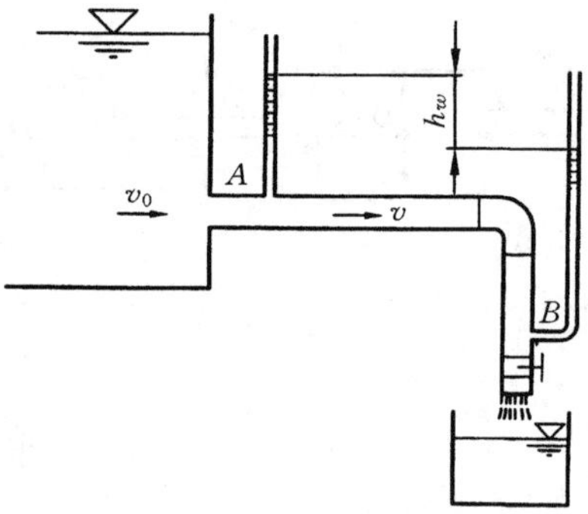


图 4.25

7. 有一管路系统，如图 4.26 所示。水从 $A$ 箱经底部连接水管流入 $B$ 箱，水箱流速忽略不计。水管为钢管，粗糙系数 $n=0.011$，直径 $d=100\text{mm}$，长度 $l=50\text{m}$，流量 $Q=0.0314\text{m}^3/\text{s}$，转弯半径 $R=200\text{mm}$，折角 $\alpha=30°$，阀门相对开度 $\frac{a}{d}=0.6$，两水箱水位保持不变。试求两水箱的水面高差 $H$。

（参考答案：$H=15.6\text{m}$）

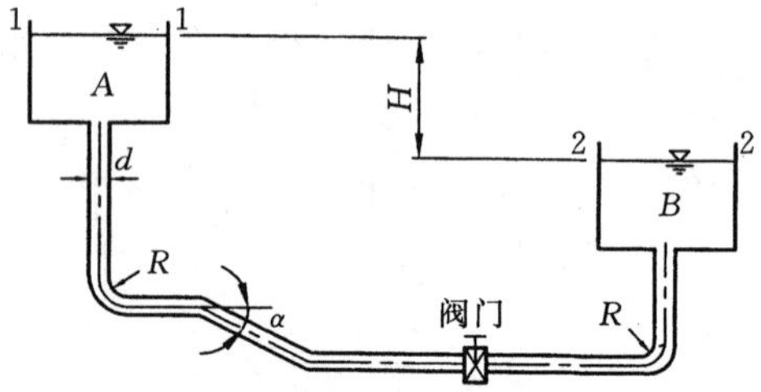


图 4.26

8. 有一输油管路，长度 $l=150\text{m}$，管径 $d=100\text{mm}$，油的动力黏度 $\mu=0.072\text{N}\cdot\text{s}/\text{m}^2$，密度 $\rho=930\text{kg}/\text{m}^3$。输送流量 $Q=0.009\text{m}^3/\text{s}$，试计算：

（1）输油管道的沿程水头损失 $h_f$、管壁切应力 $\tau_0$ 以及管道轴线处的最大流速 $u_{max}$。

（2）保持管道水流为层流的最大输送流量 $Q_{max}$。

[提示：注意判别流态。参考答案：（1）$h_f=4.34\text{m}$，$\tau_0=6.59\text{N}/\text{m}^2$，$u_{max}=2.29\text{m}/\text{s}$；（2）$Q_{max}=0.014\text{m}^3/\text{s}$]

# 第二篇 实用水力计算

实际工程中输送流体的边界不外乎是管道与河渠。因此，以职业能力与岗位需求为出发点，以实际工作需要为目标，将工程实际中的典型水力学问题归纳为管道水力计算与明渠水力计算两个主要部分，并称其为实用水力计算。其中，明渠水力计算可根据水流特点分为明渠恒定均匀流、明渠恒定非均匀渐变流、堰流与闸孔出流、泄水建筑物下游水流衔接与消能等内容。渗流作为工程水力学的重要组成部分，是工程建设必须面对的问题，其教学内容独立成章。限于学时与教材使用对象，将波浪理论、高速水流、挟沙水流等专业性较强的内容舍弃，工作需要时可查阅相关教材或专著。

## 第 5 章 有压管道的水力计算

**【情景提示】**

1. 煤气管道、自来水管道、农田灌溉管道系统等都是依靠管道输送流体。管道的水力计算通常应包括哪些内容？

2. 西气东输、南水北调等长距离输油、输气、输水工程中，都选择有压管道输送流体。如何保证流体输送过程中的能量损失最小，是一个值得探讨的问题。

3. 管道用途不同，复杂程度不同，相应的水力计算方法也不一样，各类管道水力计算的技巧又有哪些？

4. 虹吸管与倒虹吸管的工作原理是否相同？

**【本章导读】**

工程实践中为了输送流体，常常要利用各种材质的压力管道来满足工程实际中的各种需要。水力发电工程中的压力引水隧洞和压力钢管，水库的有压泄洪洞和泄洪管，灌溉工程中的喷灌、滴灌系统，供给城镇工业和居民生活用水的各种输水管网等，都是有压管道的应用实例。因此，学习和掌握有压管道水力计算的基本知识与技能，不仅是专业人才培养与课程学习的必备，更是实际工作的必需，具有重要的现实意义。

**【教学要求】**

①掌握有压管道恒定流水力计算的基本概念；②熟练掌握简单管道水力计算的基本方法和技巧；③掌握复杂管道水力计算的特点；④了解有压管道非恒定流的概念、水击现象以及直接水击压强的计算。

有压管道是指液体质点完全充满输水管道横断面的流动，简称管流。其特点是：断面周界就是湿周，过水断面面积等于横断面面积，断面上各点的压强一般不等于大气压强，即相对压强不为零。由于过水断面面积保持不变，因此，流量变化只会引起管道流速和压强变化。为有压管道水力计算方便，常常对有压管道做如下分类。

工欲善其事，必先利其器。（【春秋】孔子《论语·卫灵公》）

（1）根据管道的平面布置情况，可将管道系统分为简单管道和复杂管道两大类。简单管道是指管径不变且无分支的管道。水泵的吸水管、虹吸管等都是简单管道的例子。由两根以上管道组成的管道系统称为复杂管道。由各种不同直径管道组成的串联管道、并联管道、分叉管道、枝状管网、环状管网等都是复杂管道的例子。

（2）根据局部水头损失占沿程水头损失比重的大小，可将管道分为长管和短管。在管道系统中，如果管道的水头损失以沿程水头损失为主，局部水头损失和流速水头所占比重很小（占沿程水头损失的5%～10%以下），在计算中可以忽略，这样的管道称为长管。否则，称为短管。必须注意，长管和短管不是简单地从管道长度来区分的，而是按局部水头损失和流速水头所占比重大小来划分。实际计算中，水泵装置、水轮机装置、虹吸管、倒虹吸管、坝内泄水管等均应按短管计算；一般的复杂管道均按长管计算。

有压管道水力计算的基本依据是连续方程、能量方程以及水头损失的计算。而有压管道水力计算的主要任务通常包括：①确定管道的输水流量 $Q$；②确定管道系统所需的总水头 $H$；③确定管道直径 $d$；④计算沿管线各断面的压强 $\frac{p}{\rho g}$。

## 5.1　简单管道水力计算的基本公式

简单管道的水力计算可分为自由出流和淹没出流两种情况，并根据具体问题按短管或长管分别进行水力计算。

### 5.1.1　短管计算公式

#### 5.1.1.1　自由出流公式

管道出口水流流入大气，称为自由出流。图5.1所示的简单管道，一端与水池连接，另一端流入大气，为简单管道自由出流形式。若以通过出口断面中心线的水平面为基准面，在离开管道进口一定距离处选定1—1过水断面（该断面符合渐变流条件），管道出口断面为2—2过水断面，1—1断面与2—2断面对基准面0—0建立能量方程。

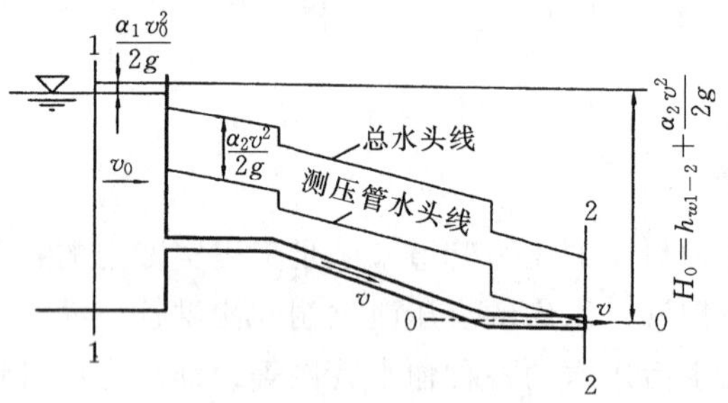


图5.1

$$H+\frac{\alpha_1 v_0^2}{2g}=\frac{\alpha_2 v^2}{2g}+h_{w1-2}$$

令

$$H_0=H+\frac{\alpha_1 v_0^2}{2g}$$

且因

$$h_{w1-2}=h_f+\sum h_j$$

则上式变为

$$H_0=\frac{\alpha_2 v^2}{2g}+h_f+\sum h_j \tag{5.1}$$

以上各式中：$v$ 为管道内断面平均流速；$v_0$ 为水池中的流速，常称为行近流速；$H$ 为管道出口断面中心距水池水面的距离，称为管道系统的作用水头；$H_0$ 为包括行近流速水头在内的总水头，是简单管道系统水流得以流动的"能量之源"。

从式（5.1）可以看到，管道系统的总水头将全部消耗于管道的水头损失和保持出口水流的动能。

将沿程水头损失计算公式 $h_f=\lambda \dfrac{l}{d}\dfrac{v^2}{2g}$ 与局部水头损失计算公式 $h_j=\zeta\dfrac{v^2}{2g}$ 代入式（5.1）可得

$$H_0=(\alpha_2+\lambda\frac{l}{d}+\sum\zeta)\frac{v^2}{2g}$$

取 $\alpha_2=1$，化简整理可得管中流速

$$v=\frac{1}{\sqrt{1+\lambda\dfrac{l}{d}+\sum\zeta}}\sqrt{2gH_0}$$

引入连续方程可得管中流量

$$Q=Av=\frac{1}{\sqrt{1+\lambda\dfrac{l}{d}+\sum\zeta}}A\sqrt{2gH_0}$$

令

$$\mu_c=\frac{1}{\sqrt{1+\lambda\dfrac{l}{d}+\sum\zeta}}$$

则

$$Q=\mu_c A\sqrt{2gH_0} \tag{5.2}$$

式中：$\mu_c$ 为管道系统的流量系数，它反映了沿程水头损失和局部水头损失对过流能力的影响。

当行近流速水头很小时，可以忽略不计，式（5.2）将简化为

$$Q=\mu_c A\sqrt{2gH} \tag{5.3}$$

**5.1.1.2　淹没出流公式**

如果管道出口淹没在水面以下，则称为淹没出流。

图 5.2 所示的有压管道，一端与水池连接，另一端流入一水池，形成淹没出流。取上游水池 1—1 断面和下游水池 2—2 断面（两处均符合渐变流条件），以过下游水池水面的水平面为基准面，列能量方程。

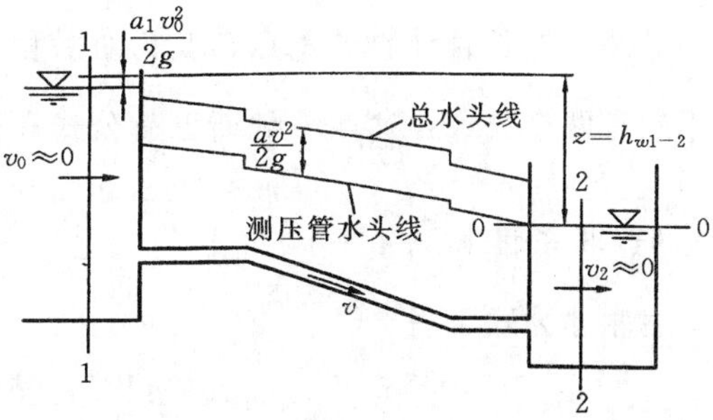


图 5.2

$$z+\frac{\alpha_1 v_0^2}{2g}=\frac{\alpha_2 v_2^2}{2g}+h_{w1-2} \tag{5.4}$$

式中：$z$ 为上下游水位差。

一般情况下，水池流速比管道流速小得多，故可忽略水池流速，这样一来，式（5.4）可简化为

$$z=h_{w1-2} \tag{5.5}$$

式（5.5）表明，淹没出流条件下，上下游水位差将全部消耗于管路系统的水头损失。

将沿程水头损失和局部水头损失公式代入，化简整理可得到

$$v=\frac{1}{\sqrt{\lambda\dfrac{l}{d}+\sum\zeta}}\sqrt{2gz}$$

青，取之于蓝，而青于蓝；冰，水为之，而寒于水。（【战国】荀子《劝学》）

管道流量可由下式计算

$$Q=Av=\frac{1}{\sqrt{\lambda\frac{l}{d}+\sum\zeta}}A\sqrt{2gz}$$

同样令

$$\mu_c=\frac{1}{\sqrt{\lambda\frac{l}{d}+\sum\zeta}}$$

则上式可写为

$$Q=\mu_c A\sqrt{2gz} \tag{5.6}$$

式中：$\mu_c$ 为管道系统的流量系数。

比较式（5.3）和式（5.6）可以看出，淹没出流时的有效水头是上下游水位差 $z$；而自由出流时的作用水头则是出口断面中心至上游水面的距离。此外，两种情况下的流量系数表达式虽然不同，但当管道布置形式、管径、管长、管材都相同时，其流量系数的数值却是相等的（为什么?）。

### 5.1.2　长管计算公式

若按长管计算，则可以忽略流速水头和局部水头损失，上述推导过程将大大简化，得出的相应水力计算公式如下。

对自由出流而言

$$H=h_f \tag{5.7}$$

对淹没出流而言

$$z=h_f \tag{5.8}$$

显然，按长管计算的重点转变为对沿程水头损失的计算。关于沿程水头损失的计算，常用的有两个公式：达西—魏斯巴赫公式和谢才公式。这两个公式可通过关系式 $\lambda=\frac{8g}{C^2}$ 或 $C=\sqrt{\frac{8g}{\lambda}}$ 联系起来。

由谢才公式可得

$$h_f=\frac{v^2 l}{C^2 R}=\frac{Q^2 l}{A^2 C^2 R}=\frac{Q^2}{K^2}l=S_0 Q^2 l \tag{5.9}$$

$$K=AC\sqrt{R},\quad S_0=\frac{1}{K^2}$$

式中：$K$ 为流量模数，表示水力坡度 $J=1$ 时通过管道的流量，$K$ 具有与流量 $Q$ 相同的单位；$S_0$ 为比阻，表示单位管长在单位流量时的水头损失，$s^2/m^6$。

式（5.9）也可表示为

$$Q=K\sqrt{\frac{h_f}{l}}=K\sqrt{J} \tag{5.10}$$

式中：$J$ 为水力坡度，此处按长管计算，故仅考虑沿程水头损失。

水利工程中的水流绝大多数处于紊流阻力平方区，谢才系数可用曼宁公式计算。此时，相应的沿程阻力系数 $\lambda$、流量模数 $K$，比阻 $S_0$ 可按下列公式计算。同时，表 5.1 还给出了管流紊流粗糙区的流量模数值，供计算时查用。

$$\lambda=124.5\frac{n^2}{d^{\frac{1}{3}}} \tag{5.11}$$

$$K=0.3117\frac{d^{\frac{8}{3}}}{n} \tag{5.12}$$

$$S_0=10.29\frac{n^2}{d^{\frac{16}{3}}} \tag{5.13}$$

表 5.1　　管流紊流粗糙区的流量模数值　　单位：$m^3/s$

| $d$（mm） \ $n$ | 0.012 | 0.013 | 0.014 | 0.015 | 0.017 |
|---|---|---|---|---|---|
| 100 | 0.05592 | 0.05162 | 0.04793 | 0.04474 | 0.03947 |
| 150 | 0.16489 | 0.15221 | 0.14133 | 0.13191 | 0.11639 |
| 200 | 0.35514 | 0.32782 | 0.30441 | 0.28411 | 0.25069 |
| 250 | 0.64396 | 0.59443 | 0.55197 | 0.51517 | 0.45456 |
| 300 | 1.047 | 0.967 | 0.898 | 0.838 | 0.739 |
| 350 | 1.580 | 1.458 | 1.354 | 1.264 | 1.116 |
| 400 | 2.256 | 2.082 | 1.934 | 1.805 | 1.593 |
| 450 | 3.088 | 2.850 | 2.647 | 2.471 | 2.180 |
| 500 | 4.090 | 3.775 | 3.506 | 3.273 | 2.887 |
| 600 | 6.651 | 6.139 | 5.701 | 5.322 | 4.695 |
| 700 | 10.033 | 9.261 | 8.599 | 8.027 | 7.082 |
| 800 | 14.325 | 13.223 | 12.278 | 11.460 | 10.112 |
| 900 | 19.612 | 18.103 | 16.810 | 15.690 | 13.844 |
| 1000 | 25.975 | 23.977 | 22.264 | 20.780 | 18.335 |

一般水工输水道内的水流绝大多数处于紊流阻力平方区，一般给水管道中的水流可能处于紊流阻力平方区或紊流过渡粗糙区。输送黏稠液体的管道，因液体的黏滞系数很大，可能属于层流。也就是说，实际工程中遇到的管流，其流态比较复杂。为此，在进行管流水头损失计算时，首先应判别流态、流区，然后才能正确选择适宜的沿程水头损失计算方法和计算公式。

一般认为，当管道流速 $v\geqslant1.2$m/s 时，水流为紊流阻力平方区，可以采用式（5.11）计算沿程阻力系数 $\lambda$，采用式（5.12）计算或查表 5.1 确定流量模数，继而完成沿程水头损失的计算。当管道流速 $v<1.2$m/s，认为水流达不到阻力平方区，可能处于过渡粗糙区。此时，采用紊流阻力平方区公式进行沿程水头损失计算时，应考虑乘以修正系数 $k$，其沿程水头损失计算公式如下

$$H=h_f=k\frac{Q^2}{K^2}l \tag{5.14}$$

其中，修正系数

$$k=0.852\left(1+\frac{0.867}{v}\right)^{0.3} \tag{5.15}$$

积善方知庆有余。（【唐】刘兼《贻诸学童》）

# 5.2 简单管道水力计算的基本类型

## 5.2.1 计算输水能力

当管道布置形式、管材、管径、管长、作用水头已知时，计算通过管道的流量 $Q$。

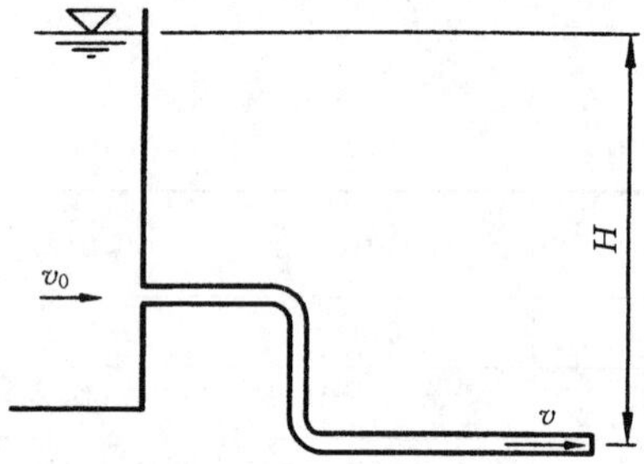


图 5.3

**【例 5.1】** 有一简单管道，如图 5.3 所示。管道长度 $l=800$m，管径 $d=100$mm，作用水头 $H=20$m，管道中间有 2 个弯头，每个弯头的局部水头损失系数 $\zeta_1=0.3$，管道的沿程阻力系数 $\lambda=0.025$，试求通过管道的流量 $Q$。

**解：**（1）将管道作为短管，计算通过管道的流量 $Q$。

不考虑行近流速水头的影响，按公式（5.3）计算。局部水头损失共包括管道进口和两个弯头，进口的局部水头损失系数 $\zeta_e=0.5$，弯头的局部水头损失系数 $\zeta_1=0.3$。

管道系统流量系数

$$\mu_c=\frac{1}{\sqrt{1+\lambda\dfrac{l}{d}+\sum\zeta}}=\frac{1}{\sqrt{1+0.025\times\dfrac{800}{0.1}+0.5+2\times0.3}}=0.0703$$

通过管道的流量

$$Q=\mu_c A\sqrt{2gH}=0.0703\times\frac{3.14}{4}\times0.1^2\sqrt{2\times9.8\times20}=0.01093\ (\mathrm{m^3/s})$$

（2）计算沿程水头损失和局部水头损失。

断面面积

$$A=\frac{\pi}{4}d^2=\frac{3.14}{4}\times0.1^2=0.00785\ (\mathrm{m^2})$$

管道流速

$$v=\frac{Q}{A}=\frac{0.01093}{0.00785}=1.392\ (\mathrm{m/s})$$

流速水头

$$\frac{v^2}{2g}=\frac{1.392^2}{2\times9.8}=0.0989\ (\mathrm{m})$$

沿程水头损失

$$h_f=\lambda\frac{l}{d}\frac{v^2}{2g}=0.025\times\frac{800}{0.1}\times\frac{1.392^2}{2\times9.8}=19.782\ (\mathrm{m})$$

局部水头损失

$$h_j=\sum\zeta\frac{v^2}{2g}=(0.5+2\times0.3)\frac{1.392^2}{2\times9.8}=0.109\ (\mathrm{m})$$

流速水头与局部水头损失占沿程水头损失的百分比

$$\frac{0.0989+0.109}{19.782}\times100\%=1.05\%$$

从计算结果看，该管道可以按长管计算。

（3）忽略局部水头损失和流速水头，按长管计算通过管道的流量

$$H=h_f=\lambda\frac{l}{d}\frac{v^2}{2g}=0.025\times\frac{800}{0.1}\times\frac{v^2}{2\times9.8}=20\ (\text{m})$$

求得流速

$$v=1.4\text{m/s}$$

通过管道的流量

$$Q=Av=0.00785\times1.4=0.01099\ (\text{m}^3/\text{s})$$

从计算结果看：按长管与按短管求得的流量相差很小。

**【课堂练习 5.1】**

已知条件同【例 5.1】，但按长管用式（5.10）计算，试求通过管道的流量，并与上述计算结果相比较。

对于给定的题目而言，如果每次都计算出流速水头、局部水头损失、沿程水头损失，然后验证其是否符合长管与短管的判定条件，显然是没有必要的。通常约定：虹吸管、倒虹吸管、坝内泄水管、水泵装置、水轮机装置以及认定局部水头损失与流速水头不能忽略的管道等都按短管计算，复杂管道通常按长管计算。

### 5.2.2　计算作用水头

当管道布置形式、管材、管径、管长、流量已知时，计算作用水头 $H$。

**【例 5.2】**　由水塔供水的简单管道 $AB$，长度 $l=1000$m，管径 $d=200$mm，采用铸铁管，粗糙系数 $n=0.0125$。水塔水面及管道末端 $B$ 点高程如图 5.4 所示。求：

（1）通过管道的流量 $Q$。

（2）在管径、管长、糙率不变的情况下，欲提高供水量并使 $Q=38$L/s，则水塔的水面高程至少应达到多少？

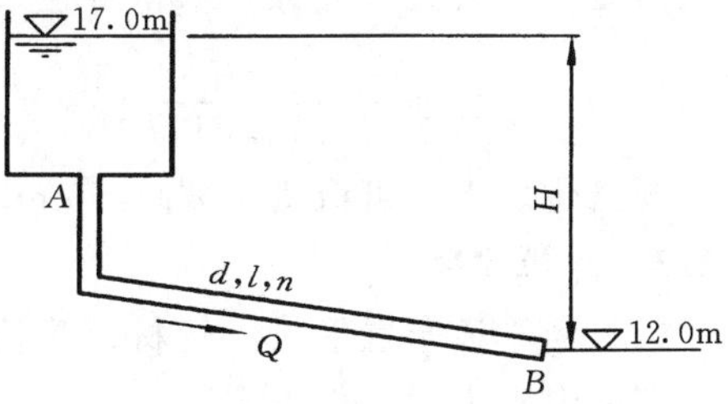


图 5.4

（3）在水头、管长、糙率不变的情况下，欲提高供水量并使 $Q=38$L/s，管径应为多少？

**解：** 按长管计算。

（1）假设管中水流为紊流阻力平方区，按式（5.12）计算流量模数

$$K=0.3117\frac{d^{\frac{8}{3}}}{n}=0.3117\times\frac{0.2^{\frac{8}{3}}}{0.0125}=0.3411\ (\text{m}^3/\text{s})$$

相应的流量

$$Q=K\sqrt{\frac{h_f}{l}}=0.3411\times\sqrt{\frac{17.0-12.0}{1000}}=0.0241\ (\text{m}^3/\text{s})$$

验证管道流速

$$v=\frac{4Q}{\pi d^2}=\frac{4\times0.0241}{3.14\times0.2^2}=0.768\ (\text{m/s})$$

由于 $v<1.2$m/s，管内水流可能为紊流过渡粗糙区，需要进行水头修正。

修正系数按式（5.15）计算

$$k=0.852\times\left(1+\frac{0.867}{0.768}\right)^{0.3}=1.069$$

根据公式（5.14）可得

$$Q=K\sqrt{\frac{H}{kl}}=0.3411\times\sqrt{\frac{17.0-12.0}{1.069\times1000}}=0.0233\ (\mathrm{m^3/s})$$

请思考为什么求得的流量较前面求得的流量小？

（2）在管径、糙率不变的情况下，流量模数保持不变。提高供水量并使 $Q=38\mathrm{L/s}$，则相应的断面平均流速会发生变化。

管道流速

$$v=\frac{4Q}{\pi d^2}=\frac{4\times0.038}{3.14\times0.2^2}=1.210\ (\mathrm{m/s})$$

$v>1.2\mathrm{m/s}$，直接用公式计算所需水头，不用修正。

$$H=\frac{Q^2}{K^2}l=\frac{0.038^2}{0.3411^2}\times1000=12.411\ (\mathrm{m})$$

相应的水塔水面高程为24.411m。请思考水塔水面为何会升高？

（3）在水头、管长、糙率不变的情况下，可根据公式（5.10）求出流量模数。

$$K=Q\sqrt{\frac{l}{H}}=0.038\times\sqrt{\frac{1000}{17.0-12.0}}=0.5374\ (\mathrm{m^3/s})$$

然后，由公式（5.12）求得管径。

$$d=\left(\frac{Kn}{0.3117}\right)^{\frac{3}{8}}=\left(\frac{0.5374\times0.0125}{0.3117}\right)^{\frac{3}{8}}=0.237\ (\mathrm{m})$$

规格化之后，可取管径 $d=250\mathrm{mm}$。请思考管径为何会增大？

### 5.2.3 计算管径

（1）当管道布置形式、管材、管长、流量、作用水头均已知时，管径是一个确定的数值，完全由水力学条件确定。

对长管

$$K=\frac{Q}{\sqrt{\frac{H}{l}}}\tag{5.16}$$

求出流量模数之后，按式（5.12）可求得管径，参见【例5.2】。

对短管

$$d=\sqrt{\frac{4Q}{\pi u_c\sqrt{2gH_0}}}\tag{5.17}$$

或

$$d=\sqrt{\frac{4Q}{\pi\mu_c\sqrt{2gz}}}\tag{5.18}$$

因 $\mu_c$ 又与管径 $d$ 有关，此时不能直接求解，需试算确定管径。

试问：式（5.17）与式（5.18）各适用于什么情况？

**【例5.3】** 有一横穿河道的钢筋混凝土倒虹吸管，如图5.5所示。已知通过流量 $Q=3\mathrm{m^3/s}$，倒虹吸管上下游渠中水位差 $z=3\mathrm{m}$，倒虹吸管长度 $l=50\mathrm{m}$，两个30°的折角转弯，其局部水头损失系数 $\zeta_b=0.2$，进口局部水头损失系数 $\zeta_e=0.5$，出口局部水头损失系数

$\zeta_0=1.0$，上、下游渠中流速 $v_1=v_2=1.5\text{m/s}$，管壁粗糙系数 $n=0.014$。试确定倒虹吸管直径 $d$。

**解：** 倒虹吸管一般作短管计算。本题管道出口淹没在水下，为淹没出流。上、下游渠道中流速相同，流速水头项可消去。由于已知管道布置形式、管道材料、管长、流量、作用水头，此时的管径仅由水力学条件确定，是一个确定的数值，可按式（5.18）计算。但由于管道系统的流量系数 $\mu_c$ 与管径 $d$ 有关，构成了复杂函数关系，不能直接求得管径 $d$，需试算求解。

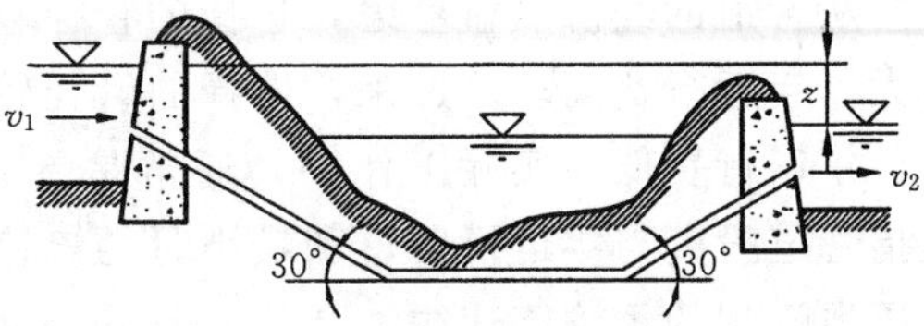

图 5.5

1）先假设 $d=0.8\text{m}$，按式（5.11）计算沿程阻力系数 $\lambda$。

$$\lambda=124.5\frac{n^2}{d^{\frac{1}{3}}}=124.5\times\frac{0.014^2}{0.8^{\frac{1}{3}}}=0.0263$$

$$\mu_c=\frac{1}{\sqrt{\lambda\frac{l}{d}+\sum\zeta}}=\frac{1}{\sqrt{0.0263\times\frac{50}{0.8}+0.5+2\times0.2+1.0}}=0.531$$

由式（5.18）可求出直径 $d$。

$$d=\sqrt{\frac{4Q}{\pi\mu_c\sqrt{2gz}}}=\sqrt{\frac{4\times3}{3.14\times0.531\times\sqrt{2\times9.8\times3}}}=0.97\ (\text{m})$$

显然，假设值与求得的直径之间差别较大，需重新试算。

2）设 $d=0.95\text{m}$，重复以上计算步骤。

$$\lambda=124.5\frac{n^2}{d^{\frac{1}{3}}}=124.5\times\frac{0.014^2}{0.95^{\frac{1}{3}}}=0.0248$$

$$\mu_c=\frac{1}{\sqrt{\lambda\frac{l}{d}+\sum\zeta}}=\frac{1}{\sqrt{0.0248\times\frac{50}{0.95}+0.5+2\times0.2+1.0}}=0.558$$

由此得到直径 $d$ 为

$$d=\sqrt{\frac{4Q}{\pi\mu_c\sqrt{2gz}}}=\sqrt{\frac{4\times3}{3.14\times0.558\times\sqrt{2\times9.8\times3}}}=0.945\ (\text{m})$$

与假设值非常接近，试算完成。规格化管径，可取 $d=1.0\text{m}$。

**【课堂练习 5.2】**

已知条件同【例 5.3】，试问：①若上、下游渠道流速不等，则套用公式（5.18）计算时，需做怎样的处理；②若采用列能量方程的方法进行计算，试写出能量方程并给出计算结果？

（2）当管道布置形式、管材、管长、流量已知时，要求确定管径 $d$ 和作用水头 $H$ 两者。

这种情况下，管径 $d$ 不由水力学条件确定，而由技术经济条件确定。即需要从技术经济两方面综合考虑，然后确定管径。

从管道使用的技术要求考虑，流量一定时，管径的大小与流速有关。若管内流速过大，则会由于水击作用而使管道遭到破坏；若管道流速过小，则可能造成管道淤积或结

水能载舟，亦能覆舟。（【唐】李世民）

垢。一般要求水电站引水管道 $v\leqslant5\sim6\text{m/s}$，一般给水管道 $v\leqslant2.5\sim3.0\text{m/s}$，同时要求 $v>0.25\text{m/s}$。

从管道的经济效益考虑，选择的管径较小，管道造价较低，但管内流速大，水头损失增大，年运行费高；反过来，选择的管径较大，管道造价较高，但管内流速小，水头损失小，年运行费低。实际工作中，通常是首先确定经济流速，然后确定管径。经济流速 $v_e$ 是指管道投资与年运行费总和最小时的流速，相应的管径称为经济管径。根据经验，水电站压力隧洞的经济流速约为 2.5～3.5m/s，压力钢管为 3～6m/s。一般的给水管道，$d=100\sim200\text{mm}$，$v_e=0.6\sim1.0\text{m/s}$；$d=200\sim400\text{mm}$，$v_e=1.0\sim1.4\text{m/s}$。

经济流速涉及的因素较多，比较复杂，选择时应注意因时因地而异，重要的工程应选择几个方案进行技术经济比较。选定经济流速 $v_e$ 之后，经济管径可按下式计算

$$d_e=\sqrt{\frac{4Q}{\pi v_e}} \tag{5.19}$$

求出 $d_e$ 并进行规格化处理之后，验证管道流速，并要求流速值必须满足管道使用上的技术要求。

当确定管径之后，作用水头的计算按上述第二种类型计算即可。

### 5.2.4 确定断面压强

已知管线布置、管材、管长、管径、流量及作用水头，求某一断面压强 $\frac{p}{\rho g}$ 的大小。

管道中的水流除局部管段以外，大部分是渐变流或均匀流。任一断面 $i$ 处的压强可由式（5.20）计算，如图 5.6 所示。

$$\frac{p_i}{\rho g}=H_1-z_i-\frac{\alpha_i v_i^2}{2g}-h_{w1-i} \tag{5.20}$$

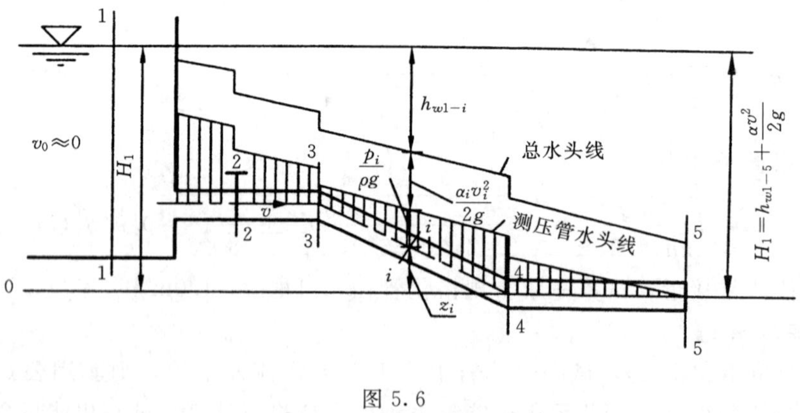


图 5.6

从式（5.20）可以看到，总水头 $H_1$ 一定时，$v_i$、$z_i$、$h_{w1-i}$ 越大，则该断面的压强越小。如果 $v_i$、$h_{w1-i}$ 相同，则 $i$ 断面的压强大小就取决于该断面的位置高度 $z_i$。因此，实用上可通过调整管线布置来改变管道内部的压强分布。有时，只需粗略地绘出水头线，而不必进行上述定量计算。在这种情况下，只需按照水头线的特点，定性绘出水头线图即可。图 5.1、图 5.2、图 5.6、图 5.7、图 5.9 已绘出了管道的测压管水头线与总水头线，供学习参考。借助测压管水头线图可以方便地了解沿管线各断面的压强变化，即测压管水头线与管道中心线之间的铅垂距离反映了压强水头的大小。


天下莫平于水，天下莫柔弱于水。（【春秋】老子《道德经》）

### 5.2.5　简单管道水力计算的特例

#### 5.2.5.1　虹吸管的水力计算

虹吸管是指一部分管轴线高于上游水面，而出口又低于上游水面的有压输水管道。出口可以是自由出流，也可以是淹没出流，如图 5.7 所示。

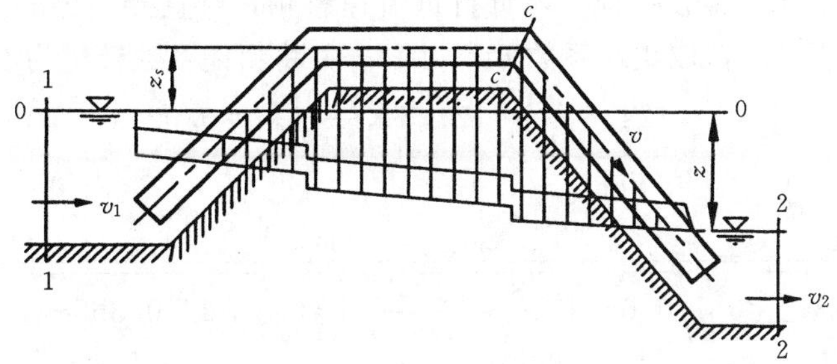


图 5.7

虹吸管引水广泛地应用于各种实际工程中。如黄河下游利用虹吸管引水灌溉、给水处理厂的虹吸式滤池、水工中的虹吸式溢洪道等，都是利用虹吸原理进行工作。

虹吸管的工作原理是：先将管内空气排出，使管内形成一定的真空度。由于虹吸管进口处水流的压强大于大气压强，在管内外形成了压强差，从而使水流由压强大的地方流向压强小的地方。一定的真空度和一定的上下游水位差是保证虹吸管正常工作的两个重要条件。

虹吸管水力计算的主要任务是确定虹吸管的流量及其顶部安装高度。

流量的确定按简单管道水力计算基本公式（5.2）或式（5.6）进行计算。

1—1 断面与 $c$—$c$ 断面对过上游水池水面的水平面为基准面列能量方程，可得到安装高度计算公式。

$$z_s = h_v - \left(\alpha_c + \lambda \frac{l}{d} + \sum\zeta\right)\frac{v^2}{2g} \tag{5.21}$$

$$h_v = \frac{p_a - p_c}{\rho g}$$

式中：$h_v$ 为虹吸管最高点 $c$—$c$ 断面的真空度。

虹吸管中有一部分管段在负压条件下工作，见图 5.7 阴影部分。虹吸管最高点处的真空度不能超过规定值。否则，受当时温度下液体汽化压强的影响，会使大量的气泡聚集在虹吸管最高处，使有效过流断面不断减小，从而降低输水能力，甚至造成断流。实际工作中，为保证虹吸管正常工作，通常限制虹吸管中的真空度不得超过 6～7m 水柱。受允许吸上真空高度值的限制，虹吸管的安装高度 $z_s$ 也不能太大。

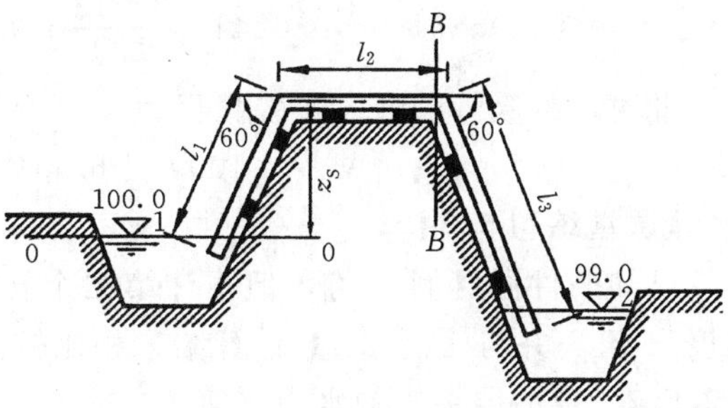


图 5.8

**【例 5.4】** 如图 5.8 所示，有一直径 $d=1.0$m 的混凝土虹吸管跨越高地输水。上游渠道水面高程$\nabla_1$为 100.0m，下游渠道水面高程$\nabla_2$为 99.0m，虹吸管长度 $l_1=8$m，$l_2$

$=12m$，$l_3=15m$，中间有60°的折角弯头两个，每个弯头的局部水头损失系数 $\zeta_b=0.365$。若已知进口局部水头损失系数 $\zeta_e=0.5$，出口局部水头损失系数 $\zeta_0=1.0$。试确定：

（1）通过虹吸管的流量。

（2）当虹吸管中的最大允许真空值 $h_v=7.0m$ 时，问虹吸管的最高安装高程是多少？

**解**：（1）简单管道，淹没出流，不计行近流速影响，可直接用公式（5.6）计算通过虹吸管的流量。混凝土管道，取粗糙系数 $n=0.014$，并将粗糙系数转化为沿程阻力系数 $\lambda$。

$$\lambda=124.5\frac{n^2}{d^{\frac{1}{3}}}=124.5\times\frac{0.014^2}{1.0^{\frac{1}{3}}}=0.0244$$

计算流量系数

$$\mu_c=\frac{1}{\sqrt{\lambda\frac{l}{d}+\sum\zeta}}=\frac{1}{\sqrt{0.0244\times\frac{8+12+15}{1.0}+(0.5+2\times0.365+1.0)}}=0.569$$

通过虹吸管的流量

$$Q=\mu_c A\sqrt{2gz}=0.569\times\frac{3.14}{4}\times1.0^2\times\sqrt{2\times9.8\times(100.0-99.0)}=1.979\ (m^3/s)$$

相应的管道断面平均流速

$$v=\frac{4Q}{\pi d^2}=\frac{4\times1.979}{3.14\times1.0^2}=2.521\ (m/s)$$

当然，通过虹吸管的流量也可列能量方程进行计算，请自行完成计算内容。

（2）虹吸管中最大真空一般发生在管道最高位置。本题中最大真空发生在第二个弯头前 $B—B$ 断面，具体分析如下：

上游 0—0 断面与管道 $B—B$ 断面对过上游渠道水面的水平面列能量方程。设 $B—B$ 断面中心至上游渠道水面的高差为 $z_s$，则有

$$z_0+\frac{p_0}{\rho g}+\frac{\alpha_0 v_0^2}{2g}=z_s+\frac{p_B}{\rho g}+\frac{\alpha_B v^2}{2g}+h_{f0-B}+\sum h_{j0-B}$$

$$0+\frac{p_a}{\rho g}+0=z_s+\frac{p_B}{\rho g}+\left(\alpha_B+\lambda\frac{l_1+l_2}{d}+\zeta_e+2\zeta_b\right)\frac{v^2}{2g}$$

$$z_s=\frac{p_a-p_B}{\rho g}-\left(\alpha_B+\lambda\frac{l_1+l_2}{d}+\zeta_e+2\zeta_b\right)\frac{v^2}{2g}$$

$\frac{p_a-p_B}{\rho g}=h_v$，表示虹吸管最大允许吸上真空度，则安装高度应该满足

$$z_s\leqslant h_v-\left(\alpha_B+\lambda\frac{l_1+l_2}{d}+\zeta_e+2\zeta_b\right)\frac{v^2}{2g}$$

$$z_s\leqslant7.0-\left(1.0+0.0244\times\frac{8+12}{1.0}+0.5+2\times0.365\right)\times\frac{2.521^2}{2g}=6.119\ (m)$$

此时，虹吸管的最大安装高程为

$$100.0+6.119=106.119\ (m)$$

**【课堂练习 5.3】**

已知条件同【例 5.4】，但不计第二个转弯处的局部水头损失系数，试求虹吸管安装高度 $z_s$ 值，并与【例 5.4】计算结果相比较。

#### 5.2.5.2 离心泵装置的水力计算

水泵是将动力机械的机械功转变为水流机械能的水力机械。水泵在现代社会生产和生

活的许多部门都有广泛应用。离心泵装置通常由吸水管、离心泵及其配套的动力机械、压水管及其管道附件组成，如图 5.9 所示。离心泵装置的抽水过程是：通过离心泵叶轮的转动，使水泵入口端形成真空，水流在水池水面大气压强作用下沿吸水管上升至水泵进口。水流经过水泵时，从水泵获得机械能，再经压水管进入水塔和用水地区。

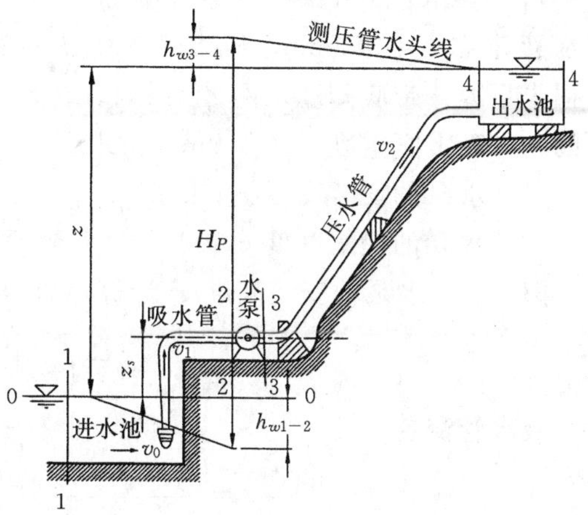

图 5.9

离心泵管路系统水力计算的主要任务是确定水泵的安装高度 $z_s$ 和水泵扬程 $H_P$。离心泵安装高度 $z_s$ 是指水泵转轮轴线超出上游水池水面的几何高度。正确计算水泵安装高度是保证水泵正常工作的前提。

1. 水泵安装高度 $z_s$ 的计算

如图 5.9 所示的水泵装置，以水池水面为基准面，1—1 断面与水泵进口 2—2 断面对过进水池水面的水平面列能量方程。

$$0+\frac{p_a}{\rho g}+0=z_s+\frac{p_2}{\rho g}+\left(\alpha_2+\lambda\frac{l}{d}+\sum\zeta\right)\frac{v^2}{2g}$$

$$z_s=\frac{p_a-p_2}{\rho g}-\left(\alpha_2+\lambda\frac{l}{d}+\sum\zeta\right)\frac{v^2}{2g} \tag{5.22}$$

式中：$\frac{p_a-p_2}{\rho g}$为断面 2—2 处的真空度，常用 $h_v$ 表示，即 $h_v=\frac{p_a-p_2}{\rho g}$。过大的真空度将引起过泵水流的空化现象，严重的空化将导致过泵流量减少和水泵叶轮空蚀。为保证水泵正常工作，水泵制造商对各种型号的水泵的允许真空值都有规定，即$\frac{p_a-p_2}{\rho g}$不得超过相应型号水泵的允许吸上真空高度值，水泵的安装高度自然要受到允许吸上真空高度的限制。

2. 水泵扬程 $H_P$ 的计算

单位重量液体从水泵获得的能量称为水泵扬程。忽略进水池和出水池的行近流速，1—1 断面与 4—4 断面对进水池水面列有能量输入的能量方程。

$$0+0+0+H_P=z+0+0+h_{w1-4}$$

式中：$H_P$ 为所需水泵扬程；$z$ 为出水池与进水池水位之差，常称为几何扬程或地形扬程；$h_{w1-4}$ 为整个管路系统的水头损失（不包括水流流经水泵的水头损失），即水泵扬程等于几何扬程加整个管路系统的水头损失。

$$H_P=z+h_{w1-4} \tag{5.23}$$

水泵扬程和流量确定之后，就可以选定水泵型号及相配套的电动机功率。

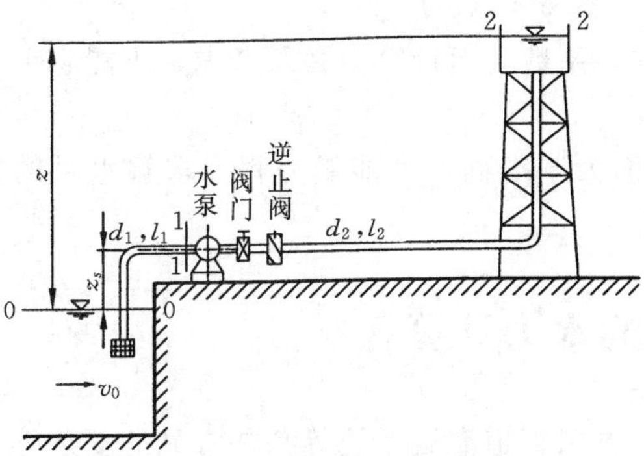

图 5.10

**【例 5.5】** 水泵将水自进水池抽至水塔，如图 5.10 所示。已知水泵的功率 $N_P=$

25kW，流量 $Q=60L/s$，水泵效率 $\eta_P=75\%$，吸水管长度 $l_1=8m$，压水管长度 $l_2=50m$，吸水管直径 $d_1=250mm$，压水管直径 $d_2=200mm$，沿程阻力系数 $\lambda=0.025$。管路局部水头损失系数：带底阀滤水网 $\zeta_f=4.4$，转弯 $\zeta_b=0.2$，阀门 $\zeta_v=0.5$，逆止阀 $\zeta_{nf}=5.5$。水泵的允许吸上真空度 $h_v=6.0m$，试求：

(1) 水泵的安装高度 $z_s$；

(2) 水泵的提水高度 $z$。

**解：**(1) 水泵的安装高度 $z_s$ 计算可直接套用公式 (5.22)。

$$z_s=h_v-\left(\alpha_1+\lambda\frac{l_1}{d_1}+\zeta_f+\zeta_b\right)\frac{v_1^2}{2g}$$

吸水管流速

$$v_1=\frac{4Q}{\pi d_1^2}=\frac{4\times0.060}{3.14\times0.25^2}=1.223\ (m/s)$$

压水管流速

$$v_2=\frac{4Q}{\pi d_2^2}=\frac{4\times0.060}{3.14\times0.2^2}=1.911\ (m/s)$$

数据代入上式可得

$$z_s=6.0-\left(1.0+0.025\times\frac{8}{0.25}+4.4+0.2\right)\times\frac{1.223^2}{2\times9.8}=5.512\ (m)$$

(2) 根据水泵扬程计算公式 (5.23)，可计算出水泵的提水高度 $z$。为此，先根据已知的配套功率计算水泵扬程 $H_P$。

配套功率计算式 (3.11) $N_P=\dfrac{\rho gQH_P}{\eta_P}$，则相应的水泵扬程为

$$H_P=\frac{\eta_P N_P}{\rho gQ}=\frac{0.75\times25\times10^3}{1\times10^3\times9.8\times0.060}=31.888\ (m)$$

由公式 (5.23) 可得

$$z=H_P-\left(\lambda\frac{l_1}{d_1}+\zeta_f+\zeta_b\right)\frac{v_1^2}{2g}-\left(\lambda\frac{l_2}{d_2}+\zeta_v+\zeta_{nf}+\zeta_b+\zeta_0\right)\frac{v_2^2}{2g}$$

$$\begin{aligned}z&=31.888-\left(0.025\times\frac{8}{0.25}+4.4+0.2\right)\times\frac{1.223^2}{2\times9.8}\\&\quad-\left(0.025\times\frac{50}{0.2}+0.5+5.5+0.2+1.0\right)\times\frac{1.911^2}{2\times9.8}\\&=31.888-0.412-2.506=28.970\ (m)\end{aligned}$$

注意：尽管题目没有给出出口的局部水头损失系数，但计算中必须考虑，不能忘记。

**【课堂练习 5.4】**

已知条件同【例 5.5】，但要求以进水池水面为基准面，列能量方程，求解水泵的安装高度 $z_s$。

## 5.3　复杂管道的水力计算

水电站厂内技术供水系统、城镇给水系统、农田管道灌溉系统等都是常见的复杂管道的应用实例。一般情况下，复杂管道均按长管计算。



源洁则流清，形端则影直。(【唐】王勃《上刘右相书》)

### 5.3.1　串联管道

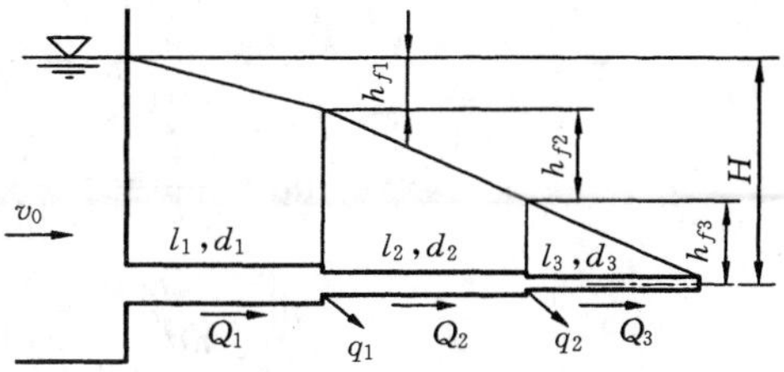


图 5.11

由直径不同的几段管道依次连接而成的管道系统称为串联管道，如图 5.11 所示。串联管道主要用于沿线向多处供水或引出分支，其特征是经过一段距离便有流量分出，而随着流量的减少，管径也相应地减小，实际工程中最为常见。

设串联管道中各管段的长度 $l_i$、管径 $d_i$、糙率 $n_i$、管段流量 $Q_i$，各管段末端分出的流量为 $q_i$，下标 $i$ 表示各管段序号，从上游往下游递增。

因为各管段串接在一条管道系统中，管道中的流量必然满足连续性方程，即

$$Q_i = Q_{i+1} + q_i \tag{5.24}$$

式中：$i=1, 2, \cdots, n-1$；$n$ 为管段总数目。

由于各段的流量、管径、管长、粗糙系数不同，故各管段的沿程水头损失应分别计算。管段的沿程水头损失可按谢才公式计算，即

$$h_{fi} = \frac{Q_i^2}{K_i^2} l_i$$

而整条管路的总水头应等于各管段沿程水头损失之和，即

$$H = \sum_{i=1}^{n} h_{fi} = \sum_{i=1}^{n} k_i \frac{Q_i^2}{K_i^2} l_i \tag{5.25}$$

式中：$i=1, 2, \cdots, n$；$n$ 为管段总数目；$k_i$ 为管道流速小于 1.2m/s 时的修正系数，可按式（5.15）计算。

由公式（5.24）、式（5.25）可解决串联管道的水力计算问题。由于按长管计算时忽略了局部水头损失和流速水头，测压管水头线和总水头线相重合。但由于串联管道各管段的水力坡度不同，整条管路的测压管水头线呈折线形状，如图 5.11 所示。

**【例 5.6】** 如图 5.12 所示，有一水泵向串联管路 $A$—$B$—$C$—$D$ 供水，$D$ 点要求的自由水头 $h_D=10$m，已知：流量 $q_B=15$L/s，$q_C=10$L/s，$q_D=5$L/s；管径 $d_1=200$mm，$d_2=150$mm，$d_3=100$mm；管长 $l_1=500$m，$l_2=400$m，$l_3=300$m。管道均为铸铁管，粗糙系数 $n=0.0125$。试求水泵出口 $A$ 点的压强水头 $\frac{p_A}{\rho g}$。

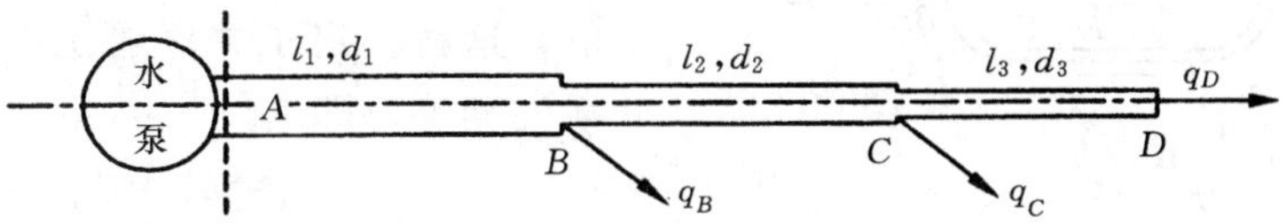


图 5.12

**解：** 属于典型的串联管道，可按公式（5.24）计算流量。

$$Q_3 = Q_{CD} = q_D = 5\text{L/s}$$

$$Q_2 = Q_{BC} = Q_3 + q_C = 5 + 10 = 15 \text{ (L/s)}$$

$$Q_1 = Q_{AB} = Q_2 + q_B = 15 + 15 = 30 \text{ (L/s)}$$

相应的管道流速为

$$v_1=\frac{4Q_1}{\pi d_1^2}=\frac{4\times 0.030}{3.14\times 0.2^2}=0.955\ (\mathrm{m/s})$$

$$v_2=\frac{4Q_2}{\pi d_2^2}=\frac{4\times 0.015}{3.14\times 0.15^2}=0.849\ (\mathrm{m/s})$$

$$v_3=\frac{4Q_3}{\pi d_3^2}=\frac{4\times 0.005}{3.14\times 0.1^2}=0.637\ (\mathrm{m/s})$$

由于三段管道的断面平均流速均小于 1.2m/s。沿程水头损失的计算需按式（5.15）计算修正系数，相应的修正系数为

$$k_1=0.852\times\left(1+\frac{0.867}{v_1}\right)^{0.3}=0.852\times\left(1+\frac{0.867}{0.955}\right)^{0.3}=1.034$$

$$k_2=0.852\times\left(1+\frac{0.867}{v_2}\right)^{0.3}=0.852\times\left(1+\frac{0.867}{0.849}\right)^{0.3}=1.052$$

$$k_3=0.852\times\left(1+\frac{0.867}{v_3}\right)^{0.3}=0.852\times\left(1+\frac{0.867}{0.637}\right)^{0.3}=1.102$$

按式（5.12）或查表确定流量模数 $K_i$

$$K_1=0.3117\,\frac{d_1^{\frac{8}{3}}}{n}=0.3117\times\frac{0.2^{\frac{8}{3}}}{0.0125}=0.3411\ (\mathrm{m^3/s})$$

$$K_2=0.3117\,\frac{d_2^{\frac{8}{3}}}{n}=0.3117\times\frac{0.15^{\frac{8}{3}}}{0.0125}=0.1584\ (\mathrm{m^3/s})$$

$$K_3=0.3117\,\frac{d_3^{\frac{8}{3}}}{n}=0.3117\times\frac{0.1^{\frac{8}{3}}}{0.0125}=0.0537\ (\mathrm{m^3/s})$$

泵出口 $A$ 点的压强水头为

$$\frac{p_A}{\rho g}=\sum_{i=1}^{3}k_i\frac{Q_i^2}{K_i^2}l_i+h_D=1.034\times\left(\frac{0.030}{0.3411}\right)^2\times 500+1.052\times\left(\frac{0.015}{0.1584}\right)^2\times 400$$

$$+1.102\times\left(\frac{0.005}{0.0537}\right)^2\times 300+10=3.999+4.717+2.866+10=21.582(\mathrm{m})$$

试问：若未计入修正系数 $k_i$，求得的结果偏大还是偏小？

### 5.3.2 并联管道

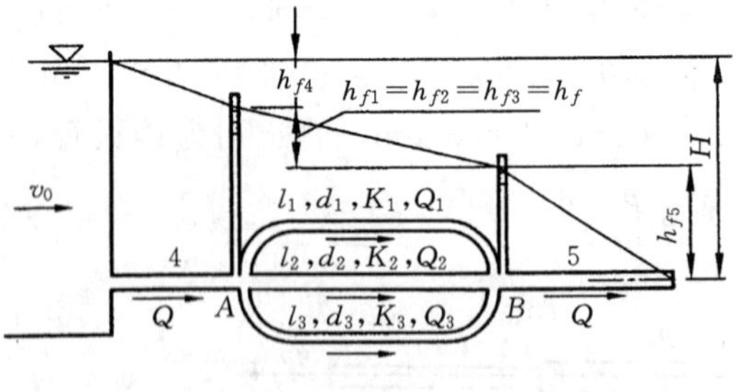


图 5.13

两条或两条以上的管道在同一处分叉，又在另一处汇合的管道称为并联管道，如图 5.13 所示。对并联管道而言，在分叉处，所有的管道应该有同一个测压管水头值，这就决定了并联管道并联部分的水头损失相等，即

$$h_{f1}=h_{f2}=h_{f3}=h_f \tag{5.26}$$

对于并联部分的每一条管道而言，其本身的水流运动又必须符合能量守恒规律。即

$$\begin{cases}Q_1=K_1\sqrt{\dfrac{h_{f1}}{l_1}}\\[2ex] Q_2=K_2\sqrt{\dfrac{h_{f2}}{l_2}}\\[2ex] Q_3=K_3\sqrt{\dfrac{h_{f3}}{l_3}}\end{cases} \tag{5.27}$$



千淘万漉虽辛苦，吹尽狂沙始到金。（【唐】刘禹锡《浪淘沙》）

因为各管的长度、直径、粗糙系数可能不同，所以通过各管的流量也不会相等。但并联各管的流量之和应等于分叉前干管的总流量，即满足连续方程。

$$Q_1+Q_2+Q_3=Q \tag{5.28}$$

已知总流量 $Q$ 及各并联管段的直径、长度、粗糙系数等，即可由式（5.26）、式（5.27）计算出各管的流量 $Q_1$、$Q_2$、$Q_3$ 及 $h_f$ 值，并将其代入式（5.28）得

$$Q=\left(\frac{K_1}{\sqrt{l_1}}+\frac{K_2}{\sqrt{l_2}}+\frac{K_3}{\sqrt{l_3}}\right)\sqrt{h_f} \tag{5.29}$$

$$h_f=\frac{Q^2}{\left(\frac{K_1}{\sqrt{l_1}}+\frac{K_2}{\sqrt{l_2}}+\frac{K_3}{\sqrt{l_3}}\right)^2} \tag{5.30}$$

尽管各并联管段单位重量液体的水头损失相同，但由于通过各并联管段的流量不同，各并联管段总重量液体的能量损失并不相等。

**【例 5.7】** 有两段管道并联，已知总流量 $Q=80\text{L/s}$，管径 $d_1=200\text{mm}$，$d_2=150\text{mm}$；管长 $l_1=500\text{m}$，$l_2=300\text{m}$。管道均为铸铁管，粗糙系数 $n=0.0125$。求并联管道两结点间的水头损失 $h_f$ 及各支管流量 $Q_1$、$Q_2$。

**解：** 由粗糙系数及管径，可查表或按公式（5.12）确定流量模数

$$K_1=0.3117\frac{d_1^{\frac{8}{3}}}{n}=0.3117\times\frac{0.2^{\frac{8}{3}}}{0.0125}=0.3411\ (\text{m}^3/\text{s})$$

$$K_2=0.3117\frac{d_2^{\frac{8}{3}}}{n}=0.3117\times\frac{0.15^{\frac{8}{3}}}{0.0125}=0.1584\ (\text{m}^3/\text{s})$$

然后，由公式（5.30）确定并联两结点间的水头损失

$$h_f=\frac{Q^2}{\left(\frac{K_1}{\sqrt{l_1}}+\frac{K_2}{\sqrt{l_2}}\right)^2}=\frac{0.080^2}{\left(\frac{0.3411}{\sqrt{500}}+\frac{0.1584}{\sqrt{300}}\right)^2}=10.75\ (\text{m})$$

由式（5.27）可求得并联各管的流量

$$Q_1=K_1\sqrt{\frac{h_f}{l_1}}=0.3411\times\sqrt{\frac{10.75}{500}}=0.05\ (\text{m}^3/\text{s})$$

$$Q_2=K_2\sqrt{\frac{h_f}{l_2}}=0.1584\times\sqrt{\frac{10.75}{500}}=0.03\ (\text{m}^3/\text{s})$$

**【课堂练习 5.5】**

已知条件同【例 5.7】，只是再增加一条管径 $d_3=200\text{mm}$，管长 $l_3=300\text{m}$ 的铸铁管，粗糙系数 $n=0.0125$。试求并联管道两结点间的水头损失 $h_f$ 及各支管流量，并与【例 5.7】结果进行比较。

### 5.3.3 分叉管道

分叉管道是指从一点分叉而不在另一点汇合的管道，如图 5.14 所示。在实际工程中，经常会遇到一条主管道分成多条支管向多台水轮机供水，一台水泵向高低不同的蓄水池供水等，这都是分叉管道的例子。

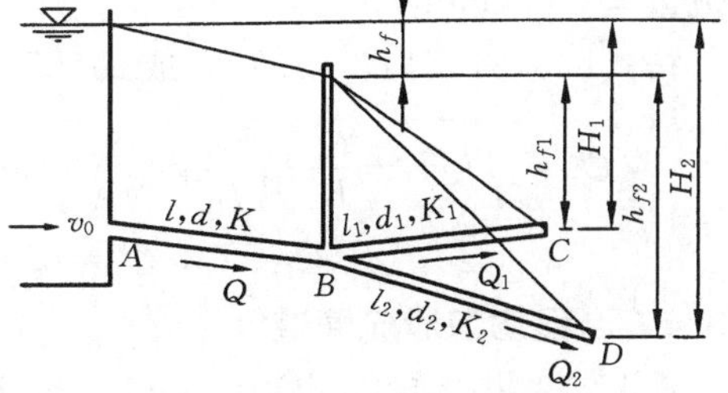


图 5.14

简单分析不难发现，图 5.14 中的分叉管道可以分解为 $ABC$ 和 $ABD$ 两条串联管道计算，为此有如下关系式成立。

$$H_1=h_f+h_{f1}=\frac{Q^2}{K^2}l+\frac{Q_1^2}{K_1^2}l_1 \tag{5.31}$$

$$H_2=h_f+h_{f2}=\frac{Q^2}{K^2}l+\frac{Q_2^2}{K_2^2}l_2 \tag{5.32}$$

$$Q=Q_1+Q_2 \tag{5.33}$$

联立上述 3 个方程，即可求得总流量 $Q$ 及各支管流量 $Q_1$、$Q_2$。

$$Q=\sqrt{\left(H_1-\frac{Q^2}{K^2}l\right)\frac{K_1^2}{l_1}}+\sqrt{\left(H_2-\frac{Q^2}{K^2}l\right)\frac{K_2^2}{l_2}} \tag{5.34}$$

如果已知总流量，也可求解其它未知的水力要素。

**【例 5.8】** 如图 5.15 所示，有一分叉管路自水库取水，已知：管径 $d=800\text{mm}$，$d_1=600\text{mm}$，$d_2=500\text{mm}$；管长 $l=5000\text{m}$，$l_1=10000\text{m}$，$l_2=15000\text{m}$。管道的粗糙系数 $n=0.0125$。各处高程如图所示，试求通过两支管的流量 $Q_1$、$Q_2$。

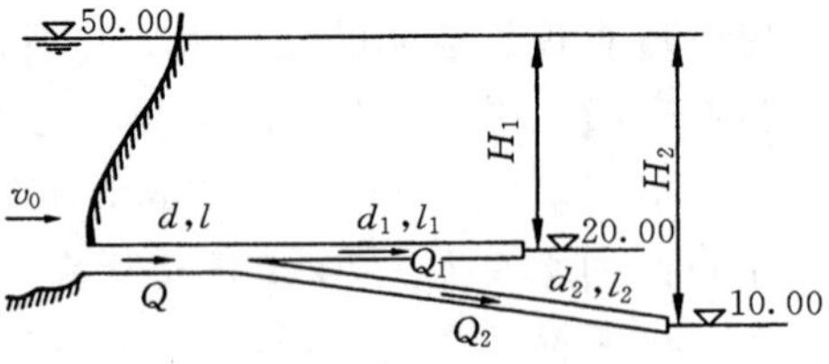


图 5.15

**解：** 由粗糙系数及管径，可查表或按公式（5.12）确定流量模数

$$K=0.3117\frac{d^{\frac{8}{3}}}{n}=0.3117\times\frac{0.8^{\frac{8}{3}}}{0.0125}=13.753\ (\text{m}^3/\text{s})$$

$$K_1=0.3117\frac{d_1^{\frac{8}{3}}}{n}=0.3117\times\frac{0.6^{\frac{8}{3}}}{0.0125}=6.386\ (\text{m}^3/\text{s})$$

$$K_2=0.3117\frac{d_2^{\frac{8}{3}}}{n}=0.3117\times\frac{0.5^{\frac{8}{3}}}{0.0125}=3.927\ (\text{m}^3/\text{s})$$

计算作用水头

$$H_1=50.00-20.00=30.00\ (\text{m}),\ H_2=50.00-10.00=40.00\ (\text{m})$$

按式（5.34）求总流量

$$Q=\sqrt{\left(30-\frac{Q^2}{13.753^2}\times5000\right)\times\frac{6.386^2}{10000}}+\sqrt{\left(40-\frac{Q^2}{13.753^2}\times5000\right)\times\frac{3.927^2}{15000}}$$

显然，上式为一复杂函数关系式，需要试算求解。

假设 $Q=0.5\text{m}^3/\text{s}$，代入上式求得右端等于 0.492，相差较大重新试算。

假设 $Q=0.495\text{m}^3/\text{s}$，代入上式求得右端等于 0.4954，近似相等，可以认为通过干管的流量 $Q=0.495\text{m}^3/\text{s}$。

按式（5.31）、式（5.32）或式（5.33）可求得两支管的流量 $Q_1$、$Q_2$。

$$Q_1=\sqrt{\left(H_1-\frac{Q^2}{K^2}l\right)\frac{K_1^2}{l_1}}=\sqrt{\left(30-\frac{0.495^2}{13.753^2}\times5000\right)\times\frac{6.386^2}{10000}}=0.31\ (\text{m}^3/\text{s})$$

$$Q_2=Q-Q_1=0.495-0.31=0.185\ (\text{m}^3/\text{s})$$

### 5.3.4　沿程均匀泄流管道

灌溉工程中的喷灌或滴灌支管，给水工程中的配水管和滤池冲洗管等，都是沿程连续不断地泄出流量的例子，即沿程均匀泄流管道。计算这种管道的水头损失时，把实际上每隔一定距离开一孔口的情况看作沿整个管道长度上连续均匀泄流，以简化分析计算。

在沿程均匀泄流情况下，因流速沿程变化，水力坡度也沿程变化。当不计局部水头损失时，其总水头线与测压管水头线如图 5.16 所示。

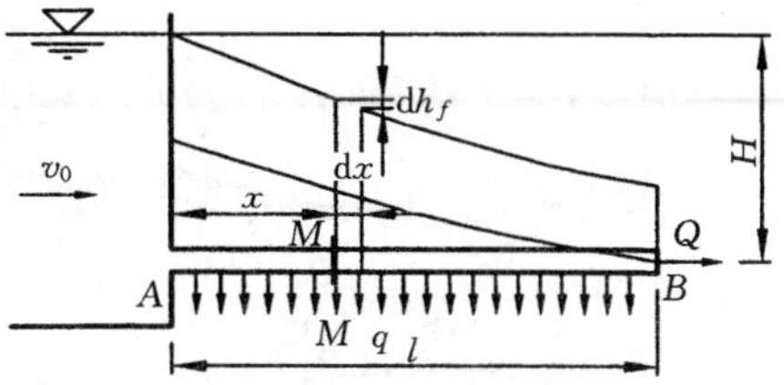


图 5.16

设单位长度上泄出流量为 $q$，管长为 $l$，作用水头为 $H$，管道末端泄出的流量为 $Q$。在离开进口距离为 $x$ 处选定断面 $M—M$，紧邻断面 $M—M$ 取微分长度 $dx$，则通过断面 $M—M$ 处的流量可表示为

$$Q_x=Q+(l-x)q$$

由于流量沿管道不断变化，水流属于变流量而且是非均匀流。但可以认为在微分长度 $dx$ 流段内，流量不变，并认为水流为均匀流。于是在 $dx$ 流段内的沿程水头损失可表示为

$$dh_f=\frac{1}{K^2}[Q+(l-x)q]^2dx$$

将微小流段的水头损失对整段管道进行积分，即得到整段管道的沿程水头损失。

$$H=h_f=\int_0^l\frac{1}{K^2}[Q+(l-x)q]^2dx=\frac{1}{K^2}\left(Q^2+Qql+\frac{1}{3}q^2l^2\right)\tag{5.35}$$

式（5.35）可近似写为

$$H=\frac{1}{K^2}(Q+0.55ql)^2=\frac{Q_r^2}{K^2}l\tag{5.36}$$

其中，$Q_r=Q+0.55ql$ 称为折算流量。引入折算流量之后，就可以把沿程均匀泄流管道按一般的只有贯通流量的管道计算，在分析比较复杂的组合管道系统时，计算比较方便。

如果管道末端泄出流量 $Q=0$，则式（5.36）将简化为

$$H=\frac{1}{3}\frac{(ql)^2}{K^2}l\tag{5.37}$$

式（5.37）表明，当流量全部沿管道均匀泄出时，其水头损失只相当于全部流量集中在管道末端泄出时水头损失的 1/3。其原因是沿程均匀泄流时，管道流速沿程不断减小，水头损失也不断减小。

## 5.4　管网的水力计算

在给水、供热、供气等管路系统中，为了供给更多地区和为更多用户提供服务，常将许多管路（简单管路、串联、并联管路等）组合成管网。管网可分为枝状管网和环状管网两大类。

### 5.4.1　枝状管网

枝状管网在水利工程施工工地、村镇供水、农田管道灌溉等方面都有广泛应用。枝状管网的水力计算一般包括如下两类问题。

（1）已知管网的布置情况，各管段的管径和流量，求水源所需的水头。

此类问题，其水力计算步骤如下：

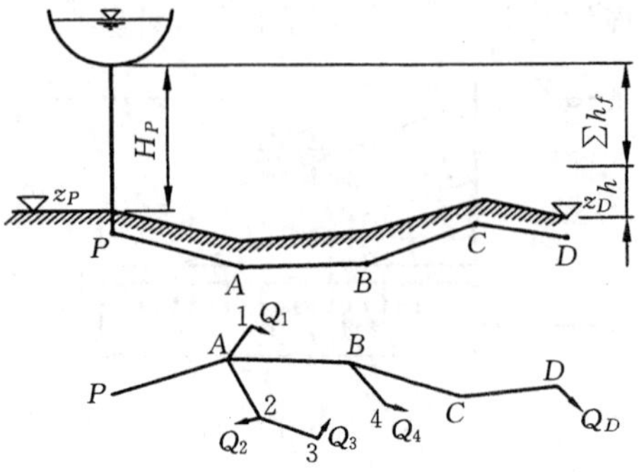


图 5.17

1）选定设计管线。一般选离水源（水塔、高位水池、水泵都可作为水源）最远或位置最高的点为控制点或最不利点，并据此确定设计管线，也称为干管。图 5.17 所示的枝状管网，可选 $PABCD$ 作为设计管线，则 $D$ 点为最不利点。

2）计算设计管线的总水头损失。通常从最不利点开始，逆流逐段推算各管段流量，并向水源方向计算各管段的水头损失，计算过程如下。

$$h_{CD}=\frac{Q_D^2}{K_{CD}^2}l_{CD}$$

$$h_{BC}=\frac{Q_D^2}{K_{BC}^2}l_{BC}$$

$$h_{AB}=\frac{Q_{AB}^2}{K_{AB}^2}l_{AB}$$

其中

$$Q_{AB}=Q_D+Q_4$$

$$h_{PA}=\frac{Q_{PA}^2}{K_{PA}^2}l_{PA}$$

其中

$$Q_{PA}=Q_{AB}+Q_1+Q_2+Q_3$$

所有管段的水头损失，加上管网末端 $D$ 处的自由水头 $h$，就是水源所需水头值。

$$H=h_{CD}+h_{BC}+h_{AB}+h_{PA}+h=\sum h_f+h \tag{5.38}$$

式中：$\sum h_f$ 为 $PABCD$ 整条干管的水头损失之和。

水源处的总流量

$$Q=Q_{PA} \tag{5.39}$$

根据式（5.38）算出的水源水头值并未考虑地形高差的影响。若已知 $P$ 点地面高程 $z_P$，管网末端 $D$ 点地面高程 $z_D$，则考虑地形高差之后的水源位置的实际水头值 $H_P$ 为

$$H_P=\sum h_f+h+z_D-z_P \tag{5.40}$$

这类问题主要指新建工程，其中各管段的流量应由用水需求确定，管径通常由经济流速确定，水源所需水头由式（5.40）计算。

干管水力计算完成之后，干管在各分支点（如 $A$、$B$、$C$ 点）的水头值就为已知。此外，支管末端的自由水头值也是已知的。这样一来，各支管的水力计算就属于给定水头和流量求管径的问题。

（2）已知管网的布置情况，各管段的长度，流量，管网两个端点水头，要求确定各管段的管径。

在此，仍选用图 5.17 中的设计管线 $PABCD$ 来说明计算方法。

已知两端点的水头 $z_P+H_P$ 和 $z_D+h$，可根据此水头差及管线长度求出设计管线的平均水力坡度 $J_m$。

$$J_m=\frac{(z_P+H_P)-(z_D+h)}{l_{PA}+l_{AB}+l_{BC}+l_{CD}} \tag{5.41}$$

借助平均水力坡度 $J_m$ 可求得各管的初步流量模数（或比阻）。

$$K'_{PA}=\frac{Q_{PA}}{\sqrt{J_m}},K'_{AB}=\frac{Q_{AB}}{\sqrt{J_m}},K'_{BC}=\frac{Q_{BC}}{\sqrt{J_m}},K'_{CD}=\frac{Q_{CD}}{\sqrt{J_m}}$$

根据算得的初步流量模数，查表 5.1 或按公式（5.12）计算，可求得相近的管径 $d_{PA}$、$d_{AB}$、$d_{BC}$、$d_{CD}$ 及相应的流量模数 $K_{PA}$、$K_{AB}$、$K_{BC}$、$K_{CD}$。再根据 $h_f=\frac{Q^2}{K^2}l$ 计算出各管段的水头损失 $h_{PA}$、$h_{AB}$、$h_{BC}$、$h_{CD}$。如果满足式（5.42）

$$h_{PA}+h_{AB}+h_{BC}+h_{CD}\leqslant(z_P+H_P)-(z_D+h) \tag{5.42}$$

则认为所选定的管径是合适的，能满足供水要求。这里需要注意的是：由初算流量模数确定管径时，要受到管道产品规格的限制，计算的管径要向已有的管道产品规格靠近，即规格化处理。在规格化过程中，如果选定的管径均大于计算出的管径，则流速和水头损失虽可减小，但管道造价将增加；如果选定的管径均小于计算出的管径，则管道造价虽可减小，但水头损失将增大，甚至超过两断面间所能提供的水头，不但不能保证输送设计要求的流量，而且经常性的动力消耗也增加了。为避免出现以上两方面的缺点，应将上游一些管段选得大于计算直径，下游一些管段选得小于计算直径。然后，根据选定的管径，重新计算各管段的水头损失，并核算各管段水头损失之和是否满足式（5.42）的要求。

**【例 5.9】** 某水电站拟建一水塔作为备用水源。从水塔 $A$ 沿干管输水供水电站各用水设备之用，其管网布置以及管网中每一段管道的长度和各支管所需的流量如图 5.18 所示。管道的粗糙系数 $n=0.0125$，水塔处地面高程为 $z_A=36$m，供水末端点 4 点的地面高程为 $z_4=20$m，该处要求保留的自由水头 $h_{4e}=16$m；供水末端点 7 的地面高程为 $z_7=22$m，该处要求保留的自由水头 $h_{7e}=18$m。试确定水塔应修建的高度 $H_P$ 以及各管段的直径。

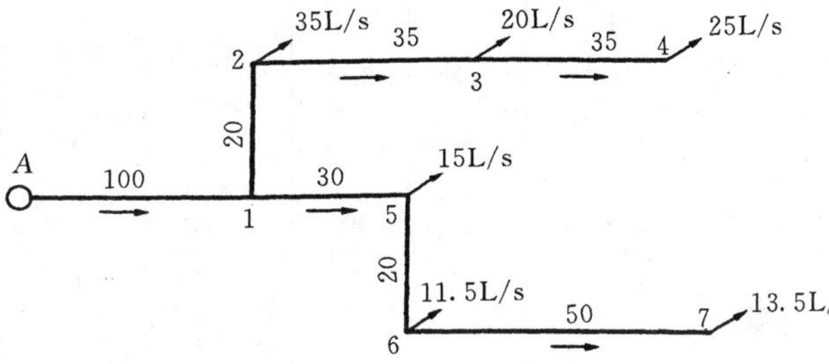


图 5.18（单位：m）

**解：** 为确定水塔高度，需选择最不利点。由图 5.18 可知，7 点离水塔最远、地面高程高，故选择设计管线为 $A$—1—5—6—7，可按式（5.40）确定水塔高度。但由于管径未知，计算无法进行。在此，按经济流速确定管径。选定经济流速 $v_e=1.25$m/s，则相应的管径可由 $d_e=\sqrt{\frac{4Q}{\pi v_e}}$ 计算，但管径需进行规格化处理。各管段流量、管径、沿程水头损失计算结果见表 5.2。

所需水塔高度按式（5.40）计算

$$H_P=\sum h_{fA-1-7}+h_{7e}+z_7-z_A=4.074+18+22-36=8.074(\text{m})$$

为便于利用标准图集，取水塔高度 10m。并据此重新确定各管段的直径。

按式（5.41）计算平均水力坡度

$$J_m=\frac{(z_A+H_P)-(z_7+h_{7e})}{l_{A-1}+l_{1-5}+l_{5-6}+l_{6-7}}=\frac{(36+10)-(22+18)}{100+30+20+50}=0.03$$

**表 5.2　各管段流量、管径、沿程水头损失计算成果**

| 序号 | 管段 | 已知数据 | | | | 计算数据 | | | | | |
|---|---|---|---|---|---|---|---|---|---|---|---|
| | | 管长(m) | 流量(L/s) | 粗糙系数 | 经济流速(m/s) | 计算管径(mm) | 选定管径(mm) | 实际流速(m/s) | 流量模数($m^3/s$) | 各管段 $h_f$ (m) | 总水头损失(m) |
| 1 | A—1 | 100 | 120 | 0.0125 | 1.25 | 349.70 | 350 | 1.248 | 1.517 | 0.626 | 0.626 |
| 2 | 1—2 | 20 | 80 | 0.0125 | 1.25 | 285.53 | 300 | 1.132 | 1.005 | 0.127 | 1.609 |
| | 2—3 | 35 | 45 | 0.0125 | 1.25 | 214.15 | 200 | 1.433 | 0.341 | 0.610 | |
| | 3—4 | 35 | 25 | 0.0125 | 1.25 | 159.62 | 150 | 1.415 | 0.158 | 0.873 | |
| 3 | 1—5 | 30 | 40 | 0.0125 | 1.25 | 201.90 | 200 | 1.274 | 0.341 | 0.413 | 4.074 |
| | 5—6 | 20 | 25 | 0.0125 | 1.25 | 159.62 | 150 | 1.415 | 0.158 | 0.499 | |
| | 6—7 | 50 | 13.5 | 0.0125 | 1.25 | 117.29 | 100 | 1.720 | 0.054 | 3.162 | |

按平均水力坡度计算流量模数，重新计算管径并将管径规格化，计算结果见表 5.3。

**表 5.3　调整后的各管段管径、沿程水头损失计算成果**

| 序号 | 管段 | 已知数据 | | | 计算数据 | | | | | | |
|---|---|---|---|---|---|---|---|---|---|---|---|
| | | 管长(m) | 流量(L/s) | 粗糙系数 | 初步流量模数($m^3/s$) | 计算管径(mm) | 选定管径(mm) | 实际流速(m/s) | 流量模数($m^3/s$) | 各管段 $h_f$ (m) | 总水头损失(m) |
| 1 | A—1 | 100 | 120 | 0.0125 | 0.6928 | 260.87 | 300 | 1.699 | 1.005 | 1.425 | 1.425 |
| 2 | 1—2 | 20 | 80 | 0.0125 | 0.4619 | 224.07 | 250 | 1.631 | 0.618 | 0.335 | 1.818 |
| | 2—3 | 35 | 45 | 0.0125 | 0.2598 | 180.59 | 200 | 1.433 | 0.341 | 0.610 | |
| | 3—4 | 35 | 25 | 0.0125 | 0.1443 | 144.86 | 150 | 1.415 | 0.158 | 0.873 | |
| 3 | 1—5 | 30 | 40 | 0.0125 | 0.2309 | 172.78 | 200 | 1.274 | 0.341 | 0.413 | 4.074 |
| | 5—6 | 20 | 25 | 0.0125 | 0.1443 | 144.86 | 150 | 1.415 | 0.158 | 0.499 | |
| | 6—7 | 50 | 13.5 | 0.0125 | 0.0779 | 114.98 | 100 | 1.720 | 0.054 | 3.162 | |

按式（5.42）验证是否满足供水要求。

$$h_{A-1}+h_{1-5}+h_{5-6}+h_{6-7}=4.074\text{m}$$

$$(z_A+H_P)-(z_7+h_{7e})=(36+10)-(22+18)=6(\text{m})$$

显然，$h_{A-1}+h_{1-5}+h_{5-6}+h_{6-7}<(z_A+H_P)-(z_7+h_{7e})$，满足供水要求，管径也是合适的。但上述计算过程中，未考虑局部水头损失和流速水头，是按照长管计算的。为保证工程安全运行，有时可依据工程规模大小，将沿程水头损失扩大一定的百分比（如10%～20%），视作考虑了局部水头损失和流速水头。

### 5.4.2 环状管网

环状管网又称闭合管网（图 5.19），通常先根据工程要求及当地条件进行整个管网的管线布置，确定各管段长度及各结点向外引出的流量。然后通过环状管网水力计算确定各

管段的流量 $Q$、管径 $d$ 和相应的各段水头损失。

由于环状管网各管段是相互连通闭合的，相邻环具有共同管段及共同结点，一根管段管径的改变就可能影响其它管段内的流量，所以计算时必须统一考虑，而解算的依据是环状管网的水流必须满足下面两类关系式。

(1) 根据连续性条件，流入任一结点流量之和应等于流出该结点的流量之和（包括结点流量），即任一结点的流量之代数和等于零

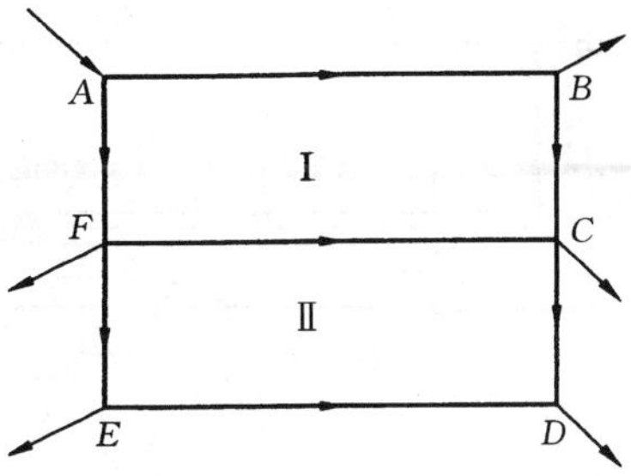

图 5.19

$$\sum Q_i = 0 \tag{5.43}$$

(2) 对于每个闭合环，从一个结点至另一个结点间，沿不同管线计算的水头损失应相等。如规定顺时针方向水流所引起的水头损失为正，则逆时针方向水流所引起的水头损失为负，任一闭合环状管路中的水头损失之代数和等于零，即

$$\sum h_{wi} = 0 \tag{5.44}$$

具体计算可参阅有关书籍。

## 5.5　管道非恒定流简介

在有压管道系统中，由于某一管路元件（如阀门）工作状态的突然改变，导致液体的流速发生急剧变化，同时引起管道内液体压强大幅度波动，这种压强波动在管道中交替升降来回传播的现象称为水击现象。由于发生水击现象的同时，可能伴随着锤击管壁般的响声，故水击又称水锤。

实际工程中，管道系统中阀门的突然开启或关闭、管道系统中水泵的突然停机、水电站在运行过程中由于电力负荷的突然改变而迅速启闭导水叶或闸阀等，都会引起水击现象。发生水击时，水击压强的升降可以达到较高的数值，并可能导致管道系统强烈振动、出现噪声和气穴，甚至使管道严重变形或爆裂。为削弱水击影响的强度和范围，常在引水系统中设置调压井。有压引水系统中一旦发生水击，在水库与调压井之间会出现水体波动与调压井水面的振荡现象，即调压系统水位波动现象。水击现象与调压系统的液面波动，都属于典型的非恒定流问题。对水击现象而言，阀门关闭，管中流速减小，压强增大，这时发生的水击称为正水击；阀门开启，管中流速增大，压强减小，这时发生的水击称为负水击。

在水电站和水泵站的设计中，常常需要进行水击压强的计算，以确定管道中的最大压强和最小压强。设管道正常输水恒定流时压强为 $p_0$，由水击引起的压强增值为 $\Delta p$，$\Delta p$ 常称为水击附加压强，简称水击压强。发生水击时，管道的压强 $p$ 应该是两者之和，即 $p = p_0 \pm \Delta p$。最大压强 $p_{max}$ 是压力管道、水轮机蜗壳和机组强度设计的依据，而最小压强 $p_{min}$ 则是布置引水管道、校核引水系统是否发生真空现象以及检查尾水管内真空度大小的依据。

### 5.5.1　水击现象

以阀门突然关闭时有压管道中的水击为例，介绍水击现象。设有一简单管道如图 5.20 所示，进口 $B$ 端与水库相接，出口 $A$ 端设一阀门调节流量，管道长度为 $L$。为使问

水不激不跃，人不激不奋。（【明】冯梦龙《警世通言》）

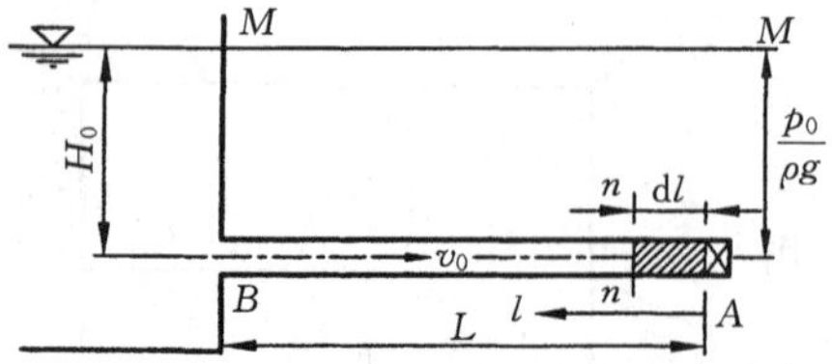


图 5.20

题简化，假定管道水平，并忽略摩阻影响及流速水头。此时，管道恒定流情况下的测压管水头线就是一条水平线。设阀门全开时，管中水流为恒定流，流速为 $v_0$，压强为 $p_0$，相应的断面总能量为$\frac{p_0}{\rho g}=H_0$。阀门突然完全关闭，当不考虑液体压缩性及管壁弹性时，整个管路中水流流速应同时变为零，而且在水流惯性作用下，整个管路的压强也要同时升至无穷大。但实际情况并非如此，关闭阀门总需要一定的时间，同时，液体具有黏滞性，管壁具有弹性，这就对水击起了缓冲作用。所以，实际上管路中的流速并不是同时变为零，压强也不是整个管路同时增大，而是从阀门断面开始向上游一个断面一个断面地逐渐传递。具体来讲，阀门突然完全关闭，紧邻阀门上游微分长度 $dl$ 管段内的水体便立即停止流动，流速由 $v_0$ 急剧减至零，使得阀门处的压强瞬间增大，这时便发生了两种变形，管段 $dl$ 内的水体受到压缩，密度增大，而同时管壁因压力增大而膨胀，过水断面增大。此时，管段 $dl$ 上游的水流并未受到阀门关闭的影响，仍然以速度 $v_0$ 继续向下游流动，以补充因水体压缩、管壁膨胀而多出来的那一部分体积，当这部分体积也被上游来水充满之后，管段 $dl$ 内水流速度很快变为零，继续流来的水体遇到管段 $dl$ 就像碰到完全关闭的阀门一样。同样的道理，紧贴 $n$—$n$ 断面的上游又将有一微分管段流速变为零，水体被压缩，管壁膨胀。如此看来，断面 $n$—$n$ 逐渐向上游传播，直至到达水库断面 $B$。此时，整个管路压强增大了 $\Delta p$$\left(若以水头表示，\Delta H=\frac{\Delta p}{\rho g}\right)$，液体被压缩，管壁膨胀，管中流速为零。这种现象实际上是扰动波在弹性介质中的传播现象。阀门突然关闭产生了一种扰动，这种扰动的影响只有通过弹性波才能传播到各个断面，也就是说弹性波传到哪个断面，哪个断面才会有流速和压强变化，这种由水击产生的弹性波就称为水击波。在上述情况下，水击波的传播使压力升高，而传播方向又与恒定流时的水流方向相反，故称为增压逆波。

设水击波的传播速度为 $a$，由于忽略摩阻影响，水击波在传播过程中波速保持不变。已知管长为 $L$，则阀门处产生的水击波由 $A$ 端传到 $B$ 端所要的时间为 $t=\frac{L}{a}$。时段 $0<t<\frac{L}{a}$为水击波传播的第一阶段，其特点是：阀门瞬时完全关闭，紧贴阀门的 $A$ 断面压强首先升高 $\Delta p$，并向上游传播，水击波所到之处，流动停止，压强升高，密度增大，管壁膨胀，如图 5.21（$a$）所示。

由于上游水库容量很大，可以认为水位不受管道流量变化的影响，即发生水击期间，$B$ 断面处水库一侧的水位仍然保持不变，水体能量也保持不变。

可以看到：在 $t=\frac{L}{a}$瞬时，阀门端产生的水击波恰好到达 $B$ 断面，如图 5.21（$b$）所示。此时，全管水流处于瞬时静止和高压状态，管道任一断面的压强为 $p_0+\Delta p$。但 $B$ 断面两侧水体能量不平衡，左侧为 $H_0$，右侧为 $H_0+\Delta H$，于是管道中静止的水体开始向水库方向流动，流速将由零变为 $-v_0$。因为第一阶段的压强增量 $\Delta p$ 是由流速差（$0-v_0$）产生的，根据动量守恒原理，在同样压强增量作用下，产生的流速大小也应该为 $v_0$，只

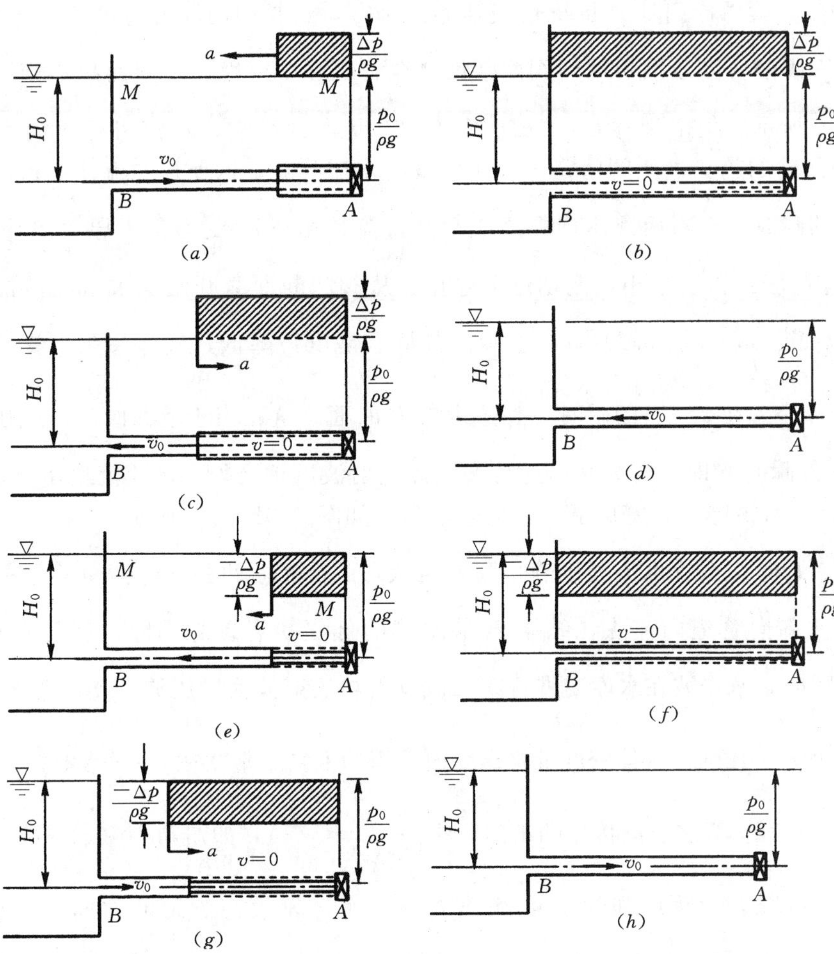


图 5.21

(a) $0<t<\frac{L}{a}$；(b) $t=\frac{L}{a}$；(c) $\frac{L}{a}<t<\frac{2L}{a}$；(d) $t=\frac{2L}{a}$；(e) $\frac{2L}{a}<t<\frac{3L}{a}$；

(f) $t=\frac{3L}{a}$；(g) $\frac{3L}{a}<t<\frac{4L}{a}$；(h) $t=\frac{4L}{a}$

是方向相反而已。反向流速 $-v_0$ 产生后，管道中被压缩的水体从 $B$ 断面开始逐段解除压缩状态，水体密度及管壁均恢复正常。此时，全管水流以速度 $v_0$ 向水库方向运动，这相当于来自 $A$ 断面增压逆行波在到达 $B$ 断面的瞬时立即反射为减压波，并向 $A$ 断面传播。由于水击波传播方向与恒定流时的水流方向相同，故称为顺波。反射波（减压顺波）所到之处，与第一阶段的增压逆波相叠加，使管中水流压强、水体密度与管道过水断面面积均恢复到正常状态。减压波自 $B$ 断面向 $A$ 断面传播的过程称为水击波传播的第二阶段，所需历时仍为 $\frac{L}{a}$。即在 $\frac{L}{a}<t<\frac{2L}{a}$ 时段内，水击波发展到第二阶段，如图 5.21（$c$）所示。

时段 $t=\frac{2L}{a}$ 是水击波由阀门断面至水库来回所需的时间，水击计算中称为相长，以 $T_r$ 表示，即 $T_r=\frac{2L}{a}$。水击的相经常作为分析水击现象和计算水击压强的时间单位。

精诚所至，金石为开。（【南朝】范晔《后汉书》）

阀门关闭，紧邻阀门处 $A$ 断面的流速始终为零，这是阀门端的边界条件。

在 $t=\frac{2L}{a}$瞬时，减压波返回到阀门断面，全管压强、密度、断面面积均恢复正常，如图 5.21（$d$）所示。但由于存在一反向流速 $v_0$，受惯性影响，水流将继续向水库方向流动，有脱离阀门的趋势，但阀门完全关闭，没有水流补充，因此反向流速不可能存在。只是在 $t=\frac{2L}{a}$的瞬时，$A$ 断面液体首先停止运动，流速由 $-v_0$ 变为零，导致 $A$ 断面压强降低 $\Delta p$，液体膨胀，密度减小，流动逐渐停止，从阀门断面又开始了水击波传播的第三个阶段$\left(\frac{2L}{a}<t<\frac{3L}{a}\right)$，如图 5.21（$e$）所示。其特点是压强降低，液体膨胀，管壁收缩，并逐渐向上游传递，在 $t=\frac{3L}{a}$的瞬时，到达进口 $B$ 断面。这相当于返回阀门的减压顺行波在到达 $A$ 断面的瞬时立即反射为减压逆行波。此反射波所到之处，水流流速由 $-v_0$ 变为零，压强下降 $\Delta p$，水体膨胀，密度减小，管壁收缩，如图 5.21（$f$）所示。

在 $t=\frac{3L}{a}$瞬时，全管水流处于静止和减压状态。$B$ 断面两侧水体能量不平衡，以致水库中的水又重新向管道内流去，结果 $B$ 端水体的低压状态首先消除，恢复到正常状态。即在 $t=\frac{3L}{a}$瞬时，水击波在水库端进行第二次反射，反射波为增压波。此增压波所到之处，流速由零变为 $v_0$，压强、水体密度及管道断面面积均恢复正常。在 $t=\frac{4L}{a}$瞬时，反射波到达 $A$ 断面，这个过程称为水击波传播的第四阶段$\left(\frac{3L}{a}<t<\frac{4L}{a}\right)$，如图 5.21（$g$）所示。

在 $t=\frac{4L}{a}$瞬时，全管压强为 $p_0$，流速为 $v_0$，水体密度与管道断面面积均恢复正常，与 $t=0$ 时刻的水流状况完全一样，水击波传播过程正好完成了一个周期，如图 5.21（$h$）所示。但这时阀门仍然完全关闭，紧邻阀门的水流速度由 $v_0$ 再次变为零，压强再次升高 $\Delta p$，又重复上述过程，周而复始地循环发展下去。但由于摩阻损失的存在，水击压强将逐渐衰减，最终达到恒定流状态。图 5.22 反映了管道中某一断面实际水击压强随时间的变化过程。

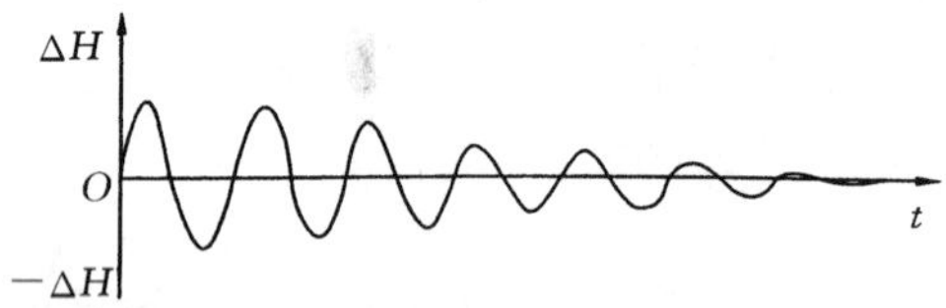

图 5.22

由于水击波速度很快，所以上述各阶段都是在极短的时间内完成的。上述水击波传播过程以 4 个阶段为一个周期，包括两个相长，即水击波传播周期 $T=\frac{4L}{a}=2T_r$。

从上述讨论可知，在阀门突然关闭的情况下，阀门断面产生一个单独的水击波，这个波在水库断面发生等值异号反射（又称负反射），即入射波为增压波，反射波为减压波，反之亦然。而在阀门断面则发生等值同号反射（又称正反射），即入射波为增压波，反射波也为增压波，反之亦然。水击发展的整个过程就是水击波的传播和反射过程。管道任一断面在任一时刻的水击压强就是该时刻通过该断面的所有水击顺波和水击逆波叠加的结果。

在阀门迅速调整而引起水流状况急剧变化的过程中，水体的压缩性和惯性起主要作用。水流的惯性企图维持原来的运动状态，而边界却要改变水流的运动状态。力是改变运动状态的原因，故在水流速度发生急剧变化时，必然引起压强的急剧变化；反之，水体两边受力不平衡，也必然会导致流速的改变。同时，水体的压缩性与管壁的弹性却又力图通过改变水体体积及管道断面面积以适应阀门调节后的水流状态。所以水流的压缩性和管壁弹性对管中流速和压强的变化起着缓冲作用。水击现象就是水体的压缩性与惯性这两种因素相互对立和制约的产物。

阀门突然关闭时，有压管道中阀门 $A$ 断面、进口 $B$ 断面（水库断面）、离开阀门距离为 $l$ 的任一断面水击压强随时间变化过程线如图 5.23 所示。

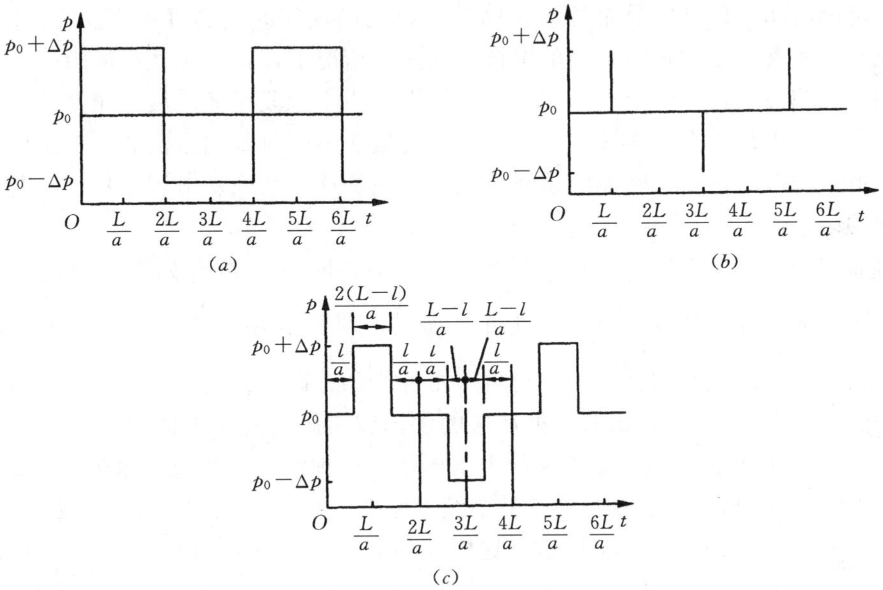

图 5.23

($a$) 阀门断面；($b$) 水库断面；($c$) 离开阀门任一 $l$ 断面

从水击波传播过程以及图 5.23 可以看到：阀门是水击波的波源，在紧邻阀门的 $A$ 断面上，水击压强出现最早，持续时间最长，变幅最大。

阀门由关到开引起的水击现象在性质上与阀门由开到关引起的水击现象是一样的，所不同的只是初生弹性波的性质不同。阀门由关到开引起的初生弹性波是增速减压波，其传播、反射和叠加过程与阀门关闭产生的水击波类似，不再进行叙述。

### 5.5.2　水击波速

水击波速是认识水击现象的重要参数之一。可根据质量守恒定律建立水击波速的计算公式，推导过程略。考虑液体的压缩性和管壁的弹性，推导出的均质薄壁圆管水击波速计算公式如下

$$a=\frac{1435}{\sqrt{1+\frac{K}{E}\frac{D}{\delta}}} \tag{5.45}$$

式中：$K$ 为液体的体积弹性系数；$E$ 为管壁材料的弹性模量；$D$ 为管径；$\delta$ 为管壁

厚度。

从式（5.45）可以看到，管壁材料的弹性模量越大，水击波传播速度也越大。当 $E\to\infty$，即管壁为绝对刚体时，水击波速达到最大值，以 $a_0$ 表示，$a_0=1435\text{m/s}$。一般的压力钢管，$\frac{K}{E}=0.01$，$\frac{D}{\delta}\approx100$，这样一来，压力钢管中的水击波速就约为 1000m/s。

如果压力管道的断面不是圆形或为非均质材料（如钢筋混凝土管道或各种衬砌的隧洞等），则水击波速不能按式（5.45）计算，相应的计算公式可查阅有关文献。另外，水流掺气之后，水击波速值会有较大的降低。

### 5.5.3 直接水击与间接水击

阀门突然关闭只是为分析水击问题方便而假设的一种理想情况。事实上，阀门的关闭总需要一定的时间，即阀门总是逐渐关闭的。设阀门关闭时间为 $T_s$，则可以将整个关闭过程看成是一系列微小的瞬时关闭的综合。在这种情况下，每一个微小的瞬时关闭都会产生一个相应的弹性波，每一个弹性波又依次按上述 4 个阶段循环发展。显然，它和瞬时关闭情况不同，它不是一个水击波，而是一系列发生在不同时刻的水击波传播和反射的复杂过程。管道中任一时刻任一断面的压强与流速应该是这一系列水击波在各自不同发展阶段相互叠加的结果。

由前面的分析可以知道，从阀门开始关闭，即在断面 $A$ 处开始产生弹性波起，到由上游反射回来的减压波又传到 $A$ 断面为止，所需的时间恰好为 $\frac{2L}{a}$。这样一来，阀门关闭时间 $T_s$ 与相长 $T_r$ 的大小关系不同，可将水击分为如下两类。

（1）当 $T_s\leqslant T_r$ 时，最早由阀门处产生的水击波在阀门完全关闭时，尚未反射回到 $A$ 断面，此时 $A$ 断面就会产生可能最大的水击压强。这种水击称为直接水击。

（2）当 $T_s>T_r$ 时，则在初生弹性波继续发生时，由上游反射回来的减压波已经到达 $A$ 断面，并可能在 $A$ 断面发生正反射。这样就部分抵消了水击增压，使 $A$ 断面的水击压强不致达到直接水击的增压值，这种水击称为间接水击。

实际工程中，一般不允许发生直接水击。在工程设计中，总是力图合理地选择有关技术参数或采取其它适当的技术措施，控制水击压强升高值，以保证有压引水系统正常稳定运行。常用的减小水击压强的措施有：①设置调压井以减小压力管道长度；②增大管道直径以减小管道流速；③适当延长阀门关闭时间或选择合理的关闭规律；④条件允许时，通过设置调压井、水阻抗、减压阀、爆破膜等措施以减小水击压强。

### 5.5.4 直接水击压强的计算

由动量定理可推导出直接水击压强的计算公式。

$$\Delta p=\rho a(v_0-v) \tag{5.46}$$

以水柱高度表示，则式（5.46）可写为

$$\Delta H=\frac{\Delta p}{\rho g}=\frac{a}{g}(v_0-v) \tag{5.47}$$

式中：$v_0$ 为变化前流速值；$v$ 为变化后流速值。

式（5.47）常称为儒可夫斯基公式，可以用来计算阀门突然关闭或开启时的水击压强。它表示的是一个水击弹性波产生的压强增值与流速增值 $\Delta v$ 以及水击波速 $a$ 之间的相互关系。对直接水击而言，阀门断面第一相末的水击压强值最大。由儒可夫斯基公式计算得到的水击压强值是最大水击压强值。至于间接水击，由于水击波的传播、反射、叠加过程比较复杂，需要利用有压管道非恒定流基本方程并采用专门的方法才能求解。当管道为复杂管道系统且下游边界是水轮机机组、水泵机组等复杂边界条件时，通常需要利用程序进行数值计算。

**【例 5.10】** 有一水电站引水钢管，管长 $l=2000\text{m}$，管径 $D=500\text{mm}$，管壁厚度 $\delta=10\text{mm}$，水的弹性系数 $K=19.6\times10^{8}\text{N/m}^2$，钢管的弹性模量 $E=19.6\times10^{10}\text{N/m}^2$。试求：

（1）在 2s 内水流流速由 3m/s 减到 1m/s 时的水击压强。

（2）在 3s 内阀门全部关闭时的水击压强。

**解**：（1）先计算水击波速

$$a=\frac{1435}{\sqrt{1+\dfrac{K}{E}\dfrac{D}{\delta}}}=\frac{1435}{\sqrt{1+\dfrac{19.6\times10^{8}}{19.6\times10^{10}}\times\dfrac{0.5}{0.010}}}=1171.673(\text{m/s})$$

$$T_r=\frac{2l}{a}=\frac{2\times2000}{1171.673}=3.414(\text{s})$$

当流速由 3m/s 减到 1m/s 时，$T_s=2\text{s}<T_r$，发生直接水击，可利用儒可夫斯基公式计算水击压强。

$$\Delta p=\rho a(v_0-v)=1\times10^{3}\times1171.673\times(3-1)=2.343\times10^{6}(\text{N/m}^2)$$

（2）在 3s 内阀门全部关闭时的水击压强。

$T_s=3\text{s}<T_r$，仍为直接水击。

$$\Delta p=\rho a(v_0-v)=1\times10^{3}\times1171.673\times(3-0)=3.515\times10^{6}(\text{N/m}^2)$$

## 本　章　小　结

1. 有压管道的水力特征：__________________________________。

2. 长管与短管的区别在于：______________________________。

3. 简单管道水力计算的基本类型有：①________；②________；③________；④________。

4. 简单管道自由出流的水力计算公式：

①短管：________________；②长管：________________。

5. 简单管道淹没出流的水力计算公式：

①短管：________________；②长管：________________。

6. 简单管道水力计算的依据：______________________________。

7. 虹吸管正常工作的条件：①________________；②________________。

8. 水泵安装高度取决于：__________________________________。

9. 离心泵装置的扬程等于：______________________________。

10. 串联管道水力计算的特点：______________________________。

11. 并联管道水力计算的特点：______________________________。

12. 分叉管道水力计算的特点：______________________________。

13. 沿程均匀泄流管道水力计算的特点：________________________。

山锐则不高，水狭则不深。（【汉】刘向《新序·节士》）

14. 简单管道阀门突然关闭时，水击现象的特点：________________。

15. 直接水击与间接水击的区别：________________。

16. 最大水击压强计算公式：________________。

## 思 考 题

1. 某输水管道直径为 $d$、管长为 $l$，工作水头为 $H$。现欲在水头 $H$ 不变的条件下提高供水量，可以采用的技术措施有哪些？

2. 输水管道的经济流速如何确定？

3. 如何绘制有压管流的总水头线与测压管水头线？

4. 如图 5.24 所示，图（$a$）为自由出流，图（$b$）为淹没出流，若在两种出流情况下作用水头、管长、管径以及沿程阻力系数均相同，试问：

（1）两管中的流量是否相同？为什么？

（2）两管中各相应点的压强是否相同？为什么？

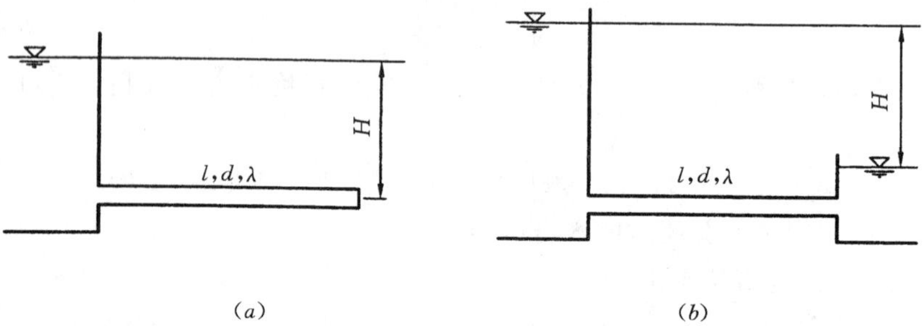


图 5.24

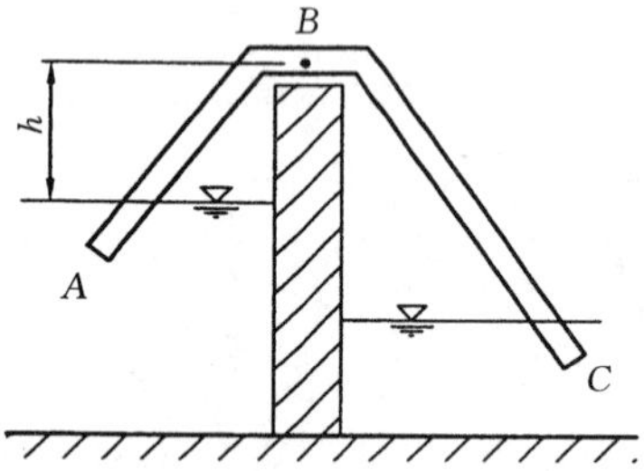


图 5.25

5. 如图 5.25 所示虹吸管，当泄流时，试分析：

（1）$B$ 点高出上游水面最大允许高度 $h$ 为多大？

（2）理论上讲，$h$ 值可以达到多少？

（3）$h$ 的大小与下游水位有无关系？与 $BC$ 段管长有无关系？

6.（1）阀门突然关闭产生直接水击。试问：阀门逐渐关闭时，是否也可能产生直接水击？为什么？

（2）在相同条件下，为什么说间接水击压强一定比直接水击压强小？

## 作 业 题

1. 倒虹吸管采用直径 $d=500$mm 的铸铁管，管道长度 $l=125$m，进出口水位高程差 $z=5$m，根据地形，两转弯角各为 60°和 50°，上下游渠道流速相等，如图 5.26 所示。试问该倒虹吸管能通过多大流量？并绘出倒虹吸管的测压管水头线及总水头线？

（参考答案：$n=0.011$ 时，$Q=0.74\text{m}^3/\text{s}$）

2. 有一混凝土圆形涵洞，如图 5.27 所示。已知洞长 $l=10$m，上下游水位差 $z=2$m，要求涵洞中通过流量 $Q=4.3\text{m}^3/\text{s}$，试求管径 $d$。

（参考答案：$n=0.014$，$d=1.0\text{m}$）

3. 水泵自吸水井抽水，吸水井与蓄水池用自流管相接，其水位均保持不变，如图 5.28 所示。水泵安装高度 $z_s=4.5\text{m}$，自流管长度 $l=20\text{m}$，直径 $d=150\text{mm}$，水泵吸水管长度 $l_1=12\text{m}$，直径 $d_1=150\text{mm}$，自流管与吸水管的沿程阻力系数 $\lambda=0.03$，自流管滤网的局部水头损失系数 $\zeta_1=2.0$，水泵底阀的局部水头损失系数 $\zeta_2=9.0$，90°弯头的局部水头损失系数 $\zeta_3=0.3$，若水泵进口真空度不超过 6m 水柱，求水泵的最大流量是多少？在这种流量下，蓄水池与吸水井之间的水位差 $z$ 将至少应为多少？

（参考答案：$Q=0.0268\text{m}^3/\text{s}$，$z=0.83\text{m}$）

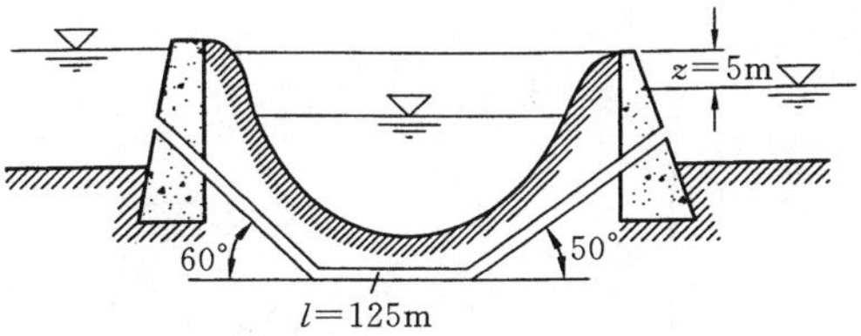


图 5.26

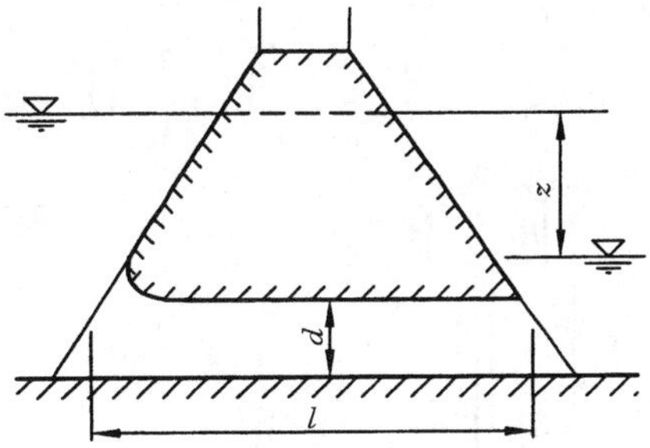


图 5.27

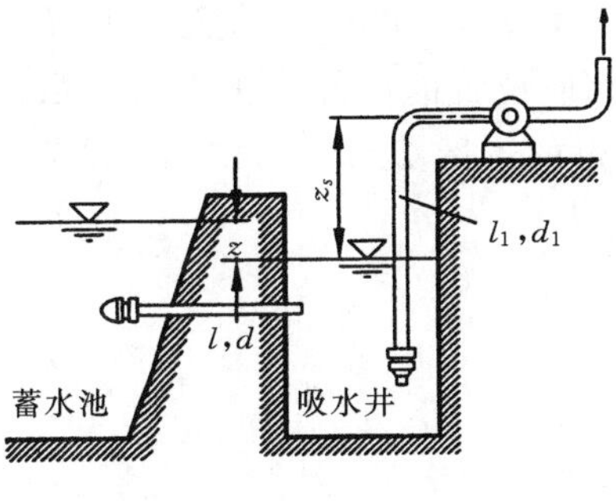


图 5.28

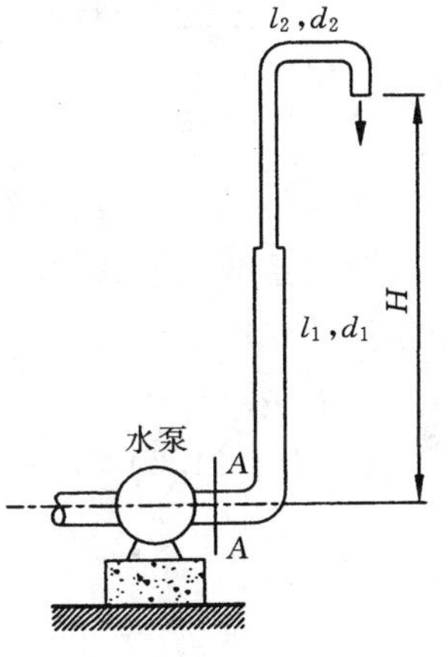


图 5.29

4. 如图 5.29 所示，管路系统由水泵供水，已知：水泵中心线至管路出口高度 $H=20\text{m}$，水泵的流量 $Q=113\text{m}^3/\text{h}$，管长 $l_1=15\text{m}$，管径 $d_1=200\text{mm}$，管长 $l_2=10\text{m}$，管径 $d_2=100\text{mm}$，沿程阻力系数 $\lambda=0.025$，转弯处局部水头损失系数 $\zeta_b=0.2$，突然收缩的局部水头损失系数 $\zeta_s=0.38$，试求水泵出口 $A$—$A$ 断面的压强水头 $\dfrac{p_A}{\rho g}$。

$\left(\text{参考答案：}\dfrac{p_A}{\rho g}=23.22\text{m}\right)$

5. 水塔供水的管道上有并联管道 1 和 2，如图 5.30 所示。管道为铸铁管，糙率 $n=0.011$。水自 $D$ 点流出时，要求 $D$ 点自由水头 $H_{De}=8\text{m}$，$D$ 点流出流量 $Q_D=0.02\text{m}^3/\text{s}$，$B$ 点分出的流量 $q_B=0.02\text{m}^3/\text{s}$，$CD$ 段为沿程均匀泄流管道，单位长度的沿程泄流量 $q=0.1\text{L/s}\cdot\text{m}$，$AB$ 段管长 $l_{AB}=500\text{m}$，管径 $d_{AB}=250\text{mm}$；$BC$ 并联管段：支管 1 长度 $l_1=$

350m，管径 $d_1=150$mm，支管 2 长度 $l_2=700$m，管径 $d_2=150$mm；$CD$ 管段长度 $l_{CD}=300$m，管径 $d_{CD}=200$mm。$D$ 点高程 $\nabla_D=100$m。求：

（1）确定并联管道内的流量 $Q_1$、$Q_2$。

（2）水塔水面高程 $\nabla_0$。

［参考答案：（1）$Q_1=0.0293\text{m}^3/\text{s}$，$Q_2=0.0207\text{m}^3/\text{s}$；（2）$\nabla_0=124.894$m］

6. 如图 5.31 所示，有一分叉管路连接水池 $A$、$B$、$C$，三水池水面高程分别为 $\nabla_A=30$m，$\nabla_B=18$m，$\nabla_C=0$m。已知：管径 $d_1=600$mm，$d_2=450$mm，$d_3=400$mm；管长 $l_1=900$m，$l_2=300$m，$l_3=1200$m。管道为新钢管，粗糙系数 $n=0.011$。求通过各管的流量 $Q_1$、$Q_2$、$Q_3$。

（参考答案：$Q_1=0.7\text{m}^3/\text{s}$，$Q_2=0.37\text{m}^3/\text{s}$，$Q_3=0.33\text{m}^3/\text{s}$）

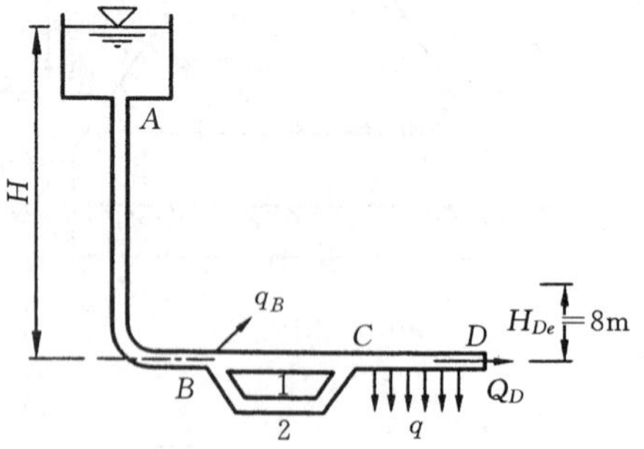


图 5.30

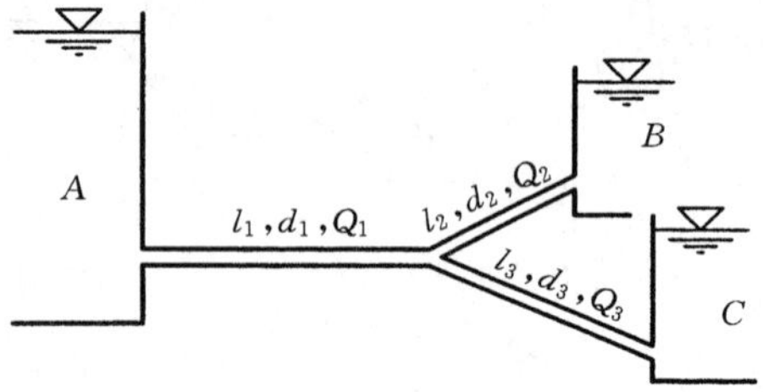


图 5.31

7. 如图 4.1 所示管道，已知管径 $d_1=200$mm，$d_2=100$mm，管道长度 $l_1=100$m，$l_2=50$m；沿程阻力系数 $\lambda_1=0.022$，$\lambda_2=0.02$。相应位置的局部水头损失系数：进口 $\zeta_1=0.5$，突然缩小 $\zeta_2=0.375$，阀门 $\zeta_3=5$。要求通过的流量 $Q=0.04\text{m}^3/\text{s}$，试问此时水箱的作用水头 $H$ 应为多少？

（参考答案：$H=21.84$m）

# 第6章　明渠均匀流的水力计算

**【情景提示】**

1. 江河渠道宛若大地脉络，输送无数清流，滋养人间万物。但江河渠道的过流能力如何计算？过流断面如何计算？

2. 水力最佳断面是否一定是工程最经济的断面？

3. 渠道设计中如何选定粗糙系数？

4. 如何更合理地设计渠道断面，以使渠道中的水流状态有利于渠道运行管理与水环境改善？

**【本章导读】**

在开发水利、消除水患的过程中，常常要开挖和整治河道，农田水利工程中要修建灌溉、排水渠道，城镇建设中要修建雨水、污水排水渠道等。各类渠道断面尺寸的确定、过流能力的复核都需要明渠均匀流的水力计算知识。因此，明渠均匀流的水力计算是明渠水力学的重要内容之一，也是学习明渠非均匀流必备的基础。

**【教学要求】**

①掌握明渠均匀流的特点及其产生条件；②掌握明渠均匀流水力计算类型；③对粗糙系数选择的重要性、水力最佳断面、允许流速、复式断面等渠道设计中需要注意的问题有一定了解。

## 6.1　概　　述

### 6.1.1　明渠水流的特点

人工渠道、天然河道、未充满水流的管道统称为明渠。明渠水流是指在明渠中流动，具有显露在大气中的自由表面，水面上各点的压强都等于大气压强，相对压强为零的水流。故明渠水流又称为无压流。

明渠水流的运动是在重力作用下形成的。在流动过程中，自由水面不受固体边界的约束（这一点与管流不同），一旦出现诸如底坡改变、断面形状尺寸变化、粗糙系数改变等，都会引起明渠自由水面的升降。明渠自由水面的时空变化，必然导致水深、流速等运动要素的变化。当通过渠道的流量保持一定时，由于上、下游控制条件的不同，同一明渠中的水流也可能出现不同的流动形态和不同的水面线衔接状况，使得明渠水流的流动问题远比有压管流复杂得多。明渠水流与管流相比较，具有如下几方面的特点：①管流是有压流，明渠水流是无压流。②管流的横断面几何尺寸不变，而明渠水流的横断面几何尺寸随水面升降发生变化。③管道的断面形式比较单一，一般为圆形，而明渠的断面形式变化较多，天然河道会有主槽和滩地之分。④管道一般是工厂化生产，材料品种有限，粗糙程度均一，粗糙系数变化范围较小，而明渠的粗糙系数则受到土壤、地形、植被、衬砌条件以及水流状况、施工质量、运行管理水平等因素的影响，呈现较大的变化，难以准确确定。这些特点决定了明渠水流的水力计算远比有压管流的水力计算复杂。

明渠水流有恒定流与非恒定流、均匀流与非均匀流、急变流与渐变流之分。由简单到复杂，本章首先学习明渠恒定均匀流。对明渠水流而言，当然也有层流和紊流之分，但绝大多数明渠水流（渗流除外）都为紊流，并且接近或属于紊流阻力平方区。如不做特别说明，认为所研究的水流都属于紊流阻力平方区。

### 6.1.2 明渠的几何特性

明渠是水流运动的外部条件，它对水流的运动状况有重要影响。因此，对明渠几何特性的了解是学习明渠水力学的必备知识。

#### 6.1.2.1 明渠的纵断面和底坡

沿渠道中心线所做的铅垂平面与渠底的交线称为底坡线（渠底线、河底线）。该铅垂面与水面的交线称为水面线。底坡线与水面线构成明渠的纵断面，如图 6.1 所示。

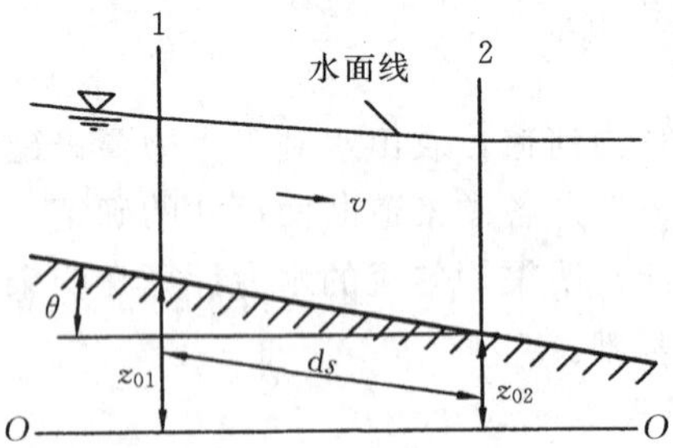


图 6.1

对人工渠道，渠底多为平面，故渠道纵断面图上的底坡线是一段或几段相互衔接的直线。对天然河道，河底起伏不平，但总趋势是沿水流方向逐渐下降。因此，纵断面图上的河底线就是一条时有起伏但逐渐下降的波浪线。

为了表示底坡线沿水流方向降低的缓急程度，引入底坡的概念。底坡是指沿水流方向单位长度的渠底高程降落值，以符号 $i$ 表示。底坡也称纵坡，可用下式计算。

$$i=\sin\theta=\frac{z_{01}-z_{02}}{\mathrm{d}s} \tag{6.1}$$

式中：$z_{01}$、$z_{02}$ 为渠道进口和出口的渠底高程；$\mathrm{d}s$ 为渠道进口和出口间的流程长度；$\theta$ 为底坡线与水平线之间的夹角。由于 $\theta$ 角很小，通常以两断面间的水平距离来代替流程长度，即近似认为 $\sin\theta=\tan\theta$。

根据底坡的正负，可将明渠分为如下三类：$i>0$ 称为正坡或顺坡；$i=0$ 称为平坡；$i<0$ 称为负坡、逆坡或反坡。人工渠道三种底坡类型均可能出现，但在天然河道中，长期的水流运动形成的往往是正坡。

#### 6.1.2.2 明渠的横断面

与渠底中心线垂直的铅垂平面与渠底及侧壁的交线构成明渠的横断面。天然河道的横断面多为不规则形状，见图 6.2（$a$），而且一条河流各处的横断面形状尺寸往往差别较大，流量小时，水流集中在主槽，流量增大时，水流会漫上滩地。其中，水面以下的部分称为河床，以上的部分称为河岸。人工渠道的横断面形状比较规则，常见的有梯形、矩形、圆形等，如图 6.2（$a$）所示。横断面是指渠道的轮廓，它与渠道的过水断面不同。过水断面是指与流线正交的横断面，除包括渠道轮廓外，还包括水面轮廓。过水断面通常与渠底垂直，与铅垂平面之间成 $\theta$ 角，如图 6.2（$b$）所示。

渠道过水断面的几何要素主要包括：过水断面面积 $A$、湿周 $\chi$、水力半径 $R$、水面宽度 $B$。对于等腰梯形断面［图 6.2（$b$）中的 $A$—$A$ 剖面］而言，其过水断面几何要素计算公式如下：

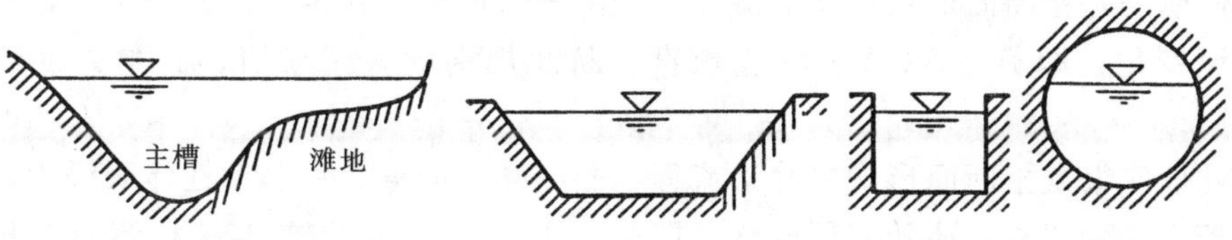


(a)

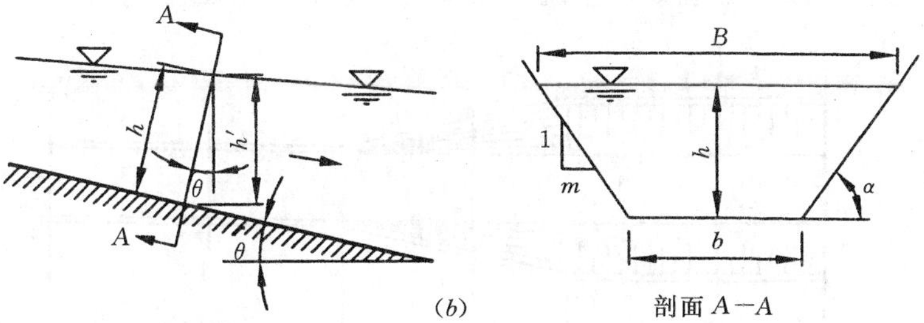


(b)　　剖面 A—A

图 6.2

$$A=(b+mh)h=(\beta+m)h^2 \tag{6.2}$$

$$\chi=b+2h\sqrt{1+m^2}=(\beta+2\sqrt{1+m^2})h \tag{6.3}$$

$$R=\frac{A}{\chi} \tag{6.4}$$

$$B=b+2mh=(\beta+2m)h \tag{6.5}$$

式中：$b$ 为底宽；$m$ 为边坡系数；$h$ 为水深；$\beta$ 为宽深比，其定义为 $\beta=\frac{b}{h}$。

边坡系数 $m$ 表示渠道边坡的倾斜程度。水力学中以边坡倾角 $\alpha$ 的余切表示，即 $m=\cot\alpha$。$m$ 值的大小应根据土的种类及护面情况确定。小型渠道可参照表 6.1 选用，大中型渠道的边坡系数要通过边坡稳定分析确定。

**表 6.1　　梯形渠道的边坡系数**

| 土壤种类 | 边坡系数 | 土壤种类 | 边坡系数 |
|---|---|---|---|
| 砂壤土 | 1.5～2.0 | 黏壤土、黄土或黏土 | 1.25～1.5 |
| 卵石和砌石 | 1.25～1.5 | 半岩性的抗水土壤 | 0.5～1.0 |
| 风化的岩石 | 0.25～0.5 | 未风化的岩石 | 0～0.25 |

上述计算过水断面几何要素公式中的水深 $h$ 是指过水断面上渠底最低点到水面的距离。当渠底坡度 $i\leqslant 0.1$ 时，可以用沿铅垂方向量取的水深 $h'$ 代替过水断面水深 $h$，这样产生的误差（包括渠道长度）均小于 1%。但当底坡较大时，这种替代会引起显著误差，必须进行必要的转化。至于其它形状断面的几何要素可按相应的公式计算。

为了区别均匀流动和非均匀流动，通常称明渠均匀流动的水深为正常水深，以符号 $h_0$ 表示；非均匀流动的水深以符号 $h$ 表示。

#### 6.1.2.3　棱柱体明渠和非棱柱体明渠

按照明渠横断面形状尺寸是否沿流程变化可将明渠分为棱柱体明渠和非棱柱体明渠两类。

知足不辱，知止不殆。(【春秋】老子《道德经》)

棱柱体明渠是指断面形状尺寸沿流程不变的长直明渠。在棱柱体明渠中，过水断面面积只随水深变化，即 $A=A(h)$。轴线顺直、断面规则的人工渠道、涵洞、渡槽等均属此类。

非棱柱体明渠是指断面形状尺寸沿流程不断变化的明渠。在非棱柱体明渠中，过水断面面积除随水深变化外，还随流程变化，即 $A=A(h, s)$。常见的非棱柱体明渠是渐变段（见图 6.3），另外，断面不规则，主流弯曲多变的天然河道也是非棱柱体明渠的例子。

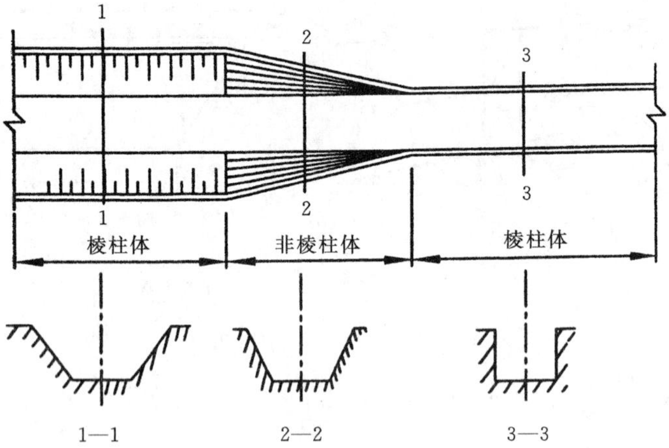


图 6.3

## 6.2　明渠均匀流的特点及水力计算公式

### 6.2.1　明渠均匀流的特点

明渠均匀流是流线互为平行直线的明渠水流，其本质特征是运动要素沿流程保持不变。其特点体现在以下几点：①水深、断面平均流速、断面流速分布等均保持沿流程不变。②流动过程中只有沿程水头损失，没有局部水头损失。③水面线与渠底线相互平行，测压管水头线与总水头线相互平行，即明渠均匀流的底坡线、水面线、总水头线三者相互平行，渠底坡度、水面坡度、水力坡度三者相等。④明渠均匀流中，水流的动能沿程不变，势能沿程减小，在一定距离内因渠底高程降落而引起的势能减小值恰好用于克服水头损失，从而保证了动能沿程不变。

下面从力学角度分析明渠均匀流的本质。

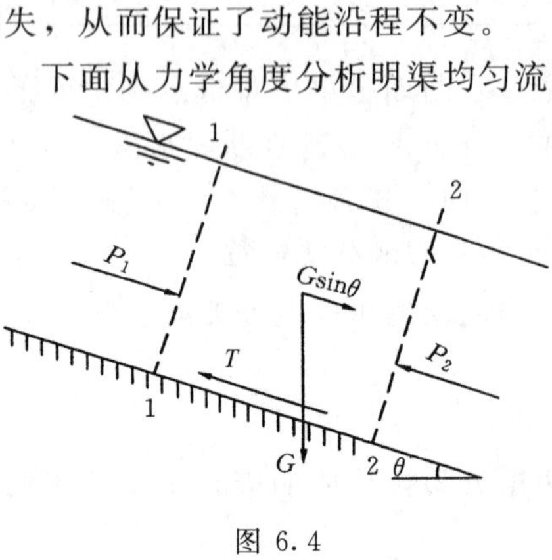


图 6.4

均匀流是等速直线运动，作用于水体的外力必然平衡。今取棱柱体明渠 1—1 断面与 2—2 断面间的均匀流水体进行分析，如图 6.4 所示。作用在水体上的力有重力 $G$、阻力 $T$、两端断面上的动水压力 $P_1$ 和 $P_2$，则沿流动方向列平衡方程可得

$$P_1+G\sin\theta-T-P_2=0$$

均匀流水深相等，故 $P_1=P_2$，上式简化为

$$G\sin\theta=T \tag{6.6}$$

式（6.6）表明：均匀流动是重力沿流动方向的分力和阻力相平衡时产生的流动。显然，非棱柱体明渠、平坡和反坡明渠都不可能满足上述关系式，也就是说，在非棱柱体明渠及平坡和反坡明渠中，水流不可能形成均匀流。

### 6.2.2 明渠均匀流的产生条件

明渠均匀流的力学本质与水流特点决定了明渠均匀流的产生条件是：恒定流，流量、粗糙系数沿程不变，且没有渠系建筑物干扰的长、直、棱柱体正坡明渠。

在实际工程中，由于种种条件的限制，明渠均匀流往往难以完全实现，在明渠中大量出现的是非均匀流动。但是，对于顺直的正坡明渠，只要有足够的长度，总有形成均匀流的趋势。天然河道的断面尺寸、底坡、糙率等尽管沿程易变，但对某些顺直的河段，也可按均匀流动近似计算。也就是说，一般情况下，按明渠均匀流理论设计渠道是符合实际情况的，其水力计算相对简单，根据经验或规范加上安全超高之后，能够保证明渠在非均匀流条件下正常运行。

### 6.2.3 明渠均匀流水力计算公式

谢才公式与连续方程联立，可得到明渠均匀流水力计算的基本公式。

$$\left.\begin{aligned} Q&=Av \\ v&=C\sqrt{Ri} \\ C&=\frac{1}{n}R^{1/6} \\ R&=A/\chi \end{aligned}\right\} \Rightarrow \left\{\begin{aligned} Q&=AC\sqrt{Ri} && (6.7) \\ Q&=K\sqrt{i} && (6.8) \\ Q&=\frac{A^{5/3}\sqrt{i}}{n\chi^{2/3}} && (6.9) \end{aligned}\right.$$

式中：$K$ 为流量模数；$i$ 为渠道底坡；$C$ 为谢才系数。

由于明渠均匀流水力坡度和渠道底坡相等，故式（6.7）中以底坡 $i$ 代替谢才公式中的水力坡度 $J$。至于谢才系数 $C$，可按曼宁公式或巴甫洛夫斯基公式计算。谢才系数 $C$ 是反映断面形状尺寸和壁面粗糙程度的一个综合系数，即 $C=f(n, R)$。其中，粗糙系数 $n$ 对谢才系数 $C$ 的影响远比水力半径 $R$ 大。明渠表面材料愈光滑，粗糙系数 $n$ 愈小，相应的水流阻力也小，在其它条件不变的情况下，通过的流量就愈大。此外，从式（6.9）可以看到，若以等腰梯形断面为例，则明渠均匀流条件下渠道的过流能力可以表示为 $Q=f(i, n, b, m, h_0)$，即明渠的过流能力与渠道的底坡、粗糙系数、断面形状与尺寸有关。

## 6.3 渠道设计中的几个问题

### 6.3.1 粗糙系数 *n* 值的选择

在渠道设计过程中，恰当确定粗糙系数 $n$ 是一件比较困难的事情。实际计算中，确定粗糙系数 $n$ 就意味着对渠道中的水流阻力做出估计。目前对粗糙系数 $n$ 值的选择，主要依靠设计者的经验。如果在设计中选定的 $n$ 值较实际偏大，则势必增大渠道断面尺寸，增加工程量，造成浪费，同时，渠道中的实际流速将大于设计流速，可能引起土质渠道的冲刷。反之，如果在设计中选定的 $n$ 值较实际偏小，则设计的渠道断面尺寸必然偏小，影响渠道的过流能力，可能造成水流漫溢；另外，渠道中的实际流速将小于设计流速，可能引起渠道淤积。例如，苏北某河在规划阶段选定的粗糙系数 $n=0.02$，竣工后实测粗糙系数 $n=0.0225$，两者相差 0.0025，但河道的过流能力却比设计情况减少了 11%。严格来讲，

粗糙系数 $n$ 值除与渠槽表面的粗糙程度有关外，还与水深、流量、水流是否挟带泥沙等因素有关。对人工渠道，积累了较多的实际资料和工程经验，可查表确定粗糙系数值。一般情况下，混凝土衬砌渠道 $n=0.013\sim0.017$，浆砌石衬砌渠道 $n=0.025$ 左右，土渠 $n=0.0225\sim0.0275$，具体参见表 4.2，更为详细的资料可参阅相关设计手册。天然河道的情况比较复杂，通常要根据实际河流的量测结果确定。

### 6.3.2 水力最佳断面

从明渠均匀流计算公式可以看到，在流量、断面形状、底坡、粗糙系数一定的条件下，渠道的断面尺寸依然可以有多种选择。在进行渠道设计时，底坡 $i$ 一般根据地形条件和渠道的性质、担负的任务、运行管理上的要求综合考虑之后确定。粗糙系数 $n$ 则主要根据渠壁材料的光滑程度、渠道的水流状况以及运行状况选定。在底坡 $i$ 和粗糙系数 $n$ 值一定的条件下，明渠的过流能力主要与断面形状尺寸有关。从经济观点考虑，总是希望在满足过流能力要求的前提下，过水断面面积最小，以节省工程量。或者说，在底坡、糙率、过水断面面积一定的条件下，设计的渠道断面通过的流量最大。凡是符合这一条件的过水断面就称为水力最佳断面。

从明渠均匀流计算公式 $Q=AC\sqrt{Ri}=(A^{\frac{5}{3}}i^{\frac{1}{2}})/(n\chi^{\frac{2}{3}})$ 可以看到，当底坡、糙率、面积一定时，要使通过的流量最大，则湿周一定最小。由平面几何可知，面积相等的图形以圆形断面的周界为最小，故圆形断面为水力最佳断面。半圆形断面与圆形断面的水力半径相等，所以，半圆形断面也是水力最佳断面。这就是钢筋混凝土渡槽常采用半圆形断面或U形断面的理由。但在天然土壤中修建的半圆形断面难以维持边坡稳定。为此，工程实际中的渠道往往就修成了接近半圆形断面的梯形断面。梯形断面的边坡系数由土壤性质确定，故只能在一定边坡系数条件下，调整渠道的底宽和水深，使之具有最小湿周，从而达到水力最佳断面的要求。下面就利用高等数学求极值的方法来推求梯形水力最佳断面的宽深比 $\beta_m$。

面积一定（常数），则 $\frac{dA}{dh}=0$，即

$$\frac{dA}{dh}=(b+mh)+\left(\frac{db}{dh}+m\right)h=0 \tag{6.10}$$

湿周最小，则 $\frac{d\chi}{dh}=0$（驻点），即

$$\frac{d\chi}{dh}=\frac{db}{dh}+2\sqrt{1+m^2}=0 \tag{6.11}$$

联立式（6.10）、式（6.11），消去 $\frac{db}{dh}$，即得到梯形水力最佳断面的宽深比。

$$\beta_m=2(\sqrt{1+m^2}-m) \tag{6.12}$$

从式（6.12）可以看到，梯形水力最佳断面的宽深比 $\beta_m$ 只与边坡系数 $m$ 有关。将式（6.12）代入式（6.2）、式（6.3），由式（6.4）可得到梯形水力最佳断面的水力半径表达式 $R_m=\frac{1}{2}h$。对矩形断面，同样有 $R_m=\frac{1}{2}h$ 的关系。

不难证明，矩形或梯形水力最佳断面实际上是半圆的外切多边形断面（半圆形断面，$h=r$，而 $R_m=\frac{1}{2}h=\frac{1}{2}r$，如图 6.5 所示）。

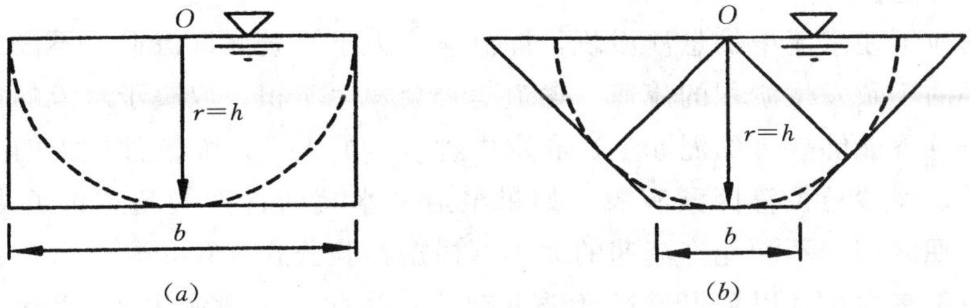


图 6.5

必须说明，以上所得出的水力最佳断面条件，只是从水力学角度考虑的。从工程投资角度考虑，水力最佳断面不一定是工程最经济的断面。从式（6.12）可以看出，宽深比 $\beta_m$ 只与边坡系数有关。当 $m=0.75$ 时，$\beta_m=1$；当 $m<0.75$ 时，$\beta_m>1$；当 $m>0.75$ 时，$\beta_m<1$，例如当 $m=2$ 时，$\beta_m=0.472$，底宽不足水深的 1/2。一般渠道的边坡系数都是大于 1 的，如果采用水力最佳断面，则渠道将是一种水深大底宽小的窄深式断面。对于较大的渠道，窄深式断面在施工中深挖高填，劳动效率低，开挖不经济，维修养护也困难，有时难以满足灌溉和通航的要求。此外，窄深式断面渠道所控制的灌溉面积比宽浅式断面的渠道要小。正因为如此，水力最佳断面在工程实际中的应用有一定的局限性。但一些山区石渠、渡槽、涵洞等都是按水力最佳断面设计。在山高坡陡处修建盘山渠道，为了避免大量削坡，有时甚至采用比水力最佳断面还要窄深的断面形式。这就是说，在设计渠道断面时，必须结合实际情况，从经济和技术两方面综合考虑。既考虑水力最佳断面，又不能完全受此约束。为此，工程实际中以水力最佳断面为基础，提出了"实用经济断面"的概念，工程中也常采用。实用经济断面既符合水力最佳断面的要求，又能适应各种具体情况的需要。实用经济断面的设计流速比水力最佳断面的流速增大 2%至减少 4%，过水断面面积较水力最佳断面面积减少 2%至增加 4%，但过水断面水深的变化范围则为水力最佳断面水深的 68%～160%，相应的底宽变化范围为 29%～40%。设计时可在此范围内选择出实用经济的断面，具体设计方法可参阅有关资料。

### 6.3.3　允许流速

由连续方程可知，对于一定的流量，过水断面面积的大小与断面平均流速成反比。换句话讲，为通过一定的流量，可以采用不同大小的过水断面，渠道中也就有不同的流速。如果流速过大，可能引起渠道冲刷。而流速过小，又可能引起渠道淤积，降低渠道的过流能力。因此，在设计渠道时，必须考虑渠道的允许流速。

渠道的允许流速是根据渠道所担负的生产任务（如通航、水电站引水或灌溉），渠槽表面材料的性质，水流含沙量的多少以及运行管理上的要求而确定的技术上可靠，经济上合理的流速。

为了保证技术上可靠，经济上合理，在确定渠道的允许流速时，应该结合工程的具体条件，考虑以下几方面因素。

（1）流速应不致引起渠槽冲刷，即流速应小于不冲允许流速。不冲允许流速是某个刚刚引起冲刷的临界平均流速。即对土渠而言，当渠道中的流速超过某一数值时，渠底或边坡上的土颗粒就可能被水流冲走，渠道出现冲刷。不冲流速数值的大小主要取决于渠道表面的土质情况及加固情况，此外，还与水深有关，可由实验测定。不冲允许流速的数值可

山无静树，川无停流。（【南朝】刘义庆《世说新语・文学》）

查阅有关手册确定。

(2) 流速应不使水流中的悬沙淤积，即流速应大于不淤允许流速。不淤允许流速是渠道中某一最小的不致发生淤积的流速。渠道是否会发生淤积，取决于水流的挟沙能力（即水流在一定条件下能够挟带的泥沙量）和水中含沙量的大小。而挟沙能力的大小主要与水流流速、水深、泥沙粒径等因素有关。如果渠道中水流的含沙量超过渠道水流的挟沙能力，渠道将出现淤积。不淤允许流速的大小可根据经验公式计算，具体可参阅有关书籍。

(3) 流速不宜太小，以免渠道过度滋生杂草。为此，一般应大于 0.5m/s。在排水工程中，为了防止淤积，通常要求渠道流速不低于 0.4m/s。

(4) 对于北方寒冷地区，为防止冬季渠水结冰，流速也不宜太小。一般当渠道流速大于 0.6m/s 时，结冰就比较困难，即使结冰，过程也比较缓慢。

(5) 渠道流速应满足技术经济要求和运行管理要求。

综上所述，对于大多数实施衬砌的渠道而言，其抗冲能力足够大，通常不会发生冲刷。此外，在设计渠道断面时，当渠道输送清水或渠道流速超过 0.6m/s，一般也不会发生淤积情况。实际工作中，可根据具体问题，进行必要的允许流速复核计算。

### 6.3.4 非均质明渠的水力计算

断面周界上粗糙系数沿湿周发生变化的渠道称为非均质渠道。在工程实际中，有时渠底和渠壁会采用不同的衬砌材料。如图 6.6 (*a*) 所示的沿山坡凿石筑墙而成的渠道，靠山一侧边坡和渠底为岩石，另一侧边坡为块石砌筑的挡土墙。如图 6.6 (*b*) 所示的渠道，底部为浆砌石，边坡为混凝土衬砌。由于沿湿周各部分糙率不同，因而它们对水流的阻力也不同，可以采用一个综合糙率 $n_r$ 来反映整个断面的情况。得到综合糙率之后，其它的渠道水力计算问题可按均质渠道相同的方法处理。

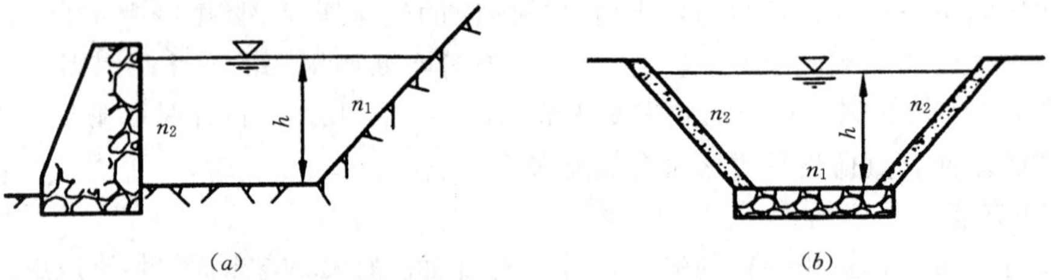


图 6.6

当渠道底部的粗糙系数小于侧壁粗糙系数时，综合糙率 $n_r$ 可用下式计算。

$$n_r=\sqrt{\frac{\chi_1 n_1^2+\chi_2 n_2^2+\chi_3 n_3^2}{\chi_1+\chi_2+\chi_3}} \tag{6.13}$$

一般情况下，综合糙率 $n_r$ 也可采用加权平均值的方法进行计算。

$$n_r=\frac{\chi_1 n_1+\chi_2 n_2+\chi_3 n_3}{\chi_1+\chi_2+\chi_3} \tag{6.14}$$

**【例 6.1】** 有一环山渠道，如图示 6.6 (*a*) 所示。已知：底宽 $b=2$m，水深 $h_0=1.5$m，靠山一侧的边坡系数 $m_1=0.5$，粗糙系数 $n_1=0.030$；另一侧为直立的混凝土边墙，其粗糙系数 $n_2=0.014$。渠道底坡 $i=0.005$，试计算渠道的过流量 $Q$。

**解：** 属于非均质渠道，先采用式 (6.14) 计算综合糙率 $n_r$。

$\chi_1=b+h_0\sqrt{1+m^2}=2+1.5\times\sqrt{1+0.5^2}=3.677\ (\mathrm{m})$

$\chi_2=h_0=1.5\mathrm{m}$

$n_r=\dfrac{\chi_1 n_1+\chi_2 n_2}{\chi_1+\chi_2}=\dfrac{3.677\times0.03+1.5\times0.014}{3.677+1.5}=0.0254$

按均匀流公式计算流量。

$A=bh_0+\dfrac{1}{2}m_1h_0^2=2\times1.5+\dfrac{1}{2}\times0.5\times1.5^2=3.563\ (\mathrm{m}^2)$

$\chi=\chi_1+\chi_2=3.677+1.5=5.177\ (\mathrm{m})$

$R=\dfrac{A}{\chi}=\dfrac{3.563}{5.177}=0.688\ (\mathrm{m})$

$C=\dfrac{1}{n}R^{\frac{1}{6}}=\dfrac{1}{0.0254}\times0.688^{\frac{1}{6}}=37.045\ (\mathrm{m}^{\frac{1}{2}}/\mathrm{s})$

$Q=AC\sqrt{Ri}=3.563\times37.045\times\sqrt{0.688\times0.005}=7.741\ (\mathrm{m}^3/\mathrm{s})$

### 6.3.5　复式断面明渠的水力计算

渠道横断面上边坡、深度或底宽有突然变化者，就称为复式断面明渠，如图 6.7 所示。复式断面明渠有利于边坡稳定，能适应较大流量变化范围。但复式断面明渠常常是不规则的，粗糙系数也可能沿湿周有变。因此，不能把整个断面当作统一的总流直接用明渠均匀流公式计算。否则，将会得出不符合实际情况的结果。复式断面明渠的水力计算通常采用垂线分割法，即用铅垂线（图 6.7）将复式断面划分为几个部分，使每一部分的湿周都不因水深的略微增大而产生突然增大，并认为各部分的水力坡度相等。然后，分别对每一部分用明渠均匀流基本公式计算流量，最后将各部分计算得到的流量相加，从而得到整个复式断面明渠的过流量。

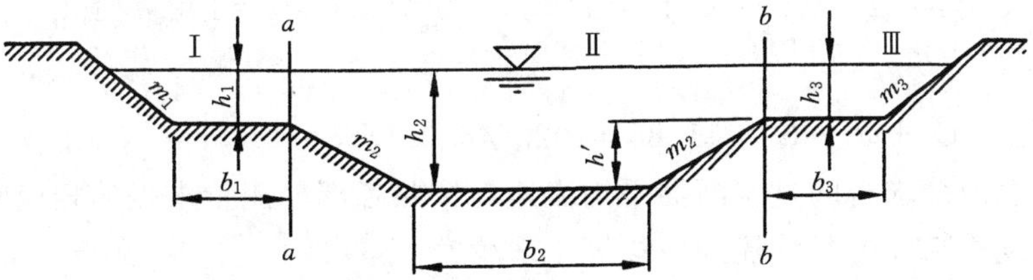


图 6.7

对如图 6.7 所示的复式断面明渠，其总流量可表示为

$$Q=\sum_{i=1}^{3}Q_i \tag{6.15}$$

式中：$Q$ 为通过复式断面的总流量；$Q_i$ 为复式断面各部分流量，可按式（6.7）、式（6.8）、式（6.9）中的任一公式进行计算。

**【例 6.2】**　有一复式断面明渠，如图 6.7 所示。已知：底宽 $b_1=b_3=6\mathrm{m}$，$b_2=10\mathrm{m}$；水深 $h_1=h_3=1.8\mathrm{m}$，$h_2=4\mathrm{m}$；边坡系数 $m_1=m_3=1.5$，$m_2=2.0$；粗糙系数各部分相等，$n=0.02$；底坡 $i=0.0002$。试计算渠道的过流量 $Q$。

**解：** 用垂线将其分割为三部分，分别按明渠均匀流公式计算。

各部分过水断面面积

$h'=h_2-h_1=4-1.8=2.2\ (\mathrm{m})$

待人以诚，人亦以诚待我。（《元史》）

$$A_1=A_3=b_1h_1+\frac{1}{2}m_1h_1^2=6\times1.8+\frac{1}{2}\times1.5\times1.8^2=13.23\ (\mathrm{m}^2)$$

$$A_2=(b_2+m_2h')h'+(b_2+2m_2h')h_1=(10+2\times2.2)\times2.2+(10+2\times2\times2.2)\times1.8=65.52(\mathrm{m}^2)$$

各部分湿周

$$\chi_1=\chi_3=b_1+h_1\sqrt{1+m_1^2}=6+1.8\times\sqrt{1+1.5^2}=9.245\ (\mathrm{m})$$

$$\chi_2=b_2+2h'\sqrt{1+m_2^2}=10+2\times2.2\times\sqrt{1+2^2}=19.839\ (\mathrm{m})$$

各部分水力半径

$$R_1=R_3=\frac{A_1}{\chi_1}=\frac{13.23}{9.245}=1.431\ (\mathrm{m})$$

$$R_2=\frac{A_2}{\chi_2}=\frac{65.52}{19.839}=3.303\ (\mathrm{m})$$

各部分谢才系数

$$C_1=C_3=\frac{1}{n}R_1^{\frac{1}{6}}=\frac{1}{0.02}\times1.431^{\frac{1}{6}}=53.078\ (\mathrm{m}^{\frac{1}{2}}/\mathrm{s})$$

$$C_2=\frac{1}{n}R_2^{\frac{1}{6}}=\frac{1}{0.02}\times3.303^{\frac{1}{6}}=61.016\ (\mathrm{m}^{\frac{1}{2}}/\mathrm{s})$$

各部分流量

$$Q_1=Q_3=A_1C_1\sqrt{R_1i}=13.23\times53.078\times\sqrt{1.431\times0.0002}=11.88\ (\mathrm{m}^3/\mathrm{s})$$

$$Q_2=A_2C_2\sqrt{R_2i}=65.52\times61.016\times\sqrt{3.303\times0.0002}=102.746\ (\mathrm{m}^3/\mathrm{s})$$

总流量

$$Q=Q_1+Q_2+Q_3=11.88+102.746+11.88=126.506\ (\mathrm{m}^3/\mathrm{s})$$

试问：按总流量求得的过水断面平均流速与按照各部分流量求得的相应断面平均流速是否相等？该复式断面的平均流速应该等于多少？

## 6.4　明渠均匀流的水力计算

### 6.4.1　计算类型

明渠均匀流的水力计算主要包括两类问题。一类是对已建成的渠道，根据运行管理要求，进行某些必要的水力计算。如校核已成渠道的输水能力，或者对某段渠道测定流量，计算粗糙系数。另一类是设计新渠道，主要是根据不同的已知条件或限定条件，设计渠道断面尺寸，或确定渠道的底坡。下面就以梯形断面为例介绍明渠均匀流的水力计算类型。而各类明渠均匀流水力计算问题都可以通过明渠均匀流计算式（6.7）、式（6.8）、式（6.9）中的任一公式来解决。各类明渠均匀流水力计算问题的难易程度不同，相应的计算方法与计算公式也存在差异。通常可分为直接计算问题与试算求解问题两大类。明渠均匀流各计算类型及其相应的计算方法与计算公式见表 6.2，具体计算方法和技巧参见例题。



青山遮不住，毕竟东流去。（【宋】辛弃疾《菩萨蛮·书江西造口壁》）

**表 6.2　　明渠均匀流水力计算类型（以梯形断面为例）**

| 类型 | 工程应用 | 已　知 | 求 | 相应计算公式 | 计算方法 |
|---|---|---|---|---|---|
| 1 | 校核过流能力 | $n$，$i$，$m$，$b$，$h_0$ | $Q$ | $Q=AC\sqrt{Ri}$　(6.7)<br>$Q=K\sqrt{i}$　(6.8)<br>$Q=\frac{A^{5/3}\sqrt{i}}{n\chi^{2/3}}$　(6.9) | 直接计算<br>参见【例 6.3】 |
| 2 | 测定糙率 | $Q$，$i$，$m$，$b$，$h_0$ | $n$ | $n=\frac{A^{5/3}\sqrt{i}}{Q\chi^{2/3}}$ 或 $n=R^{1/6}/C$，$C=\frac{Q}{A\sqrt{Ri}}$ | 直接计算<br>参见【例 6.4】 |
| 3 | 计算底坡 | $Q$，$n$，$m$，$b$，$h_0$ | $i$ | $i=\left(\frac{nQ\chi^{2/3}}{A^{5/3}}\right)^2$ 或 $i=\left(\frac{Q}{AC\sqrt{R}}\right)^2$ | 直接计算<br>参见【例 6.5】 |
| 4 | 设计渠道断面 | ①<br>$Q$，$n$，$i$，$m$，$b$<br>（$b$ 选定） | $h_0$ | $Q=AC\sqrt{Ri}$　(6.7)<br>$Q=K\sqrt{i}$　(6.8)<br>$Q=\frac{A^{5/3}\sqrt{i}}{n\chi^{2/3}}$　(6.9)<br>上式均为 $Q=f(h_0)$ 或 $Q=f(b)$ 的高次隐函数关系式 | 试算求解：①试算—图解法；②查图法；③电算解法（二分法、牛顿法、迭代法等）。上述方法的应用参见【例 6.8】、【例 6.9】 |
| | | ②<br>$Q$，$n$，$i$，$m$，$h_0$<br>（$h_0$ 选定） | $b$ | | |
| | | ③已知宽深比设计断面<br>$Q$，$n$，$i$，$m$，$\beta$ | $b$ 和 $h_0$ | $h_0=\left[\frac{nQ(\beta+2\sqrt{1+m^2})^{\frac{2}{3}}}{(\beta+m)^{\frac{5}{3}}\sqrt{i}}\right]^{\frac{3}{8}}$　(6.16)<br>$b=\beta h_0$ | 直接计算<br>参见【例 6.6】 |
| | | ④按水力最佳设计断面<br>$Q$，$n$，$i$，$m$，$\beta_m$ | $b$ 和 $h_0$ | $h_{0m}=1.189\left[\frac{nQ}{(2\sqrt{1+m^2}-m)\sqrt{i}}\right]^{\frac{3}{8}}$　(6.17)<br>$\beta_m=2(\sqrt{1+m^2}-m)$　(6.12)<br>$b_m=\beta_m h_{0m}$ | 直接计算<br>参见【例 6.6】 |
| | | ⑤限定流速设计断面<br>$Q$，$n$，$i$，$m$，$v$ | $b$ 和 $h_0$ | $A=\frac{Q}{v}$，$\chi=\frac{A}{R}$，$v=\frac{1}{n}R^{\frac{2}{3}}i^{\frac{1}{2}}\Rightarrow R=\left(\frac{nv}{\sqrt{i}}\right)^{\frac{3}{2}}$<br>$h_0=\frac{-\chi\pm\sqrt{\chi^2+4A(m-2\sqrt{1+m^2})}}{2(m-2\sqrt{1+m^2})}$　(6.18)<br>$b=\chi-2h\sqrt{1+m^2}$ | 直接计算<br>参见【例 6.7】 |
| 5 | 非均质渠道 | $n_r$，$i$，$m$，$b$，$h_0$<br>$n_r$ 为综合糙率 | $Q$ | $n_r=\sqrt{\frac{\chi_1n_1^2+\chi_2n_2^2+\chi_3n_3^2}{\chi_1+\chi_2+\chi_3}}$　(6.13)<br>$n_r=\frac{\chi_1n_1+\chi_2n_2+\chi_3n_3}{\chi_1+\chi_2+\chi_3}$　(6.14)<br>$Q=AC\sqrt{Ri}$　(6.7)<br>或　$Q=K\sqrt{i}$　(6.8) | 直接计算<br>参见【例 6.1】 |
| 6 | 复式断面 | $n_i$，$i$，$m_i$，$b_i$，$h_{0i}$ | $Q$ | $Q=\sum_{i=1}^{3}Q_i$　(6.15)<br>$Q_i=A_iC_i\sqrt{R_ii}$　(6.7)<br>或　$Q_i=K_i\sqrt{i}$　(6.8) | 直接计算<br>参见【例 6.2】 |

### 6.4.2　应用举例

**【例 6.3】**　某电站引水渠采用等腰梯形断面，在中等密实黏土中开挖，使用中岸坡已

反水不收，后悔无及。（【南朝】范晔《后汉书·光武帝纪上》）

滋生杂草。已知边坡系数 $m=1.5$，底宽 $b=34$m，糙率 $n=0.03$，底坡 $i=1/7000$，渠底到堤顶的高程差为3.2m，电站引水流量 $Q_1=67\text{m}^3/\text{s}$。根据需要，试计算渠道在保证安全超高0.5m，并满足电站用水的条件下，还能提供的工业用水流量 $Q_2$。

**解：** 在保证安全超高0.5m的条件下，渠道的正常水深 $h_0=3.2-0.5=2.7$m，设相应的过流量为 $Q_0$。先计算过水断面几何要素，然后才能计算出流量。

$$A=(b+mh)h=(34+1.5\times2.7)\times2.7=102.735\ (\text{m}^2)$$

$$\chi=b+2h\sqrt{1+m^2}=34+2\times2.7\times\sqrt{1+1.5^2}=43.735\ (\text{m})$$

$$R=\frac{A}{\chi}=\frac{102.735}{43.735}=2.349\ (\text{m})$$

$$C=\frac{1}{n}R^{\frac{1}{6}}=\frac{1}{0.03}\times2.349^{\frac{1}{6}}=38.432\ (\text{m}^{\frac{1}{2}}/\text{s})$$

$$Q_0=AC\sqrt{Ri}=102.735\times38.432\times\sqrt{2.349\times\frac{1}{7000}}=72.328\ (\text{m}^3/\text{s})$$

在满足安全超高与电站用水的条件下，还能提供的工业用水流量 $Q_2$。

$$Q_2=Q_0-Q_1=72.328-67=5.328\ (\text{m}^3/\text{s})$$

**【课堂练习6.1】**

若通过渠道的技术改造，使粗糙系数 $n$ 降低50%，其它已知条件同【例6.3】。试问该渠道能提供的工业用水流量 $Q_2$ 将增大多少？

**【例6.4】** 有一梯形断面灌溉渠道，水流为均匀流，今欲测定该渠道的粗糙系数 $n$。在桩号1＋780.000处测得水面高程为266.825m，在3＋10.000处测得水面高程为266.525m。已知边坡系数 $m=1$，底宽 $b=10$m，水深 $h_0=3$m，流量 $Q=39\text{m}^3/\text{s}$。试求粗糙系数 $n$ 值。

**解：** 先计算水力坡度，然后根据明渠均匀流公式可求得粗糙系数值。

$$J=i=\frac{266.825-266.525}{3010-1780}=2.439\times10^{-4}$$

$$A=(b+mh)h=(10+1\times3)\times3=39\ (\text{m}^2)$$

$$\chi=b+2h\sqrt{1+m^2}=10+2\times3\sqrt{1+1^2}=18.484\ (\text{m})$$

$$R=\frac{A}{\chi}=\frac{39}{18.484}=2.11\ (\text{m})$$

$$C=\frac{Q}{A\sqrt{Ri}}=\frac{39}{39\times\sqrt{2.11\times2.439\times10^{-4}}}=44.082\ (\text{m}^{\frac{1}{2}}/\text{s})$$

$$n=\frac{R^{\frac{1}{6}}}{C}=\frac{2.11^{\frac{1}{6}}}{44.082}=0.0257$$

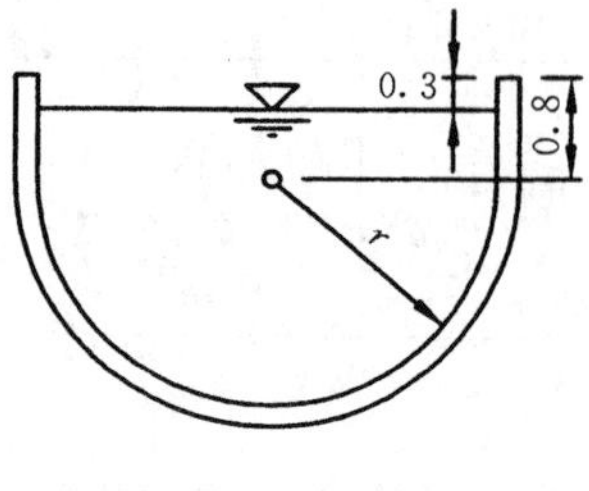

图6.8 （单位：m）

**【例6.5】** 某灌溉渠道上，拟建U形断面钢丝网水泥薄壳渡槽，如图6.8所示。渡槽表面用水泥灰浆抹面，粗糙系数 $n=0.013$，底部半圆的半径 $r=1.25$m，上部直墙段高度 $h_1=0.8$m（包括超高0.3m），通过渡槽的流量 $Q=5.5\text{m}^3/\text{s}$，试计算渡槽底坡。

**解：** 由图6.8可知，直墙段水深 $h_2=0.8-0.3=0.5$m，相应的渡槽水深

$$h_0=1.25+0.5=1.75(\text{m})$$

$$A=\frac{1}{2}\pi r^2+2rh_2=\frac{1}{2}\times 3.14\times 1.25^2+2\times 1.25\times 0.5=3.703\ (\text{m}^2)$$

$$\chi=\pi r+2h_2=3.14\times 1.25+2\times 0.5=4.925\ (\text{m})$$

$$R=\frac{A}{\chi}=\frac{3.703}{4.925}=0.752\ (\text{m})$$

$$C=\frac{1}{n}R^{\frac{1}{6}}=\frac{1}{0.013}\times 0.752^{\frac{1}{6}}=73.353\ (\text{m}^{\frac{1}{2}}/\text{s})$$

$$i=\left(\frac{Q}{AC\sqrt{R}}\right)^2=\left(\frac{5.5}{3.703\times 73.352\times\sqrt{0.752}}\right)^2=5.452\times 10^{-4}$$

**【例 6.6】** 有一梯形断面渠道，已知边坡系数 $m=1$，粗糙系数 $n=0.020$，底坡 $i=0.0002$，通过流量 $Q=5\text{m}^3/\text{s}$。试求：

(1) 按水力最佳条件设计渠道断面；

(2) 按 $\beta=2.226$ 设计渠道断面。

**解：**(1) 按水力最佳设计，可以按表 6.2 中公式 (6.17) 直接求得结果。

$$h_{0m}=1.189\left[\frac{nQ}{(2\sqrt{1+m^2}-m)\sqrt{i}}\right]^{\frac{3}{8}}=1.189\times\left[\frac{0.02\times 5}{(2\sqrt{1+1^2}-1)\ \sqrt{0.0002}}\right]^{\frac{3}{8}}=1.975\ (\text{m})$$

相应的宽深比

$$\beta_m=2\ (\sqrt{1+m^2}-m)\ =2\times\ (\sqrt{1+1^2}-1)\ =0.828$$

渠道底宽

$$b_m=\beta_m h_{0m}=0.828\times 1.975=1.635\ (\text{m})$$

(2) 已知宽深比设计渠道断面，也可按表 6.2 中公式 (6.16) 直接计算。

$$h_0=\left[\frac{nQ(\beta+2\sqrt{1+m^2})^{\frac{2}{3}}}{(\beta+m)^{\frac{5}{3}}\sqrt{i}}\right]^{\frac{3}{8}}=\left[\frac{0.02\times 5\times(2.226+2\sqrt{1+1^2})^{\frac{2}{3}}}{(2.226+1)^{\frac{5}{3}}\sqrt{0.0002}}\right]^{\frac{3}{8}}=1.502(\text{m})$$

相应的底宽

$$b=\beta h_0=2.226\times 1.502=3.343\ (\text{m})$$

**【课堂练习 6.2】**

已知条件同【例 6.6】，试通过计算，比较两种情况下的断面平均流速。

**【例 6.7】** 一梯形断面渠道，已知边坡系数 $m=1$，粗糙系数 $n=0.020$，底坡 $i=0.0007$，通过流量 $Q=19.6\text{m}^3/\text{s}$，要求渠道流速达到 1.45m/s，试设计渠道断面尺寸。

**解：**限定流速设计渠道断面，可直接按表 6.2 中公式 (6.18) 计算。要求渠道流速达到 1.45m/s，则相应的过水断面面积可由连续方程求得。

$$A=\frac{Q}{v}=\frac{19.6}{1.45}=13.517(\text{m}^2)$$

由谢才公式可知

$$v=\frac{1}{n}R^{\frac{2}{3}}i^{\frac{1}{2}}\Rightarrow R=\left(\frac{nv}{\sqrt{i}}\right)^{\frac{3}{2}}=\left(\frac{0.02\times 1.45}{\sqrt{0.0007}}\right)^{\frac{3}{2}}=1.148(\text{m})$$

$$\chi=\frac{A}{R}=\frac{13.517}{1.148}=11.779(\text{m})$$

据此可按公式 (6.18) 直接求得正常水深

$$h_0=\frac{-11.779\pm\sqrt{11.779^2+4\times13.517\times(1-2\sqrt{1+1^2})}}{2\times(1-2\sqrt{1+1^2})}=\begin{cases}1.494\ (\text{m})\\4.95\ (\text{m})\end{cases}$$

相应的底宽

$$b=\chi-2h\sqrt{1+m^2}=11.779-2\times\sqrt{1+1^2}\times\begin{cases}1.494\\4.95\end{cases}=\begin{cases}7.554\ (\text{m})\\-2.219\ (\text{m})\ (\text{舍})\end{cases}$$

最后确定的过水断面尺寸为

$$b=7.554\text{m},\ h_0=1.494\text{m}$$

### 6.4.3 水深或底宽试算求解

明渠均匀流计算类型中的试算求解问题主要是水深或底宽的求解，常用的求解方法有以下几种。

1. 试算—图解法

以正常水深求解为例，介绍试算—图解法的内容。首先，将高次代数方程改写为 $f(h_0)=Q_0$ 的形式，其中 $Q_0$ 为已知流量值，是常数。然后，假定 3～5 个 $h_0$ 值，代入计算公式 $f(h_0)=Q_0$，求得相应的 3～5 个流量 $Q$，要求求出的 3～5 个流量 $Q$ 将已知流量 $Q_0$ 包含在中间。最后，利用求得的 3～5 个正常水深 $h_0$ 与流量 $Q$ 的数值对应关系，点绘出 $h_0$—$Q$ 函数曲线，根据已知流量 $Q_0$，在 $h_0$—$Q$ 曲线上查图求得对应于已知流量 $Q_0$ 的正常水深 $h_0$ 值，具体计算过程参见【例 6.8】。

在实际试算过程中，应注意的问题有：①利用明渠均匀流计算公式确立的 $h_0$—$Q$ 关系曲线为单值增函数，可据此结合流量大小假定 $h_0$ 值。②$h_0$—$Q$ 关系曲线绘制时，依据的试算点数不得少于 3 点，即不得少于 3 组对应数据，并且必须把已知流量 $Q_0$ 包含在中间。③根据 $h_0$—$Q$ 关系曲线查图得到的正常水深 $h_0$ 必须回代检验，即将得到的 $h_0$ 值代入明渠均匀流公式重新计算流量 $Q$，要求计算出的流量 $Q$ 与已知流量 $Q_0$ 近似相等。

试算—图解法是求解高次隐函数的最基本的方法，在水力学课程中较为常用。渠道底宽 $b$ 的求解也可采用试算—图解法。

2. 查图法

由于试算—图解法的计算工作量大，过程比较繁琐，尤其是建立的 $h_0$—$Q$ 关系曲线缺少通用性。为了简化计算，工程中已制成了等腰梯形断面正常水深与底宽的求解图，参见附图Ⅰ、附图Ⅱ。附图Ⅰ、附图Ⅱ的查图求解过程参见【例 6.8】、【例 6.9】。

查图法的优点是利用提前制作好的某一断面形式的求解图，直接查图得到正常水深或渠道底宽。该图的通用性好，不用内插，计算速度快。但缺点是查图费视力，而且受图幅限制，查图结果误差较大。为保证查图结果的可靠，一般应将查图法得到的结果回代检验，检验计算方法同上。

3. 电算解法

电算解法具有速度快，精度高，应用方便的优点。常用的求解高次隐函数的方法有二分法、牛顿法、迭代法等。根据该数学方法，编制相应的计算程序，可以快速准确地完成正常水深或渠道底宽的求解。其中，对某些高次隐函数可以利用计算器完成迭代计算，与试算—图解法和查图法相比，求解速度和精度都将大大提高。有兴趣的学生，还可尝试利用 Excel 软件完成相关试算。

下面介绍明渠均匀流正常水深和底宽求解的迭代公式及其求解方法。据此迭代思路还可编制相应的计算程序，以完成不同横断面形式渠道的均匀流水力计算。

将明渠均匀流水力计算的基本公式（6.9）进行适当改写，即令 $Y=\frac{nQ}{\sqrt{i}}$，$Z=\frac{A^{5/3}}{\chi^{2/3}}$，则正常水深与底宽的迭代求解公式可表示为

$$h_{i+1}=h_i\left(\frac{Y}{Z}\right)^{0.6} \tag{6.19}$$

$$b_{i+1}=b_i\left(\frac{Y}{Z}\right)^{1.0} \tag{6.20}$$

式中：$i$ 为迭代循环次数，$i=0，1，2，\cdots，n$。

式（6.19）、式（6.20）中的指数为迭代计算的松弛因子。按照上述迭代公式，只要初值选择适宜，一般很快会得到相对精确的迭代结果，具体计算过程参见【例 6.8】、【例 6.9】。

**【例 6.8】** 某电站引水渠，采用梯形断面，并用浆砌块石衬砌，以减少渗漏损失，同时提高渠道的耐冲能力。已知边坡系数 $m=1$，选择粗糙系数 $n=0.025$，为使挖、填方量最少，选用底坡 $i=1/800$，设计流量 $Q=70\text{m}^3/\text{s}$，选定渠道底宽 $b=6\text{m}$。试确定渠槽深度 $H$（要求超高 0.5m）。

**解：** 当求得正常水深之后，加上超高即得渠槽深度。由于正常水深 $h_0$ 需要试算求解，下面用 3 种方法分别计算。

（1）试算—图解法。试算—图解法计算正常水深 $h_0$ 的计算过程及其结果见表 6.3。

**表 6.3**　　**正常水深试算—图解结果**

| $h_0$ (m) | $A$ (m²) | $\chi$ (m) | $R$ (m) | $C$ ($\text{m}^{\frac{1}{2}}/\text{s}$) | $Q=AC\sqrt{Ri}$ (m³/s) | 备注 |
|---|---|---|---|---|---|---|
| 2.500 | 21.250 | 13.071 | 1.626 | 43.375 | 41.551 | 偏小 |
| 3.000 | 27.000 | 14.485 | 1.864 | 44.375 | 57.833 | 偏小 |
| 3.500 | 33.250 | 15.899 | 2.091 | 45.235 | 76.899 | 偏大 |
| 4.000 | 40.000 | 17.314 | 2.310 | 45.992 | 98.863 | 偏大 |

根据表中数据，绘出的 $h_0$—$Q$ 关系曲线如图 6.9 所示。从图 6.9 查图求得 $h_0=3.3\text{m}$。

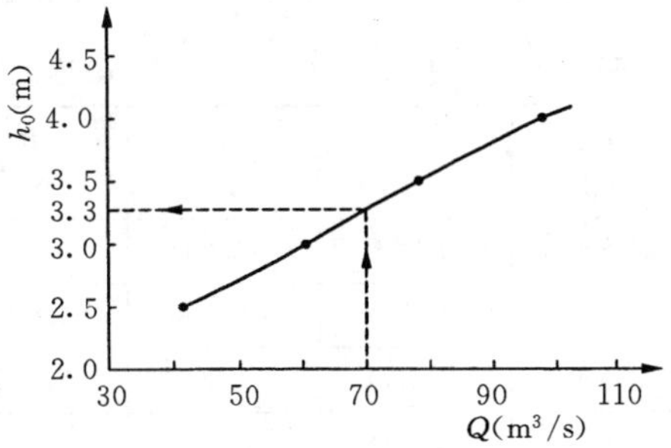

图 6.9

为保证计算结果的正确性与可靠性，现将试算—图解法求得的结果代入明渠均匀流公式进行检验。当 $h_0=3.3\text{m}$ 时，相应的流量 $Q=68.932\text{m}^3/\text{s}$，与已知流量之间的相对误差为 1.53%，相当接近。此时，相应的渠槽深度 $H=h_0+0.5=3.3+0.5=3.8$（m）。

（2）查图法。应用附图 Ⅱ 查图求解正常水深。

$$K=\frac{Q}{\sqrt{i}}=\frac{70}{\sqrt{1/800}}=1980(\text{m}^3/\text{s})$$

$$\frac{b^{2.67}}{nK}=\frac{6^{2.67}}{0.025\times1980}=2.416$$

查图过程如下：在附图Ⅱ的横坐标上找到$\frac{b^{2.67}}{nK}=2.416$这一点，作铅垂直线交到$m=1$的粗实线上有一点，从这点作水平线交到纵坐标并得到$\frac{h}{b}$的值。根据已知的底宽$b$，可求得相应的正常水深$h_0$。即由$\frac{b^{2.67}}{nK}=2.416$，$m=1$查图得到$\frac{h}{b}=0.55$，据此得到$h_0=0.55\times6=3.3$（m），与试算—图解法结果一致，故回代检验过程略去。

（3）迭代法。根据明渠均匀流正常水深的迭代求解公式（6.19）计算，迭代过程及结果见表6.4。

$$Y=\frac{nQ}{\sqrt{i}}=\frac{0.025\times70}{\sqrt{1/800}}=49.497, Z=\frac{A^{5/3}}{\chi^{2/3}}, h_{i+1}=h_i(Y/Z)^{0.6}$$

**表 6.4　　正常水深迭代计算结果**

| 迭代次数 | $h_i$ (m) | $A$ ($m^2$) | $\chi$ (m) | $Z$ | $h_{i+1}$ (m) | $Q_{i+1}$ ($m^3/s$) | 流量相对误差 (%) |
|---|---|---|---|---|---|---|---|
| 1 | 2.500 | 21.250 | 13.071 | 29.381 | 3.419 | 73.602 | −5.1457 |
| 2 | 3.419 | 32.199 | 15.669 | 52.044 | 3.317 | 69.600 | 0.5709 |
| 3 | 3.317 | 30.907 | 15.383 | 49.215 | 3.329 | 70.045 | −0.0643 |
| 4 | 3.329 | 31.052 | 15.415 | 49.529 | 3.327 | 69.995 | 0.0072 |
| 5 | 3.327 | 31.036 | 15.411 | 49.494 | 3.328 | 70.001 | −0.0008 |

从表6.4可以看到，第2次迭代结果的流量相对误差已经达到0.571%，可以认为满足要求。而第5次迭代结果的正常水深精度达到1‰，流量的相对误差为0.0008%。

**【例6.9】** 某矩形断面渠道，采用混凝土衬砌。根据地形条件选定渠道底坡$i=1/1000$，设计流量$Q=31m^3/s$，初步拟定渠道正常水深$h_0=3.5m$。试确定渠道底宽$b$。

**解：**矩形断面，$m=0$；混凝土衬砌，取粗糙系数$n=0.013$。由于底宽$b$需要试算求解，下面用3种方法分别计算。

（1）试算—图解法。试算—图解法求解渠道底宽$b$的计算过程及其结果见表6.5。

**表 6.5　　渠道底宽 b 的试算—图解结果**

| $b$ (m) | $A$ ($m^2$) | $\chi$ (m) | $R$ (m) | $C$ ($m^{\frac{1}{2}}/s$) | $Q=AC\sqrt{Ri}$ ($m^3/s$) | 备注 |
|---|---|---|---|---|---|---|
| 2.500 | 8.750 | 9.500 | 0.921 | 75.876 | 20.149 | 偏小 |
| 3.000 | 10.500 | 10.000 | 1.050 | 77.551 | 26.386 | 偏小 |
| 3.500 | 12.250 | 10.500 | 1.167 | 78.925 | 33.024 | 偏大 |
| 4.000 | 14.000 | 11.000 | 1.273 | 80.079 | 39.996 | 偏大 |

根据表6.5中数据，绘出$b$—$Q$关系曲线如图6.10所示。从图6.10查图求得$b=3.35m$。

为保证计算结果的正确性与可靠性，现将试算—图解法求得的结果代入明渠均匀流公式进行检验。当$b=3.35m$时，相应的流量$Q=30.995m^3/s$，与已知流量之间的相对误差为0.02%。

（2）查图法。应用附图Ⅰ查图求解底宽 $b$。

$$K=\frac{Q}{\sqrt{i}}=\frac{31}{\sqrt{1/1000}}=980.306(\mathrm{m^3/s})$$

$$\frac{h^{2.67}}{nK}=\frac{3.5^{2.67}}{0.013\times980.306}=2.225$$

查图过程如下：在附图Ⅰ的横坐标上找到 $\frac{h^{2.67}}{nK}=2.225$ 这一点，作铅垂直线交到 $m=0$ 的粗实线上有一点，从这点作水平线交到纵坐标并得到 $\frac{h}{b}$ 的值。根据已知的水深 $h_0$，可求得相应的底宽 $b$。即由 $\frac{h^{2.67}}{nK}=2.225$，$m=0$ 查图得到 $\frac{h}{b}=1.05$，据此得到 $b=3.5/1.05=3.333$（m），与试算—图解法结果接近。代入检验，流量的相对误差为 0.75%。

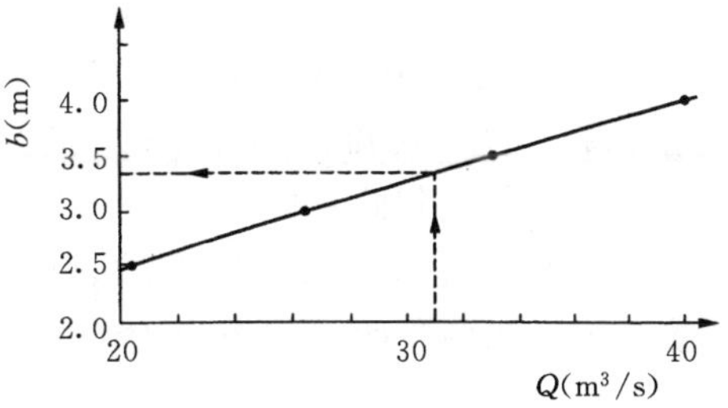


图 6.10

（3）迭代法。根据明渠均匀流底宽 $b$ 的迭代求解公式（6.20）计算，迭代过程及结果见表 6.6。

$$Y=\frac{nQ}{\sqrt{i}}=\frac{0.013\times31}{\sqrt{1/1000}}=12.744,\quad Z=\frac{A^{5/3}}{\chi^{2/3}},\quad b_{i+1}=b_i\left(\frac{Y}{Z}\right)^{1.0}$$

**表 6.6　底宽 b 迭代计算结果**

| 迭代次数 | $b_i$ (m) | $A$ ($\mathrm{m^2}$) | $\chi$ (m) | $Z$ | $b_{i+1}$ (m) | $Q_{i+1}$ ($\mathrm{m^3/s}$) | 流量相对误差 (%) |
|---|---|---|---|---|---|---|---|
| 1 | 2.500 | 8.750 | 9.500 | 8.283 | 3.237 | 29.493 | 4.86 |
| 2 | 3.237 | 11.331 | 10.237 | 12.124 | 3.336 | 30.803 | 0.63 |
| 3 | 3.336 | 11.675 | 10.336 | 12.663 | 3.349 | 30.974 | 0.08 |
| 4 | 3.349 | 11.720 | 10.349 | 12.733 | 3.350 | 30.997 | 0.01 |
| 5 | 3.350 | 11.726 | 10.350 | 12.743 | 3.350 | 31.000 | 0.00 |

从表 6.6 可以看到，第 2 次迭代结果的流量相对误差已经达到 0.63%。

## 本 章 小 结

1. 与有压管流相比，明渠水流的主要特征：________________。
2. 明渠均匀流的特点：________________。
3. 明渠均匀流的产生条件：________________。
4. 水力最佳断面的特点是：________________。
5. 满足：________________条件，则认为渠道流速达到了允许流速的要求。
6. 明渠均匀流的水力计算类型：________________。
7. 非均质渠道是指：________________；其水力计算的特点是：________________。
8. 复式断面明渠水力计算的特点是：________________。

## 思 考 题

1. 有两条梯形断面长渠道，已知流量 $Q_1=Q_2$，边坡系数 $m_1=m_2$。但下列参数不同：

贫不足羞，可羞是贫而无志。（【明】吕坤）

①粗糙系数 $n_1>n_2$，其它条件均相同；②底宽 $b_1>b_2$，其它条件均相同；③底坡 $i_1<i_2$，其它条件均相同；试问：这两条渠道中的均匀流水深哪个大？哪个小？

2. 今欲将产生均匀流的渠道中的流速减小，以减小冲刷。但流量仍然保持不变，试问有几种方法可以达到此目的？

3. 两条棱柱体正坡明渠，其底坡、底宽、粗糙系数均相等，通过的流量亦相等，但断面形状不同。当两条明渠水流为均匀流时，问这两条渠道中的正常水深是否相等？

## 作　业　题

1. 一梯形断面明渠，按均匀流设计，已知渠道底坡 $i=0.0016$，粗糙系数 $n=0.025$，边坡系数 $m=1.5$，正常水深 $h_0=1.2$m，渠道底宽 $b=2.4$m。求渠道的过流量 $Q$ 以及断面平均流速 $v$。

（参考答案：$Q=6.652\text{m}^3/\text{s}$，$v=1.32$m/s）

2. 有一浆砌块石衬砌的矩形断面长直渠道，粗糙系数 $n=0.025$，正常水深 $h_0=1.6$m，渠道底宽 $b=3.2$m，要求渠道的过流量 $Q=6\text{m}^3/\text{s}$，试确定渠道底坡 $i$。

（参考答案：$i=0.00116$）

3. 为收集某渠道糙率资料，选择均匀流段进行实际测定。今测得渠道流量 $Q=9.45\text{m}^3/\text{s}$，水深 $h_0=1.2$m，底宽 $b=7$m，边坡系数 $m=1.5$，实测渠段 200m 长度内的水面降落值为 0.16m，试计算该渠道的粗糙系数值。

（参考答案：$n=0.03$）

4. 一梯形断面混凝土衬砌渠道，按均匀流设计。已知渠道底坡 $i=0.00012$，粗糙系数 $n=0.012$，边坡系数 $m=1.5$，渠道底宽 $b=8.2$m，流量 $Q=35\text{m}^3/\text{s}$。求正常水深 $h_0$（用试算—图解法、查图法、迭代法分别计算）。

（参考答案：$h_0=2.34$m）

5. 某梯形断面排水渠道，按均匀流设计。已知渠道底坡 $i=1/6000$，粗糙系数 $n=0.025$，边坡系数 $m=3$，要求排水流量 $Q=800\text{m}^3/\text{s}$，相应的正常水深 $h_0=6$m。试确定渠道底宽 $b$（用试算—图解法、查图法、迭代法分别计算）。

（参考答案：$b=71$m）

6. 梯形断面渠道，底坡 $i=1/3000$，表面用浆砌块石衬砌，水泥砂浆沟缝，粗糙系数 $n=0.025$，边坡系数 $m=1$，输水流量 $Q=10\text{m}^3/\text{s}$，要求渠道超高不低于 0.5m。试问：

（1）若取宽深比 $\beta=5$，相应的渠道底宽 $b$ 和渠槽深度 $H$ 为多少？

（2）若按水力最佳断面设计，相应的渠道底宽 $b$ 和渠槽深度 $H$ 又为多少？

[参考答案：（1）$b=7.28$m，$h_0=1.46$m，渠槽深度 $H=2.0$m；（2）$b=2.095$m，$h_{0m}=2.530$m，渠槽深度 $H=3.1$m]

7. 有一无压引水随洞，直径 $d=7.5$m，底坡 $i=0.002$，粗糙系数 $n=0.013$，通过流量 $Q=200\text{m}^3/\text{s}$，求相应的正常水深 $h_0$。

（参考答案：$h_0=5.4$m）

# 第7章　明渠非均匀流的水力计算

**【情景提示】**

1. 修建拦河坝（或拦河闸）之后，上游会形成水库。库尾将延伸到何处？回水淹没范围如何确定？

2. 山涧小溪，流水潺潺，浪花飞溅；平原水网，流水默默，寂静无声。投石子于水中，哪个能看到一圈圈扩散的涟漪？

3. 水跌与水跃，其水力现象的本质区别在哪里？

**【本章导读】**

在水利工程建设中，常见的水利水电开发模式是修建拦河坝。建坝之后，上游形成水库，只有通过明渠非均匀流的水力计算才能确定上游壅水长度和沿流程水位变化，才能相对准确地确定回水淹没范围和估计淹没损失，才能为水利工程的勘测、规划、设计、施工、运行管理提供必不可少的技术依据。

**【教学要求】**

①从现象上认识明渠水流的两种现象——缓流和急流，并掌握明渠水流流态判别的不同方法。②在正确认识明渠水流流态的基础上，初步掌握明渠非均匀流水面曲线定性分析与定量计算的基本方法。③掌握佛汝德数、临界水深的计算。重点是矩形断面临界水深的计算。④认识水跃现象，重点掌握矩形断面共轭水深的计算。

## 7.1　明渠水流流态及其判别

明渠中各类建筑物的存在、渠道底坡的改变、断面尺寸的扩大或缩小等都会引起非均匀流动。明渠非均匀流动是过水断面水深和断面平均流速均沿程改变的流动，其底坡线、水面线、总水头线三者互不平行，导致明渠非均匀流的水力计算远比明渠均匀流复杂。下面，首先分析明渠水流独有的两种水流流态——缓流和急流。

### 7.1.1　从现象上认识缓流和急流

大雨过后，积水沿着路边流淌。仔细观察可以看到，有些地方水面宽阔，水流缓慢，遇到障碍物时，上游水位普遍抬高，若有雨滴落入，水面上则会形成一系列近乎于圆形的波纹，向四周扩散并逐渐消失。另一些地方，水面狭窄，水流湍急，遇到障碍物时，水流一跃而过，掀起浪花，如有雨滴落入，则水面上会形成自落入点顺水流方向逐渐张开的锐角形扩散波纹。这两种现象如图7.1所示。

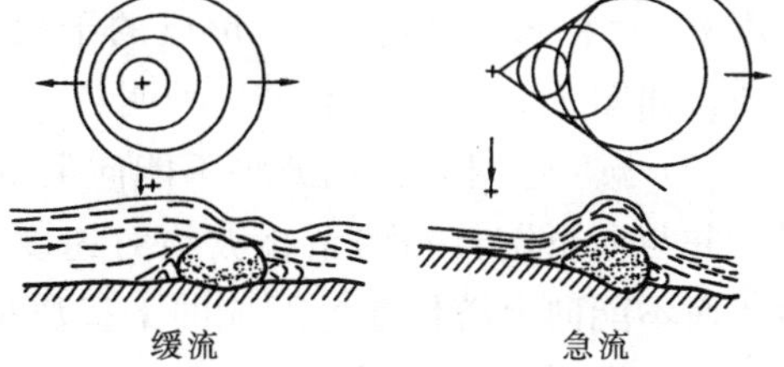


图7.1

水流的运动速度不同，遇到障碍物时的表

大鹏一日同风起，扶摇直上九万里。（【唐】李白《上李邕》）

现不同。据此将明渠水流在现象上区分为缓流和急流。流速小，水势平稳，遇到障碍物时上游水位连续壅高，而在障碍物处水位下跌的水流称为缓流。流速大，水势湍急，遇到障碍物时水流一跃而过，上游水位不受影响的水流称为急流。

由此看来，缓流与急流在现象上的区别主要表现在以下两点：①上游水位是否壅高；②水流越过障碍物时，水面是降低还是跃起。明渠水流为什么会出现这样两种不同的水流现象？它们的本质区别在哪里？又该怎样判别缓流和急流？

下面将分别从运动学观点和能量观点认识缓流和急流。

### 7.1.2　从运动学观点认识缓流和急流

#### 7.1.2.1　干扰波传播过程分析

明渠水流的流速大小不同，遇到障碍物时所表现出的现象就不同。障碍物对明渠水流是一种干扰，雨滴同样是一种干扰，这种干扰要产生干扰波。由于扰动为小扰动，故产生的干扰波也称微波。水是干扰波的载体，那么，干扰波在运动的水面传播时，波速与水流速度之间必然存在速度叠加。先看最简单情况：设水流静止，$v=0$，此时，垂直水面丢一粒石子于水中，可以看到水面上形成了以落入点为圆心的一系列同心圆波纹，这些波以相同的速度向四周扩散，如图 7.2（$a$）所示。干扰波在静水中的传播速度称为干扰波波速或微波波速，以 $v_w$ 表示。如果投石子于流水之中，此时干扰所形成的波将随着水流向上、下游移动，干扰波传播的速度应该是干扰波波速 $v_w$ 与水流速度 $v$ 的矢量和。此时有如下 3 种情况。

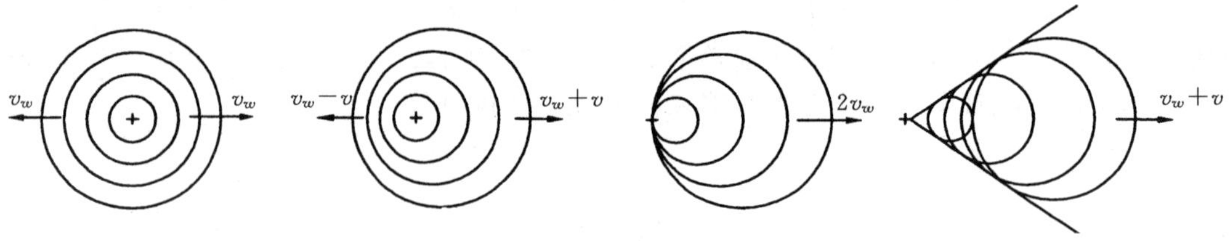


（$a$）　（$b$）　（$c$）　（$d$）

图 7.2

（$a$）$v=0$；（$b$）$v<v_w$；（$c$）$v=v_w$；（$d$）$v>v_w$

（1）$v<v_w$ 时，干扰波将以绝对速度 $v'_{上}=v-v_w<0$ 向上游传播（以水流速度 $v$ 的方向为正方向讨论），同时也以绝对速度 $v'_{下}=v+v_w>0$ 向下游传播，即干扰波既能向上游传播，又能向下游传播。但由于 $v'_{上}<v'_{下}$，故形成的干扰波将是一系列近似的同心圆，如图 7.2（$b$）所示。这种明渠水流称为缓流。

（2）$v=v_w$ 时，干扰波向上游传播的绝对速度 $v'_{上}=v-v_w=0$，而向下游传播的绝对速度 $v'_{下}=v+v_w=2v_w>0$，形成的干扰波是一系列以落入点为平角的扩散波纹，向下游传播，如图 7.2（$c$）所示。这种明渠水流称为临界流。

（3）$v>v_w$ 时，干扰波将不能向上游传播，而是以绝对速度 $v'_{上}=v-v_w>0$ 向下游传播，并与向下游传播的干扰波绝对速度 $v'_{下}=v+v_w>0$ 相叠加，即干扰波只能向下游传播，而不能向上游传播，形成的干扰波是一系列以落入点为顶点的锐角形扩散波纹，如图 7.2（$d$）所示。这种明渠水流称为急流。

由此可知，只要比较水流的断面平均流速 $v$ 和干扰波波速 $v_w$ 的大小，即可判别明渠水流的流态。具体来讲，$v<v_w$ 的水流称为缓流；$v=v_w$ 的水流称为临界流；$v>v_w$ 的水流称为急流。临界流是缓流和急流的分界点。当然，也可根据干扰波能否往上游传播，判别明渠水流的流态。

从上述运动学观点的分析可以看到：外界对水流扰动（如投石水中、闸门的启闭等）所形成的干扰波有时能传至上游，有时则不能。实际上，设置于水流中的各种建筑物可以看作是对水流连续不断的扰动，如闸门、水坝、桥墩等。

借助能量方程可推导出明渠水流干扰波波速计算公式

$$v_w=\pm\sqrt{g\bar{h}} \tag{7.1}$$

式中：$\bar{h}$为平均水深，$\bar{h}=\dfrac{A}{B}$，$A$ 为过水断面面积，$B$ 为水面宽度；± 只具有数学上的意义，通常顺流方向取"+"，逆流方向取"−"。对于平均水深$\bar{h}$而言，只有矩形断面的平均水深才等于过水断面水深 $h$，其它断面形式均不相等。计算干扰波波速时，注意用平均水深$\bar{h}$。

**7.1.2.2　流态判别数——佛汝德数 *Fr***

利用干扰波传播图形，利用断面平均流速 $v$ 与干扰波波速 $v_w$ 的大小关系都可以判别水流流态。此外，水力学中常用佛汝德数（Froude Number）$Fr$ 判别明渠水流的流态。佛汝德数 $Fr$ 可定义为

$$Fr=\frac{v}{v_w}=\frac{v}{\sqrt{g\bar{h}}} \tag{7.2}$$

显然，缓流 $Fr<1$；急流 $Fr>1$；临界流 $Fr=1$。

从式（7.2）可以看到，佛汝德数 $Fr$ 的运动学意义是断面平均流速与干扰波波速的比值。如果将佛汝德数的表达式稍作改变，可以得到

$$Fr=\sqrt{2\frac{\frac{v^2}{2g}}{\bar{h}}} \tag{7.3}$$

式（7.3）表明：佛汝德数的物理意义是过水断面上单位重量液体平均动能与平均势能之比的 2 倍开平方。

**【例 7.1】** 已知某工程截流时合龙口为矩形断面，宽度 $b=80\text{m}$，水深 $h=2.5\text{m}$，通过流量 $Q=1680\text{m}^3/\text{s}$。试用不同方法判别龙口处水流流态。

**解：**（1）用干扰波速判别。

断面平均流速

$$v=\frac{Q}{bh}=\frac{1680}{80\times2.5}=8.4(\text{m/s})$$

干扰波波速

$$v_w=\sqrt{g\bar{h}}=\sqrt{g\frac{A}{B}}=\sqrt{9.8\times2.5}=4.95(\text{m/s})$$

$v>v_w$，可以判定水流流态为急流。

（2）用佛汝德数判别。

$Fr=\dfrac{v}{v_w}=\dfrac{8.4}{4.95}=1.697>1$，水流为急流。

江山代有才人出，各领风骚数百年。（【清】赵翼《论诗》）

### 7.1.3 从能量观点认识缓流和急流

#### 7.1.3.1 断面比能

有一明渠非均匀渐变流如图 7.3 所示，以 0—0 为基准面，则该断面上单位重量的液体具有的总机械能可以表示为

$$E=z_0+h\cos\theta+\frac{\alpha v^2}{2g} \tag{7.4}$$

若以过渠道最低点的水平面 0′—0′为基准面，则该断面上单位重量液体所具有的机械能可表示为

$$E_s=h\cos\theta+\frac{\alpha v^2}{2g} \tag{7.5}$$

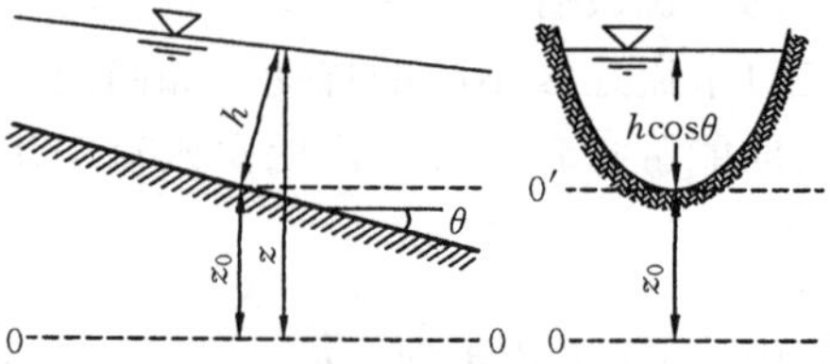

图 7.3

式中：$E_s$ 为断面单位能量或断面比能。

对于坡度较小的渠槽，$\theta<6°$，$\cos\theta\approx1$，可以用水深 $h$ 代替单位势能 $h\cos\theta$，则断面比能又可写为

$$E_s=h+\frac{\alpha v^2}{2g} \tag{7.6}$$

也可写为

$$E_s=h+\frac{\alpha Q^2}{2gA^2} \tag{7.7}$$

将式（7.5）与式（7.4）比较可得：断面比能 $E_s$ 与过水断面上单位重量液体具有的总机械能 $E$ 之间存在一个差值，这个差值正好就是两个基准面之间的高差 $z_0$。显然，$z_0$ 值的大小只与基准面的选择有关，与水流状态无关。但水深 $h$ 及流速水头 $\frac{\alpha v^2}{2g}$ 却是水流运动状态的直接反映。因此，可以认为断面比能 $E_s$ 是断面单位重量液体具有的总机械能中反映水流运动状态的那一部分。另外，过水断面单位重量液体具有的总机械能 $E$ 一定沿程减小，而断面比能 $E_s$ 却不一定沿程减小，也可能沿程增大，也可能沿程不变。

#### 7.1.3.2 比能曲线

在明渠非均匀流中，由于客观条件的改变，一定的流量 $Q$ 有可能以不同的水深通过某一过水断面，因而就有不同的过水断面面积和相应的断面平均流速，从而可以得出不同的断面比能 $E_s$。这就说明在断面形状尺寸及流量一定的条件下，断面比能 $E_s$ 只是水深 $h$ 的函数。如果以纵坐标表示水深 $h$，以横坐标表示断面比能 $E_s$，则一定流量下所讨论断面的断面比能 $E_s$ 随水深 $h$ 的变化规律可以用 $h—E_s$ 曲线来表示，这个曲线称为比能曲线，见图 7.4。比能曲线是一条二次抛物线，曲线下端以 $E_s$ 轴为渐近线，上端以 45°直线为渐近线，曲线两端向右方无限延伸，中间必然存在极小点。比能 $E_s$ 最小值对应的水深称为临界水深，以符号 $h_k$ 表示，相应的水流流态为临界流。证明过程如下。

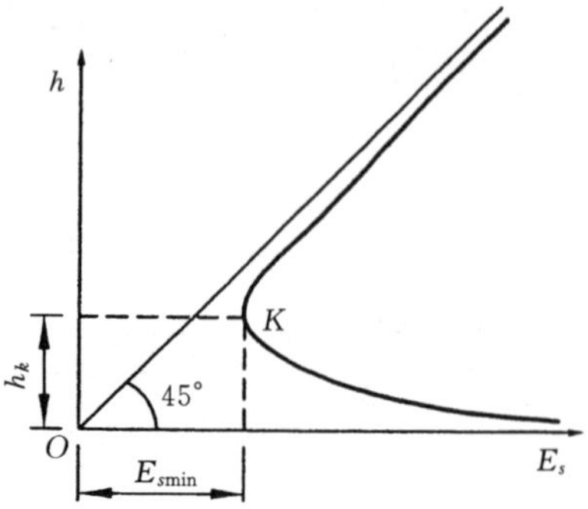

图 7.4

比能 $E_s$ 最小，即曲线上的 $K$ 点是极值点（或称驻点），则有 $\frac{dE_s}{dh}=0$ 成立。


人人好公，则天下太平；人人营私，则天下大乱。（【清】刘鹗《老残游记》）

$$\frac{\mathrm{d}E_s}{\mathrm{d}h}=\frac{\mathrm{d}}{\mathrm{d}h}\left(h+\frac{\alpha Q^2}{2gA^2}\right)=1-\frac{\alpha Q^2}{gA^3}\frac{\mathrm{d}A}{\mathrm{d}h}=0$$

式中：$\mathrm{d}A$ 为水深变化 $\mathrm{d}h$ 引起的面积变化，以 $B$ 表示相应于水深为 $h$ 时的水面宽度，则$\frac{\mathrm{d}A}{\mathrm{d}h}=B$。一般情况下，可取动能修正系数 $\alpha=1$。则上式将简化为

$$\frac{\mathrm{d}E_s}{\mathrm{d}h}=1-\frac{\alpha Q^2}{gA^3}B=1-Fr^2=0$$

$$Fr=1$$

这就证明了断面比能最小时的水流流态为临界流。

比能曲线的极值点 $K$ 将比能曲线分成了上、下两支。上支为增函数，$\frac{\mathrm{d}E_s}{\mathrm{d}h}>0$，$Fr<1$，水流为缓流。下支为减函数，$\frac{\mathrm{d}E_s}{\mathrm{d}h}<0$，$Fr>1$，水流为急流。而极值点对应的水流恰好为临界流。这说明借助比能曲线或$\frac{\mathrm{d}E_s}{\mathrm{d}h}$的正负可以判别明渠水流的流态。此外，由于比能曲线上支与下支的分界点也是流态的分界点，该处水深又为临界水深，故也可以用临界水深来判别明渠水流流态，即 $h>h_k$，水流为缓流；$h<h_k$，水流为急流；$h=h_k$，水流为临界流。见图 7.4。

注意：断面比能是针对某一个固定的过水断面来说的，在流段上不同的断面有不同的最低点，也就有不同的断面比能计算基准，但各个断面的比能曲线形状相似。

#### 7.1.3.3　临界水深的计算

流量及断面形状、尺寸一定的条件下，相应于断面比能最小时的水深称为临界水深 $h_k$。前已述及，断面比能最小时，$\frac{\mathrm{d}E_s}{\mathrm{d}h}=0$，即

$$\frac{\mathrm{d}E_s}{\mathrm{d}h}=\frac{\mathrm{d}}{\mathrm{d}h}\left(h+\frac{\alpha Q^2}{2gA^2}\right)=1-\frac{\alpha Q^2}{gA^3}\frac{\mathrm{d}A}{\mathrm{d}h}=1-\frac{\alpha Q^2}{gA^3}B=0$$

由此得到的临界水深计算公式为

$$\frac{\alpha Q^2}{g}=\frac{A_k^3}{B_k} \tag{7.8}$$

为表达临界水深方便，计算公式中添加下标 $k$。从式（7.8）可以看到，临界水深只与流量、断面形状尺寸有关，与渠道的实际底坡和粗糙系数无关，这一点与正常水深不同。

1. 矩形断面临界水深的计算

对矩形断面而言，$B_k=b$，$A_k=bh_k$，将其代入式（7.8），化简整理可得到矩形断面临界水深的直接计算公式。

$$h_k=\sqrt[3]{\frac{\alpha Q^2}{gb^2}}=\sqrt[3]{\frac{\alpha q^2}{g}} \tag{7.9}$$

式中：$q$ 为单宽流量，$q=\frac{Q}{b}$。

将式（7.9）化简整理可得

$$h_k^3=\frac{\alpha q^2}{g}=\frac{\alpha(v_k h_k)^2}{g}\Rightarrow h_k=\frac{\alpha v_k^2}{g}\Rightarrow h_k=2\,\frac{\alpha v_k^2}{2g}$$

上式说明，在临界流时，矩形断面的临界水深等于其流速水头的 2 倍，此时相应的断面比能 $E_s=E_{smin}=h_k+\frac{\alpha v_k^2}{2g}=h_k+\frac{1}{2}h_k=\frac{3}{2}h_k$。

2. 任意断面临界水深的计算

任意断面临界水深的计算可以采用试算—图解法。即流量 $Q$ 一定时，$\frac{\alpha Q^2}{g}$ 为一常数。于是可假定 3～5 个不同的水深，求得相应的 $\frac{A^3}{B}$。当求得的 $\frac{A^3}{B}$ 把 $\frac{\alpha Q^2}{g}$ 包含在中间时，绘制 $h$—$\frac{A^3}{B}$ 曲线，由已知的 $\frac{\alpha Q^2}{g}$ 值可从曲线上查得相应的水深值，该水深即为所求的临界水深，参见【例 7.2】。

3. 等腰梯形断面临界水深的计算

对于等腰梯形断面，其临界水深的计算除了用试算—图解法之外，还可采用查图法（附图Ⅲ）、迭代法等。

查图法的步骤：①计算出与梯形断面底宽相等的矩形断面的临界水深 $h'_k$；②计算出 $\frac{m}{b}h'_k$，在横坐标上找到此点，做铅垂直线交到粗实线有一点，再做水平线交纵坐标轴得到 $\frac{h_k}{h'_k}$；③由已知的 $h'_k$ 可计算得到梯形断面的临界水深 $h_k$。

等腰梯形断面临界水深的迭代计算公式为

$$h_{k_{i+1}}=\left[\frac{\alpha Q^2}{g}(b+2mh_{k_i})\right]^{1/3}\frac{1}{b+mh_{k_i}} \tag{7.10}$$

其中，迭代初值可取 $h_{k_0}=1.0m$；$i=0$，1，…，表示迭代次数。

等腰梯形断面的临界水深还可用下列经验公式计算。

$$h_k=\left(1-\frac{\sigma_n}{3}+0.105\sigma_n^2\right)h'_k \tag{7.11}$$

式中：$\sigma_n=\frac{m}{b}h'_k$，$h'_k$ 为与梯形断面底宽相等的矩形断面的临界水深，可按式（7.9）计算。

### 7.1.4 临界底坡

从明渠均匀流计算公式可知，在流量、断面形状尺寸及粗糙系数一定时，明渠均匀流正常水深 $h_0$ 的大小就取决于渠道底坡 $i$。正常水深 $h_0$ 与渠道底坡 $i$ 之间的变化关系如图 7.5 所示。从图 7.5 中可以看出，如果改变渠道的底坡，相应的均匀流正常水深 $h_0$ 也会改变。当变至某一底坡 $i_k$ 时，均匀流正常水深 $h_0$ 恰好等于临界水深 $h_k$，此时的底坡 $i_k$ 就称为临界底坡。

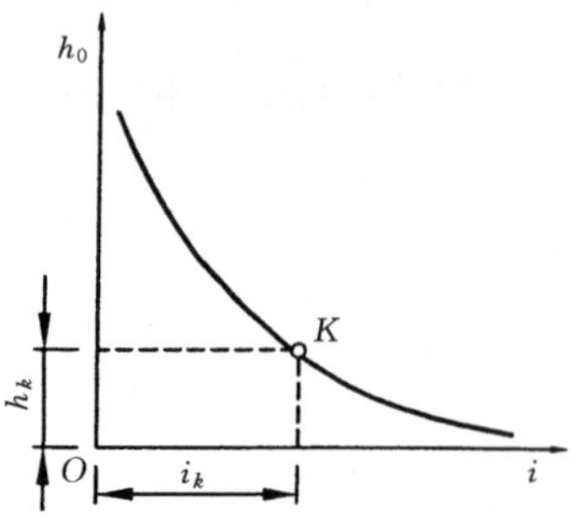

图 7.5

当 $h_0=h_k$ 时，$A_0=A_k$，$i=i_k$。对均匀流而言，应该有

$$Q=A_kC_k\sqrt{R_ki_k}$$

同时，这个均匀流又是临界流，即有

$$\frac{\alpha Q^2}{g}=\frac{A_k^3}{B_k}$$



壮心未与年俱老，死去犹能作鬼雄。（【宋】陆游《书愤》）

联立上两式，可得到临界底坡的计算公式。

$$i_k=\frac{g\chi_k}{\alpha C_k^2 B_k} \tag{7.12}$$

由式（7.12）可知，临界底坡只取决于渠道的流量及断面形状尺寸，与粗糙系数有关，与渠道的实际底坡无关。引入临界底坡之后，可将正坡明渠再分为缓坡、陡坡、临界坡三种类型。即 $i<i_k$ 称缓坡，$i>i_k$ 称陡坡，$i=i_k$ 称临界坡。

从图 7.5 可以看到：对明渠均匀流而言，当底坡 $i<i_k$ 时，$h_0>h_k$，水流为缓流；$i>i_k$ 时，$h_0<h_k$，水流为急流；$i=i_k$ 时，$h_0=h_k$，水流为临界流。这就得到了利用临界底坡判断明渠均匀流水流流态的方法，即缓坡上的均匀流是缓流，陡坡上的均匀流是急流，临界坡上的均匀流是临界流。对非均匀流而言，缓坡上的非均匀流也可能是急流，陡坡上的非均匀流也可能是缓流。

注意：临界底坡并不是实际存在的渠道底坡，只是与某一流量、断面形状尺寸及粗糙系数相对应的某一特定底坡，是为了便于分析非均匀流动而引入的一个概念。

**【例 7.2】** 某渠道采用等腰梯形断面，已知边坡系数 $m=1.5$，底宽 $b=10\text{m}$，糙率 $n=0.022$，底坡 $i=0.0009$，流量 $Q=50\text{m}^3/\text{s}$，试用各种方法判别明渠均匀流时的流态。

**解：** 由明渠均匀流水力计算公式，可求得渠道水深 $h=h_0=2.079\text{m}$（试算求解过程略），相应的渠道过水断面面积、湿周、水面宽度等几何要素计算如下。

$$A=(b+mh)h=(10+1.5\times2.079)\times2.079=27.273\ (\text{m}^2)$$

$$\chi=b+2h\sqrt{1+m^2}=10+2\times2.079\times\sqrt{1+1.5^2}=17.496\ (\text{m})$$

$$B=b+2mh=10+2\times1.5\times2.079=16.237\ (\text{m})$$

下面采用不同方法判别流态。

（1）用干扰波速判别（干扰波速法）。

断面平均流速

$$v=\frac{Q}{A}=\frac{50}{27.273}=1.833\ (\text{m/s})$$

干扰波波速

$$v_w=\sqrt{g\bar{h}}=\sqrt{g\frac{A}{B}}=\sqrt{9.8\times\frac{27.273}{16.237}}=4.057\ (\text{m/s})$$

$v<v_w$，可以判定水流流态为缓流。

（2）用佛汝德数判别（佛汝德数法）。

$Fr=\frac{v}{v_w}=\frac{1.833}{4.057}=0.452<1$，水流为缓流。

（3）用比能对水深的导数判别（断面比能法）。

$\frac{\text{d}E_s}{\text{d}h}=1-Fr^2=1-0.452^2=0.796>0$，上支，缓流。

（4）用临界水深判别（临界水深法）。

1）试算—图解法计算临界水深，结果见表 7.1。

西湖一勺水，阅尽古来人。（【清】洪升《己卯春日湖上》）

表 7.1 试算—图解法临界水深计算结果

| $h$ (m) | $A$ (m) | $B$ (m) | $A^3/B$ ($m^5$) |
|---|---|---|---|
| 1.200 | 14.160 | 13.600 | 208.762 |
| 1.250 | 14.844 | 13.750 | 237.864 |
| 1.300 | 15.535 | 13.900 | 269.724 |
| 1.350 | 16.234 | 14.050 | 304.495 |

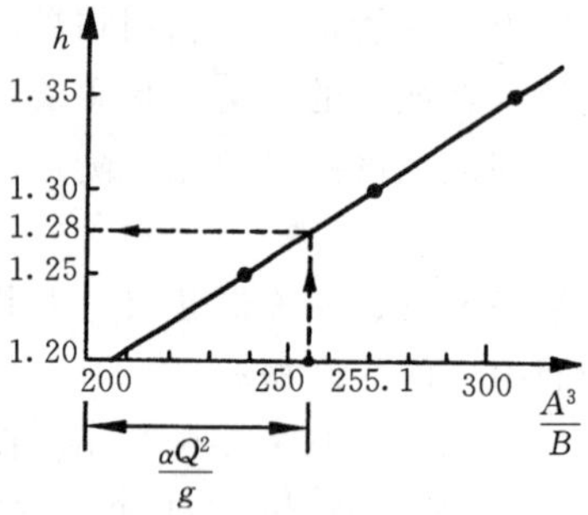


图 7.6

根据表 7.1 数据，绘制 $h-\frac{A^3}{B}$ 曲线，如图 7.6 所示。由已知的 $\frac{\alpha Q^2}{g}=\frac{1.0\times 50^2}{9.8}=255.102$，可从曲线上查得相应的临界水深值 $h_k=1.28$m。

2）用查图法确定临界水深。

$$h'_k=\sqrt[3]{\frac{\alpha Q^2}{gb^2}}=\sqrt[3]{\frac{1.0\times 50^2}{9.8\times 10^2}}=1.366(\text{m})$$

由 $\frac{m}{b}h'_k=\frac{1.5}{10}\times 1.366=0.205$，查附图Ⅲ，可得到 $\frac{h_k}{h'_k}=0.94$，$h_k=0.94\times 1.366=1.284$ (m)。

3）用迭代法计算临界水深。按式（7.10）计算，计算结果见表 7.2。

表 7.2 迭代法临界水深计算结果

| 序　号 | $Q$ ($m^3/s$) | $m$ | $b$ (m) | $\frac{\alpha Q^2}{g}$ ($m^5$) | $h_{k_i}$ (m) | $h_{k_{i+1}}$ (m) |
|---|---|---|---|---|---|---|
| 1 | 50.000 | 1.500 | 10.000 | 255.102 | 1.000 | 1.293 |
| 2 | 50.000 | 1.500 | 10.000 | 255.102 | 1.293 | 1.273 |
| 3 | 50.000 | 1.500 | 10.000 | 255.102 | 1.273 | 1.274 |

从表 7.2 可以看到迭代第三次已达到 1‰精度。

4）用梯形断面临界水深的经验公式计算，即按式（7.11）计算。

$$\sigma_n=\frac{m}{b}h'_k=\frac{1.5}{10}\times 1.366=0.205$$

$$h_k=\left(1-\frac{\sigma_n}{3}+0.105\sigma_n^2\right)h'_k=\left(1-\frac{0.205}{3}+0.105\times 0.205^2\right)\times 1.366=1.279\ (\text{m})$$

上述 4 种方法求得的临界水深相差不大。由 $h>h_k$，可判定水流为缓流。

(5) 用临界底坡判别均匀流流态（临界底坡法）。由于渠道水流为均匀流，故可用临界底坡判别流态。

由式（7.12）计算临界底坡，相应的断面水深应该用临界水深 $h_k=1.28$m。

$$A_k=(b_k+mh_k)h_k=(10+1.5\times 1.28)\times 1.28=15.258\ (\text{m}^2)$$

$$\chi_k=b_k+2h_k\sqrt{1+m^2}=10+2\times 1.28\times\sqrt{1+1.5^2}=14.615\ (\text{m})$$

$$B_k=b_k+2mh_k=10+2\times 1.5\times 1.28=13.840\ (\text{m})$$



君子坦荡荡，小人长戚戚。（【春秋】孔子《论语·述而》）

$$R_k=\frac{A_k}{\chi_k}=\frac{15.258}{14.615}=1.044\ (\mathrm{m})$$

$$C_k=\frac{1}{n}R_k^{\frac{1}{6}}=\frac{1}{0.022}\times 1.044^{\frac{1}{6}}=45.782\ (\mathrm{m}^{\frac{1}{2}}/\mathrm{s})$$

$$i_k=\frac{g\chi_k}{\alpha C_k^2 B_k}=\frac{9.8\times 14.615}{1.0\times 45.782^2\times 13.840}=0.004938$$

$i<i_k$，据此判定该渠道底坡为缓坡，相应的均匀流流态为缓流。

**【课堂练习 7.1】**

某矩形断面渠道，边坡系数 $m=0$，其它参数与【例 7.2】相同，试用各种方法判别明渠均匀流的流态，并与【例 7.2】结果相比较。

## 7.2　明渠恒定非均匀渐变流微分方程

明渠恒定非均匀流的流速、水深等运动要素沿程变化。伴随着流速、水位（或水深）、过水断面面积等要素的沿程变化，探讨流速、水位（或水深）的沿程变化规律，就成为明渠非均匀流水力计算的重点。具体来讲，明渠非均匀流水深或水位的沿程变化规律包括两方面的含义：一是水面曲线的定性分析，即探求水面曲线大致是什么形状的曲线；二是水面曲线的定量计算，即通过具体计算，掌握水深或水位的沿程变化规律。为解决这两个问题，必须首先建立描述水深或水位沿程变化规律的微分方程。然后，利用建立的微分方程进一步完成水面曲线的定性分析和定量计算。下面利用能量方程建立明渠恒定非均匀渐变流基本微分方程，再根据分析计算的需要，建立水深沿程变化的微分方程、水位沿程变化的微分方程、断面比能沿程变化的微分方程。

### 7.2.1　明渠恒定非均匀渐变流基本微分方程

如图 7.7 所示，在底坡为 $i$ 的明渠恒定非均匀渐变流中，沿流程方向任取一微分流段 $\mathrm{d}s$，基准面为 0—0。设上游断面水深为 $h$、水位为 $z$、断面平均流速为 $v$、渠底高程为 $z_0$。由于非均匀流动的运动要素沿程变化，故经过微分流段 $\mathrm{d}s$ 之后，下游断面的运动要素会有增量，即水深为 $h+\mathrm{d}h$、水位为 $z+\mathrm{d}z$、断面平均流速为 $v+\mathrm{d}v$，渠底高程为 $z_0+\mathrm{d}z_0$。上游 1—1 断面与下游 2—2 断面对 0—0 基准面列能量方程。

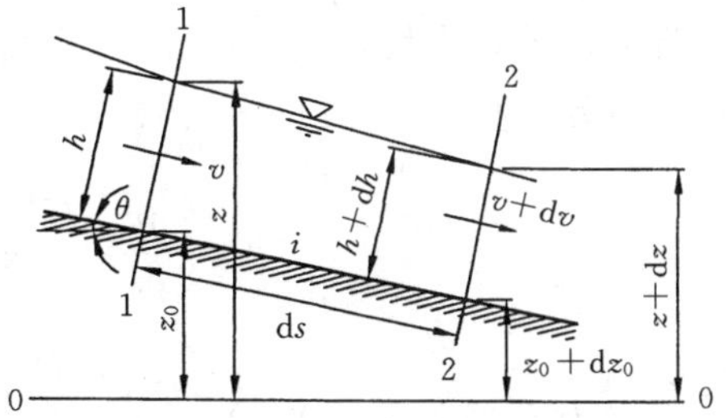


图 7.7

$$z_0+h\cos\theta+\frac{\alpha_1 v^2}{2g}=(z_0-i\mathrm{d}s)+(h+\mathrm{d}h)\cos\theta+\frac{\alpha_2(v+\mathrm{d}v)^2}{2g}+\mathrm{d}h_f+\mathrm{d}h_j$$

令 $\alpha_1=\alpha_2=\alpha$，并且认为 $\cos\theta\approx 1$（渠道底坡很小），流量、粗糙系数沿程不变。

其中

$$\frac{\alpha(v+\mathrm{d}v)^2}{2g}=\frac{\alpha(v^2+2v\mathrm{d}v+\mathrm{d}v^2)}{2g}\approx\frac{\alpha v^2}{2g}+d\left(\frac{\alpha v^2}{2g}\right)$$

由于非均匀流的沿程水头损失尚无精确的计算方法，仍采用均匀流公式计算，即

$$\mathrm{d}h_f=\frac{Q^2}{K^2}\mathrm{d}s=\frac{v^2}{C^2R}\mathrm{d}s$$

其中，$K$、$v$、$C$、$R$ 应该取流段上、下游两断面运动要素的平均值。

流段 $\mathrm{d}s$ 上的局部水头损失可表示为

$$\mathrm{d}h_j=\zeta\mathrm{d}\left(\frac{v^2}{2g}\right)$$

这样一来，上式将简化为

$$i\mathrm{d}s=\mathrm{d}h+(\alpha+\zeta)\ \mathrm{d}\left(\frac{v^2}{2g}\right)+\frac{Q^2}{K^2}\mathrm{d}s \tag{7.13}$$

式（7.13）为明渠恒定非均匀渐变流的基本微分方程。

### 7.2.2　水深沿程变化的微分方程

将式（7.13）两端同除以 $\mathrm{d}s$

$$i-\frac{Q^2}{K^2}=\frac{\mathrm{d}h}{\mathrm{d}s}+(\alpha+\zeta)\frac{\mathrm{d}}{\mathrm{d}s}\left(\frac{v^2}{2g}\right)$$

其中

$$\frac{\mathrm{d}}{\mathrm{d}s}\left(\frac{v^2}{2g}\right)=\frac{\mathrm{d}}{\mathrm{d}s}\left(\frac{Q^2}{2gA^2}\right)=-\frac{Q^2}{gA^3}\frac{\mathrm{d}A}{\mathrm{d}s}$$

由于棱柱体明渠及非棱柱体明渠的过水断面面积随水深及流程变化规律不同，因此，要分别进行研究。

1. 非棱柱体明渠 $A=A(h,\ s)$

$$\frac{\mathrm{d}A}{\mathrm{d}s}=\frac{\partial A}{\partial h}\frac{\mathrm{d}h}{\mathrm{d}s}+\frac{\partial A}{\partial s}$$

因为过水断面上水深有微小增量 $\mathrm{d}h$ 时，过水断面面积增量可表示为

$$B\mathrm{d}h=\frac{\partial A}{\partial h}\mathrm{d}h\Rightarrow B=\frac{\partial A}{\partial h}$$

将上述关系式代入式（7.13），化简整理可得到非棱柱体明渠非均匀渐变流水深沿程变化的微分方程。

$$\frac{\mathrm{d}h}{\mathrm{d}s}=\frac{i-\dfrac{Q^2}{K^2}+(\alpha+\zeta)\dfrac{Q^2}{gA^3}\dfrac{\partial A}{\partial s}}{1-(\alpha+\zeta)\dfrac{Q^2B}{gA^3}} \tag{7.14}$$

2. 棱柱体明渠 $A=A(h)$，$\dfrac{\partial A}{\partial s}=0$

棱柱体明渠非均匀渐变流中，局部水头损失很小，可忽略不计。这样一来，由式（7.14）化简整理可得到棱柱体明渠恒定非均匀渐变流水深沿程变化的微分方程。

$$\frac{\mathrm{d}h}{\mathrm{d}s}=\frac{i-\dfrac{Q^2}{K^2}}{1-\dfrac{\alpha Q^2B}{gA^3}}=\frac{i-\dfrac{Q^2}{K^2}}{1-Fr^2} \tag{7.15}$$

式（7.15）可用于明渠恒定非均匀渐变流水面曲线的定性分析和定量计算。

### 7.2.3　水位沿程变化的微分方程

在天然河道中，常用水位反映非均匀流的变化情况。因此，需要建立水位沿程变化的

微分方程。由图 7.7 可知：

$$z=z_0+h,\ \mathrm{d}z=\mathrm{d}z_0+\mathrm{d}h=-i\mathrm{d}s+\mathrm{d}h$$

由式（7.13）可得

$$-\frac{\mathrm{d}z}{\mathrm{d}s}=(\alpha+\zeta)\frac{\mathrm{d}}{\mathrm{d}s}\left(\frac{v^2}{2g}\right)+\frac{Q^2}{K^2} \tag{7.16}$$

式（7.16）就是水位沿程变化的微分方程。适用于棱柱体明渠及非棱柱体明渠，主要用于分析天然河道水面曲线的变化规律。

### 7.2.4　断面比能沿程变化的微分方程

由于 $E_s=h+\frac{\alpha v^2}{2g}$，则

$$\mathrm{d}E_s=\mathrm{d}h+\mathrm{d}\left(\frac{\alpha v^2}{2g}\right)$$

在渐变流动中，忽略局部水头损失。由式（7.13）可得

$$\frac{\mathrm{d}E_s}{\mathrm{d}s}=i-\frac{Q^2}{K^2} \tag{7.17}$$

式（7.17）就是断面比能沿程变化的微分方程。常用于人工渠道水面曲线的计算，对棱柱体明渠和非棱柱体明渠都适用。

## 7.3　棱柱体明渠恒定非均匀渐变流水面曲线定性分析

当棱柱体明渠通过一定流量时，由于渠道底坡、上下游进出口边界条件及渠系建筑物所形成的控制水深不同，明渠水流可以形成各种形式的水面曲线，共有 12 条之多，比较复杂。在进行水面曲线定量计算之前，有必要对它的形状和特点做一些定性分析。

### 7.3.1　水面曲线的命名

由于水面曲线有多种形式，为了便于区别，必须给每一种水面曲线命名。对棱柱体明渠恒定非均匀渐变流而言，无论是水面曲线的定性分析，还是水面曲线的定量研究，其理论依据都是水深沿程变化的微分方程，即式（7.15）。

从式（7.15）可以看出：水面曲线的形状$\left(\frac{\mathrm{d}h}{\mathrm{d}s}\right)$一方面取决于渠道的底坡 $i$，另一方面与非均匀流水深 $h$ 相对正常水深 $h_0$、临界水深 $h_k$ 的大小有关。水面曲线的分类命名也将以底坡 $i$ 和水深 $h$ 这两个要素为依据。

对底坡而言，引入临界底坡概念之后，可将正坡明渠分为缓坡、陡坡、临界坡三类，另外再加上平坡和反坡，渠道的底坡类型共有 5 种。对棱柱体明渠非均匀流水深沿程变化的微分方程进一步分析可知：该方程式中，分子反映水流的均匀程度$\left(\text{比如，均匀流}\frac{\mathrm{d}h}{\mathrm{d}s}=0\right)$，分母反映水流的缓急程度（比如，$Fr<1$，水流为缓流）。如果从水深考虑，反映水流均匀程度的水深是正常水深 $h_0$，反映水流缓急程度的水深是临界水深 $h_k$。底坡类型不同，该底坡情况下正常水深 $h_0$ 与临界水深 $h_k$ 的大小关系不同，即参考线 $N—N$（正常水深线）与 $K—K$（临界水深线）的相对位置也不同，如图 7.8 所示。对平坡和反坡渠道，不可能出现均匀流，可以理解为正常水深 $h_0$ 无限大。即平坡和反坡渠道不存在正常水深线 $N—N$，只有临界水深线 $K—K$，如图 7.9 所示。

山不厌高，水不厌深。（【东汉】曹操《短歌行》）

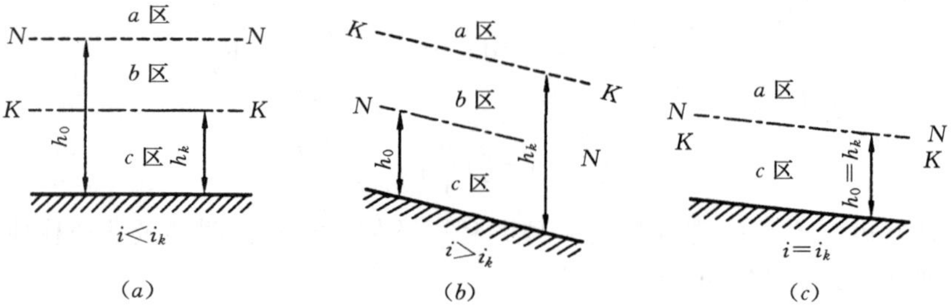


图 7.8

（$a$）缓坡；（$b$）陡坡；（$c$）临界坡

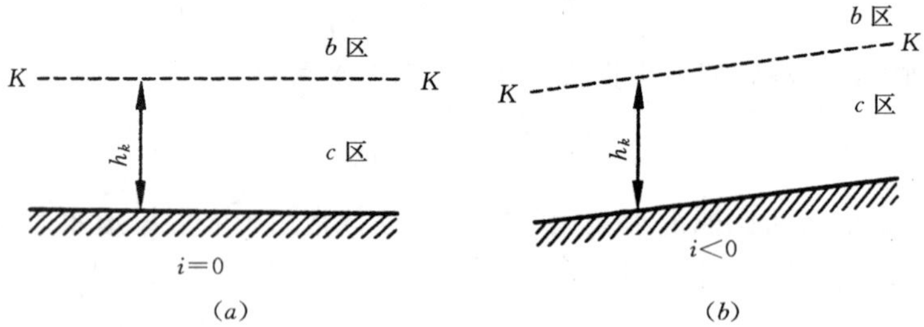


图 7.9

（$a$）平坡；（$b$）逆坡

从图 7.8、图 7.9 可以看到：5 种底坡上非均匀流水深可能出现的区间共有 12 个，即可能发生的非均匀流水面曲线就有 12 条。这 12 条水面曲线的命名必然要采用两个符号，即以一个符号反映水面曲线所在的底坡类型，以另一个符号反映水面曲线所处的空间位置。非均匀流水深所处的空间位置称为分区。从数学上讲，非均匀流水深 $h\in(0, +\infty)$，而 5 种底坡类型上非均匀流水深 $h$ 可能出现的空间位置有且仅有 3 种情况：①$h$ 大于 $h_0$ 和 $h_k$（$a$ 区）；②$h$ 在 $h_0$ 和 $h_k$ 之间（$b$ 区）；③$h$ 小于 $h_0$ 和 $h_k$（$c$ 区）。以“$a$、$b$、$c$”表示上述 3 种非均匀流水深 $h$ 所处空间位置，以“1、2、3、0、′”分别表示“缓坡、陡坡、临界坡、平坡、反坡”5 种底坡类型，并按照“分区符号加底坡符号”的原则命名水面曲线，则明渠中可能出现的 12 条水面曲线分别是：$a_1$、$b_1$、$c_1$、$a_2$、$b_2$、$c_2$、$a_3$、$c_3$、$b_0$、$c_0$、$b'$、$c'$。比如，发生在缓坡上大于正常水深和临界水深区间的非均匀流水面曲线就只能是 $a_1$ 型水面曲线。

关于水面曲线的命名，常见的还有：以缓坡（Mild slope）、陡坡（Steep slope）、临界坡（Critical slope）、平坡（Horizontal slope）、反坡（Adverse slope）英文名称的第一个字母代表该底坡，以“1、2、3”表示上述 3 种分区，采用“底坡符号加分区符号”的原则命名水面曲线。此时，明渠中可能出现的 12 条水面曲线将分别是：$M_1$、$M_2$、$M_3$、$S_1$、$S_2$、$S_3$、$C_1$、$C_3$、$H_2$、$H_3$、$A_2$、$A_3$。

### 7.3.2 水面曲线的特点分析

在水面曲线定性分析时，总是认为棱柱体渠道的流量保持不变。对于正坡明渠，总有形成均匀流的趋势。因此，可将式（7.15）中的流量 $Q$ 用均匀流关系 $Q=K_0\sqrt{i}$ 代替。此时，水深沿程变化的微分方程可改写为如下形式。



文武之道，一张一弛。（《礼记·杂记下》）

$$\frac{dh}{ds}=\frac{i\left[1-\left(\frac{K_0}{K}\right)^2\right]}{1-Fr^2} \tag{7.18}$$

式中：$K_0$ 为与已知流量相对应的均匀流时的流量模数。

下面就以缓坡明渠上各分区的水面曲线为例，分析水面曲线的特点，并从中掌握水面曲线的变化规律。分析过程中，应重点抓住以下两个要点：①根据非均匀流水深 $h$ 与正常水深 $h_0$ 和临界水深 $h_k$ 的大小关系，判定$\frac{dh}{ds}$的正负号，即确定水面曲线是壅水，还是降水。②根据水面曲线是壅水还是降水，讨论两端极限情况。

1. 缓坡 $a$ 区（$\infty>h>h_0>h_k$），即 $a_1$ 型水面线

（1）判断是壅水还是降水。

$$h>h_k\Rightarrow Fr<1\Rightarrow 1-Fr^2>0$$

$$h>h_0\Rightarrow K>K_0\Rightarrow 1-\left(\frac{K_0}{K}\right)^2>0$$

因 $i>0$，故$\frac{dh}{ds}>0$，水面曲线为壅水曲线。

（2）讨论两端极限情况。

上游端：$h\rightarrow h_0\Rightarrow K\rightarrow K_0\Rightarrow 1-\left(\frac{K_0}{K}\right)^2\rightarrow 0\Rightarrow\frac{dh}{ds}\rightarrow 0$，水流趋于均匀流，即水面线以 $N$—$N$ 线为渐近线。

下游端：

$$h\rightarrow\infty\Rightarrow K\rightarrow\infty\Rightarrow 1-\left(\frac{K_0}{K}\right)^2\rightarrow 1$$

$$h\rightarrow\infty\Rightarrow Fr\rightarrow 0\Rightarrow 1-Fr^2\rightarrow 1$$

此时，必然有$\frac{dh}{ds}\rightarrow i$，说明水面线趋于水平线。

综上所述，$a_1$ 型水面线是一条壅水曲线，上游端以 $N$—$N$ 线为渐近线，下游端趋于水平线。

2. 缓坡 $b$ 区（$h_0>h>h_k$），即 $b_1$ 型水面线

（1）判断是壅水还是降水。

$$h>h_k\Rightarrow Fr<1\Rightarrow 1-Fr^2>0$$

$$h<h_0\Rightarrow K<K_0\Rightarrow 1-\left(\frac{K_0}{K}\right)^2<0$$

因 $i>0$，故$\frac{dh}{ds}<0$，水面曲线为降水曲线。

（2）讨论两端极限情况。

上游端：$h\rightarrow h_0\Rightarrow K\rightarrow K_0\Rightarrow 1-\left(\frac{K_0}{K}\right)^2\rightarrow 0\Rightarrow\frac{dh}{ds}\rightarrow 0$，水流趋于均匀流，即水面线以 $N$—$N$ 线为渐近线。

下游端：$h\rightarrow h_k\Rightarrow Fr\rightarrow 1\Rightarrow 1-Fr^2\rightarrow 0\Rightarrow\frac{dh}{ds}\rightarrow-\infty$，水面线与 $K$—$K$ 线呈正交趋势。

综上所述，$b_1$ 型水面线是一条降水曲线，上游端以 $N$—$N$ 线为渐近线，下游端与

居后而望前，则为前；居前而望后，则为后。(《陈书》)

$K—K$ 线呈正交趋势。

3. 缓坡 $c$ 区 ($h_0>h_k>h>0$)，即 $c_1$ 型水面线

(1) 判断是壅水还是降水。

$$h<h_k \Rightarrow Fr>1 \Rightarrow 1-Fr^2<0$$

$$h<h_0 \Rightarrow K<K_0 \Rightarrow 1-\left(\frac{K_0}{K}\right)^2<0$$

因 $i>0$，故 $\frac{\mathrm{d}h}{\mathrm{d}s}>0$，水面曲线为壅水曲线。

(2) 讨论两端极限情况。

上游端：$h \to 0$，表示上游端水深最小，是某一已知的控制水深（如收缩水深），与边界条件有关。

下游端：$h \to h_k \Rightarrow Fr \to 1 \Rightarrow 1-Fr^2 \to 0 \Rightarrow \frac{\mathrm{d}h}{\mathrm{d}s} \to +\infty$，水面线与 $K—K$ 线呈正交趋势。

综上所述，$c_1$ 型水面线是一条壅水曲线，上游端为某一已知水深，下游端与 $K—K$ 线呈正交趋势。

其它底坡上的水面曲线可作类似分析，结果如图 7.10 所示。

### 7.3.3 水面曲线变化规律与一般分析原则

通过以上分析，得到了明渠中可能出现的 12 条水面曲线的形式。从这 12 条水面曲线的特点出发，可以归纳出水面曲线的变化规律与一般分析原则。

(1) 所有的 $a$ 型和 $c$ 型水面线都为壅水曲线，$b$ 型水面线为降水曲线。

(2) 除 $a_3$、$c_3$ 型水面线外，其它类型的水面线当 $h \to h_0$ 时，均以 $N—N$ 线为渐近线；当 $h \to h_k$ 时，均与 $K—K$ 线呈正交趋势。与 $K—K$ 线呈正交趋势只是说明水面线在接近 $K—K$ 线时相当陡峻，即 $K—K$ 线附近的水流由于流态转变而不再属于渐变流。

(3) 上述 12 条水面曲线只表示了棱柱体明渠恒定非均匀渐变流中可能发生的情况。至于具体发生何种类型的水面曲线，应根据底坡的性质以及外界控制条件确定。但必须明确认识到：发生在某一底坡某一区域的水面曲线，其形状是唯一的，不能随意改变，也不能随意穿越参考线。

(4) 正坡明渠干扰远端水流为均匀流。这里所说的干扰可能是底坡改变、底宽改变等。

(5) 两段底坡不同渠道中的水面线衔接时，可能有下列情况产生。

1) 由缓流向急流过渡，产生水跌。

2) 由急流向缓流过渡，产生水跃（临界坡除外）。

3) 由缓流向缓流过渡，只影响上游，下游仍为均匀流。

4) 由急流向急流过渡，只影响下游，上游仍为均匀流。

5) 临界坡中的流动形态，视其相邻底坡的陡缓而定其急缓流。如上游相邻底坡为缓坡，则视为由缓流过渡到缓流，只影响上游。

6) 平坡和反坡均可视为缓坡。

水跌与水跃是明渠急变流的两种水力现象。图 7.11 ($a$)、($b$) 所示为常见的水跌现象，图 7.11 ($c$)、($d$) 所示为常见的水跃现象。

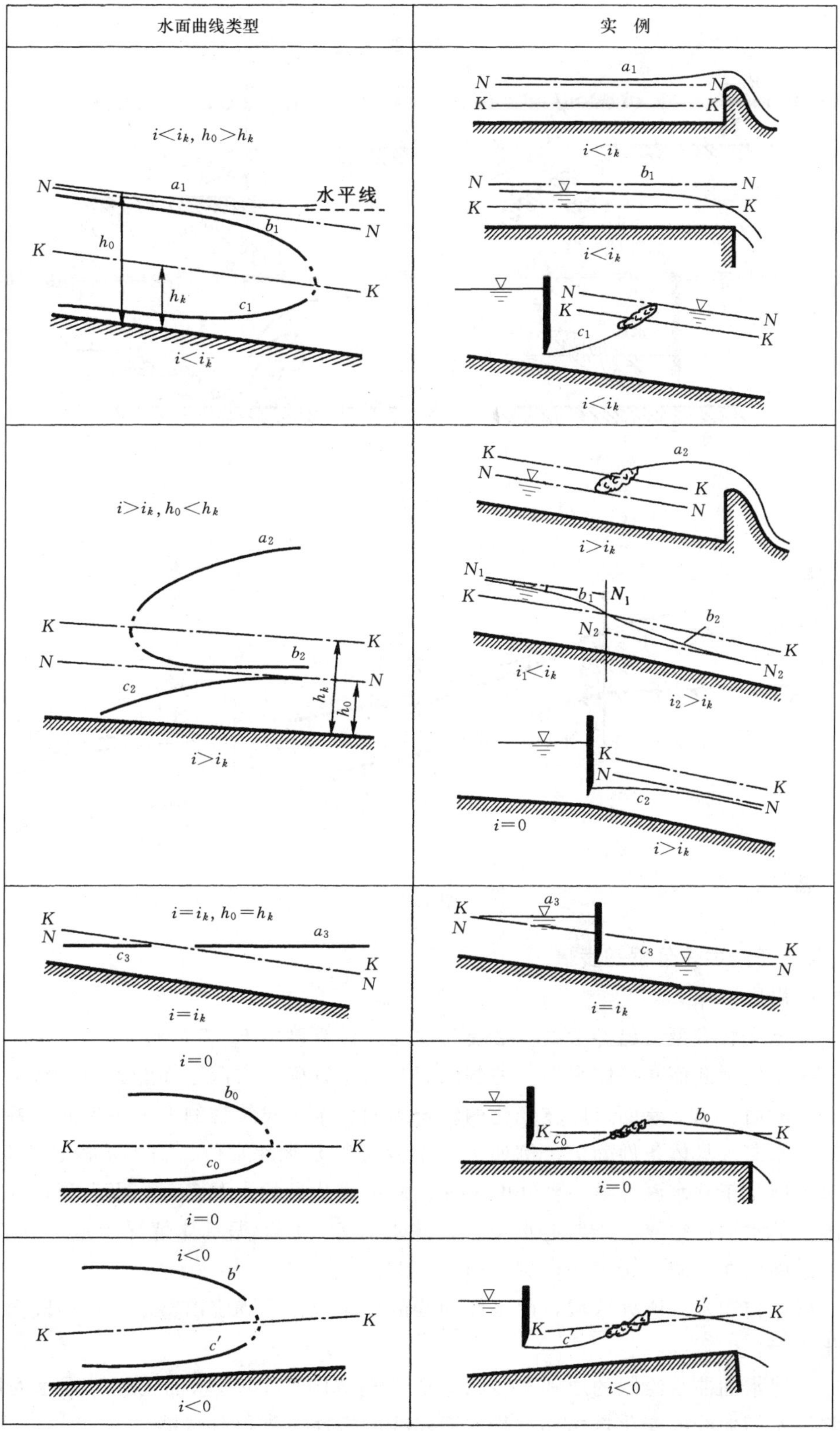


图 7.10

往者不可谏，来者犹可追。（【春秋】孔子《论语·微子》）

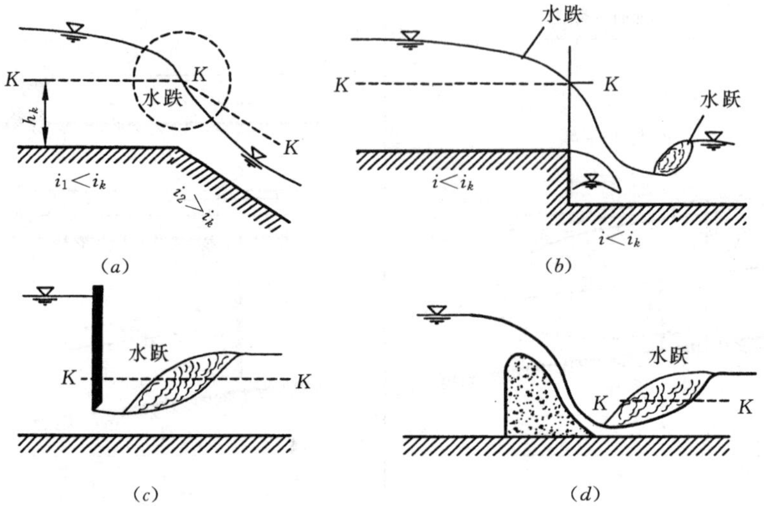


图 7.11

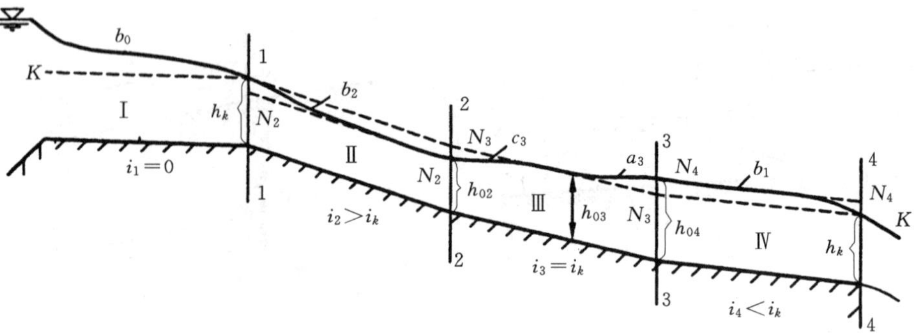


图 7.12

### 7.3.4　水面曲线定性分析的步骤

(1) 绘出底坡线。

(2) 根据底坡类型绘出参考线（必要时要通过计算确定 $h_0$ 和 $h_k$）。

(3) 确定控制断面和控制水深。控制断面是指位置确定水深已知的断面。常见的控制断面有进口断面、出口断面、底坡变化的转折断面、水工建筑物的上下游断面。各控制断面处的控制水深依具体条件确定。例如进口水深可以是水库水位、临界水深、正常水深；出口水深可能是正常水深、某一已知的水深；底坡变化处的水深多为临界水深；水工建筑物上下游处的水深往往取决于堰上水头、收缩水深等，可根据具体情况确定。一般来讲，急流的控制断面在上游，缓流的控制断面在下游。

(4) 根据控制水深所处区域，由水面曲线的变化规律，确定出整个分析渠段内的水面曲线变化趋势。

对照上述水面曲线绘制的原则与步骤，认真理解图 7.10 所示的实际工程水面曲线实例，对掌握水面曲线的变化规律和进行水面曲线的定性分析很有帮助。

**【例 7.3】** 试定性分析如图 7.12 所示棱柱体长渠道中产生的水面曲线。

**分析**：(1) 底坡线及其底坡类型题目已给出，可根据给定的底坡绘出各渠段 $N—N$ 线与 $K—K$ 线，即绘出参考线。

由于各段渠道均为相同断面尺寸的棱柱体渠道，且流量、粗糙系数都相同。因此，$K—K$ 线与各段渠道的底坡线平行且各渠段的临界水深值都相等。但由于Ⅱ、Ⅲ、Ⅳ渠段底坡不同，其正常水深大小不等，即 $N—N$ 线只与渠底线平行。Ⅰ段渠道不可能出现均匀流，故不用绘制 $N—N$ 线。

(2) 确定控制断面和控制水深。进口为已知水位，流态为缓流；出口断面为跌水，边缘水深为临界水深。另外 3 个控制断面是底坡改变断面，其水深由水面曲线的变化规律确定。

(3) 根据控制水深所处区域，从上游到下游根据水面曲线的变化规律逐段绘制各渠段内的水面曲线。分析过程如下：

1) 进口水位已知，流态缓流，处于平坡 $b$ 区，所以第Ⅰ段渠道只能发生 $b_0$ 型水面线，1—1 转折断面的水深等于临界水深。

2) 根据“平坡和反坡均可视为缓坡”的原则，理解为水流从缓流到急流，产生水跌，第Ⅱ段渠道就为 $b_2$ 型水面线，水流流态为急流。各段渠道足够长，所以 $b_2$ 型水面线将以第Ⅱ段渠道的 $N—N$ 为渐近线。

3) 根据“临界坡中的流动形态，视其相邻底坡的陡缓而定其急缓流”的原则，第Ⅲ段渠道的上段理解为急流到急流，影响下游，即产生 $c_3$ 型水面线。第Ⅲ段渠道的下段接缓坡，理解为从缓流到缓流，影响上游，即产生 $a_3$ 型水面线，接至第Ⅳ段渠道的 $N—N$ 线。渠段足够长，中间段水流保持均匀流。

4) 第Ⅳ段渠道末端有跌水，其边缘水深为临界水深的控制条件决定了第Ⅳ段渠道只能产生 $b_1$ 型水面线。

最后，整段渠道的水面线变化趋势如图 7.12 所示。

## 7.4　明渠恒定非均匀渐变流水面曲线的计算

在实际工程中，仅对水面曲线进行定性分析是远远不够的。往往需要明确知道非均匀流断面上水深、流速等水力要素的沿程变化情况，即进行水面曲线的定量计算。换言之，只有通过明渠水面曲线的计算，才能准确了解水深或水位的沿程变化情况。水面曲线的计算方法有：分段求和法、数值积分法等。其中，分段求和法既适用于棱柱体明渠，又适用于非棱柱体明渠，是水面曲线计算的基本方法。目前，水面曲线计算的软件比较多，实际工作中可根据情况有选择性地使用。下面只介绍利用比能沿程变化的微分方程，采用分段求和法进行水面曲线的计算。

### 7.4.1　分段求和法

分段求和法的基本内容：将整个流动划分为若干个有限长的流段，在每个流段内，认为断面比能呈线性变化，并且以差商代替微商，从而将微分方程变为差分方程。对流段上的水头损失仍然按均匀流沿程水头损失公式计算，并取流段上、下游断面的平均值作为计算值。这样一来，以控制断面的控制水深为初始已知值，可逐段推求出其它各断面的水深值，从而得到整条水面曲线。

将式（7.17）改写为差分形式，即

$$\frac{E_{sd}-E_{su}}{\Delta s}=i-\frac{Q^2}{\overline{K}^2}=i-\overline{J} \tag{7.19}$$

或

$$\Delta s=\frac{E_{sd}-E_{su}}{i-\overline{J}} \tag{7.20}$$

其中 $s=\sum\Delta s$，$\overline{K}^2=\frac{1}{2}(K_u^2+K_d^2)$，$\overline{J}=\frac{\overline{v}^2}{\overline{C}^2\overline{R}}$，$\overline{v}^2=\frac{1}{2}(v_u^2+v_d^2)$，$\overline{C}^2=\frac{1}{2}(C_u^2+C_d^2)$，$\overline{R}^2=\frac{1}{2}(R_u^2+R_d^2)$。

式中：下标 $u$ 代表上游断面；下标 $d$ 代表下游断面。

### 7.4.2　水面曲线的计算类型及其计算步骤

水面曲线的计算类型有如下两类：①已知两端水深，求流段距离。此种情况仅棱柱体明渠会遇到。②已知一端水深和流段距离，求另一端水深。棱柱体明渠和非棱柱体明渠都有这种情况，但棱柱体明渠只需试算最后一段，非棱柱体明渠需要逐段试算。

1. 棱柱体明渠水面曲线的计算步骤

（1）根据流量、断面形状尺寸、底坡、粗糙系数求出正常水深 $h_0$（如果有的话）、临界水深 $h_k$，并判定底坡类型。

（2）由控制断面的已知水深 $h_1$（或 $h_2$）与正常水深及临界水深的相对大小关系，确定水面曲线的类型。

（3）根据水面曲线的变化趋势（壅水还是降水），假定流段另一断面的水深，由式（7.20）求出流段长度 $\Delta s$，具体分如下两种计算类型：①若计算类型为已知两端水深，求流段距离 $s$，则只需从控制断面开始，按水面曲线的变化规律，假定不同的水深，求出相应的流段长度，总的流段长度 $s=\sum\Delta s$，见【例 7.6】。②若计算类型为已知一端水深和流段距离 $s$，求另一端水深，则需要从控制断面开始，假定一系列水深 $h$，由式（7.20）求出相应的流段长度 $\Delta s$，取 $s'=\sum\Delta s$。当 $s'$ 接近 $s$ 时，取最后一段 $\Delta s_n=s-s'$，假定末端水深，求出相应的流段长度 $\Delta s'$，若 $\Delta s'=\Delta s_n$，计算完成。若 $\Delta s'\neq\Delta s_n$，需要重新假定末端水深，重新计算最后一段流段长度 $\Delta s'$，直到两者相等为止。整个计算过程只需试算最后一段，这一点与非棱柱体水面线计算不同。

2. 非棱柱体明渠水面曲线的计算步骤

非棱柱体明渠水面曲线的计算类型一般是已知一端水深和流段距离，求另一端水深。非棱柱体明渠水面曲线计算时，通常将整个流段 $s$ 分为 $n$ 等分，即取 $\Delta s=\frac{s}{n}$，$n$ 为分段数目。从已知断面开始，假定另一断面水深，由式（7.20）求出流段长度 $\Delta s'$，若 $\Delta s'=\Delta s$，则假定的水深值即为所求。然后，以该断面水深为已知水深，计算出另一断面的水深值，以此类推，直至整个流段计算完成。若 $\Delta s'\neq\Delta s$，则需要重新假定水深，重新计算流段长度 $\Delta s'$，直至 $\Delta s'=\Delta s$ 为止。整个计算过程需要逐段试算，计算繁琐程度与分段数目有关系。

由上述计算步骤不难看出，分段求和法的计算精度和流段长度有关。分段愈多，即流段长度越小，计算精度越高。一般来说，降水曲线变化较大，分段宜短。壅水曲线变化较小，分段可适当长一些。在确定分段位置时，应注意使每一段的断面形状、糙率、底坡尽可能一致。在断面、糙率、底坡变化处应作为分段位置。此外，水面曲线在渐近 $N—N$

线时变化缓慢，如果要计算到水深等于正常水深 $h_0$，必然使流段长度增大许多，一般来讲，计算到 $h=(1\pm1\%)h_0$ 就已经满足工程要求了。

### 7.4.3 估算河渠流量与粗糙系数

除了利用明渠恒定非均匀渐变流微分方程进行水面曲线计算之外，还可以用来估算河渠中非均匀流时的流量。例如，根据洪水痕迹估算洪水流量就属于这类问题。将水位沿程变化的微分方程改写为差分形式，化简整理即可得到非均匀渐变流时的流量计算公式。

$$Q=\sqrt{\frac{z_u-z_d}{\dfrac{\alpha+\zeta}{2g}\left(\dfrac{1}{A_d^2}-\dfrac{1}{A_u^2}\right)+\dfrac{\Delta s}{\overline{K}^2}}} \tag{7.21}$$

另外，还可以根据已知的水位流量资料推算河渠粗糙系数，其计算公式如下。

$$n=\frac{\overline{A}\overline{R}^{\frac{2}{3}}}{Q}\left[\frac{z_u-z_d}{\Delta s}-(\alpha+\zeta)\frac{Q^2}{2g\Delta s}\left(\frac{1}{A_d^2}-\frac{1}{A_u^2}\right)\right]^{\frac{1}{2}} \tag{7.22}$$

**【例 7.4】** 有一梯形断面渠道，边坡系数 $m=1.5$，底宽 $b=10$m，糙率 $n=0.025$，底坡 $i=0.0003$，渠道末端设置一水闸，当过闸流量 $Q=40\text{m}^3/\text{s}$，闸前水深 $h_2=4$m，试用分段求和法计算渠道中水深 $h_1=3$m 的断面离水闸的距离 $s$。

**解：**(1) 计算参考水深，判定水面线类型。

用试算—图解法求得正常水深 $h_0=2.677$m，临界水深 $h_k=1.114$m。

$h_0>h_k$，据此可判断底坡为缓坡。而 $h_1>h_0>h_k$，可判定水面线为 $a_1$ 型壅水曲线。

(2) 采用分段求和法列表计算水面线。

从题目可以看到，计算类型为已知两端水深，求流段距离。计算结果见表 7.3，其中平均水力坡度按 $\overline{J}=\dfrac{\overline{v}^2}{\overline{C}^2\overline{R}}$ 计算。

**表 7.3　水面曲线计算结果**

| $h$ (m) | $A$ (m²) | $\chi$ (m) | $R$ (m) | $C$ ($\text{m}^{\frac{1}{2}}/\text{s}$) | $v$ (m/s) | $\alpha v^2/2g$ (m) | $E_s$ (m) | $\overline{J}$ | $i-\overline{J}$ | $\Delta s$ (m) | $s$ (m) |
|---|---|---|---|---|---|---|---|---|---|---|---|
| 4.000 | 64.000 | 24.422 | 2.621 | 46.968 | 0.625 | 0.020 | 4.020 | | | | |
| 3.800 | 59.660 | 23.701 | 2.517 | 46.654 | 0.670 | 0.023 | 3.823 | 0.00007 | 0.00023 | 873.717 | 873.717 |
| 3.600 | 55.440 | 22.980 | 2.413 | 46.325 | 0.722 | 0.027 | 3.627 | 0.00009 | 0.00021 | 939.264 | 1812.981 |
| 3.400 | 51.340 | 22.259 | 2.306 | 45.979 | 0.779 | 0.031 | 3.431 | 0.00011 | 0.00019 | 1040.439 | 2853.420 |
| 3.200 | 47.360 | 21.538 | 2.199 | 45.615 | 0.845 | 0.036 | 3.236 | 0.00014 | 0.00016 | 1212.315 | 4065.735 |
| 3.000 | 43.500 | 20.817 | 2.090 | 45.229 | 0.920 | 0.043 | 3.043 | 0.00018 | 0.00012 | 1556.844 | 5622.579 |

**【例 7.5】** 有一混凝土梯形断面溢洪道，长度 $s=135$m，边坡系数 $m=1.0$，底宽 $b=2$m，糙率 $n=0.014$，底坡 $i=0.06$，进口处水深为临界水深，当溢洪流量 $Q=32\text{m}^3/\text{s}$ 时，试计算溢洪道的水面曲线。

**解：**(1) 计算参考水深，判定水面线类型。

用试算—图解法求得正常水深 $h_0=0.907$m，临界水深 $h_k=2.11$m。

$h_0<h_k$，据此可判断底坡为陡坡。进口水深为临界水深，可判定水面线为 $b_2$ 型降水曲线。

（2）采用分段求和法列表计算水面线。

从题目可以看到，计算类型为已知一端水深和流段距离，求另一端水深，计算结果见表 7.4。

**表 7.4** 水 面 曲 线 计 算 结 果

| $h$ (m) | $A$ ($m^2$) | $\chi$ (m) | $R$ (m) | $C$ ($m^{\frac{1}{2}}/s$) | $v$ (m/s) | $\alpha v^2/2g$ (m) | $E_s$ (m) | $\overline{J}$ | $i-\overline{J}$ | $\Delta s$ (m) | $s$ (m) | 备注 |
|---|---|---|---|---|---|---|---|---|---|---|---|---|
| 2.110 | 8.672 | 7.968 | 1.088 | 72.444 | 3.690 | 0.695 | 2.805 | | | | | |
| 1.800 | 6.840 | 7.091 | 0.965 | 71.000 | 4.678 | 1.117 | 2.917 | 0.00332 | 0.05668 | 1.976 | 1.976 | |
| 1.500 | 5.250 | 6.243 | 0.841 | 69.396 | 6.095 | 1.896 | 3.396 | 0.00652 | 0.05348 | 8.953 | 10.929 | |
| 1.200 | 3.840 | 5.394 | 0.712 | 67.495 | 8.333 | 3.543 | 4.743 | 0.01431 | 0.04569 | 29.492 | 40.421 | |
| 0.900 | 2.610 | 4.546 | 0.574 | 65.119 | 12.261 | 7.669 | 8.569 | 0.03750 | 0.02250 | 170.083 | 210.504 | 超长 |
| 0.966 | 2.863 | 4.731 | 0.605 | 65.693 | 11.176 | 6.373 | 7.338 | 0.03258 | 0.02742 | 94.662 | 135.086 | 合适 |

上述计算过程中，平均水力坡度按 $\overline{J}=\dfrac{\overline{v}^2}{\overline{C}^2\overline{R}}$ 计算。从表 7.4 可以看到：水深按 0.3m 步长计算，至 0.9m 水深位置，其水面线长度超过陡槽长度，由 $b_2$ 型降水曲线的规律可知水深假定太小，应增大末端断面水深。经过试算，取末端水深 0.966m，正好满足要求，即最后一段需要试算求解。

**【课堂练习 7.2】**

已知条件同【例 7.5】，将平均水力坡度 $\overline{J}$ 按 $\overline{J}=\dfrac{Q^2}{\overline{K}^2}$ 计算，试完成溢洪道水面曲线计算。

**【例 7.6】** 某水库溢洪道，根据地形条件，平底进口段为宽顶堰，下接矩形陡槽。其长度 $s=90$m。为减少开挖土石方数量，采用渐缩形式的陡槽，进口底宽 $b_1=24$m，出口底宽 $b_2=16$m，糙率 $n=0.014$，底坡 $i=0.12$，进口处水深为临界水深，当溢洪道泄洪流量 $Q=156.8m^3/s$ 时，试计算溢洪道陡槽水面曲线。

**解：** 由于溢洪道陡槽为非棱柱体明渠，故无需判定水面线类型，但仍然采用分段求和法列表计算水面线。从题目可以看到，计算类型为已知一端水深和流段距离，求另一端水深，但对非棱柱体明渠，需采用逐段试算方法。计算中，将溢洪道陡槽等分为 3 段，每段长度 $\Delta s=\dfrac{s}{3}=\dfrac{90}{3}=30$m。底宽应按线性分段折减，平均水力坡度按 $\overline{J}=\dfrac{\overline{v}^2}{\overline{C}^2\overline{R}}$ 计算，计算结果见表 7.5。

**表 7.5** 水 面 曲 线 计 算 结 果

| 计算断面 | $h$ (m) | $b$ (m) | $A$ ($m^2$) | $\chi$ (m) | $R$ (m) | $C$ ($m^{\frac{1}{2}}/s$) | $v$ (m/s) | $\alpha v^2/2g$ (m) | $E_s$ (m) | $\overline{J}$ | $i-\overline{J}$ | $\Delta s'$ (m) | 备注 |
|---|---|---|---|---|---|---|---|---|---|---|---|---|---|
| 0 | 1.633 | 24.000 | 39.192 | 27.266 | 1.437 | 75.882 | 4.001 | 0.817 | 2.450 | | | | |
| 1 | 0.900 | 21.333 | 19.200 | 23.133 | 0.830 | 69.244 | 8.167 | 3.403 | 4.303 | 0.00620 | 0.11380 | 16.285 | 小 |
| | 0.741 | 21.333 | 15.808 | 22.815 | 0.693 | 67.191 | 9.919 | 5.020 | 5.761 | 0.00889 | 0.11111 | 29.800 | 合适 |
| 2 | 0.695 | 18.666 | 12.973 | 20.056 | 0.647 | 66.425 | 12.087 | 7.454 | 8.149 | 0.04049 | 0.07951 | 30.031 | 合适 |
| 3 | 0.724 | 15.999 | 11.583 | 17.447 | 0.664 | 66.714 | 13.537 | 9.349 | 10.073 | 0.05652 | 0.06348 | 30.316 | 合适 |

陡槽进口水深应为临界水深 $h_k=\sqrt[3]{\frac{\alpha Q^2}{gb^2}}=\sqrt[3]{\frac{1.0\times156.8^2}{9.8\times24^2}}=1.633\text{m}$，这是计算的起始边界。

表 7.5 中仅列出了第一段的逐段试算过程，其它 2 段只给出了结果，未列出试算过程。根据表 7.5 求得的水深，可绘出相应的水面曲线。

## 7.5　弯道水流简介

明渠中常常由于各种原因而存在弯道，尤其是天然河道。从水流运动状况分析，当水流由直段进入弯道后，由于河道轴线和岸壁都不断地改变方向，促使水流质点在运动过程中也不断地改变方向，岸壁对水流不仅有纵向阻力，而且在凹岸还有迫使水流转向的横向附加压力，从而形成了凹岸冲刷、凸岸淤积的河床变化规律，如图 7.13（*a*）所示。在缓流条件下，岸壁边界改变形成的干扰波可以向上游传播，从而使缓流弯道的水面左右不同高，存在横比降。从受力角度分析，当水流通过弯道时，液体质点除受重力作用外，同时还受到离心惯性力的作用。在这两种力的共同作用下，水流除具有纵向流速（指垂直于过水断面的流速）外，还存在径向和竖向流速，这几个方向上的流动交织在一起，使得弯道水流在横断面上产生环形流动，称为断面环流，如图 7.13（*b*）所示。断面环流是一种次生的水流，也称为副流。所谓副流是指从属于主流的水流，它不能独立存在。水流沿弯道的纵向流动和副流叠加在一起，构成螺旋流，即弯道缓流为螺旋流，如图 7.13（*c*）所示。弯道缓流的流速分布极不规则，导致动能修正系数和动量修正系数都远大于 1，而且弯道段的水头损失较相同长度上的直段要大，即存在局部水头损失。

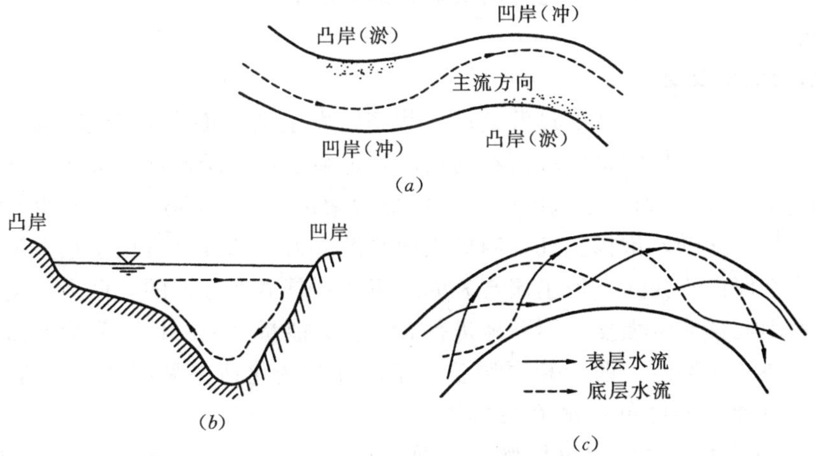


图 7.13

弯道水流的这些特性对了解泥沙运动和河床演变规律有着重要作用。在水流与边界的不断相互作用条件下，河道常常因冲刷淤积而形成弯道，弯曲蜿蜒型河段是冲积平原河流中最常见的例子。在水利工程中，人们常常利用弯道水流为螺旋流的特点，在弯道水流的凹岸布置取水口，就可以顺利地引到表层清水，防止底沙进入渠道，或利用螺旋流排沙等。

不积跬步，无以至千里；不积小流，无以成江海。（【战国】荀子《荀子·劝学》）

弯道水流的横向水面超高 $\Delta h$ 可按式（7.23）估算。

$$\Delta h=\frac{Bv^2}{gr_c} \tag{7.23}$$

式中：$r_c$ 为河道中心曲率半径；$B$ 为河道水面宽度。

弯道的局部水头损失系数参见表 4.3，而弯道的冲刷深度可按经验公式计算。

## 7.6　水跌与水跃

水跌与水跃是明渠水流中最为常见的急变流现象。急变流的特点是流线曲率大或曲率半径小，流速分布变化剧烈，水流运动过程中惯性力起主要作用，水头损失以局部水头损失为主，过水断面各点的测压管水头也不是常数，并且伴随着流线的急剧弯曲，明渠水流的流态也会发生相应改变。

### 7.6.1　水跌

处于缓流状态的明渠水流，或因渠底坡度变为陡坡，或因下游渠道断面突然缩窄，都可能引起水面急剧降落，水流以临界流状态通过边界变化断面，转变为急流。这种从缓流向急流过渡的局部水力现象便是水跌。图 7.14 为缓坡明渠末端设跌水，跌坎附近就会形成典型的水跌。由实验得知，跌坎边缘的水深 $h_e$ 通常小于临界水深，$h_e=(0.67\sim0.73)h_k\approx0.7h_k$，$h_k=1.4h_e$。临界水深 $h_k$ 的位置大约在跌坎断面上游 $l_k=(3\sim4)h_k$ 处。这一经验性结论可用来估算渠道流量。

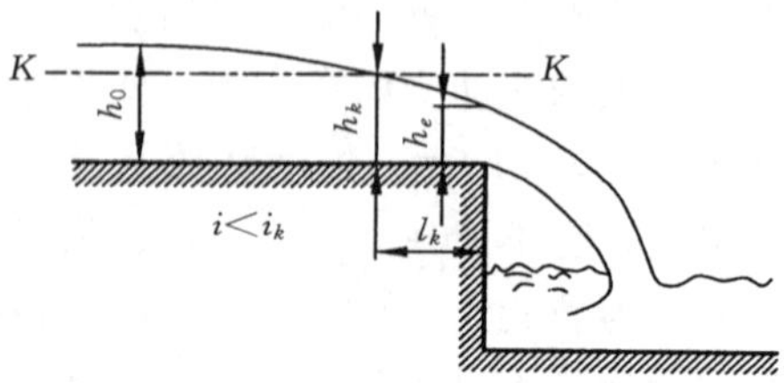


图 7.14

### 7.6.2　水跃

#### 7.6.2.1　水跃现象及组成

水跃是明渠水流从急流状态过渡到缓流状态时发生的水面突然跃起的局部水力现象。闸、坝下泄的急流与天然河道的缓流相衔接时，都会出现水跃现象，如图 7.11（$c$）、（$d$）所示。从图 7.15 可以看到，水跃区的水流可分为两部分：一部分是急流冲入缓流所激起的表面漩滚，翻腾滚动，饱掺空气，叫做表面水滚。另一部分是表面水滚下面的主流，流速由快变慢，水深由小变大。但主流与表面水滚并不是截然分开的，两者的交界面上流速梯度很大，紊动混掺非常强烈，不断地进行着质量、能量交换。即在发生水跃的同时，水流的内部结构要经历剧烈的改变和再调整（流速分布变化情况见图 3.1），消耗大量的机械能，从而使流速急剧降低，水流很快转化为缓流状态。由于水跃的消能效果好，中低水头的泄水建筑物常常利用水跃消除余能。

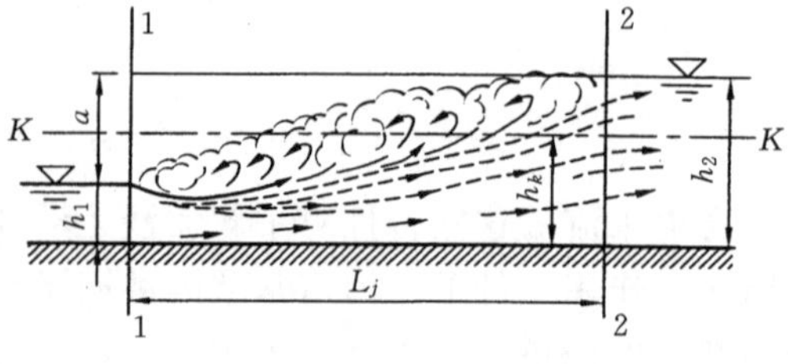


图 7.15

以图 7.15 为例，通常将表面水滚开始的断面称为跃前断面或跃首断面，相应的水深称为跃前水深，以 $h_1$ 表示；表面水滚结束的断面称为跃后断面或跃尾断面，相应的水深称为跃后水深，以 $h_2$ 表示。表面水滚的位置是不稳定的，它沿水流方向前后摆动。跃后水深与跃前水深之差，称为跃高，以 $a$ 表示。跃前断面与跃后断面之间的距离称为水跃长度，简称跃长，以 $L_j$ 表示。

**7.6.2.2　棱柱体水平明渠的水跃方程**

由于水跃现象属于明渠急变流，发生水跃时伴随着较大的能量损失，对能量损失既不能忽略不计，又没有独立于能量方程之外的、能用来确定水头损失的公式。因此，在推求水跃方程时，应用动量方程而不用能量方程，以避开能量方程中水头损失项。即使如此，在水跃方程推导过程中，仍然要根据水跃实际情况做出如下 3 项假定：①水流与槽身接触面上的摩阻力忽略不计；②设跃前断面和跃后断面的水流属于渐变流，其动水压强按静水压强规律分布；③跃前断面与跃后断面的动量修正系数相等，且等于 1.0。

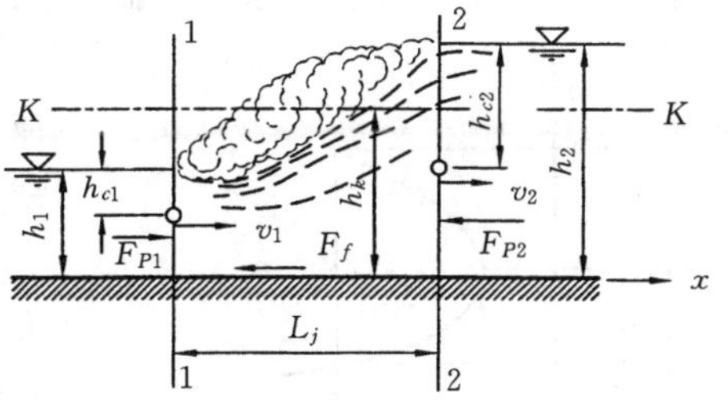


图 7.16

下面仅介绍棱柱体水平明渠中的水跃方程及其计算，其它的水跃可参阅有关书籍。对图 7.16 所示的棱柱体水平明渠中发生的水跃，可取 1—1 断面与 2—2 断面间的水体为脱离体，沿水流方向建立动量方程。

$$F_{P1}-F_f-F_{P2}=\rho Q(\beta_2 v_2-\beta_1 v_1)$$

其中，$F_{P1}=\rho g h_{c1}A_1$，$F_{P2}=\rho g h_{c2}A_2$。$h_{c1}$、$h_{c2}$分别为 1—1 断面与 2—2 断面形心点处的淹没深度。

令

$$F_f=0，\beta_1=\beta_2=1.0$$

引入连续方程

$$v_1=\frac{Q}{A_1}，\quad v_2=\frac{Q}{A_2}$$

则上式简化为如下形式

$$\rho g h_{c1}A_1-\rho g h_{c2}A_2=\frac{\rho g Q}{g}\left(\frac{Q}{A_2}-\frac{Q}{A_1}\right)$$

$$\frac{Q^2}{gA_1}+A_1h_{c1}=\frac{Q^2}{gA_2}+A_2h_{c2} \tag{7.24}$$

这就是棱柱体水平明渠的水跃方程。其意义是：在水跃区内，单位时间内流入跃前断面的动量和该断面上动水总压力之和等于单位时间内从跃后断面流出的动量与该断面上动水总压力之和。

在流量和断面形状尺寸一定时，$\frac{Q^2}{gA}+Ah_c$ 只是水深 $h$ 的函数。其中，等腰梯形断面形心点处的淹没深度 $h_c=\frac{h(3b+2mh)}{6(b+mh)}$。为便于讨论，把这个函数称为水跃函数，并用 $J(h)$表示，即

$$J(h)=\frac{Q^2}{gA}+Ah_c \tag{7.25}$$

如此一来，水跃方程可表示为

$$J(h_1)=J(h_2) \tag{7.26}$$

从式（7.26）可以看到：在平底棱柱体明渠中，对某一流量 $Q$，存在着具有相同水跃

---

不须浪饮丁都护，世上英雄本无主。（【唐】李贺《浩歌》）

函数值的两个水深（跃前水深 $h_1$ 和跃后水深 $h_2$），这一对水深称为共轭水深。

#### 7.6.2.3 水跃函数曲线

对式（7.25）表示的水跃函数式进行定性分析：$h\rightarrow 0\Rightarrow J(h)\rightarrow\infty$；$h\rightarrow\infty\Rightarrow J(h)\rightarrow\infty$，即水跃函数曲线的两端均向右方无限延伸，那么，中间必有一极小值。由 $\frac{dJ(h)}{dh}=0$（驻点），可得到相应于 $J(h)_{min}$ 值的水深为临界水深。据此，可得到水跃函数曲线如图 7.17 所示。

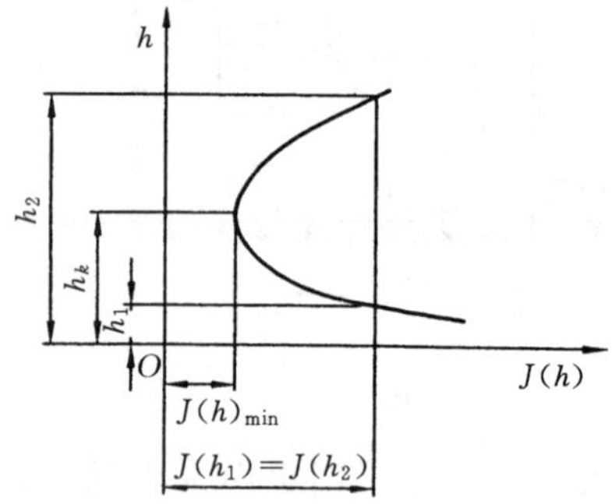


图 7.17

从水跃函数曲线不难看出：①曲线上支水流为缓流，$h>h_k$，代表跃后断面，水跃函数为增函数；曲线下支水流为急流，$h<h_k$，代表跃前断面，水跃函数为减函数。②跃前水深越小，对应的跃后水深越大。③借助水跃函数曲线可以计算水跃的共轭水深。

#### 7.6.2.4 共轭水深计算

1. 任意断面共轭水深的计算

应用水跃方程求解共轭水深时，由于 $A$ 及 $h_c$ 都是水深 $h$ 的函数，这就构成了复杂的函数关系，需要试算求解。常用的共轭水深求解方法有：试算—图解法、电算解法。

试算—图解法：先计算出已知的共轭水深（跃前水深）$h_1$（或跃后水深 $h_2$）相对应的水跃函数值 $J(h_1)$ [或 $J(h_2)$]，然后假定 3～5 个不同的水深 $h$，计算出对应的水跃函数值 $J(h)$，使求得的 $J(h)$ 值将已知的共轭水深 $h_1$（或 $h_2$）对应的水跃函数值 $J(h_1)$ [或$J(h_2)$]包含在其中，做出 $h$—$J(h)$ 函数曲线，由已知的水跃函数值 $J(h_1)$ [或 $J(h_2)$] 从曲线上可查出相对应的共轭水深 $h_2$（或 $h_1$）。注意：求跃前水深 $h_1$ 时，假定的水深 $h$ 需小于临界水深 $h_k$；求跃后水深 $h_2$ 时，假定的水深 $h$ 需大于临界水深 $h_k$。假定水深 $h$ 的值时，注意利用水跃函数曲线的增减性质。实际计算中，往往只需做出水跃函数曲线 $h$—$J(h)$ 中的一支，求跃后水深用上支，求跃前水深用下支，见【例 7.7】。

2. 等腰梯形断面共轭水深的计算

等腰梯形断面共轭水深的计算除了试算—图解法之外，还可以用查图法、迭代法。查图法是利用附图Ⅳ完成共轭水深的计算，查图方法见【例 7.7】。

梯形水平明渠共轭水深求解的迭代法：

（1）跃后水深的迭代公式。

$$h_{2_{i+1}}=\left\{\frac{6\left[J(h_1)-\frac{Q^2}{g}\frac{1}{(b+mh_{2_i})h_{2_i}}\right]}{3b+2mh_{2_i}}\right\}^{0.5} \tag{7.27}$$

其中，迭代次数 $i=0,1,2,\cdots$；$J(h_1)=\frac{Q^2}{g(b+mh_1)}h_1+\frac{h_1^2}{6}(3b+2mh_1)$，$J(h_1)$ 为已知常数。具体计算中，要求所取迭代初值 $h_{2_0}>h_1$。

（2）跃前水深的迭代公式。

$$h_{1_{i+1}}=\frac{\frac{Q^2}{g(b+mh_1)}+\left(\frac{b}{2}+\frac{mh_{1_i}}{3}\right)h_{1_i}^3}{J(h_2)} \tag{7.28}$$

其中，迭代次数 $i=0, 1, 2, \cdots$；$J(h_2)=\dfrac{Q^2}{g(b+mh_2)h_2}+\dfrac{h_2^2}{6}(3b+2mh_2)$，$J(h_2)$ 为已知常数。具体计算中，要求所取迭代初值 $h_{1_0}<h_2$。

3. 矩形断面共轭水深的计算

对矩形断面而言，$A=bh$，$h_c=\dfrac{1}{2}h$，$q=\dfrac{Q}{b}$，将其代入水跃共轭方程式（7.24），化简整理可得如下关系式。

$$\frac{q^2}{gh_1}+\frac{h_1^2}{2}=\frac{q^2}{gh_2}+\frac{h_2^2}{2}$$

$$h_1^2h_2+h_2^2h_1-\frac{2q^2}{g}=0$$

这是对称二次方程，可解出 $h_1$ 或 $h_2$。

$$h_1=\frac{h_2}{2}\left(\sqrt{1+8\frac{q^2}{gh_2^3}}-1\right)=\frac{h_2}{2}(\sqrt{1+8Fr_2^2}-1) \tag{7.29}$$

或

$$h_2=\frac{h_1}{2}\left(\sqrt{1+8\frac{q^2}{gh_1^3}}-1\right)=\frac{h_1}{2}(\sqrt{1+8Fr_1^2}-1) \tag{7.30}$$

如果引入共轭水深比

$$\eta=\frac{h_2}{h_1}$$

则

$$\eta=\frac{1}{2}(\sqrt{1+8Fr_1^2}-1) \tag{7.31}$$

#### 7.6.2.5　水跃长度

水跃段中，主流靠近底部，水流紊动强烈，对渠底有较大的冲刷作用。工程实际中必须根据水跃长度对水跃段进行加固设计。由于水跃现象的复杂性，水跃长度只能依靠实验得到的经验公式确定。从矩形断面明渠实验资料总结出的水跃长度计算公式比较多，下面介绍几个常用的水跃长度计算公式，供参考。

1. 矩形断面的水跃长度公式

（1）以跃后水深表示。

$$L_j=6.1h_2 \tag{7.32}$$

适用范围：$4.5<Fr_1<10$。

（2）以跃高表示。

$$L_j=C(h_2-h_1) \tag{7.33}$$

式中，斯麦塔纳（Smetana）取 $C=6$；厄里瓦托斯基（Elevatorski）取 $C=6.9$；长江科学院取 $C=4.4\sim6.7$。

（3）以跃前断面水流的弗汝德数 $Fr_1$ 表示。

$$L_j=10.8h_1(Fr_1-1)^{0.93} \tag{7.34}$$

式（7.34）是四川大学吴持恭等人根据宽度为 0.3～1.5m 的水槽实验资料总结出的经验公式，弗汝德数范围 $Fr_1=1.72\sim19.55$。

2. 梯形断面的水跃长度公式

$$L_j=5h_2\left(1+4\sqrt{\frac{B_2-B_1}{B_1}}\right) \tag{7.35}$$

式中：$B_1$、$B_2$ 分别为跃前断面、跃后断面的水面宽度。

3. 无压圆管的水跃长度

当 $d>h_2$ 时

$$L_j=6\frac{A_2-A_1}{B_1} \tag{7.36}$$

式中：$A_1$、$A_2$ 分别为跃前断面、跃后断面的过水断面面积；$B_1$ 为跃前断面的水面宽度。

最后需要指出的是：①由于水跃段中的水流紊动强烈，因此所有的跃长公式都是完全水跃跃长的时均值；②水跃长度随槽壁粗糙程度的增加而缩短。上述公式可用于混凝土护坦上的跃长确定；③当棱柱体明渠底坡较小时，上述跃长公式也可近似应用。

**7.6.2.6** 水跃的消能效率

水跃是水流流态的突变，运动要素的变化非常剧烈，其流速分布如图 7.18 所示。跃前断面流速最大，分布比较均匀；水跃段的流速分布呈 S 形，近底流速大，但值要比跃前断面小一些；跃后断面的流速会进一步降低，但近底流速仍然大于表面部分的流速。在跃后段内，流速分布将不断调整，近底流速逐渐减小，上部流速逐渐增大，直到跃后段结束时，断面流速分布才呈现出紊流的流速分布。跃后段长度一般为水跃长度的 2～3 倍，即 $L_{jj}=(2\sim3)L_j$。在水跃段流速分布不断调整的过程中，必然伴随着能量与动量的变化，并产生很大的能量损失。水跃段及其跃后段的能量损失仍然按能量方程计算，只是跃后断面的动能修正系数不能按 1.0 计算。而且水跃的能量损失应该是水跃段水头损失 $E_j$ 与跃后段水头损失 $E_{jj}$ 之和。

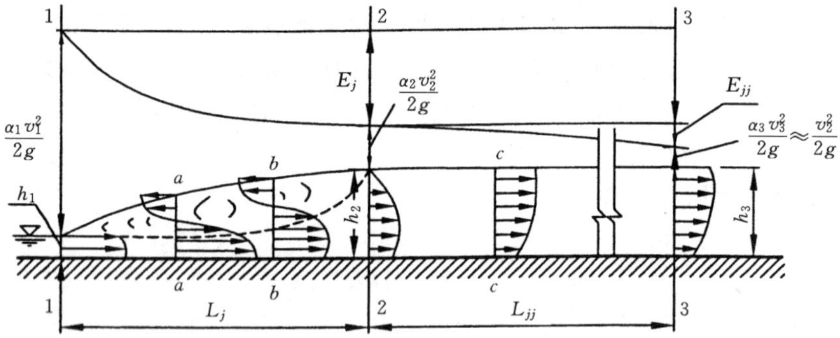


图 7.18

下面介绍平底棱柱体明渠水跃能量损失的计算。

1. 水跃段水头损失计算公式

$$E_j=\left(h_1+\frac{\alpha_1 v_1^2}{2g}\right)-\left(h_2+\frac{\alpha_2 v_2^2}{2g}\right) \tag{7.37}$$

其中，1—1 断面水流为渐变流，可取 $\alpha_1=1.0$。2—2 断面的动能修正系数远大于 1.0，对矩形断面，可用下列经验公式计算。

$$\alpha_2=0.85Fr_1^{\frac{2}{3}}+0.25 \tag{7.38}$$

在工程实际中，水跃多产生于矩形断面棱柱体水平明渠当中。由矩形断面的特点，结合连续方程并引入共轭水深比，可得到矩形断面棱柱体水平明渠水跃段的能量损失计算公式。

$$E_j=\frac{h_1}{4\eta}[(\eta-1)^3-(\alpha_2-1)(\eta+1)] \tag{7.39}$$

2. 跃后段水头损失的计算

$$E_{jj}=\left(h_2+\frac{\alpha_2 v_2^2}{2g}\right)-\left(h_3+\frac{\alpha_3 v_3^2}{2g}\right) \tag{7.40}$$

近似地令 $h_2=h_3$、$v_2=v_3$，并取 $\alpha_3=1.0$，可得到矩形断面棱柱体水平明渠水跃跃后段的水头损失计算公式。

$$E_{jj}=\frac{h_1}{4\eta}(\alpha_2-1)(\eta+1) \tag{7.41}$$

3. 水跃的总水头损失

$$\Delta E=E_j+E_{jj} \tag{7.42}$$

对棱柱体矩形断面水平明渠中的水跃，其总水头损失计算公式可统一表示为

$$\Delta E=\frac{h_1}{4\eta}(\eta-1)^3 \tag{7.43}$$

水跃段水头损失占水跃总水头损失的百分比可按下式计算

$$\frac{E_j}{\Delta E}=1-(\alpha_2-1)\frac{\eta+1}{(\eta-1)^3} \tag{7.44}$$

根据已有研究成果，当 $Fr_1\geqslant 4.5$ 时，$\frac{E_j}{\Delta E}\geqslant 90\%$，即稳定水跃条件下水跃段的消能效果很好。

4. 水跃的消能效率

水跃的总水头损失 $\Delta E$ 与跃前断面总水头 $E_1$ 的比值称为水跃的消能效率。即

$$K_j=\frac{\Delta E}{E_1}\times 100\% \tag{7.45}$$

棱柱体矩形断面水平明渠水跃的消能效率可表示为

$$K_j=\frac{\frac{h_1}{4\eta}(\eta-1)^3}{h_1+\frac{v_1^2}{2g}}=\frac{(\sqrt{1+8Fr_1^2}-3)^3}{8(\sqrt{1+8Fr_1^2}-1)(2+Fr_1^2)} \tag{7.46}$$

由式（7.46）可知，消能效率 $K_j$ 也是跃前断面佛汝德数 $Fr_1$ 的函数。$K_j$ 值愈大，水跃的消能效率愈大，消能效果愈好。

#### 7.6.2.7　水跃的分类

为了更好地了解水跃现象及其性质，可从不同角度对水跃进行分类。

1. 根据水跃表面水滚完整性划分

（1）$1<Fr_1<1.7$，称为波状水跃。水跃表面将形成一系列起伏不平的波浪，波峰沿流降低，最后消失。波状水跃无漩滚存在，混掺作用差，消能效果不显著，波动能量要经过较长距离才衰减。

（2）$Fr_1\geqslant 1.7$，水跃为具有表面水滚的典型水跃，也称为完全水跃。

2. 根据跃前断面佛汝德数 $Fr_1$ 的大小划分

实际工程中，遇到较多的是完全水跃，研究较多的也是完全水跃。许多泄水建筑物下

---

绳锯木断，水滴石穿。（【宋】罗大经《鹤林玉露》）

游常常利用水跃消能，而水跃的消能效率高低又与跃前断面水流的佛汝德数 $Fr_1$ 有关。为此，可根据跃前断面佛汝德数 $Fr_1$ 的大小对水跃进行分类。

(1) $1.7 \leqslant Fr_1 < 2.5$，称为弱水跃。水面发生许多小漩滚，消能效果不大，消能效率小于 20%，但跃后断面水流比较平稳。

(2) $2.5 \leqslant Fr_1 < 4.5$，称为不稳定水跃或摆动水跃。底部射流间歇地往上蹿，漩滚较不稳定，消能效率 20%～45%，跃后断面水流波动大，需设辅助消能工。

(3) $4.5 \leqslant Fr_1 \leqslant 9.0$，称为稳定水跃。跃后断面水面平稳，消能效果良好，消能效率达到 45%～70%。

(4) $Fr_1 > 9.0$，称为强水跃。消能效率可达到 85%，但高速主流挟带的间歇水团不断滚向下游，产生较大的水面波动，需设辅助消能工。

3. 根据水跃发生的相对位置划分

闸、坝或其它泄水建筑物出口水流往往是急流，而河渠中的水流一般多属于缓流。前已述及，从急流到缓流必然发生水跃，水跃的跃前水深与跃后水深之间必须满足水跃共轭方程。泄水建筑物出口急流可以用收缩断面水深 $h_c$ 表示，下游河渠中的缓流可以用下游水深 $h_t$ 表示。泄水建筑物下游水跃发生的位置取决于收缩断面水深 $h_c$ 及其相共轭的跃后水深 $h_c''$ 与下游水深 $h_t$ 的大小关系，即根据 $h_t$ 与 $h_c''$ 大小关系的不同，共有如下 3 种可能的水跃衔接形式，如图 7.19 所示。

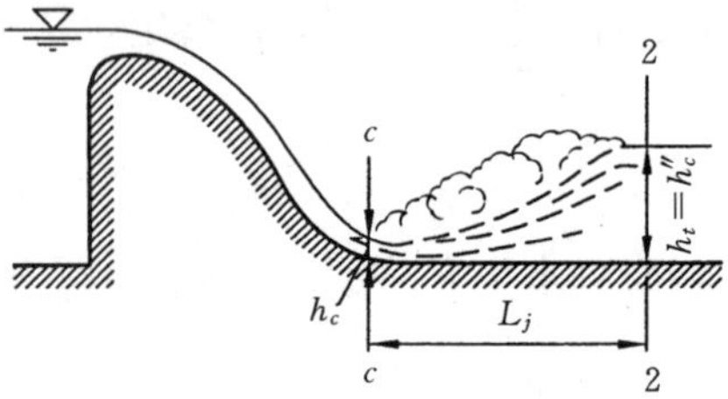


(a)

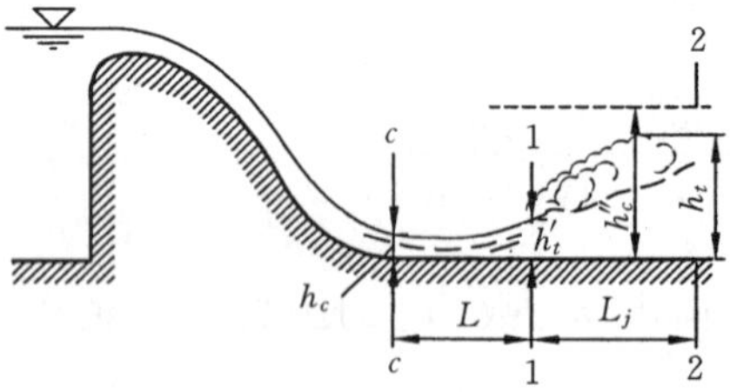


(b)

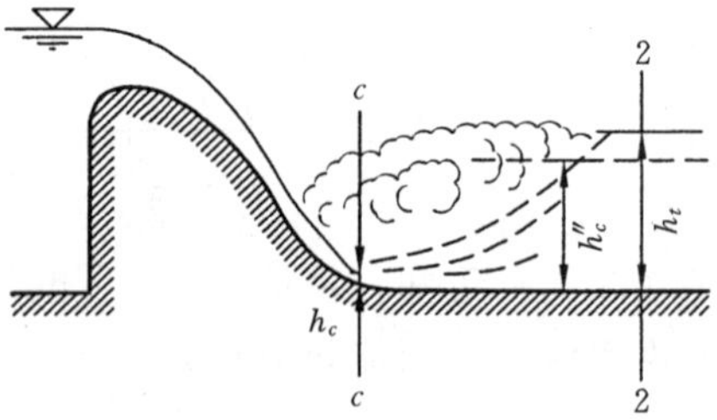


(c)

图 7.19

(a) $h_t = h_c''$；(b) $h_t < h_c''$；(c) $h_t > h_c''$

(1) $h_t = h_c''$。即与下游缓流水深 $h_t$ 相共轭的跃前水深 $h_t'$ 恰好等于收缩断面水深 $h_c$，即 $h_t' = h_c$。由于正好满足水跃发生的条件，所以水跃也正好在收缩断面产生。这种形式的水跃称为临界水跃，如图 7.19 (a) 所示。

(2) $h_t < h_c''$。根据水跃共轭方程，必然有 $h_t' > h_c$。此时，水流只能继续往下游流动，在流动过程中由于摩阻影响，流速减小，水深增大。当水深增大到恰好等于下游

缓流水深 $h_t$ 相共轭的急流水深 $h_t'$ 时，满足了水跃共轭条件，水跃发生，水流也就顺利地实现了从急流过渡到下游缓流。这时水跃的跃前水深实际为 $h_t'$，且 $h_t'>h_c$。由于水跃在收缩断面的下游发生，这种形式的水跃称为远驱水跃或远离式水跃，如图7.19（$b$）所示。

（3）$h_t>h_c''$。根据水跃共轭方程，必然有 $h_t'<h_c$。实际上，在泄水建筑物的出口断面，$h_c$ 是最小水深，不可能存在比 $h_c$ 还小的 $h_t'$，最接近 $h_t'$ 的只能是收缩水深 $h_c$。但由于与收缩水深 $h_c$ 相共轭的跃后水深 $h_c''<h_t$，水流并不能达到衔接过渡的目的。根据对比能的讨论可知：缓流条件下，水深越大，断面比能也越大。也就是说，与下游实际水深 $h_t$ 相对应的断面比能一定大于收缩水深 $h_c$ 相共轭的跃后水深 $h_c''$ 对应的断面比能。下游实际断面比能大，必然迫使水跃的表面水滚向上游移动，淹没收缩断面，如图7.19（$c$）所示。由于水跃在收缩断面的上游发生，这种形式的水跃称为淹没水跃。

工程中，一般用 $h_t$ 与 $h_c''$ 之比来表示水跃的淹没程度，该比值称为水跃的淹没系数，用 $\sigma_j$ 来表示，即 $\sigma_j=\dfrac{h_t}{h_c''}$。显然，$\sigma_j>1$ 为淹没水跃；$\sigma_j=1$，为临界水跃；$\sigma_j<1$ 为远驱水跃。临界水跃及远驱水跃都是非淹没水跃，也称自由水跃。需要注意的是：临界水跃、远驱水跃、淹没水跃三者之间的区别仅仅在于它们发生的相对位置不同，其本质是一样的。但前面所讨论的有关水跃的知识（如水跃的能量损失及水跃长度的计算）都主要针对自由水跃。

除溢流坝之外，水闸、跌水、陡坡等下游都可能出现上述3种水跃衔接形式，其判别方法是一样的。但水跃发生的位置不同，可能影响到水闸的过流能力、影响到下游消能池的尺寸及其消能效果。

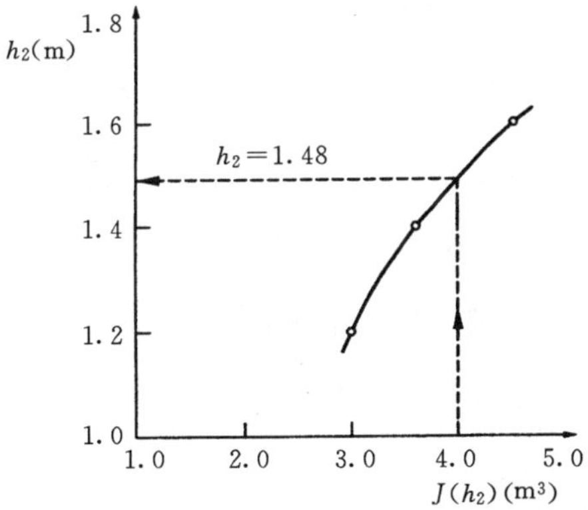


图7.20

**【例7.7】** 棱柱体梯形水平明渠中有一水跃发生。已知流量 $Q=6.0\text{m}^3/\text{s}$，边坡系数 $m=1.0$，底宽 $b=2\text{m}$，跃前水深 $h_1=0.4\text{m}$，试求跃后水深 $h_2$。

**解：**（1）试算—图解法。

跃前水深 $h_1=0.4\text{m}$ 对应的水跃函数值 $J(h_1)=4.008\text{m}^3$。

利用跃后水深为水跃函数曲线上支且为增函数的特点，假定不同跃后水深 $h_2$，求出相应的水跃函数值 $J(h_2)$，将已知值 $J(h_1)=4.008\text{m}^3$ 包含在中间，点绘 $h_2—J(h_2)$ 曲线（图7.20），从而求出跃后水深值。计算结果见表7.6。

**表7.6**　　**共轭水深试算—图解法计算结果**

| 项　目 | $h_2$ (m) | $A_2$ (m²) | $h_{c2}$ (m) | $J(h_2)$ (m³) |
|---|---|---|---|---|
| 已知值 $h_1$ | 0.400 | 0.960 | 0.189 | 4.008 |
| 计算值 $h_2$ | 1.200 | 3.840 | 0.525 | 2.973 |
| | 1.400 | 4.760 | 0.604 | 3.646 |
| | 1.600 | 5.760 | 0.681 | 4.563 |

由 $J(h_1)=4.008\text{m}^3$ 查图 7.20，得到相应的跃后水深 $h_2=1.48\text{m}$。

（2）查图法。

$q=\dfrac{Q}{b}=\dfrac{6}{2}=3\text{m}^3/(\text{s}\cdot\text{m})$，$N=\dfrac{mq^{2/3}}{b}=\dfrac{1.0\times3^{2/3}}{2}=1.040$，$\dfrac{h_1}{q^{2/3}}=\dfrac{0.4}{3^{2/3}}=0.192$

根据计算得到的 $\dfrac{h_1}{q^{2/3}}$ 及 $N$ 值，查附图Ⅳ可得

$$\frac{h_2}{q^{2/3}}=0.71,\ h_2=1.48\text{m}$$

（3）迭代法。

跃前水深 $h_1=0.4\text{m}$ 对应的水跃函数值 $J(h_1)=4.008\text{m}^3$。利用式（7.27）进行迭代计算，其计算过程与结果：取初值 $h_{2_0}=1.2\text{m}$，求得 $h_{2_1}=1.476\text{m}\Rightarrow h_{2_2}=1.485\text{m}\Rightarrow h_{2_3}=1.485\text{m}$。显然，三次迭代能达到 1‰精度。

**【课堂练习 7.3】**

棱柱体矩形水平明渠中有一水跃发生，已知条件同【例 7.7】。试求跃后水深 $h_2$，并计算水跃的消能效率。

**【例 7.8】** 棱柱体矩形水平明渠中有一水闸，已知过闸流量 $Q=20\text{m}^3/\text{s}$，闸孔宽度 $b=4\text{m}$，且与渠道同宽。闸后收缩水深 $h_c=0.45\text{m}$，闸后渠道水深 $h_t=2.955\text{m}$。试确定：

（1）闸后是否有水跃发生。

（2）如果有水跃发生，计算收缩水深 $h_c$ 相共轭的跃后水深 $h''_c$。

（3）判定水跃发生的位置，计算水跃的共轭水深。

（4）水跃长度。

（5）水跃类型。

（6）水跃的能量损失、消能功率、消能效率。

**解：**（1）计算临界水深：

$$h_k=\sqrt[3]{\frac{\alpha Q^2}{gb^2}}=\sqrt[3]{\frac{1.0\times20^2}{9.8\times4^2}}=1.366\ (\text{m})$$

由于 $h_c<h_k$，水流为急流；下游水深 $h_t>h_k$，水流为缓流。闸后有水跃发生。

（2）计算收缩水深 $h_c$ 相共轭的跃后水深 $h''_c$。

单宽流量

$$q=\frac{Q}{b}=\frac{20}{4}=5\ [\text{m}^3/(\text{s}\cdot\text{m})]$$

收缩断面流速

$$v_c=\frac{q}{h_c}=\frac{5}{0.45}=11.111\ (\text{m/s})$$

收缩断面 $h_c$ 相应的共轭水深

$$h''_c=\frac{h_c}{2}\left(\sqrt{1+8\frac{q^2}{gh_c^3}}-1\right)=\frac{0.45}{2}\times\left(\sqrt{1+8\times\frac{5^2}{9.8\times0.45^3}}-1\right)=3.15\ (\text{m})$$

（3）判定水跃发生的位置，计算水跃的共轭水深。

由于 $h_t<h''_c$，故可判定闸后发生远驱水跃。此时，跃后水深 $h_2=h_t=2.955\text{m}$，相应的跃前水深为

$$h_1=\frac{h_2}{2}\left(\sqrt{1+8\frac{q^2}{gh_2^3}}-1\right)=\frac{2.955}{2}\times\left(\sqrt{1+8\times\frac{5^2}{9.8\times2.955^3}}-1\right)=0.5\ (\text{m})$$

(4) 水跃长度。

跃前断面的流速及其佛汝德数

$$v_1=\frac{q}{h_1}=\frac{5}{0.5}=10\ (\text{m/s})$$

$$Fr_1=\frac{v_1}{\sqrt{gh_1}}=\frac{10}{\sqrt{9.8\times0.5}}=4.518$$

$Fr_1>1.72$，可按式（7.34）计算水跃长度

$$L_j=10.8h_1(Fr_1-1)^{0.93}=10.8\times0.5\times(4.518-1)^{0.93}=17.394\ (\text{m})$$

(5) 水跃类型。

$Fr_1>1.7$，可判定水跃为完全水跃。另外，$4.5<Fr_1<9.0$，可判定水跃类型为稳定水跃。

(6) 水跃的能量损失、消能功率、消能效率。

1) 水跃段水头损失按式（7.39）计算，其中跃后断面的动能修正系数按式（7.38）计算。

$$\alpha_2=0.85Fr_1^{\frac{2}{3}}+0.25=0.85\times4.518^{\frac{2}{3}}+0.25=2.528$$

共轭水深比

$$\eta=\frac{h_2}{h_1}=\frac{2.955}{0.5}=5.91$$

$$E_j=\frac{h_1}{4\eta}[(\eta-1)^3-(\alpha_2-1)(\eta+1)]$$

$$=\frac{0.5}{4\times5.91}\times[(5.91-1)^3-(2.528-1)(5.91+1)]=2.28\ (\text{m})$$

2) 跃后段水头损失按式（7.41）计算。

$$E_{jj}=\frac{h_1}{4\eta}(\alpha_2-1)(\eta+1)=\frac{0.5}{4\times5.91}\times(2.528-1)(5.91+1)=0.223\ (\text{m})$$

3) 水跃的总水头损失按式（7.42）或式（7.43）计算。

$$\Delta E=E_j+E_{jj}=2.28+0.223=2.503\ (\text{m})$$

相应的消能功率

$$N_j=\rho gQ\Delta E=1000\times9.8\times20\times2.503=490.65\ (\text{kW})$$

水跃段水头损失占水跃总水头损失的比例按式（7.44）计算。

$$\frac{E_j}{\Delta E}=\frac{2.28}{2.503}\times100\%=91.1\%$$

消能效率按式（7.45）或式（7.46）计算。

$$E_1=h_1+\frac{v_1^2}{2g}=0.5+\frac{10^2}{2\times9.8}=5.602\ (\text{m})$$

$$K_j=\frac{\Delta E}{E_1}\times100\%=\frac{2.503}{5.602}\times100\%=44.7\%$$

## 本 章 小 结

1. 缓流的特点：________________________；

急流的特点：________________________；

临界流的特点：______________________________。

2. 明渠水流缓流、急流、临界流的判别方法：①____________；②______________；③____________；④____________。

除此而外，明渠均匀流独有的流态判别方法：⑤______________。

3. 临界底坡的定义：________________。

借助临界底坡可将正坡明渠分为：①____________；②____________；③____________。

4. 佛汝德数 $Fr$ 的意义：________________________________________________。

5. 断面比能 $E_s$ 与断面单位重量液体总机械能 $E$ 之间的区别：______________________；

断面比能 $E_s$ 与断面单位重量液体总机械能 $E$ 之间的联系：________________________。

6. 比能曲线的特点：______________________________________。

7. 棱柱体明渠恒定非均匀渐变流 12 条水面曲线的特点：①______________________；②________________________；③______________________；④________________________

8. 棱柱体明渠非均匀流水面曲线计算类型：①__________；②__________；

非棱柱体明渠非均匀流水面曲线计算类型：________________；

9. 弯道缓流的水流特点：________________________________________。

10. 水跃是明渠水流从________________过渡到________________时发生的一种局部水力现象。表征水跃现象的参数有：①______________；②______________；③______________；④______________。

11. 水跃函数曲线的特点：______________________________________。

12. 水跃共轭水深之间的关系：__________________________________________。

## 思　考　题

1. 明渠非均匀流的流态判别方法有哪几种？均匀流流态判别方法又有哪几种？

2. 明渠均匀流 $E_s$ 和 $E$ 沿程怎样变化？明渠非均匀流 $E_s$ 和 $E$ 沿程怎样变化？

3. 试分析：

(1) 在粗糙系数 $n$ 沿程不变的棱柱体矩形断面渠道中，当底坡 $i$ 一定时，临界底坡 $i_k$ 随流量怎样变化？

(2) 如果原来为缓流均匀流，当流量增加或减小时，能否变成急流均匀流？

(3) 如果原来为急流均匀流，当流量增加或减小时，能否变成缓流均匀流？

4. 非均匀流水面曲线定性分析时，底坡共有几种形式？分别是什么？分区如何定义？怎样确定控制水深？

5. 水面曲线的一般变化规律有哪些？

6. 水跃消能效率高低主要与哪个因素有关？

7. 试举出在明渠中发生临界水深的实例，并用图标明临界水深的位置。

8. 通过推导证明，明渠均匀流时的水力坡度、测压管水头线坡度、底坡三者相等，即 $J=J_P=i$，并说明非均匀流时为何不等。

9. 仔细观察水力学实验水槽中的水流现象，如图 7.21 所示。若流量保持不变，提高或降低尾门，

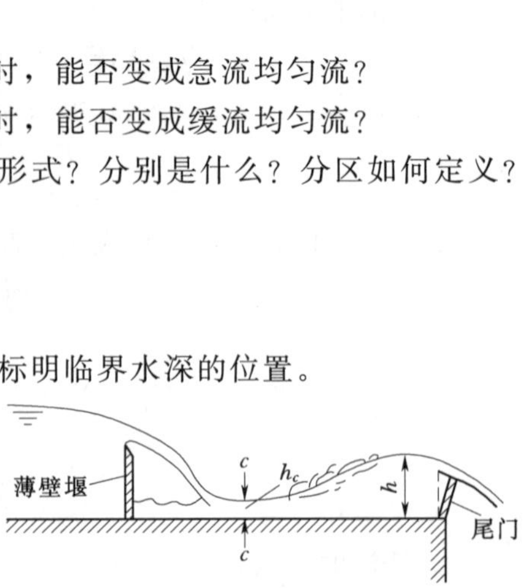


图 7.21

试分析水跃位置向哪边移动，为什么？

## 作　业　题

1. 一混凝土衬砌矩形断面渠道，已知底宽 $b=5\text{m}$，糙率 $n=0.017$，底坡 $i=0.0003$，流量 $Q=10\text{m}^3/\text{s}$，渠道中水流为均匀流，试分别用干扰波速法、临界水深法、佛汝德数法、断面比能法及临界底坡法判别渠道中的水流流态是急流还是缓流？

（参考答案：$h_0=1.875\text{m}$，$v=1.067\text{m/s}$，$h_k=0.742\text{m}$，$v_w=4.287\text{m/s}$，$Fr=0.249$，$i_k=0.00442$，缓流）

2. 一梯形断面渠道，已知底宽 $b=8\text{m}$，边坡系数 $m=1$，糙率 $n=0.014$，底坡 $i=0.0015$，流量 $Q=8\text{m}^3/\text{s}$。

（1）试用不同方法计算渠道的临界水深 $h_k$。

（2）试用不同方法判别水流作均匀流时的流态。

[参考答案：（1）$h_0=0.546\text{m}$，$h_k=0.458\text{m}$，$v_w=2.242\text{m/s}$，$Fr=0.765$，$i_k=0.00268$；（2）缓流]

3. 试分析并定性绘出图 7.22 所示底坡变化情况下的渠道水面曲线。已知上、下游渠道断面形状、尺寸以及粗糙系数均相同，并且为长直棱柱体明渠。

4. 有一梯形断面渠道，底宽 $b=6\text{m}$，边坡系数 $m=2$，糙率 $n=0.025$，底坡 $i=0.0016$，当通过流量 $Q=10\text{m}^3/\text{s}$ 时，渠道末端断面水深 $h=1.5\text{m}$。试通过计算判定水面线类型并采用分段求和法列表计算水面曲线。（提示：计算类型为已知两端水深，求流段距离）

（参考答案：$h_0=0.963\text{m}$，$h_k=0.611\text{m}$，$i_k=0.00795$，缓坡。由于 $h>h_0>h_k$，可判定水面线为 $a_1$ 型，水深在 0.97～1.5m，按 0.1m 增量计算，壅水长度约为 693m）

5. 某水库泄水槽为矩形断面，长度 $s=56\text{m}$，底宽 $b=5\text{m}$，浆砌块石护面，糙率 $n=0.025$，底坡 $i=0.25$，当泄水槽通过流量 $Q=30\text{m}^3/\text{s}$ 时，试通过计算判定水面线类型并采用分段求和法列表计算水面曲线。（提示：泄水槽进口水深为临界水深，计算类型为已知一端水深和流段距离，求另一端水深）

（参考答案：$h_0=0.524\text{m}$，$h_k=1.54\text{m}$，$h_0<h_k$，底坡为陡坡，水面线为 $b_2$ 型，泄槽末端水深约为 0.53m）

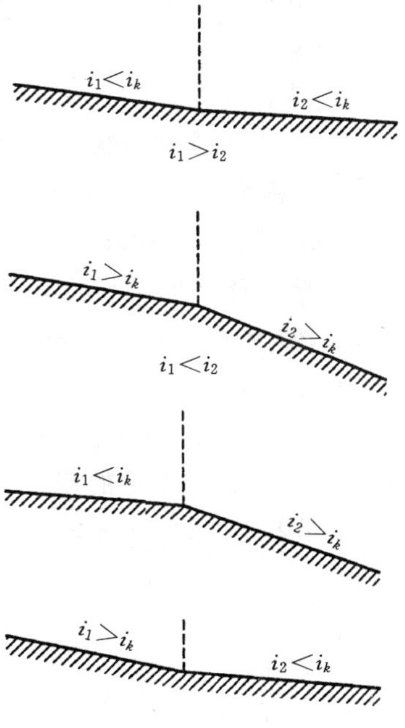


图 7.22

6. 平底矩形渠道，后接一直线收缩的变宽度陡槽，断面仍为矩形。进口底宽与上游渠道相等，$b_1=8\text{m}$，出口底宽 $b_2=4\text{m}$，糙率 $n=0.016$，底坡 $i=0.06$，长度 $s=100\text{m}$，进口处水深为临界水深，当陡槽泄流量 $Q=40\text{m}^3/\text{s}$ 时，试用分段求和法列表计算陡槽水面曲线。

（参考答案：进口断面，$b=b_1=8\text{m}$，$h=h_k=1.366\text{m}$；中间断面，$b=6\text{m}$，$h=0.82\text{m}$；出口断面，$b=4\text{m}$，$h=1.07\text{m}$）

7. 由两段不同底坡 $i_1$ 和 $i_2$ 的渠道相连接的棱柱体明渠，渠道断面为矩形，底宽 $b=3\text{m}$。当通过流量 $Q=15\text{m}^3/\text{s}$ 时，已知 $i_1$ 和 $i_2$ 渠段的正常水深分别为 $h_{01}=0.7\text{m}$ 和 $h_{02}=2\text{m}$。要求：

(1) 判别上、下游渠道各为何种底坡。

(2) 确定水跃发生在哪一渠段上。

(3) 定性绘出渠道的水面曲线，并注明曲线的名称。

[参考答案：(1) $h_k=1.366\text{m}$，上游缓坡，下游陡坡；(2) $h_t'=0.884\text{m}$，水跃发生在下游渠段；(3) 略。]

8. 有一宽度 $b=1.0\text{m}$ 的矩形断面棱柱体渠道，通过流量 $Q=3.13\text{m}^3/\text{s}$ 时，正常水深 $h_0=1.5\text{m}$。要求：

(1) 判别该渠道底坡属于缓坡、陡坡或临界坡。

(2) 测得某断面水深 $h=1.25\text{m}$，判别该处水流为缓流或急流，渠道中发生何种类型的水面曲线，绘出其图形。

[参考答案：(1) 缓坡；(2) 缓流，$b_1$ 型水面曲线，图形略。]

9. 棱柱体矩形水平明渠中有一水跃，已知单宽流量 $q=10\text{m}^3/(\text{s}\cdot\text{m})$，跃前水深 $h_1=0.5\text{m}$。试求：

(1) 跃后水深 $h_2$。

(2) 水跃长度。

(3) 水跃类型。

(4) 水跃的能量损失、消能功率及其消能效率。

[参考答案：(1) $h_2=6.144\text{m}$；(2) $L_j=37.5\text{m}$；(3) $Fr_1=9.04$，强水跃；(4) $E_j=14.23\text{m}$，$E_{jj}=0.40\text{m}$，$\Delta E=14.63\text{m}$，$N_j=1433.74\text{kW/m}$，$K_j=70\%$]

10. 棱柱体梯形水平明渠中有一水跃，已知流量 $Q=45\text{m}^3/\text{s}$，底宽 $b=7\text{m}$，边坡系数 $m=1.5$，跃前水深 $h_1=0.8\text{m}$。试用不同方法计算跃后水深 $h_2$。

(参考答案：$h_2=2.341\text{m}$)

11. 今测得棱柱体矩形断面水平明渠中水跃共轭水深 $h_1=0.2\text{m}$，$h_2=1.4\text{m}$，渠道底宽 $b=1\text{m}$。求通过渠道的流量 $Q$。

(参考答案：$Q=1.48\text{m}^3/\text{s}$)

# 第 8 章　堰流与闸孔出流的水力计算

**【情景提示】**

1.“堰”与“闸”，字之寓意？从古老的四川都江堰到当代的长江三峡水利枢纽，漫长的历史进程中，修建了数以万计的、大大小小的、各种各样的堰和闸，堰闸的过流能力如何计算？

2.江河截流，合龙是关键。龙口的水流状况及水力计算成果是截流方案制定的重要依据之一，龙口水力计算的依据又是什么？

3.桥梁是江河上主要交叉建筑物，桥下水流形态及其上游壅水状况、桥孔的过流能力等问题又该如何解决？

**【本章导读】**

水利工程中为了宣泄洪水以及引水灌溉、发电、给水等目的，常需要修建堰、闸等水工建筑物，以控制水库或河渠中的水位与流量。实际工程中，堰、闸等泄水建筑物的水流状态及其过流能力往往是工程建设关注的重点，其水力设计与计算成果是工程建设方案的重要组成部分。从研究过流能力及其影响因素等方面来看，堰流与闸孔出流的共同点突出表现在：①堰流及闸孔出流都是由于堰或闸壅高了上游水位，形成了一定的作用水头，即水流具有一定的势能。泄水过程中，都是在重力作用下将势能转化为动能的过程。因此，作用水头愈大，转化的动能也愈大，相应的堰、闸的过流能力就比较大。②堰和闸都是局部控制性建筑物，起控制水位和流量的作用。③堰流及闸孔出流都属于明渠急变流，在较短距离内流线发生急剧弯曲，离心惯性力对建筑物表面的动水压强分布及其过流能力均有一定的影响，流动过程中的水头损失以局部水头损失为主。正是由于堰流与闸孔出流在受力状态、能量转换方式以及水流流态等方面的共同点，通常总是将堰流和闸孔出流排在同一章。

**【教学要求】**

①掌握堰流及闸孔出流的概念。②掌握堰流及闸孔出流的水力计算类型及其计算方法。通常包括：堰闸的过流能力、堰孔宽度、堰闸作用水头、闸门开度等。

## 8.1　概　　述

### 8.1.1　堰流与闸孔出流的概念

既能壅高上游水位，又能从自身溢水的建筑物称为堰。

水流由于受到堰坎或两侧边墙的束窄阻碍，上游水位壅高，水流经过溢流堰顶下泄，其溢流水面上缘不受任何约束，而成为光滑连续的自由降落水面，这种水流现象称为堰流，如图 8.1 (*a*) 所示。

水流受到闸门或胸墙的控制，闸前水位壅高，水流由闸门底缘与闸底板之间孔口流出，过水断面受闸门开启尺寸的限制，其水面是不连续的，这种水流现象称为闸孔出流，如图 8.1 (*b*) 所示。

生于忧患，死于安乐。(【战国】孟子《孟子·告子下》)

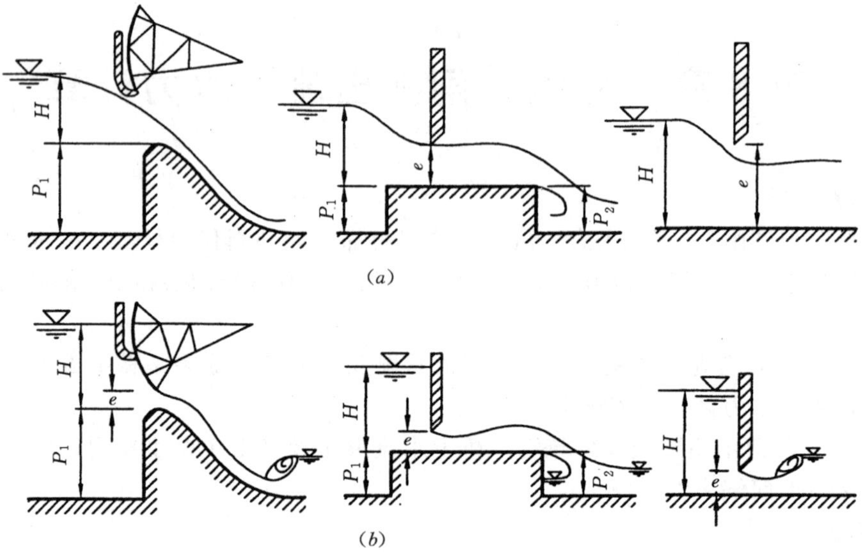


图 8.1

(a) 堰流；(b) 闸孔出流

### 8.1.2 堰流与闸孔出流的水流状态判别

堰流与闸孔出流是两种不同的水流现象。具体表现在：堰流时，水流不受闸门或胸墙控制，水面曲线是一条光滑连续的降落曲线。而闸孔出流时，水流要受到闸门的控制，闸孔上下游水面是不连续的。从这一点来看，堰流与闸孔出流水流现象的不同点主要表现在水流是否受闸门控制。显然，对明渠中具有闸门控制的同一过流建筑物而言，在一定边界条件下，堰流与闸孔出流是可以相互转化的，即在某一条件下为堰流，而在另一条件下可能是闸孔出流。具体来讲，当闸孔出流的闸门开度增大到一定程度时，闸前水面下降至不与闸门底缘相接触，此时水流性质就由闸孔出流过渡至堰流。反之，如原水流为堰流，当闸门开度减小到能对水流起控制作用时，水流即过渡为闸孔出流，如图 8.1 所示。堰流与闸孔出流两种水流现象相互转化的条件除与闸门相对开度$\frac{e}{H}$有关外，还与闸底坎形式或闸门（或胸墙）的形式有关，另外，还与上游来水是涨水还是落水有关。经过大量的试验研究，一般可采用如下关系式来判别堰流与闸孔出流。

闸底坎为平顶堰：$\frac{e}{H}\leqslant 0.65$ 为闸孔出流，$\frac{e}{H}>0.65$ 为堰流。

闸底坎为曲线堰：$\frac{e}{H}\leqslant 0.75$ 为闸孔出流，$\frac{e}{H}>0.75$ 为堰流。

式中：$H$ 为从堰顶或闸底坎算起的闸前水深；$e$ 为闸门开度，如图 8.1 所示。

堰流和闸孔出流是两种不同的水流现象，其设计方法与水力计算方法也不尽相同，必须予以分别研究。

## 8.2 堰流的水力计算

### 8.2.1 堰流类型

在水利工程中，根据不同的建筑条件和使用要求，可将堰做成不同的类型。例如，混凝土溢流坝，就建筑物而言，属于重力坝的一种，但从水流现象而言，则属于曲线形实用堰流。防洪工程的泄洪闸、分洪闸，灌溉工程的进水闸、节制闸、分水闸等就建筑物而言，属于水闸，但就水流现象来说，当闸门完全开启，闸门底缘与水面不相接触时，可能属于宽顶堰流。小桥桥孔与无压涵洞尽管是不同的水工建筑，但就水流条件而言，均属宽顶堰流。在进行水力计算时，关注的是水流现象，而不是堰的用途。堰坎厚度及外形不同，过堰水流的能量损失大小不同，过流能力也不一样。水力学中常按堰坎厚度 $\delta$ 与堰上水头 $H$ 的比值，即按堰的相对厚度对堰流进行分类，具体可分为如下 3 种类型，如图 8.2 所示。

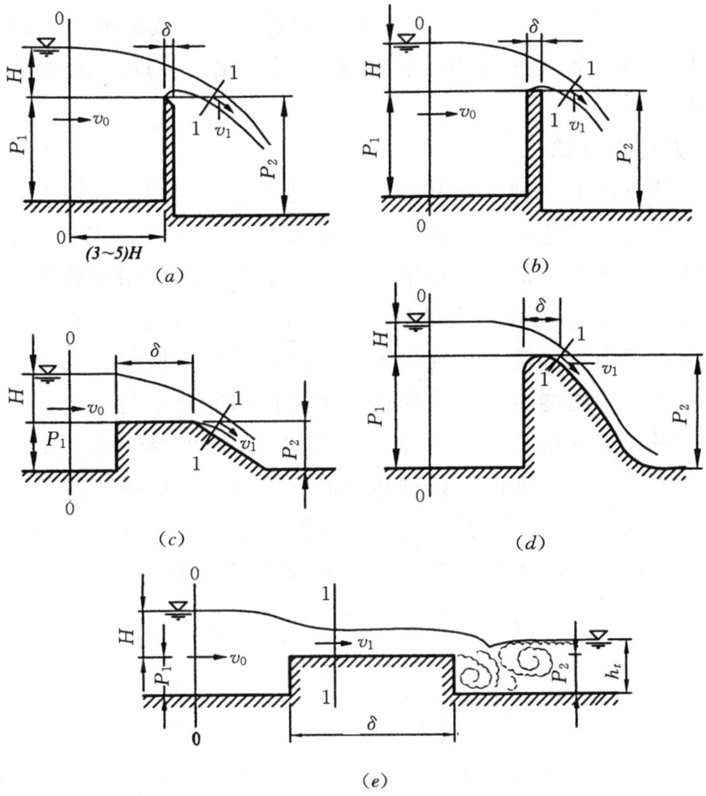


图 8.2

（1）薄壁堰流：$\frac{\delta}{H}<0.67$。此时，越过堰顶的水舌形状不受堰坎厚度的影响，水舌下缘与堰顶呈线的接触，水面为单一的降落曲线，如图 8.2（$a$）、（$b$）所示。由于薄壁堰常将堰顶做成锐缘，故薄壁堰也称为锐缘堰。

（2）实用堰流：$0.67\leqslant\frac{\delta}{H}<2.5$。此时，水舌下缘与堰顶呈面的接触，水舌受到堰顶的约束和顶托，但这种影响还不是很大，越过堰顶的水流主要还是在重力作用下的自由跌落，如图 8.2（$c$）、（$d$）所示。

（3）宽顶堰流：$2.5\leqslant\frac{\delta}{H}<10$。此时，堰顶厚度对水流的顶托作用已经非常明显，进

桃李不言，下自成蹊。（【西汉】司马迁《史记·李将军列传》）

入堰顶的水流受到堰顶垂直方向的约束，过水断面减小，流速增大，加之水流进入堰顶时存在局部水头损失，因此，在进口处形成了水面跌落。然后水面几乎与堰顶保持平行，当下游水位较低时，流过堰顶的水流又会产生第二次水面跌落。此种情况下，过堰水流的水头损失仍然以局部水头损失为主，沿程水头损失可以忽略不计，如图 8.2（*e*）所示。

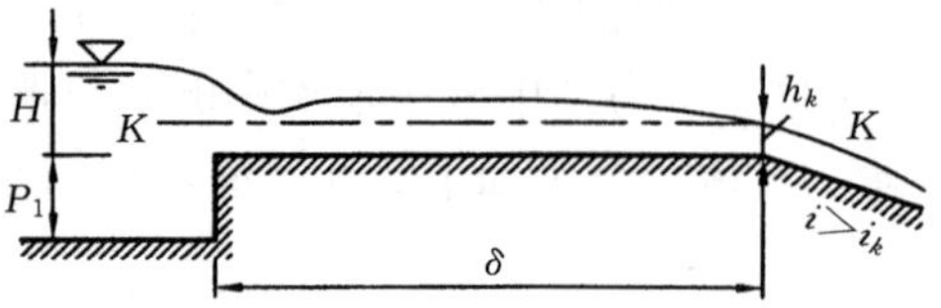

图 8.3

当$\frac{\delta}{H}>10$时，沿程水头损失已不能忽略，此时的水流特性不再属于堰流，而应该按明渠水流计算，如图 8.3 所示。

以上关于堰流类型的划分是由试验决定的，仅是一个大致标准。对同一个堰而言，堰坎厚度 $\delta$ 是一定的，但堰上水头 $H$ 却是随水流状况变化的，即堰流类型的划分完全是从水力学角度考虑的。

### 8.2.2　堰流的水力计算公式

堰流的类型虽然有以上三种，但其水流的运动却有着共同的规律。比如，水流在趋近堰顶时，由于流线收缩，流速增大，溢流自由水面均有明显的降落；从作用力方面来讲，重力作用是主要的；从水流的流线变化情况来看，堰流都属于明渠急变流，离心惯性力的影响比较显著，有时还存在表面张力的影响；从能量转化过程来看，都是势能转换为动能，而且水流运动过程中以局部水头损失为主。这就是说，堰流的水力计算问题可以用同一个公式来描述。下面应用能量方程推导堰流水力计算的基本公式。

以过堰顶的水平面为基准面，离开堰壁上游 3～5 倍的堰上水头处选取 0—0 过水断面，以其作为上游渐变流过水断面，以过堰顶的水平面与流股中心线的交线处的过水断面为 1—1 过水断面（该断面的水流为急变流），如图 8.2（*a*）、（*b*）、（*c*）、（*d*）所示。上游 0—0 断面与下游 1—1 断面对过堰顶的 0—0 基准面列能量方程。

$$H+\frac{\alpha_0 v_0^2}{2g}=\overline{z+\frac{p}{\rho g}}+\frac{\alpha_1 v_1^2}{2g}+\zeta\frac{v_1^2}{2g}$$

设 $H_0=H+\frac{\alpha_0 v_0^2}{2g}$，$H_0$ 称为堰上全水头。

令$\overline{z+\frac{p}{\rho g}}=\xi H_0$，其中 $\xi$ 为某一修正系数，表示的是 1—1 过水断面平均测压管水头与堰上全水头之间的比例系数。则

$$v_1=\frac{1}{\sqrt{\alpha_1+\zeta}}\sqrt{2g(1-\xi)H_0}$$

堰顶一般为矩形断面，设其宽度为 $b$，并令 1—1 断面的水深 $h_1=kH_0$，其中 $k$ 为反映堰顶水流垂直收缩程度的一个系数。这样一来，通过 1—1 过水断面的流量就可以表示为

$$Q=b\cdot kH_0\cdot v_1=b\cdot kH_0\ \frac{1}{\sqrt{\alpha_1+\zeta}}\sqrt{2g(1-\xi)H_0}$$

令 $\varphi=\frac{1}{\sqrt{\alpha_1+\zeta}}$，称为流速系数，主要反映局部水头损失的影响。

令 $m=\varphi k\sqrt{1-\xi}$，称为堰流的流量系数，间接地反映堰的过流能力大小。

代入上式，化简整理可得到堰流水力计算的基本公式

$$Q=mb\sqrt{2g}H_0^{3/2} \tag{8.1}$$

从上面的推导过程可以看出，流量系数 $m=f(\varphi, k, \xi)$，所有这些影响堰流过流能力的因素除与堰上水头 $H$ 有关外，还与堰高、堰顶边缘的进口形状等边界条件有关。因此，不同类型、不同高度的堰，其流量系数 $m$ 不尽相同。即堰流类型不同，其流量系数 $m$ 的计算公式或确定方法各不相同。

在实际工程中，由于下游水位过高，以致影响了堰的过流能力，这时的堰流就称为淹没出流；反之，称为自由出流。此外，为了工程上的需要，堰顶常设闸墩或边墩，闸墩和边墩的存在会引起水流的侧向收缩，降低过流能力，这种堰称为有侧收缩堰；反之，称为无侧收缩堰。为客观地反映这些影响因素，需要对堰流基本公式予以修正，修正的方法就是乘以淹没系数 $\sigma_s$ 及侧收缩系数 $\varepsilon_1$。由此得到堰流水力计算的完整公式为

$$Q=\sigma_s\varepsilon_1 mnb\sqrt{2g}H_0^{3/2} \tag{8.2}$$

式中：$n$ 为堰孔数目；$b$ 为单孔净宽。

在公式应用过程中，若为无侧收缩堰，则 $\varepsilon_1=1$；若为有侧收缩堰，$\varepsilon_1<1$。若堰为自由出流，则 $\sigma_s=1$；若堰为淹没出流，$\sigma_s<1$。

尽管各类堰流水力计算的基本公式是同一个，但堰流类型不同，流量系数 $m$、淹没系数 $\sigma_s$ 及侧收缩系数 $\varepsilon_1$ 的确定方法各不相同。即使同为实用堰流，但因其剖面形状不同，上述 3 个系数的确定方法也不一样。由此可见，堰流的水力计算问题最终归结为流量系数 $m$、淹没系数 $\sigma_s$ 及侧收缩系数 $\varepsilon_1$ 的计算问题。从堰流的水力计算公式不难归纳出堰流的水力计算类型：①求流量 $Q$；②求堰上水头 $H$；③求堰宽 $b$。但由于堰流公式中的流量系数 $m$、侧收缩系数 $\varepsilon_1$、淹没系数 $\sigma_s$ 与堰流的 3 个基本水力要素流量、堰上水头、堰宽之间有着复杂的联系，这就导致堰流的水力计算往往需要试算。

### 8.2.3　薄壁堰流的水力计算

薄壁堰流具有稳定的水头和流量关系，而且制作简单，使用方便，量水精度高，故常用于实验室模型试验或野外量测流量。在工业和给水工程中，有时兼作控制水位和分配流量的设备。有些临时性挡水建筑物，如叠梁闸门也可近似按薄壁堰流计算。此外，工程实际中广泛采用的曲线型实用堰和隧洞进口曲线等也常根据薄壁堰流水舌下缘曲线设计，如图 8.4（*a*）所示。常见的薄壁堰根据缺口形状不同，可分为矩形薄壁堰、三角形薄壁堰、梯形薄壁堰等，如图 8.4（*b*）、（*c*）、（*d*）所示。

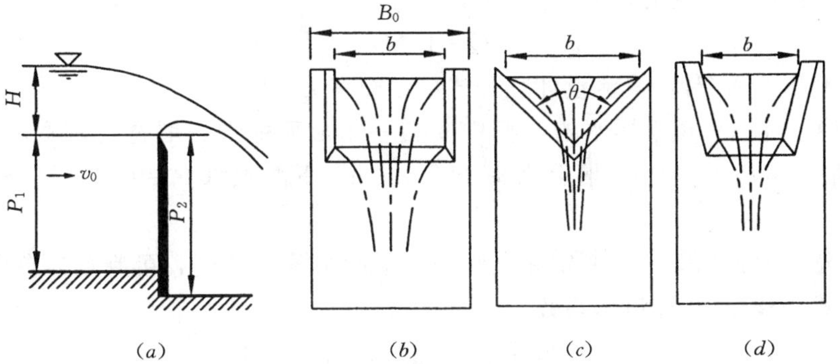


图 8.4

人生贵知心，定交无暮早。（【明】袁中道《德山别杨西来》）

#### 8.2.3.1　矩形薄壁堰

实验证明：当矩形薄壁堰流无侧收缩、自由出流时，水流最为稳定。在测定流量时，要尽量保证薄壁堰流无侧收缩自由出流，同时还应该满足：①堰上水头不宜过小（$H>2.5\text{cm}$）。否则，溢流水舌受表面张力的影响，出流不稳定；②水舌下面的空间必须与大气相通。否则，溢流水舌将空气不断带走，压强降低，水舌下面形成局部真空，也影响出流的稳定性。保证水舌下面有良好通气的措施便是紧靠堰板下游侧埋设通气管。

将行近流速的影响考虑在流量系数当中，矩形薄壁堰流量公式可改写为

$$Q=m_0 b\sqrt{2g}H^{3/2} \tag{8.3}$$

（1）无侧收缩、自由出流时，流量系数可按下列公式计算。

1）巴赞公式（Bazin，1898 年）。

$$m_0=\left(0.405+\frac{0.0027}{H}\right)\left[1+0.55\left(\frac{H}{H+P_1}\right)^2\right] \tag{8.4}$$

其中，$H$、$P_1$ 以 m 计。适用范围是 $0.025\leqslant H\leqslant 1.24$，$b\leqslant 2\text{m}$，$P_1\leqslant 1.13\text{m}$。

2）雷伯克公式（Th. Rehbock，1929 年）。

$$m_0=0.403+0.053\frac{H}{P_1}+\frac{0.0007}{H} \tag{8.5}$$

其中，$H$、$P_1$ 以 m 计。适用范围是 $H\geqslant 0.025$，$b=B$，$P_1\geqslant 0.3\text{m}$，$\frac{H}{P_1}\leqslant 2$。

（2）有侧收缩影响、自由出流时，流量系数可用下列公式计算。

$$m_0=\left(0.405+\frac{0.0027}{H}-0.03\frac{B_0-b}{B_0}\right)\left[1+0.55\left(\frac{H}{H+P_1}\right)^2\left(\frac{b}{B_0}\right)^2\right] \tag{8.6}$$

式中：$B_0$ 为上游引水渠宽度，如图 8.4（$b$）所示。

当下游水位超过堰顶，并且在堰下形成淹没水跃，即 $\frac{z}{P_2}<0.7$ 时，就认为薄壁堰流为淹没出流。其中，$z$ 为上、下游水位差，$P_2$ 为下游堰高。发生淹没出流时，过流能力开始降低，下游水面波动较大，溢流很不稳定。故作为量测流量的薄壁堰不宜在淹没条件下工作。关于薄壁堰淹没系数的确定可查阅有关书籍。

#### 8.2.3.2　三角形薄壁堰

当量测流量较小（小于 $0.1\text{m}^3/\text{s}$）时，宜采用三角形薄壁堰，如图 8.4（$c$）所示。

当 $\theta$ 角为直角时，其流量公式为

$$Q=1.4H^{2.5} \tag{8.7}$$

当 $\theta$ 角不等于 90°时，其流量计算公式可参阅有关书籍。

**【例 8.1】** 有一平底矩形水槽，槽中安装一矩形薄壁堰，堰宽与槽宽相等，$b=B=0.4\text{m}$，堰高 $P_1=P_2=0.5\text{m}$，堰上水头 $H=0.4\text{m}$，下游水深 $h_t=0.35\text{m}$。求通过该堰的流量。

**解：** 堰宽与槽宽相等，可判定无侧收缩。下游水深 $h_t<P_2$，可判定为自由出流。

（1）按式（8.4）计算流量系数

$$m_0=\left(0.405+\frac{0.0027}{0.4}\right)\left[1+0.55\times\left(\frac{0.4}{0.4+0.5}\right)^2\right]=0.457$$

过堰流量由式（8.3）计算

$$Q=0.457\times0.4\times\sqrt{2\times9.8}\times0.4^{\frac{3}{2}}=0.205\ (m^3/s)$$

（2）按式（8.5）计算流量系数

$$m_0=0.403+0.053\times\frac{0.4}{0.5}+\frac{0.0007}{0.4}=0.447$$

过堰流量同样可由式（8.3）求得

$$Q=0.447\times0.4\times\sqrt{2\times9.8}\times0.4^{\frac{3}{2}}=0.2002(m^3/s)$$

### 8.2.4　实用堰流的水力计算

实用堰是水利工程中最为常见的泄水建筑物，它的剖面形式随着生产的发展而不断改进。用条石或其它当地材料修建的中、低溢流堰，堰顶剖面常做成折线形，称为折线型实用堰，如图 8.2（*c*）所示。用混凝土修建的中、高溢流堰，堰顶常做成适合水流特点的曲线形，称为曲线型实用堰，如图 8.2（*d*）所示。

#### 8.2.4.1　曲线型实用堰的剖面组成及其设计

根据试验分析，影响实用堰过水能力的因素主要有两方面：一是实用堰的几何边界条件，包括实用堰的剖面形状和堰高等；二是堰流的水力要素，包括堰上水头、下游水深等。曲线型实用堰剖面一般由上游直线段 *AB*、堰顶曲线段 *BC*、下游斜坡段 *CD* 以及反弧段 *DE* 组成，如图 8.5 所示。

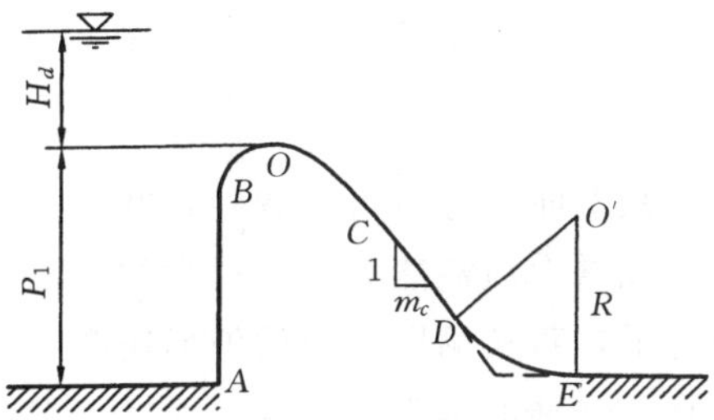

图 8.5

上游直线段 *AB* 可以是垂直的，也可以是向上游侧倾斜的，其高度主要取决于工程规模和设计要求，而垂直还是倾斜则往往取决于坝体稳定要求。

堰顶曲线段 *BC* 是曲线型实用堰设计的关键。国内外众多的曲线型实用堰剖面，其主要区别就在于曲线段 *BC* 的不同。*BC* 段不同，曲线型实用堰的流量系数 $m$、侧收缩系数 $\varepsilon_1$、淹没系数 $\sigma_s$ 的大小及其确定方法也不尽相同。

下游斜坡段 *CD* 是连接堰顶曲线段 *BC* 与下游反弧段 *DE* 的公切线，其坡度主要依据坝体强度和稳定要求确定，一般取 $m_c=0.65\sim0.75$。

反弧段 *DE* 是连接直线段 *CD* 与河床的圆弧，其主要作用是为了光滑连接，避免水流直冲河床，并有利于溢流堰下游的消能。反弧半径 $R$ 应结合消能形式统一考虑，一般情况下，可按下列原则确定：

（1）非岩基上，高度不大的坝，水头较大时，可取

$$R=(0.5\sim1.0)\ (z_{max}+H_d)$$

（2）岩基上的高坝，当 $H<5$m 时，可取

$$R=(0.25\sim0.5)(z_{max}+H_d)$$

式中：$H_d$ 为剖面设计水头，根据经验，一般取 $H_d=(0.75\sim0.95)H_{max}$；$H_{max}$ 为最大水头；$z_{max}$ 为最大上下游水位差。

实用堰堰顶曲线段 *BC* 通常是根据矩形薄壁堰流的水舌下缘曲线进行设计，但由于实际过流时，流量有大有小，导致曲线型实用堰的实际堰上水头 $H$ 往往大于或小于设计水头 $H_d$，这时，溢流水股与堰顶剖面之间并非设计工况，具体分析如下：

云山苍苍，江水泱泱，先生之风，山高水长。（【宋】范仲淹《严先生祠堂记》）

(1) $H=H_d$ 时，堰面曲线与水舌下缘相吻合（设计工况），水流紧贴溢流面下泄，水舌基本上不受堰面形状的影响，堰面压强应为大气压强，相对压强为零，此时，过流能力为设计过流能力，即 $m=m_d$（$m_d$ 为设计流量系数），如图 8.6（$a$）所示。

(2) $H<H_d$ 时，堰面曲线凸出于水舌下缘，堰面将顶托水流，水流也不能保持原有形状，堰面压强应大于大气压强，堰前总水头中的一部分势能将转换为压能，使转换成水舌有效动能的水头减小，过流能力相应地也会减小，即 $m<m_d$，如图 8.6（$b$）所示。

(3) $H>H_d$ 时，堰面曲线低于水舌下缘，溢流水舌将脱离堰顶表面，溢流水舌与堰面曲线之间出现了空腔，空腔中的空气逐渐被水流带走之后，堰面就出现了局部负压。堰顶附近负压区的存在，相当于增大了作用水头，此时过流能力将会增大，即 $m>m_d$，如图 8.6（$c$）所示。

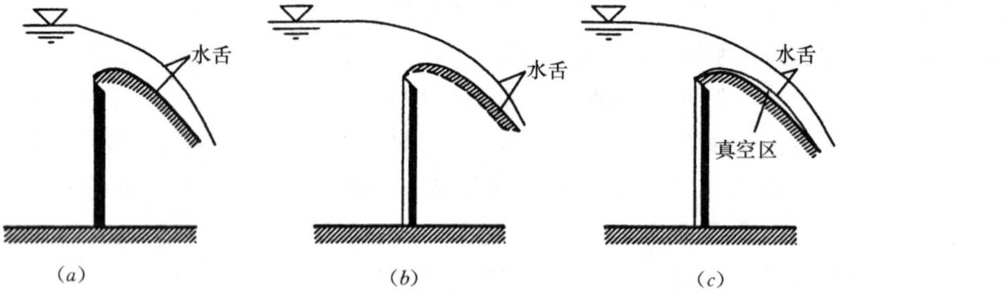


图 8.6

从上面的分析可以看到，在不同的来流条件下，堰面总有可能出现负压。适度的堰面负压能增大泄流能力，但过大的堰面负压会形成空蚀破坏和水舌颤动。通常，在设计水头条件下，若实用堰剖面的外形轮廓与薄壁堰自由溢流水舌下缘面完全吻合，溢流面无真空存在，这种堰称为非真空剖面堰。在设计水头条件下，若实用堰剖面的外形轮廓与薄壁堰自由溢流水舌下缘面相脱离，溢流面存在真空，这种堰称为真空剖面堰。注意：真空剖面堰与非真空剖面堰之间的区别是有条件的。

通常认为，理想的堰面形状应该是堰面曲线与水舌下缘相吻合。实际上，由于堰面粗糙度对水舌不可避免地产生影响，上游水头和水舌形状不可能绝对稳定等，都从客观上要求根据矩形薄壁堰流水舌下缘曲线对实用堰的堰面曲线进行适当修改，以更好地满足工程实际需要。即通常要求实用堰剖面满足以下几方面的要求：①堰面有较好的压强分布，不产生过大的负压；②流量系数较大，即有较大的泄流能力；③堰的剖面比较瘦，以节省工程量及建造费用；④剖面必须安全、稳定。据此，国内外对实用堰剖面进行了大量的研究，提出了不少可供工程实际采用的实用堰剖面形式。例如克里格尔—奥菲采洛夫堰（Ⅰ～Ⅴ型）、WES 型（Ⅰ～Ⅴ型）、长研Ⅰ型、长研Ⅱ型等。

20 世纪 30 年代，苏联奥菲采洛夫（A. C. Офицеров）对美国工程师克里格尔（W. P. Creager）的曲线堰剖面进行了局部修正，得到了克里格尔—奥菲采洛夫曲线型实用剖面堰，简称克—奥堰。克—奥剖面堰共有 5 种形式，其中克—奥Ⅰ型是无真空剖面堰，主要用于 $\frac{P_1}{H}\geqslant 3\sim 5$ 的高堰情况，其设计流量系数 $m_d=0.49$，剖面坐标值可查阅有关书籍。

20 世纪 40 年代以来，美国陆军工程兵团水道试验站（Waterways Experiment Sta-

tion）研制了 WES 剖面堰。近年来，我国很多溢流高坝在设计中均采用 WES 标准剖面堰。与克—奥曲线堰相比，WES 剖面堰具有如下优点：①流量系数稍大（WES 型高堰的设计流量系数 $m_d=0.502$）；②堰体剖面较瘦，工程量较省；③堰面负压较小（$\frac{H_0}{H_d}\leqslant 1.0$ 时，堰面无负压），对稳定安全较为有利；④WES 剖面堰直接由曲线方程控制，设计施工比较方便，而克—奥堰则是一系列离散的坐标值。下面重点介绍 WES 标准剖面堰。

#### 8.2.4.2　WES 标准剖面堰及其设计

WES 标准剖面如图 8.7 所示。该剖面 $O$ 点下游的曲线由式（8.8）计算，式中的系数 $k$ 及指数 $n$ 决定于堰上游面坡度。当上游面垂直时，试验得到的 $k=0.5$，$n=1.85$，即 $OC$ 段的曲线方程为

$$\frac{y}{H_d}=0.5\left(\frac{x}{H_d}\right)^{1.85} \tag{8.8}$$

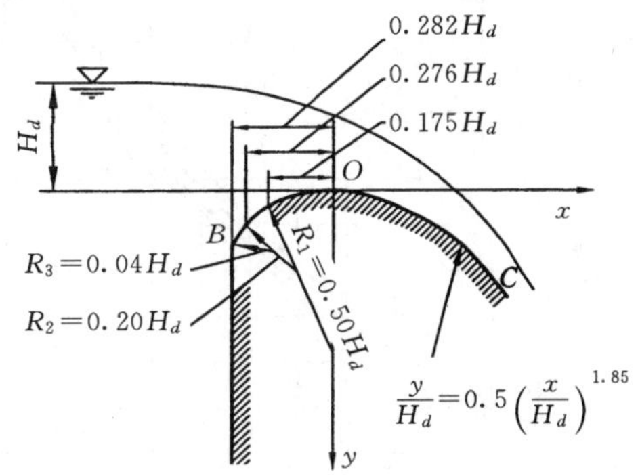

图 8.7

堰顶 $O$ 点上游 $BO$ 段采用三段复合圆弧，使堰顶曲线与堰上游面平滑连接，改善了堰面压强分布，减小了负压。三段复合圆弧的半径及坐标值如图 8.7 所示。

上游面垂直的 WES 堰（见图 8.5）的剖面设计步骤大致如下：

（1）确定剖面设计水头 $H_d$，堰高 $P_1$、$P_2$（上、下游堰高可以不等），堰下游斜坡段的坡比 $m_c$ 及其夹角 $\alpha$（$\tan\alpha=\frac{1}{m_c}$），反弧半径 $R$。

（2）以堰顶最高点为坐标原点 $O$，$Ox$ 水平轴以指向下游为正，$Oy$ 铅垂轴以向下为正。由式（8.8）计算出堰顶曲线 $OC$ 段的坐标，据此可点绘出堰面曲线；根据图 8.7 的数据，绘出堰顶上游段 $BO$ 的三段复合圆弧及垂直堰墙。

（3）确定堰顶下游曲线段与直线段的切点 $C$ 的坐标。可按下式计算

$$x_C=\frac{1.096H_d}{m_c^{1.177}}$$

$$y_C=\frac{0.592H_d}{m_c^{2.177}}$$

（4）确定下游直线段与反弧段的切点 $D$ 的坐标。可按下式计算

$$x_D=x_C+m_c(P_2-y_C)+R\cot\left(\frac{180°-\alpha}{2}\right)-R\sin\alpha$$

$$y_D=P_2-R+R\cos\alpha$$

（5）反弧段与河床的切点 $E$ 的坐标。可按下式计算

$$x_E=x_C+m_c(P_2-y_C)+R\cot\left(\frac{180°-\alpha}{2}\right)$$

$$y_E=P_2$$

（6）反弧段圆心 $O'$ 坐标，可按下式计算

$$x_{O'}=x_E$$

---

天时不如地利，地利不如人和。（【战国】孟子《孟子·公孙丑上》）

$$y_{O'}=P_2-R$$

#### 8.2.4.3 WES堰的水力计算

1. 流量系数

实验研究表明，曲线型实用堰的流量系数主要取决于$\frac{P_1}{H_d}$、$\frac{H_0}{H_d}$以及上游面坡度$\alpha$等。对上游面垂直的WES堰，根据试验得到的流量系数关系曲线如图8.8所示。查图8.8可确定WES型实用堰的流量系数。

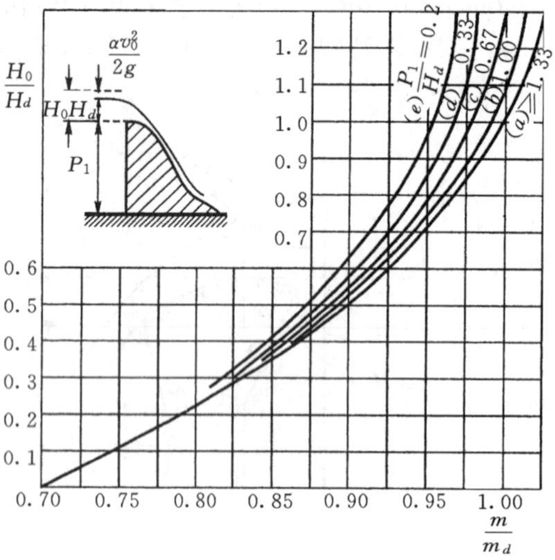


图8.8

图8.8中的（$a$）曲线适用于$\frac{P_1}{H_d}\geqslant1.33$的情况。$\frac{P_1}{H_d}\geqslant1.33$的堰，称为高堰，计算中行近流速水头可忽略不计，设计流量系数为常数，$m_d=0.502$。从图8.8可知，当$\frac{P_1}{H_d}$一定时，流量系数$m$只与$\frac{H_0}{H_d}$有关，即$\frac{m}{m_d}=f\left(\frac{H_0}{H_d}\right)$。当实际工作水头等于设计水头，即$\frac{H_0}{H_d}=1.0$时，流量系数等于设计流量系数，$m=m_d=0.502$。当实际工作水头不等于设计水头时，若$\frac{H_0}{H_d}<1.0$，则$m<m_d$；若$\frac{H_0}{H_d}>1.0$，则$m>m_d$。

当$\frac{P_1}{H_d}<1.33$时，行近流速加大，流量系数$m$将随$\frac{P_1}{H_d}$的减小而减小，此时流量系数$m$不仅与$\frac{H_0}{H_d}$有关，还与$\frac{P_1}{H_d}$有关，即$\frac{m}{m_d}=f\left(\frac{H_0}{H_d},\ \frac{P_1}{H_d}\right)$。不同$\frac{P_1}{H_d}$值的堰，其流量系数可由图8.8中的（$b$）、（$c$）、（$d$）、（$e$）线确定。

2. 侧收缩系数

WES剖面堰的侧收缩系数计算，有其相应的公式和一系列图表，但计算繁琐。为方便应用，介绍如下计算公式。

$$\varepsilon_1=1-0.2[\zeta_k+(n-1)\zeta_0]\frac{H_0}{nb} \tag{8.9}$$

式中：$n$为堰孔数目；$H_0$为堰顶全水头；$\zeta_0$为闸墩形状系数，形状如图8.9（$a$）所示，数值按表8.1选用；$\zeta_k$为边墩形状系数，如图8.9（$b$）所示。

式（8.9）适用范围是：$\frac{h_s}{H_0}\leqslant0.85\sim0.90$；$\frac{H_0}{b}\leqslant1.0$及$B_0\geqslant nb+(n-1)d$；当$\frac{H_0}{b}>1.0$时，仍按$\frac{H_0}{b}=1.0$计算。其中，$B_0$为上游引渠宽度，可按式（8.10）计算。

$$B_0=nb+(n-1)d+2\Delta \tag{8.10}$$

式中：$b$ 为过流净宽；$d$ 为闸墩厚度；$\Delta$ 为边墩厚度，如图 8.10 所示。上游引渠宽度 $B_0$ 不仅用来计算侧收缩系数，而且还是计算行近流速水头的重要依据。

**表 8.1　　闸墩形状系数 $\zeta_0$ 值**

| 闸墩头部平面形状 | 顶端伸出上游壁面 $a=0.5H_0$ | 顶端与上游壁面齐平 | | | | | 备　注 |
|---|---|---|---|---|---|---|---|
| | | $\frac{h_s}{H_0}\leqslant 0.75$ | $\frac{h_s}{H_0}=0.80$ | $\frac{h_s}{H_0}=0.85$ | $\frac{h_s}{H_0}=0.90$ | $\frac{h_s}{H_0}=0.95$ | |
| 矩形 | 0.4 | 0.8 | 0.86 | 0.92 | 0.98 | 1.00 | 墩子尾部形状与头部相同。$h_s$ 为堰顶以上下游水深 |
| 楔形或半圆形 | 0.3 | 0.45 | 0.51 | 0.57 | 0.63 | 0.69 | |
| 尖圆形 | 0.15 | 0.25 | 0.32 | 0.39 | 0.46 | 0.53 | |

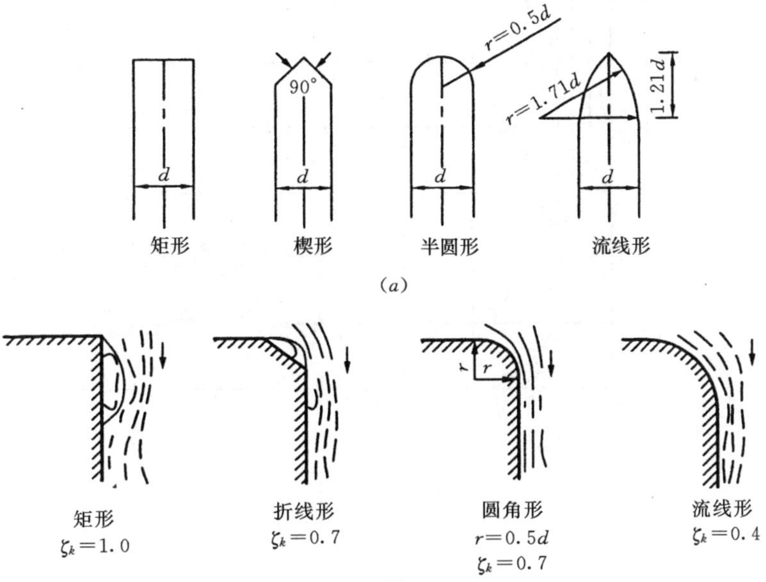


图 8.9

(a) 闸墩形状；(b) 边墩形状

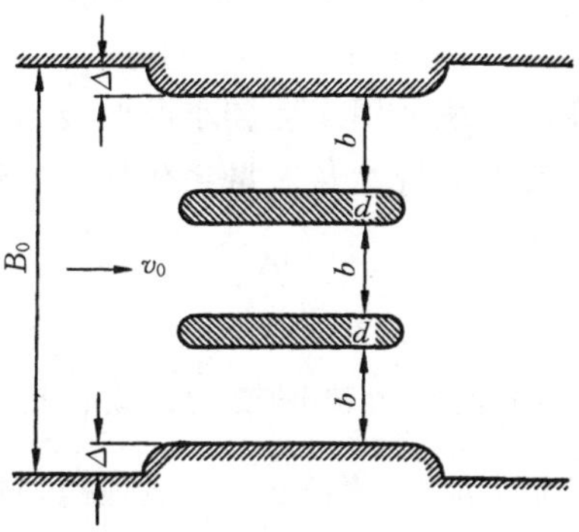


图 8.10

式 (8.9) 也适用于克—奥堰及宽顶堰的侧收缩系数计算。

3. 淹没系数

对一般高堰，当下游水位超过堰顶，堰下发生淹没水跃时，称为淹没出流。此时过堰水流受下游水位顶托，将使堰的过流能力降低。实际计算时，一般用淹没系数反映下游水位和堰后护坦高程对过流能力的影响。对 WES 型剖面堰，其淹没系数 $\sigma_s$ 决定于 $\frac{h_s}{H_0}$ 及 $\frac{P_2}{H_0}$，如图 8.11 所示。从图 8.11 中可以看出，当 $\frac{h_s}{H_0}$

人之聪明，多失之浮炫。(《金史》)

$\leqslant 0.15$ 及 $\dfrac{P_2}{H_0} \geqslant 2.0$ 时，出流不受下游水位的影响，为自由出流。

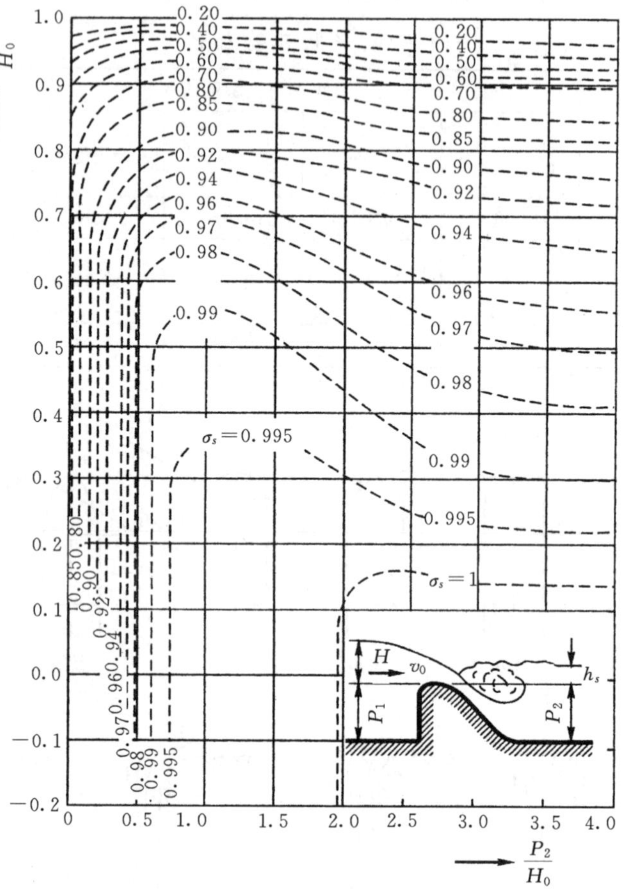

图 8.11

淹没系数 $\sigma_s$ 的确定方法：计算出 $\dfrac{h_s}{H_0}$ 及 $\dfrac{P_2}{H_0}$，分别在纵坐标与横坐标上找到该点，过该点分别做出一条水平线和一条铅垂线，两线交点落在两条淹没系数 $\sigma_s$ 等值线之间。根据已知的淹没系数 $\sigma_s$ 等值线的数值，采用直线内插方法，可求得两条直线交点处的淹没系数 $\sigma_s$ 值。

**8.2.4.4** 曲线型低堰水力设计简介

水利工程中河岸式溢洪道及泄水闸、开敞式进水闸等，往往采用高度较小的曲线型实用堰。这种类型的实用堰仍按堰流基本公式进行计算，但其水力特性及流量系数均与高堰有别。

1. 低 WES 堰

$\dfrac{P_1}{H_d} < 1.33$，则称为低堰。由于低堰的上游堰高较小，堰前行近流速较大，故行近流速水头在堰面设计中不能忽略。另外，由于堰高较小，堰前水流收缩不充分，堰顶压强增大，水舌轨迹趋于平展，导致流量系数有所降低。

WES 标准剖面堰可建议作为低堰的设计剖面。但在设计水头情况下，设计流量系数不再为常数，而是随$\frac{P_1}{H_d}$变化，变化关系可按下式计算。

$$m_d=0.4987\left(\frac{P_1}{H_d}\right)^{0.0241} \tag{8.11}$$

对于低堰的设计水头一般选用 $H_d=(0.65\sim0.75)H_{\max}$。低堰的下游易形成淹没出流，其淹没系数仍可查图 8.11。从图 8.11 可以看到，随着$\frac{P_2}{H_0}$比值的减小，淹没影响越来越大，一般认为下游堰高不宜过小，以 $P_2\geqslant0.7H_d$ 为宜。至于流量系数 $m$，仍可查图 8.8 确定。WES 低堰的侧收缩系数，仍可按式（8.9）计算。

2. 驼峰堰

驼峰堰（图 8.12）由复合圆弧组成，剖面形式简单，便于设计施工，适合修建在软弱地基上，其整体稳定性较好。流量系数约为 0.42～0.45。

3. 折线型实用堰

为了就地取材和方便施工，中、小型水利工程常采用折线型实用堰。因其剖面形状多为梯形，也称梯形剖面堰，如图 8.13 所示。折线形实用堰的流量系数 $m$ 与相对堰高$\frac{P_1}{H}$、相对厚度$\frac{\delta}{H}$及下游坡比$\frac{a}{b}$等有关。图 8.13 所示的折线形实用堰，其流量系数约为 0.33～0.46，详细情况可查阅有关水力计算手册。

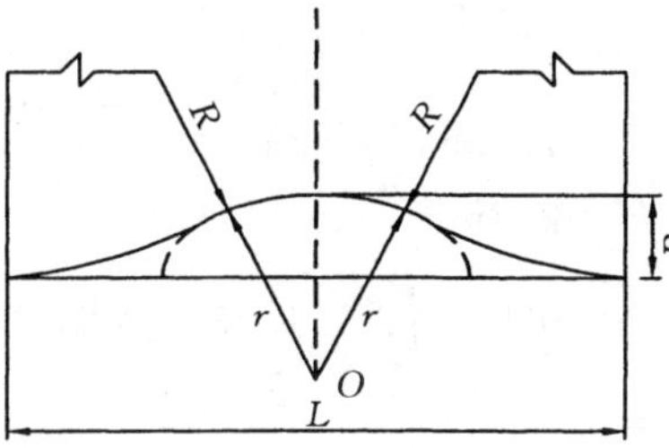


图 8.12

$a$ 型：$R=6P$，$r=2.5P$，$L=8P$，$P=0.24H$；

$b$ 型：$R=4P$，$r=1.05P$，$L=6P$，$P=0.34H$

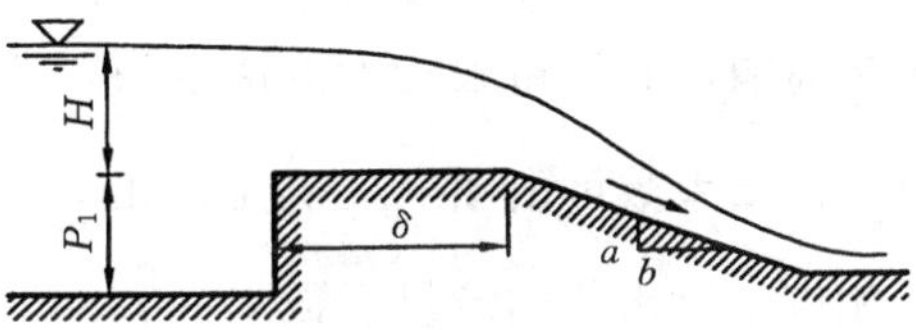


图 8.13

**【例 8.2】** 某水利枢纽中有一溢流坝，已知坝上游设计水位为 259m，相应的下游水位为 235m，设计流量为 $1300m^3/s$，坝址处上下游河床底高程为 215m。坝剖面采用上游面垂直的 WES 堰。溢流坝分三孔，每孔宽度 12m，中间闸墩头部采用流线型，边墩采用圆弧形。试确定：

（1）堰顶高程。

（2）上游水位 254.8m，下游水位不超过堰顶时，通过溢流坝的流量。

**解**：（1）通过设计流量时的堰上水头即为设计水头 $H_d$，由此可确定坝顶高程。

首先，假定该溢流坝为高堰，即$\frac{P_1}{H_d}\geqslant1.33$，故行近流速水头可以略去不计，即 $H_0=H=H_d$。此时，设计水位下的流量系数 $m=m_d=0.502$。

侧收缩系数可按式（8.9）计算。其中边墩形状系数 $\zeta_k$ 和闸墩形状系数 $\zeta_0$ 可由图 8.9

及表 8.1 确定，$\zeta_k=0.7$，$\zeta_0=0.25$（假定$\frac{h_s}{H_0}\leqslant 0.75$），相应的侧收缩系数为

$$\varepsilon_1=1-0.2\times[0.7+(3-1)\times0.25]\times\frac{H_d}{3\times12}=1-0.0067H_d$$

假设溢流坝为自由出流，即 $\sigma_s=1$。

将上述流量系数、侧收缩系数、淹没系数代入堰流水力计算基本公式（8.2）得

$$H_d=\left(\frac{Q}{\sigma_s\varepsilon_1 mnb\sqrt{2g}}\right)^{\frac{2}{3}}$$

$$=\left[\frac{1300}{1\times(1-0.0067H_d)\times0.502\times3\times12\times\sqrt{2\times9.8}}\right]^{\frac{2}{3}}=\left(\frac{16.249}{1-0.0067H_d}\right)^{\frac{2}{3}}$$

上式为隐函数关系，需要试算求解。经试算得 $H_d=6.6\text{m}$。

所以，堰顶高程应为 259.0－6.6＝252.4(m)。

相应的上、下游堰高 $P_1=P_2=252.4-215=37.4(\text{m})$。

$\frac{P_1}{H_d}=\frac{37.4}{6.6}=5.67>1.33$，该溢流堰为高堰，原假设成立，所采用的流量系数值也是正确的。

由于下游水位低于堰顶，即 $h_s<0$，又$\frac{P_2}{H_0}>2.0$，原假定自由出流正确。

又由于$\frac{h_s}{H_0}<0.75$，且$\frac{H_0}{b}=\frac{6.6}{12}<1.0$，故所求的侧收缩系数也是正确的。

这样一来，该溢流堰的堰顶高程为 252.4m。

（2）当上游水位为 254.8m 时，相应的堰上水头为 $H=254.8-252.4=2.4$（m）。

由于是高堰，故可略去行近流速水头，即 $H_0=H=2.4\text{m}$。

此时，流量系数可由图 8.8 确定。由$\frac{H_0}{H_d}=\frac{2.4}{6.6}=0.364$ 及$\frac{P_1}{H_d}\geqslant1.33$，查图 8.8 得$\frac{m}{m_d}=0.86$，相应于该水位的流量系数 $m=0.86\times0.502=0.432$。

侧收缩系数仍按式（8.9）计算，即

$$\varepsilon_1=1-0.2\times[0.7+(3-1)\times0.25]\times\frac{2.4}{3\times12}=0.984$$

下游水位低于堰顶，且$\frac{P_2}{H_0}>2.0$，可知 $\sigma_s=1$。

将上述流量系数、侧收缩系数、淹没系数代入堰流基本公式（8.2）可得

$$Q=1.0\times0.984\times0.432\times3\times12\times\sqrt{2\times9.8}\times2.4^{\frac{3}{2}}=252.1\ (\text{m}^3/\text{s})$$

**【课堂练习 8.1】**

上游水位 254.8m，下游水位 253.0m，其它条件同【例 8.2】。试计算该溢流坝的过流量。

### 8.2.5 宽顶堰流的水力计算

工程实际中，宽顶堰流的水流现象十分常见。各类水闸、隧洞进口、涵洞进口、桥孔、施工围堰等，其水流都属于宽顶堰流。若上游堰高 $P_1>0$，水流受到堰坎垂直方向的约束，在进口附近产生水面跌落，称其为有坎宽顶堰流，如图 8.14（$a$）所示。若上游堰

高 $P_1=0$，但由于平面上存在侧向收缩，仍然导致水流在进口附近产生水面跌落，称其为无坎宽顶堰流，如图 8.14（$b$）、（$c$）所示。

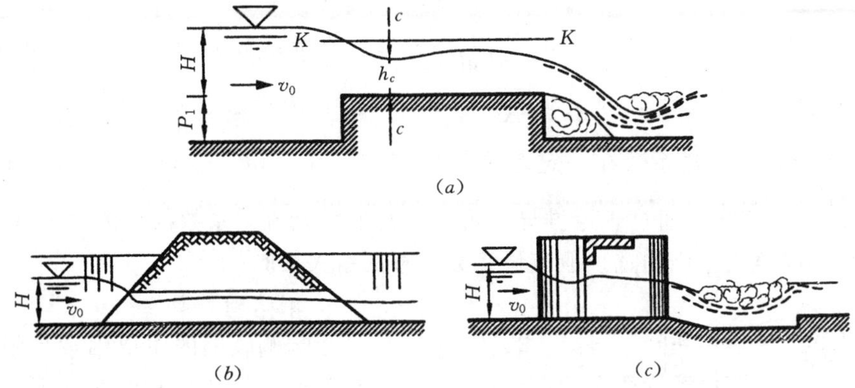


图 8.14

宽顶堰流的水力计算仍采用公式（8.2）。

**8.2.5.1　有坎宽顶堰流的水力计算**

1. 流量系数

宽顶堰流的流量系数 $m$ 取决于堰的进口形式和堰的相对高度$\frac{P_1}{H}$，具体可按下列经验公式计算。

（1）矩形有直角前沿进口的宽顶堰，如图 8.14（$a$）所示。

$$m=0.32+0.01\frac{3-\frac{P_1}{H}}{0.46+0.75\frac{P_1}{H}} \tag{8.12}$$

上式适用范围：$0<\frac{P_1}{H}\leqslant 3$；当$\frac{P_1}{H}>3$ 时，取$\frac{P_1}{H}=3$，此时，流量系数为常数，$m=0.32$。

（2）矩形带圆角前沿进口的宽顶堰，如图 8.15 所示。

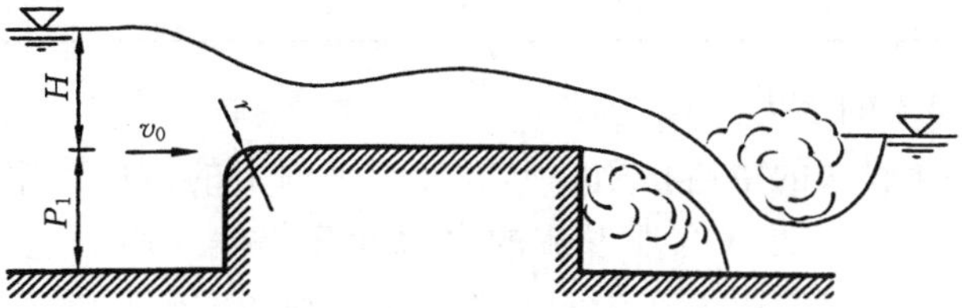


图 8.15

$$m=0.36+0.01\frac{3-\frac{P_1}{H}}{1.2+1.5\frac{P_1}{H}} \tag{8.13}$$

雄关漫道真如铁，而今迈步从头越。（【当代】毛泽东《忆秦娥·娄山关》）

式（8.13）适用范围：$r/H \geqslant 0.2$，$0<\frac{P_1}{H}\leqslant 3$；当$\frac{P_1}{H}>3$时，取$\frac{P_1}{H}=3$，此时，流量系数为常数，$m=0.36$。

由式（8.12）、式（8.13）可知，当$\frac{P_1}{H}\geqslant 3$时，流量系数 $m$ 为常数，直角进口，$m=0.32$，圆角进口，$m=0.36$，是最小值；当 $P_1=0$ 时，流量系数 $m$ 为最大值，$m=0.385$；当$0<\frac{P_1}{H}\leqslant 3$时，其流量系数在一定范围变化，直角进口 $m=0.32\sim0.385$，圆角进口 $m=0.36\sim0.385$。注意：通过理论推导，可证明宽顶堰流流量系数的最大值为 0.385。

斜坡式与斜角式进口的宽顶堰流量系数可查阅有关资料。

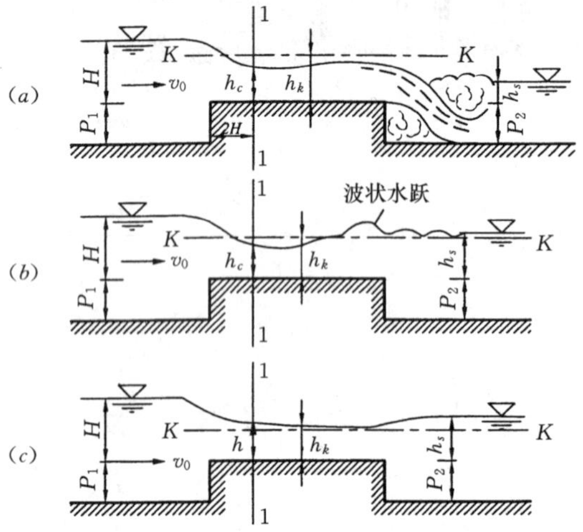


图 8.16

2. 侧收缩系数

影响侧收缩的主要因素是闸墩和边墩的头部形状、数目和闸墩在堰顶的相对位置以及堰上水头等。侧收缩系数的计算仍可采用公式（8.9）。

3. 淹没系数

试验证明，当堰顶以上的下游水深 $h_s \geqslant (0.75\sim0.85)H_0$ 时，宽顶堰流为淹没出流。随下游水深的增大，宽顶堰流的淹没过程如图 8.16 所示。实际计算中，常取宽顶堰流的淹没判定条件为 $h_s\geqslant 0.8H_0$，淹没系数值查表 8.2 确定。从表 8.2 可以看到，淹没系数 $\sigma_s$ 随相对淹没度$\frac{h_s}{H_0}$的增大而减小。

**表 8.2　　宽顶堰流的淹没系数 $\sigma_s$ 值**

| $h_s/H_0$ | 0.80 | 0.81 | 0.82 | 0.83 | 0.84 | 0.85 | 0.86 | 0.87 | 0.88 | 0.89 |
|---|---|---|---|---|---|---|---|---|---|---|
| $\sigma_s$ | 1.00 | 0.995 | 0.99 | 0.98 | 0.97 | 0.96 | 0.95 | 0.93 | 0.90 | 0.87 |
| $h_s/H_0$ | 0.90 | 0.91 | 0.92 | 0.93 | 0.94 | 0.95 | 0.96 | 0.97 | 0.98 | |
| $\sigma_s$ | 0.84 | 0.82 | 0.78 | 0.74 | 0.70 | 0.65 | 0.59 | 0.50 | 0.40 | |

### 8.2.5.2　无坎宽顶堰流的水力计算

无坎宽顶堰流虽无底坎的阻碍作用，但因受到平面上的侧向束窄，水面也发生跌落，如图 8.14（b）、（c）所示。无坎宽顶堰流的水力计算仍然采用公式（8.2）。只是由于无坎宽顶堰流本身就是由于侧向收缩产生的，故不再单独考虑侧收缩系数，而将侧收缩的影响一并考虑在流量系数之内，即令 $m'=m\varepsilon_1$。其中，$m'$为包括侧收缩影响的流量系数。此时，无坎宽顶堰流的水力计算公式可表示为

$$Q=\sigma_s m' nb\sqrt{2g}H_0^{\frac{3}{2}} \tag{8.14}$$

无坎宽顶堰流的流量系数采用查表法确定。常见的三种翼墙形式如图 8.17 所示，相应的流量系数值见表 8.3。

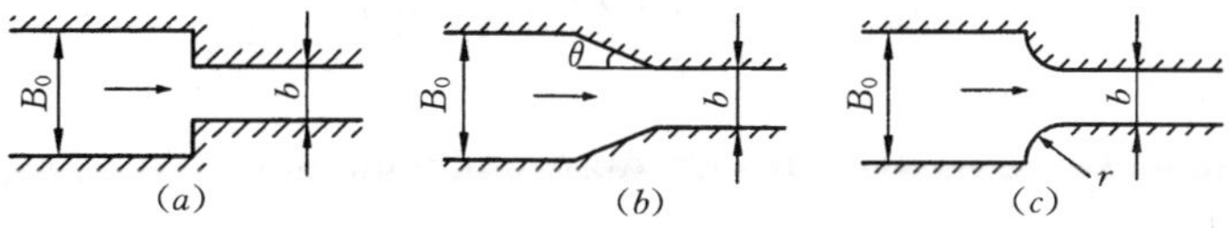

图 8.17

表 8.3　　无坎宽顶堰流的流量系数值

| $\frac{b}{B_0}$ | 直角形翼墙［图 8.17 (a)］ | 八字形翼墙［图 8.17 (b)］ | | | 圆角形翼墙［图 8.17 (c)］ | | |
|---|---|---|---|---|---|---|---|
| | | $\cot\theta$ | | | $\frac{r}{b}$ | | |
| | | 0.5 | 1.0 | 2.0 | 0.2 | 0.3 | ≥0.5 |
| 0.0 | 0.320 | 0.343 | 0.350 | 0.353 | 0.349 | 0.354 | 0.360 |
| 0.1 | 0.322 | 0.344 | 0.351 | 0.354 | 0.350 | 0.355 | 0.361 |
| 0.2 | 0.324 | 0.346 | 0.352 | 0.355 | 0.351 | 0.356 | 0.362 |
| 0.3 | 0.327 | 0.348 | 0.354 | 0.357 | 0.353 | 0.357 | 0.363 |
| 0.4 | 0.330 | 0.350 | 0.356 | 0.358 | 0.355 | 0.359 | 0.364 |
| 0.5 | 0.334 | 0.352 | 0.358 | 0.360 | 0.357 | 0.361 | 0.366 |
| 0.6 | 0.340 | 0.356 | 0.361 | 0.363 | 0.360 | 0.363 | 0.368 |
| 0.7 | 0.346 | 0.360 | 0.364 | 0.366 | 0.363 | 0.366 | 0.370 |
| 0.8 | 0.355 | 0.365 | 0.369 | 0.370 | 0.368 | 0.371 | 0.373 |
| 0.9 | 0.367 | 0.373 | 0.375 | 0.376 | 0.375 | 0.376 | 0.378 |
| 1.0 | 0.385 | 0.385 | 0.385 | 0.385 | 0.385 | 0.385 | 0.385 |

多孔无坎宽顶堰流的流量系数要取边孔和中孔的加权平均值，即

$$m'=\frac{m_m(n-1)+m_s}{n} \tag{8.15}$$

式中：$n$ 为堰孔数目；$m_m$ 为中孔的流量系数，$m_s$ 为边孔的流量系数。

可参考图 8.10 查中孔流量系数 $m_m$ 和边孔流量系数 $m_s$。查中孔流量系数 $m_m$ 时，仅考虑中墩，即将左右中墩各取一半，按此形状查表 8.3 得到相应的流量系数 $m_m$ 值。查表过程中，将$\frac{b}{B_0}$以$\frac{b}{b+d}$代替，$b$ 为堰孔宽度，$d$ 为闸墩厚度。查边孔流量系数 $m_s$ 时，仅考虑边墩，并按照边墩形状查表 8.3 确定流量系数 $m_s$ 值。查表过程中，将$\frac{b}{B_0}$用$\frac{b}{b+2\Delta}$代替，其中 $\Delta$ 为边墩边缘线与上游引水渠水边线之间的距离。如果堰孔是部分开启，则开启孔的两端孔应作边孔看待，此种边孔的上游引渠宽度 $B_0$ 应按实际情况计算。

无坎宽顶堰流的淹没判定条件及其淹没系数的确定可近似地参照有坎宽顶堰流确定，即查表 8.2 确定淹没系数 $\sigma_s$。

**【例 8.3】** 某河道中修一引水闸，引水渠渠底高程为 20m，闸底坎坎顶高程为 21.5m，坎顶进口圆角形，堰坎厚度 $\delta=15$m，下游渠道底与坎顶同高。已知闸墩头部半圆形，边墩头部圆角形，上游水位为 24.7m，当通过流量 $Q=350\text{m}^3/\text{s}$ 时，相应的下游水位为 23.9m，堰坎前渠道近似为矩形断面，宽度为 80m。求所需的闸孔宽度和孔数。

**解：** 上游堰高

$$P_1=21.5-20=1.5(\text{m})$$

堰上水头

$$H=24.7-21.5=3.2(\text{m})$$

堰前行近流速

$$v_0=\frac{350}{80\times(24.7-20)}=0.93(\text{m/s})$$

堰顶总水头

$$H_0=H+\frac{v_0^2}{2g}=3.2+\frac{0.93^2}{2\times9.8}=3.24(\text{m})$$

因为$\frac{\delta}{H}=\frac{15}{3.2}=4.7$，属于宽顶堰流。

有坎宽顶堰圆角进口的流量系数可按式（8.13）计算。

由于$\frac{P_1}{H}=\frac{1.5}{3.2}<3$，故可按实际值代入计算。

$$m=0.36+0.01\times\frac{3-\frac{1.5}{3.2}}{1.2+1.5\times\frac{1.5}{3.2}}=0.373$$

下游水位超过堰顶的高度 $h_s=23.9-21.5=2.4$（m），$\frac{h_s}{H_0}=\frac{2.4}{3.24}=0.74<0.8$，故该宽顶堰流为自由出流，$\sigma_s=1.0$。

侧收缩系数与闸孔净宽及孔数有关，不能事先确定。先假设 $\varepsilon_1=0.9$，由堰流基本公式（8.2）可求得所需闸孔过流总宽度。

$$B=nb=\frac{Q}{\sigma_s\varepsilon_1 m\sqrt{2g}H_0^{3/2}}=\frac{350}{1.0\times0.9\times0.373\times\sqrt{2\times9.8}\times3.24^{3/2}}=40.4(\text{m})$$

据此可初步选定闸孔净宽为 8m，共设 5 孔。根据闸墩及边墩的头部形状，由图 8.9 及表 8.1 可查得，$\zeta_k=0.7$，$\zeta_0=0.45$，相应的侧收缩系数为

$$\varepsilon_1=1-0.2\times[0.7+(5-1)\times0.45]\times\frac{3.24}{5\times8}=0.954$$

其中，$\frac{H_0}{b}<1$。此时相应的过流能力为

$$Q=1.0\times0.954\times0.373\times5\times8\times\sqrt{2\times9.8}\times3.24^{3/2}=367.49(\text{m}^3/\text{s})$$

略大于要求通过的流量，说明所设计的闸孔数目及闸孔宽度满足过流能力要求。

**【课堂练习 8.2】**

若下游水位为 24.3m，其它已知条件同【例 8.3】。试计算所需闸孔数目及闸孔宽度，并比较闸孔宽度会增大或减少多少？

**【例 8.4】** 某渠道上拟建一平底节制闸，如图 8.18 所示。水闸共 3 孔，每孔净宽 10m，闸墩厚度 2m，闸墩头部半圆形，边墩翼墙上游为圆弧形，半径 $r=5$m。上游水深 6.5m，下游水深 5.6m，上游渠道断面近似为矩形，引渠宽度 50m。试求闸门全开时，通过水闸的流量。

**解：** 由图可知：$\frac{\delta}{H}=\frac{48}{6.5}=7.4$，水流属于宽顶堰流。即闸门全开时，该节制闸应按

无坎宽顶堰流计算，流量系数应取边孔与中孔的加权平均值。

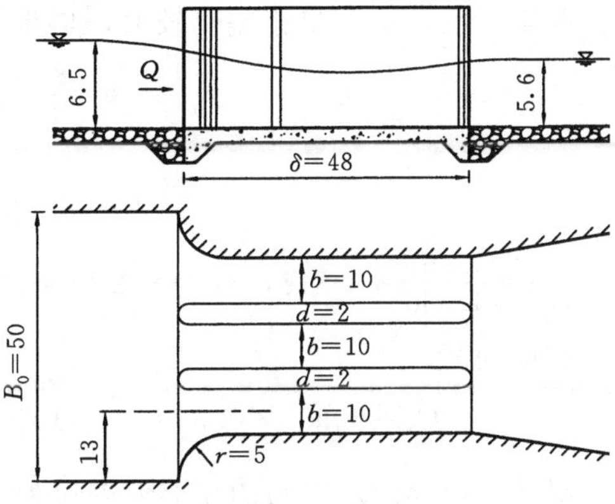


图 8.18　(单位：m)

边孔：按圆弧翼墙对待，由 $\frac{r}{b}=\frac{5}{10}=0.5$ 及 $\frac{b}{B_0}=\frac{10}{26}=0.39$，查表 8.3 可得 $m_s=0.364$。

中孔：也应按圆弧翼墙对待，由 $\frac{r}{b}=\frac{1}{10}=0.1$ 及 $\frac{b}{B_0}=\frac{10}{12}=0.84$，查表 8.3 可得 $m_m=0.371$。

加权平均后的流量系数按式 (8.15) 计算

$$m'=\frac{0.364+(3-1)\times 0.371}{3}=0.369$$

因流量未知，故行近流速水头也未知，可采用逐次逼近试算法考虑行近流速水头计算流量，具体计算过程如下。

先假定 $v_0=0$，此时 $H_0=H=6.5\text{m}$。

$\frac{h_s}{H_0}=\frac{5.6}{6.5}=0.86>0.8$，为淹没出流。由 $\frac{h_s}{H_0}$ 值查表 8.2 得淹没系数 $\sigma_s=0.95$。

将上述流量系数、淹没系数代入无坎宽顶堰流公式 (8.14)，通过节制闸的第一次流量计算结果为

$$Q_1=\sigma_s m' nb\sqrt{2g}H_0^{3/2}=0.95\times 0.369\times 3\times 10\times\sqrt{2\times 9.8}\times 6.5^{\frac{3}{2}}=772(\text{m}^3/\text{s})$$

得到流量之后，可求出行近流速 $v_0$，继而得到计入行近流速影响的过闸流量。逐次逼近计算，最终将得到通过节制闸的流量。

$$v_0=\frac{772}{50\times 6.5}=2.38\ (\text{m/s})$$

$$H_0=6.5+\frac{2.38^2}{2\times 9.8}=6.79(\text{m})$$

$\frac{h_s}{H_0}=\frac{5.6}{6.79}=0.825$，查表 8.2 得淹没系数 $\sigma_s=0.985$。

相应流量

$$Q_2=0.985\times 0.369\times 3\times 10\times\sqrt{2\times 9.8}\times 6.79^{\frac{3}{2}}=854.7(\text{m}^3/\text{s})$$

与第一次计算流量相差较大，需重新计算。

$$v_0=\frac{854.7}{50\times 6.5}=2.63(\text{m/s})$$

$$H_0=6.5+\frac{2.63^2}{2\times 9.8}=6.85(\text{m})$$

$\frac{h_s}{H_0}=\frac{5.6}{6.85}=0.818$，查表 8.2 得淹没系数 $\sigma_s=0.99$。

相应流量

$$Q_3=0.99\times 0.369\times 3\times 10\times\sqrt{2\times 9.8}\times 6.85^{\frac{3}{2}}=870.4(\text{m}^3/\text{s})$$

与第二次计算流量相差仍较大，再重新计算。

$$v_0=\frac{870.4}{50\times6.5}=2.68(\text{m/s})$$

$$H_0=6.5+\frac{2.68^2}{2\times9.8}=6.866(\text{m})$$

$\frac{h_s}{H_0}=\frac{5.6}{6.866}=0.816$，查表 8.2 得淹没系数 $\sigma_s=0.992$。

相应流量

$$Q_4=0.992\times0.369\times3\times10\times\sqrt{2\times9.8}\times6.866^{\frac{3}{2}}=875.2(\text{m}^3/\text{s})$$

显然，$Q_4$ 与 $Q_3$ 之间的相对误差仅为$\frac{875.2-870.4}{875.2}\times100\%=0.55\%<1\%$，故可认为闸门全开时通过该闸的流量为 875.2m³/s。

## 8.3 闸孔出流的水力计算

水利工程中的水闸，闸底坎一般为宽顶堰（包括无坎宽顶堰）或曲线型实用堰，而闸门型式主要有平板闸门和弧形闸门两种。因此，闸孔出流的水力计算也将按闸底坎形式的不同，分宽顶堰上闸孔出流和曲线堰上闸孔出流分别介绍。

### 8.3.1 宽顶堰上闸孔出流的水力计算

#### 8.3.1.1 水流特点

图 8.19 为无坎宽顶堰上闸孔出流，图 8.20 为有坎宽顶堰上闸孔出流。其水流特点是：在闸前整个深度内流线向闸孔趋近，并发生急剧弯曲、收缩，约在闸门下游（0.5～1)$e$ 处形成水深最小的收缩断面（渐变流断面），相应的水深为收缩水深 $h_c$。一般情况下，收缩断面水深 $h_c$ 为急流状态，闸孔下游渠道水流多为缓流状态。因此，闸后水流必然会发生水跃。根据水跃发生的位置不同，水跃可分为远驱水跃、临界水跃、淹没水跃三种情况。而水跃发生位置的不同，则会影响到闸孔出流的水流状态及其过流能力。图 8.19（*a*）、8.20（*a*）中，闸后发生远驱水跃，图 8.19（*b*）中，闸后发生临界水跃，收缩断面水流仍然保持急流状态。由于急流的干扰波不能向上游传播，因此，闸孔出流并不受下游水跃的影响，闸孔保持自由出流。图 8.19（*c*）及 8.20（*b*）中，闸后发生淹没水跃。此时，收缩断面被水跃的表面水滚淹没，水流处于缓流状态，闸孔为淹没出流，其过流能力较自由出流小，并且随着下游水深 $h_t$ 的增大而不断减小。

#### 8.3.1.2 水力计算公式

以图 8.19 所示的平顶堰上闸孔出流为例，利用能量方程，建立宽顶堰上闸孔出流的水力计算公式。

闸前 0—0 断面与闸后 $c-c$ 收缩断面对过闸底坎坎顶的水平面为基准面列能量方程。

$$H+\frac{\alpha_0 v_0^2}{2g}=h_c+\frac{\alpha_c v_c^2}{2g}+h_w$$

式中：$h_w$ 为闸前断面 0—0 与收缩断面 $c-c$ 之间的水头损失。由于这一段水流为急变流，而且距离较短，可以只考虑局部水头损失，即 $h_w=\zeta\frac{v_c^2}{2g}$。



温故而知新，可以为师矣。（【春秋】孔子《论语·为政》

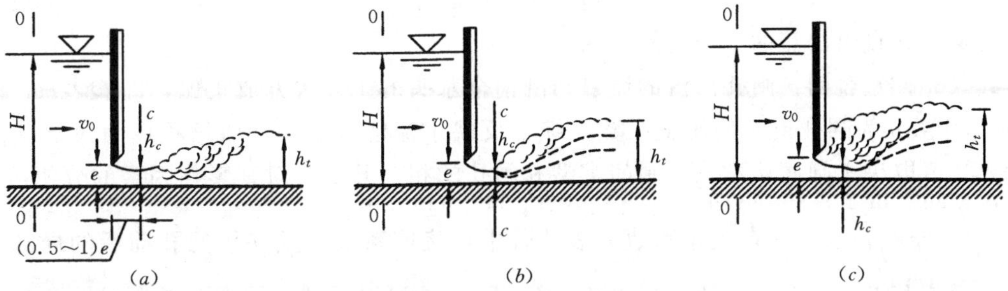


图 8.19

(a) $h_t<h_c''$；(b) $h_c=h_t''$；(c) $h_t>h_c''$

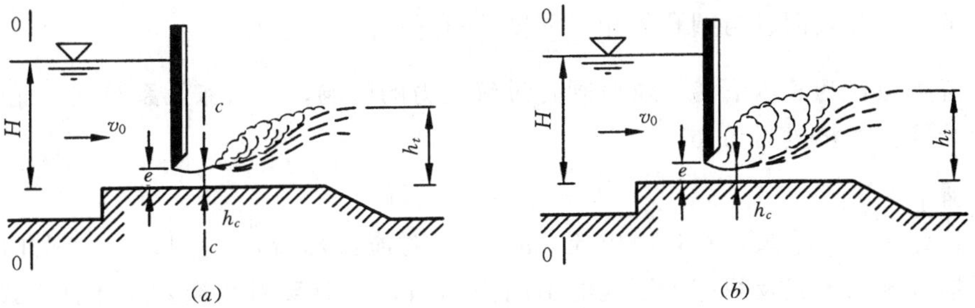


图 8.20

(a) $h_t<h_c''$；(b) $h_t>h_c''$

令 $H_0=H+\frac{\alpha_0 v_0^2}{2g}$，称为闸前全水头。则上式可写为

$$v_c=\frac{1}{\sqrt{\alpha_c+\zeta}}\sqrt{2g(H_0-h_c)}$$

令 $\varphi=\frac{1}{\sqrt{\alpha_c+\zeta}}$，称为流速系数。则上式变为

$$v_c=\varphi\sqrt{2g(H_0-h_c)}$$

设闸孔宽度为 $b$，则由连续方程可得到过闸流量

$$Q=bh_c v_c=\varphi bh_c\sqrt{2g(H_0-h_c)} \tag{8.16}$$

设闸门开度为 $e$，则闸后收缩水深可表示为

$$h_c=\varepsilon_2 e \tag{8.17}$$

式中：$\varepsilon_2$ 为垂直收缩系数。

将式（8.17）代入式（8.16）化简整理可得

$$Q=\varepsilon_2\varphi be\sqrt{2g(H_0-\varepsilon_2 e)}$$

$$Q=\varepsilon_2\varphi be\sqrt{1-\varepsilon_2\frac{e}{H_0}}\sqrt{2gH_0}$$

令

$$\mu=\varepsilon_2\varphi\sqrt{1-\varepsilon_2\frac{e}{H_0}}$$

则上式简化为

人谁无过，过而能改，善莫大焉。(【春秋】左丘明《左传·宣公二年》)

$$Q=\mu be\sqrt{2gH_0} \tag{8.18}$$

这是闸孔自由出流的水力计算公式。

式（8.18）表明：闸孔出流的流量与闸前全水头的 1/2 次方成正比，即 $Q\propto H_0^{1/2}$。式（8.18）中，$\mu$ 为闸孔出流的流量系数，综合反映水流能量损失和收缩程度对过流能力的影响，其值取决于闸底坎形式、闸门类型和闸孔的相对开度。对其影响因素的分析可从 $\mu=\varepsilon_2\varphi\sqrt{1-\varepsilon_2\dfrac{e}{H_0}}$ 入手。在流量系数 $\mu$ 表达式中，流速系数 $\varphi$ 反映了闸孔前后的局部水头损失和收缩断面流速分布不均匀的影响，其值主要取决于闸孔进口的边界条件（如闸底坎型式、闸门类型等），对无坎宽顶堰型闸孔，$\varphi=0.95\sim1.0$；有底坎的宽顶堰型闸孔，$\varphi=0.85\sim0.95$。垂直收缩系数 $\varepsilon_2$ 反映了水流流经闸孔时流线的收缩程度，其值不仅与入口的边界条件有关，而且与闸孔的相对开度 $\dfrac{e}{H_0}$ 有关。

与堰流类似，为表示下游水位对闸孔过流能力的影响，引入淹没系数 $\sigma_s$。此时，闸孔出流水力计算公式将改写为

$$Q=\sigma_s\mu be\sqrt{2gH_0} \tag{8.19}$$

式中：$\sigma_s$ 为淹没系数，对自由出流，$\sigma_s=1$；对淹没出流，$\sigma_s<1$；$\mu$ 为闸孔出流的流量系数，根据闸门形式及闸底坎形式的不同而不同，一般采用经验公式计算。式（8.19）是闸孔出流水力计算的一般公式。即闸孔出流的过流能力与闸前水头 $H$、闸门开度 $e$、闸门型式、闸底坎形式以及出流是否淹没等因素有关。

闸孔出流水力计算的基本类型包括：①求流量 $Q$；②求作用水头 $H$；③求所需闸孔宽度 $b$；④求闸门开度 $e$。由于闸孔出流各影响因素之间的复杂关系，使得闸孔出流的各类水力计算往往需要试算求解。

#### 8.3.1.3　流量系数

1. 宽顶堰上平板闸门

（1）垂直收缩系数 $\varepsilon_2$。垂直收缩系数 $\varepsilon_2$ 与闸门相对开度 $\dfrac{e}{H_0}$ 有关，其值列于表 8.4 中。

**表 8.4　　平板闸门的垂直收缩系数值**

| $\dfrac{e}{H_0}$ | 0.10 | 0.15 | 0.20 | 0.25 | 0.30 | 0.35 | 0.40 | 0.45 | 0.50 | 0.55 | 0.60 | 0.65 | 0.70 | 0.75 |
|---|---|---|---|---|---|---|---|---|---|---|---|---|---|---|
| $\varepsilon_2$ | 0.615 | 0.618 | 0.620 | 0.622 | 0.625 | 0.628 | 0.630 | 0.638 | 0.645 | 0.650 | 0.660 | 0.675 | 0.690 | 0.705 |

从表 8.4 中可以看到，垂直收缩系数 $\varepsilon_2$ 随 $\dfrac{e}{H_0}$ 值的增大而增大。

（2）流量系数 $\mu$。

南京水利科学研究所经验公式

$$\mu=0.60-0.176\frac{e}{H} \tag{8.20}$$

适用范围：$0.1<\frac{e}{H}<0.65$。

2. 宽顶堰上弧形闸门

(1) 垂直收缩系数 $\varepsilon_2$。

$\varepsilon_2$ 主要与闸门下缘切线与水平方向的夹角 $\alpha$ 值有关，可由表 8.5 确定。

**表 8.5**　　弧形闸门的垂直收缩系数值

| $\alpha$ (°) | 35 | 40 | 45 | 50 | 55 | 60 | 65 | 70 | 75 | 80 | 85 | 90 |
|---|---|---|---|---|---|---|---|---|---|---|---|---|
| $\varepsilon_2$ | 0.789 | 0.766 | 0.742 | 0.720 | 0.698 | 0.678 | 0.662 | 0.646 | 0.635 | 0.627 | 0.622 | 0.620 |

表 8.5 中，$\alpha$ 值按下式计算

$$\cos\alpha=\frac{C-e}{R} \tag{8.21}$$

式中：$C$ 为门轴在闸底坎以上的高度；$R$ 为弧门半径，如图 8.21 所示。

(2) 流量系数。

$$\mu=\left(0.97-0.81\frac{\alpha}{180°}\right)-\left(0.56-0.81\frac{\alpha}{180°}\right)\frac{e}{H} \tag{8.22}$$

适用范围：$25°<\alpha\leqslant 90°$，$0<\frac{e}{H}<0.65$，$\alpha$ 角可按式 (8.21) 求出。式 (8.22) 对有胸墙和无胸墙的情况都适用。

计算过程中，若行近流速水头较小，可以忽略不计，即以作用水头 $H$ 代替闸前全水头 $H_0$。

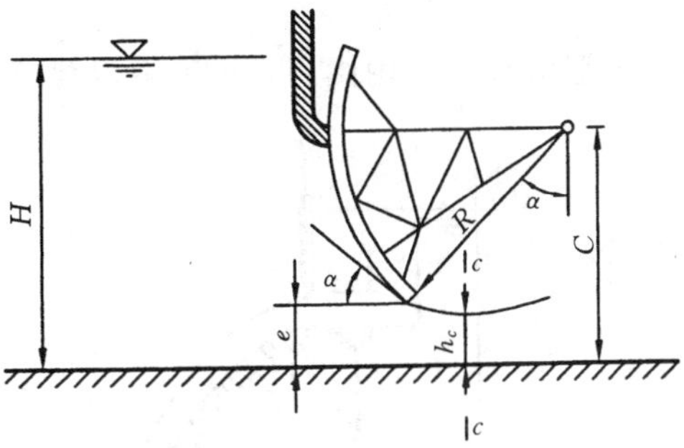

图 8.21

上述分析得到的垂直收缩系数和流量系数结论只限于闸孔底板为平底型式。但试验表明，对于闸孔底板高出渠底（河床）而形成的宽顶堰型闸孔，只要闸门安装在宽顶堰进口下游适当距离处，闸后收缩断面仍位于闸底板上，则堰坎对水流垂直收缩的影响将不显著，仍可按平底渠上闸孔出流的公式计算流量。

#### 8.3.1.4　淹没系数

宽顶堰（包括平底）上闸孔出流的淹没系数 $\sigma_s$ 与潜流比 $\frac{h_t-h_c''}{H-h_c''}$ 有关，查图 8.22 确定。

### 8.3.2　曲线堰上闸孔出流的水力计算

#### 8.3.2.1　水流特点

图 8.23 为曲线堰上闸孔出流。其水流特点是：当水流由闸前趋近闸孔时，流线在闸前整个深度内向孔口集中，水流的收缩比平底闸孔充分和完善得多。出闸后，水舌在重力作用下，紧贴溢流面下泄，下泄水流保持急变流状态，并在坝趾位置（反弧段末端）出现收缩断面，水流流态通常为急流。若下游河渠水流为缓流，则会在收缩断面附近发生水

夫君子之行，静以修身，俭以养德。（【东汉】诸葛亮《诫子书》）

跃。根据水跃发生的位置，曲线堰收缩断面下游仍然会产生远驱水跃、临界水跃、淹没水跃三种情况，但此时的水跃位置已经不可能影响到曲线堰上闸孔出流的水流状态。从图 8.23 不难看到，只有当下游水位超过堰顶，才会影响到闸孔过流能力，即曲线堰上闸孔出流才会由自由出流变为淹没出流。

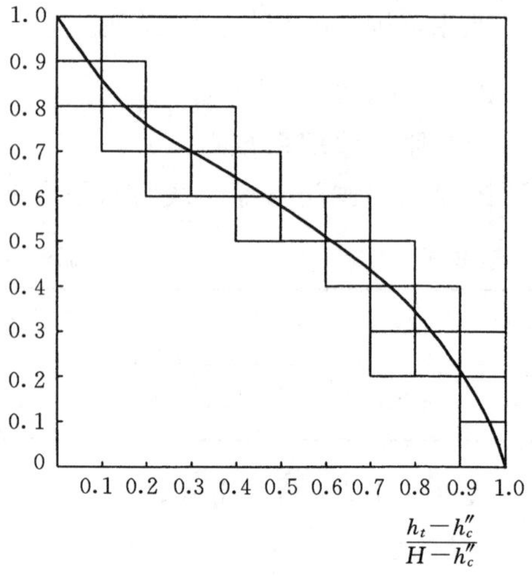


图 8.22

#### 8.3.2.2 水力计算公式

以图 8.23 所示的曲线堰上闸孔出流为例，利用能量方程，可建立曲线堰上闸孔出流的水力计算公式。

堰前断面 0—0 与堰顶断面 1—1 对过堰顶的水平面为基准面列能量方程。

$$H+\frac{\alpha_0 v_0^2}{2g}=\overline{z_1+\frac{p_1}{\rho g}}+\frac{\alpha_1 v_1^2}{2g}+h_w$$

式中：$h_w$ 为闸前断面 0—0 与闸孔断面 1—1 之间的水头损失。由于这一段水流为急变流，而且距离较短，可以只考虑局部水头损失，即 $h_w=\zeta\frac{v_1^2}{2g}$；$\overline{z_1+\frac{p_1}{\rho g}}$为 1—1 断面的平均测压管水头，可用闸门开度 $e$ 乘以势能修正系数 $\beta$ 表示，即$\overline{z_1+\frac{p_1}{\rho g}}=\beta e$。

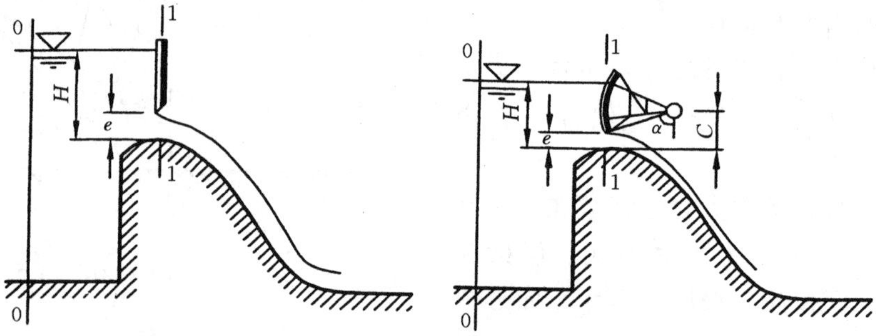


图 8.23

同样令 $H_0=H+\frac{\alpha_0 v_0^2}{2g}$，称为闸前全水头。则上式可写为

$$v_1=\frac{1}{\sqrt{\alpha_1+\zeta}}\sqrt{2g(H_0-\beta e)}$$

令 $\varphi=\frac{1}{\sqrt{\alpha_1+\zeta}}$，称为流速系数。则上式变为

$$v_1=\varphi\sqrt{2g(H_0-\beta e)}$$

相应的流量

$$Q=bev_1=\varphi be\sqrt{2g\ (H_0-\beta e)}$$

$$Q=\varphi be\sqrt{1-\beta\frac{e}{H_0}}\sqrt{2gH_0}$$



玉不琢，不成器。人不学，不知道。（【西汉】戴圣《礼记·学记》）

令 $\mu=\varphi\sqrt{1-\beta\dfrac{e}{H_0}}$，$\mu$ 称为曲线型实用堰闸孔出流的流量系数。这样一来，曲线型实用堰上闸孔出流的水力计算公式可表示为

$$Q=\mu be\sqrt{2gH_0} \tag{8.23}$$

由式（8.23）可知，曲线型实用堰上闸孔出流的流量公式与平顶堰上闸孔自由出流的流量公式形式相同。

**8.3.2.3　流量系数**

实验表明，曲线型实用堰闸孔出流的流量系数 $\mu$ 与闸门相对开度、闸门型式、曲线型实用堰的剖面形式、闸门在堰顶上的位置等因素有关。以下给出的流量系数经验公式供计算参考，重要工程应通过专门的模型试验确定流量系数值。

（1）曲线堰上平板闸门。

$$\mu=0.745-0.274\frac{e}{H} \tag{8.24}$$

适用范围：$0.1<\dfrac{e}{H}<0.75$。

（2）曲线堰上弧形闸门。

$$\mu=0.685-0.19\frac{e}{H} \tag{8.25}$$

适用范围：$0.1<\dfrac{e}{H}<0.75$。

**8.3.2.4　淹没系数**

曲线型实用堰上闸孔出流一般不会发生淹没出流。对于低坝实用堰上的闸孔出流，当下游发生淹没水跃且水跃淹没闸孔出口，影响到闸孔的泄流量时，则认为发生了淹没出流。近似计算时，可按式（8.26）计算

$$Q=\mu be\sqrt{2g(H_0-h_s)} \tag{8.26}$$

式中：$h_s$ 为堰顶以上的下游水深；$\mu$ 为曲线堰上闸孔出流的流量系数，可按式（8.24）或式（8.25）计算。

**【例 8.5】** 矩形渠道中修建一水闸，闸底板与渠底齐平，闸孔宽 $b$ 等于渠道宽度，$b=3$m，闸门为平板门。已知闸前水深 $H=5$m，闸门开度 $e=1$m，求下游水深 $h_t=3.5$m 时，通过闸孔的流量（计入行近流速影响）？

**解：** 闸门相对开度 $\dfrac{e}{H}=\dfrac{1}{5}=0.2<0.65$，为闸孔出流。

平顶堰上平板门的流量系数可按式（8.20）计算

$$\mu=0.60-0.176\frac{e}{H}=0.60-0.176\times\frac{1}{5}=0.565$$

先假定闸孔自由出流，即 $\sigma_s=1$。假定行近流速略去不计，即 $H_0=H$。

由式（8.19）可求得流量

$$Q_1=\sigma_s\mu be\sqrt{2gH_0}=1.0\times0.565\times3\times1\times\sqrt{2\times9.8\times5}=16.78\ (\text{m}^3/\text{s})$$

下面检验闸孔是否为自由出流。

由 $\dfrac{e}{H}=0.2$ 查表 8.4 得垂向收缩系数 $\varepsilon_2=0.620$。相应的收缩断面水深可由式（8.17）

---

天地转，光阴迫。一万年太久，只争朝夕。（【当代】毛泽东《满江红·和郭沫若同志》）

计算

$$h_c=\varepsilon_2 e=0.620\times 1=0.62\ (\mathrm{m})$$

相应的共轭水深为

$$h_c''=\frac{h_c}{2}\left(\sqrt{1+8\frac{q^2}{gh_c^3}}-1\right)=\frac{0.62}{2}\times\left(\sqrt{1+8\times\frac{16.78^2}{9.8\times 3^2\times 0.62^3}}-1\right)=2.913\ (\mathrm{m})$$

由于 $h_c''<h_t$，故闸孔为淹没出流，应考虑淹没系数。

由 $\frac{h_t-h_c''}{H-h_c''}=\frac{3.5-2.913}{5-2.913}=0.281$，查图 8.22 得淹没系数 $\sigma_s=0.72$。

计入行近流速影响，则

$$v_0=\frac{Q_1}{bH}=\frac{16.78}{3\times 5}=1.118\ (\mathrm{m/s})$$

$$H_0=H+\frac{\alpha v_0^2}{2g}=5+\frac{1.0\times 1.118^2}{2\times 9.8}=5.064\ (\mathrm{m})$$

考虑行近流速、淹没系数之后，通过闸孔的流量应为

$$Q_1=\sigma_s\mu be\sqrt{2gH_0}=0.72\times 0.565\times 3\times 1\times\sqrt{2\times 9.8\times 5.064}=12.158\ (\mathrm{m^3/s})$$

下面将采用“逐次逼近”方法求流量。

行近流速

$$v_0=\frac{Q_1}{bH}=\frac{12.158}{3\times 5}=0.811\ (\mathrm{m/s})$$

$$H_0=H+\frac{\alpha v_0^2}{2g}=5+\frac{1.0\times 0.811^2}{2\times 9.8}=5.034\ (\mathrm{m})$$

通过闸孔的流量为

$$Q_2=\sigma_s\mu be\sqrt{2gH_0}=0.72\times 0.565\times 3\times 1\times\sqrt{2\times 9.8\times 5.034}=12.122\ (\mathrm{m^3/s})$$

与上一次流量计算结果很接近，取 $Q=12.122\mathrm{m^3/s}$。

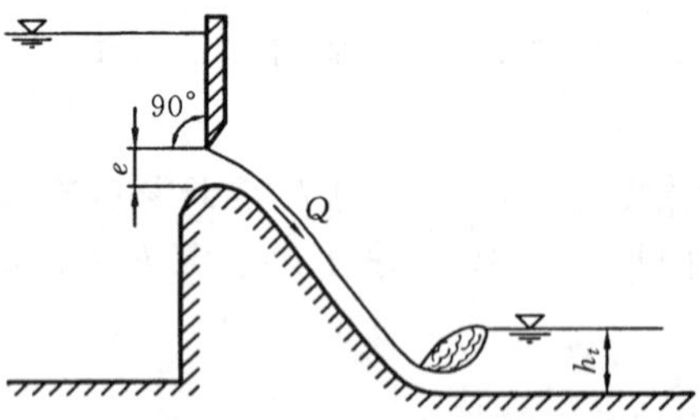


图 8.24

**【例 8.6】** 如图 8.24 所示，曲线型实用堰上的单孔平板闸孔泄流，闸门为平板门，$b=4\mathrm{m}$。当闸门开度 $e=1\mathrm{m}$ 时，其泄流量 $Q=24.3\mathrm{m^3/s}$，行近流速略去不计，试求堰上水头 $H$。

**解：** 设闸门相对开度 $\frac{e}{H}<0.75$，水流为闸孔出流。

由于水头 $H$ 未知，所以流量系数等都不能直接计算，只能采取试算的方法。

设 $H=5\mathrm{m}$，则曲线堰上平板门的流量系数按式（8.24）计算

$$\mu=0.745-0.274\frac{e}{H}=0.745-0.274\times\frac{1}{5}=0.690$$

下游水位低于堰顶，$\sigma_s=1$。行近流速略去不计，即取 $H_0=H$，下同。

由式（8.23）可求得流量

$$Q_1=\mu be\sqrt{2gH_0}=0.69\times 4\times 1\times\sqrt{2\times 9.8\times 5}=27.331(\mathrm{m^3/s})$$

大于已知流量，重新计算。



原浊者而流不清，行不信者名必耗。（【战国】墨子《墨子·修身》）

设 $H=4\text{m}$，则曲线堰上平板门的流量系数按式（8.24）计算

$$\mu=0.745-0.274\frac{e}{H}=0.745-0.274\times\frac{1}{4}=0.677$$

由式（8.23）可求得流量

$$Q_2=\mu be\sqrt{2gH_0}=0.677\times4\times1\times\sqrt{2\times9.8\times4}=23.961\ (\text{m}^3/\text{s})$$

计算结果偏小，重新计算。

设 $H=4.1\text{m}$，则曲线堰上平板门的流量系数按式（8.24）计算

$$\mu=0.745-0.274\frac{e}{H}=0.745-0.274\times\frac{1}{4.1}=0.677$$

由式（8.23）可求得流量

$$Q_3=\mu be\sqrt{2gH_0}=0.678\times4\times1\times\sqrt{2\times9.8\times4.1}=24.317\ (\text{m}^3/\text{s})$$

与已知流量相符，水头 $H=4.1\text{m}$ 即为所求。此时，$\frac{e}{H}=\frac{1}{4.1}=0.244<0.75$，确为闸孔出流，原假定正确。

**【课堂练习 8.3】**

某渠道上有一单孔平底水闸，闸孔宽度 $b=10\text{m}$，采用弧形闸门控制流量，弧形门半径 $R=6\text{m}$，门轴在闸底坎以上的高度 $C=4\text{m}$，如图 8.21 所示。闸前水头 $H=4.5\text{m}$，闸门开度 $e=0.8\text{m}$，下游水深 $h_t=3\text{m}$，求通过闸孔的流量（不计闸前行近流速）。（参考答案：$Q=30\text{m}^3/\text{s}$）

## 本　章　小　结

1. 堰流和闸孔出流的相同点：________________________。
   堰流和闸孔出流的不同点：________________________。
2. 堰流类型的划分：________________________。
3. 曲线型实用堰剖面设计的原则：①______；②______；③______；④________。
4. 薄壁堰淹没判定条件：________________________。
   实用堰淹没判定条件：________________________。
   宽顶堰淹没判定条件：________________________。
5. 堰流的水力计算类型：①________；②________；③________。
6. 闸孔出流的水力计算类型：①______；②______；③______；④______。

## 思　考　题

1. 试分析在同样水头作用下，为什么实用剖面堰的过水能力比宽顶堰的过水能力大？
2. 如图 8.25 所示，三个溢流坝只是作用水头不同，其它条件完全相同，试问：流量系数哪个大？哪个小？为什么？
3. 堰流和闸孔出流有何异同点？
4. 堰流和闸孔出流是如何划分的？
5. 堰流的类型及其各自的水流特点？

舟覆乃见善游，马奔乃见良御。（【汉】刘安《淮南子·说林训》）

6. WES型高堰的设计流量系数等于多少？其值是否随堰高与堰上水头的大小而发生变化？低堰的情况又如何呢？

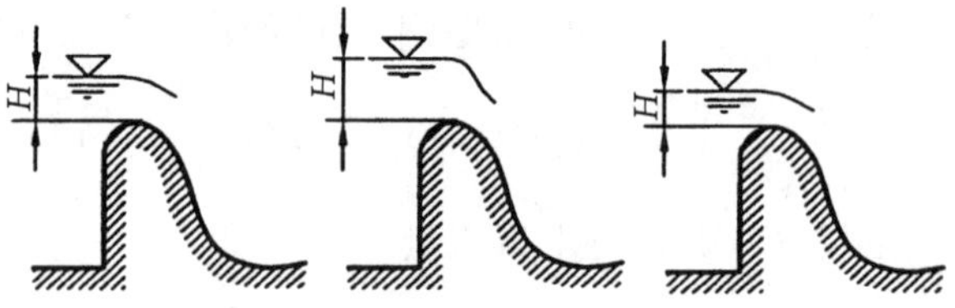


图 8.25

7. 低堰与高堰的水流特征有何不同？

8. 宽顶堰流的水流特征有哪些？

9. 无坎宽顶堰流是怎样形成的？其侧收缩的影响如何考虑？

10. 平顶堰上闸孔出流与曲线堰上闸孔出流的水流特点？

11. 试对堰流公式与闸孔出流公式进行分析比较？

## 作　业　题

1. 有一无侧收缩的矩形薄壁堰，上游堰高为0.5m，堰宽为0.8m，堰上水头为0.6m下游水位不影响堰顶出流。求通过薄壁堰的流量。

（参考答案：$Q$=0.77m$^3$/s）

2. 某电站溢洪道拟采用WES曲线型实用堰。已知溢流堰上游设计水位为267.85m，设计流量为6840m$^3$/s，相应的下游水位为210.5m，筑坝处河底高程为180m，上游河道近似三角形断面，水面宽度为200m。已确定溢流堰做成三孔，每孔净宽16m。闸墩头部半圆形，边墩头部圆弧形。要求：

（1）确定堰顶高程，设计堰的剖面形状。

（2）当上游水位分别为267.0m及269.0m时，所设计的溢流堰剖面的过流能力分别为多少（认为下游水位不影响出流）？

（3）当通过流量为6000m$^3$/s时，相应的上游水位为多少？

[参考答案：(1) $H_d$=17m，$x_c$=28.348m，$y_c$=21.89m，$x_D$=55.155m，$y_D$=60.189m，$r$=25m时，反弧圆心坐标$x_o$=75.634m，$y_o$=45.85m，$x_E$=75.634m，$y_E$=70.85m；(2) 当上游水位为267.0m时，$Q$=6167.8m$^3$/s；当上游水位为269.0m时，$Q$=7565.2m$^3$/s；(3) 当通过流量为6000m$^3$/s时，相应的上游水位为266.53m]

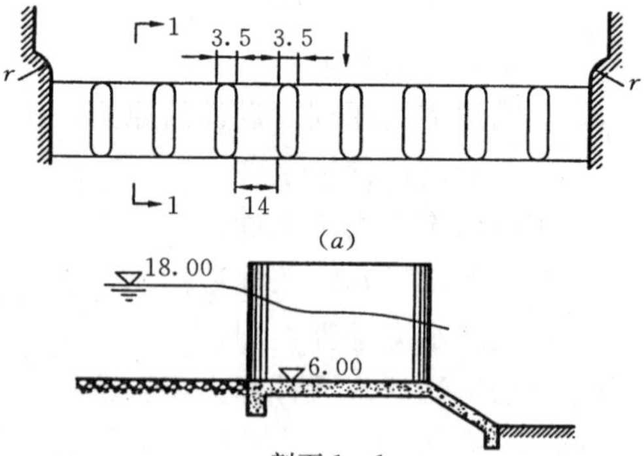


图 8.26　（单位：m）

(a) 平面图；(b) 剖面图

3. 某拦河闸共9孔，如图8.26所示。已知每孔净宽$b$=14m，闸墩厚度$d$=3.5m，头部为半圆形，边墩迎水面为圆弧形，圆弧半径$r$=5m，计算厚度$\Delta$=3m。闸底坎为无坎宽顶堰，闸前水位18.00m，闸底坎高程6.00m，闸前行近流速为3m/s，下游水位不影响出流，试确定闸门全开时的过闸流量。

（参考答案：$Q$=8987.8m$^3$/s）

4. 某进水闸共3孔，如图8.27所示。闸底坎为进口修圆的有坎宽顶堰，闸坎厚度$\delta$

为 18.00m。闸前水位 18.00m，闸前河底高程 6.00m，堰顶高程 12.00m，单孔净宽 10m，闸墩头部半圆形，墩厚 3m，边墩头部圆弧形，计算厚度 Δ 为 2m，闸前引渠断面近似为矩形，行近流速为 0.5m/s。试计算下游水位分别为 17.75m 和 16.70m 时，闸门全开情况下的过闸流量。

（参考答案：$Q=414.9m^3/s$，$Q=702.2m^3/s$）

5. 三孔平底进水闸，如图 8.28 所示。每孔净宽 $b=2.5m$，中墩厚度 $d=1m$，墩头为半圆形，闸室上游翼墙为八字形，收缩角 $\theta=27°$，$\Delta b=2.625m$，上游引渠为矩形断面，其宽度 $B_0=14.75m$，下游水深 $h_t=2.7m$，闸门全开时，通过的流量 $Q=60m^3/s$，试求：上游作用水头 $H$。

（参考答案：$H=3.1m$）

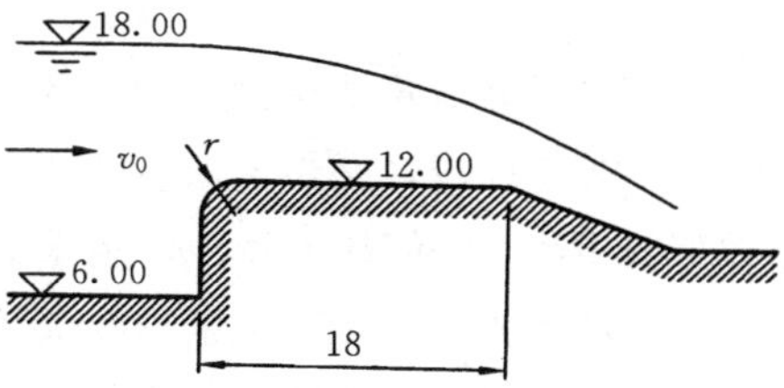


图 8.27　（单位：m）

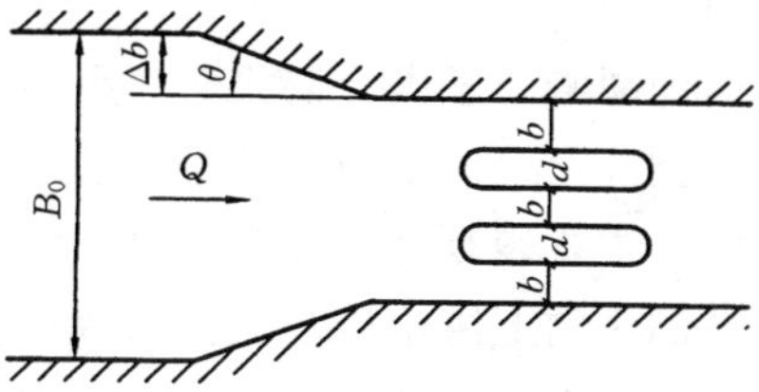


图 8.28

6. 某进水闸共 2 孔，闸底坎为直角进口宽顶堰，坎前河底高程 100.0m，闸前水位 107.0m，堰顶高程 103.0m，闸墩头部半圆形，边墩头部圆弧形，闸前及闸后引渠断面近似为矩形，宽度 20m，下游水位很低，对溢流无影响。试计算下泄流量为 $200m^3/s$，闸门全开时所需闸孔宽度。

（参考答案：单孔净宽 $b=8.4m$）

7. 某水利枢纽设平底冲沙闸，用弧形闸门控制流量，如图 8.21 所示。闸孔宽度 $b=10m$，弧门半径 $R=15m$，门轴离开坎顶的高度 $C=10m$，闸前作用水头 $H=12m$。试计算闸门开度 $e=2m$ 时，下游水深分别为 $h_t=2.5m$ 和 $h_t=8m$ 情况下的过闸流量 $Q$（不计行近流速的影响）。

（参考答案：$Q=202m^3/s$，$Q=157.9m^3/s$）

8. 某平底水闸采用平板闸门。已知闸前作用水头 $H=4m$，闸孔宽度 $b=5m$，闸门开度 $e=1m$，闸前行近流速 $v_0=1.2m/s$。试求下游为自由出流时的过闸流量 $Q$。

（参考答案：$Q=24.84m^3/s$）

9. 平底渠道上有一单孔弧形闸门，闸下游与陡坡渠道相连。已知上游水深 $H=3m$，弧形闸门门轴高 $C=4m$，弧门半径 $R=5m$，闸门开度 $e=1m$ 时，下泄流量 $Q=19.2m^3/s$。试求闸门宽度 $b$。

（参考答案：$b=4m$）

10. 曲线型实用堰堰顶设 4 孔平板闸门，以调节上游水位和流量。通过流量 $Q=431m^3/s$ 时，闸前作用水头 $H=6m$，闸孔净宽 $b=8m$，下游水位不影响出流，且不计行近流速的影响，问此时闸门开度 $e$ 应为多少？

（参考答案：$e=1.8m$）

# 第 9 章　衔接与消能的水力计算

**【情景提示】**

水库不可能将上游来水全部拦蓄，必然要利用各类泄水建筑物下泄汛期洪水。在泄水过程中，必须要根据工程特点与下泄水流的特点，将下泄水流具有的多余能量在工程控制的范围内消耗掉，否则将会危及水工建筑物安全，引发事故。那么，工程实际中常见的泄水建筑物下游水流衔接与消能方式又有哪些？其水力学计算包括哪些内容？

**【本章导读】**

为了达到灌溉、发电、防洪等兴利目标，往往要在河渠上建造水闸、挡水坝等水工建筑物，用来调节河渠的水位与流量。但这些水工建筑物的兴建，必然会改变天然河流原有的水流状态，主要表现在以下两个方面：一方面修建挡水建筑物之后，必然壅高上游水位，使挡水建筑物上游水流积聚了较大的能量（主要是势能），而挡水建筑物又不可能将上游源源不断的来水全部拦蓄在水库以内，必然要从溢洪道、泄洪洞、坝身泄水孔等泄水建筑物泄出一部分水流。在泄水过程中，上游水流积聚的势能必将转化为动能，使下泄水流具有较高的流速。另一方面，由于水利工程枢纽布置的要求和为了节省工程造价，建筑物泄水宽度总是小于原河床宽度，这就使得下泄流量相对集中，单宽流量较大。而下游河道对同样流量有其与原河床的断面形状、尺寸、底坡、粗糙系数及地形地质条件相适应的正常流动情况。一般来讲，这种正常流动情况下的水流分布比较均匀，流速较小。如此一来，就产生了从泄水建筑物泄出的高速集中水流如何顺利地衔接过渡到下游正常流动情况这一问题，即泄水建筑物下游水流衔接与消能问题。

**【教学要求】**

①认识泄水建筑物下游水流衔接与消能问题的重要性。②了解常见的衔接消能方式的特点以及适用条件。③掌握泄水建筑物下游收缩水深的计算。④掌握底流式消能的水力计算。⑤了解挑流消能、面流消能、消力戽消能的消能途径。

## 9.1　概　　述

### 9.1.1　下泄水流的特点

泄水建筑物下泄水流具有这样两个特点：集中、高速。集中泄出的水流可能严重冲刷河床、河岸，甚至危害建筑物安全。也可能使下游水流在平面上形成不良的流动情况，从而影响水利枢纽的正常运行。

首先，分析下泄水流余能的数值大小。如图 9.1 所示的溢流坝，若下泄水流在收缩断面 $c$—$c$ 处单位重量液体具有的机械能为 $E_1$（主要是动能），下游 2—2 断面处单位重量液体具有的机械能为 $E_2$，两者之差 $\Delta E=E_1-E_2$ 称为余能。若设 $E_1=100\text{m}$，$E_2=50\text{m}$，下泄流量 $Q=2000\text{m}^3/\text{s}$，则余能的功率为

$$N=\rho gQ\Delta E=1000\times9.8\times2000\times50=9.8\times10^5\ (\text{kW})$$

显然，余能的数值是比较大的。如此大的余能，若不采取工程措施妥善消能，则必然会冲刷下游河床和岸坡，有时还会部分地转变为波动能量，造成对下游不利流态。而一旦对水工建筑物基础造成淘刷，就可能酿成建筑物失事的严重后果。

其次，分析下泄水流的平面流动形态。如图 9.2 所示，沿溢流坝下泄的水流，由于溢流宽度小于原河床宽度，使单宽流量增大。此外，还可能受到电站出流等因素的影响，形成偏折水流。在水流偏向左岸的同时，在右岸会形成较大的回流。而偏向左岸的主流可能冲刷岸坡河床，右岸回流又可能将左岸冲出的泥沙带回，导致右侧河道淤积。简言之，会影响到水利枢纽下游的水流状况，影响电站出流或船闸运行。

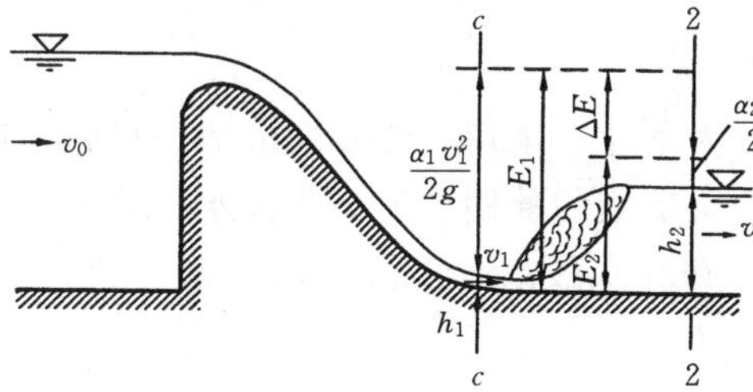


图 9.1

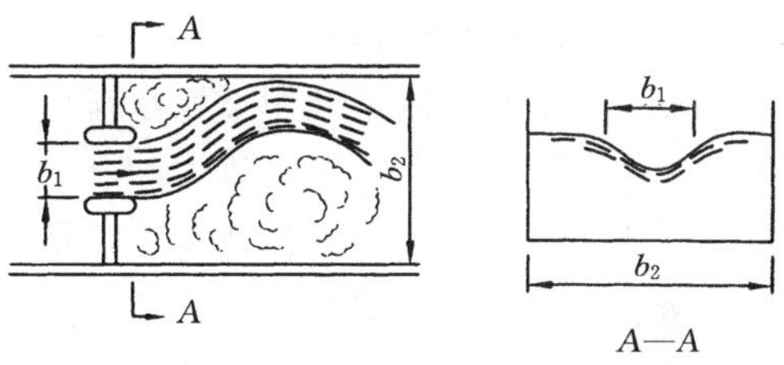


图 9.2

由此可见，必须结合工程具体条件，对水流的衔接方式、余能消除过程、衔接段的水流状态以及对建筑物、河床的作用进行分析研究，方能完成泄水建筑物布置及其相应的水力学设计。概括起来讲，水力学中泄水建筑物下游水流衔接与消能的主要任务就是在确保闸坝安全、工程费用较省而又合乎流态要求的条件下，研究消除余能的具体方式。即通过采取一定的工程措施，利用有效的衔接方式，使下泄水流挟带的余能在较短的距离内转化为热能、声能逸散于空气之中，避免冲刷河床岸坡，保证水工建筑物的安全。而实现消能的唯一方式就是依靠水流内部的相互摩擦和碰撞，促使水流分散掺气。水流内部相对运动越是急剧紊乱，消能效果就越好。而水流分散掺气之后，射入下游河道的水量分散，水流的能量也相应地分散，对河床的冲刷作用减弱。根据这样的原则，工程实践中已形成了一些有较好消能效果的衔接消能方式。

### 9.1.2 主要衔接与消能方式及其特点

泄水建筑物下游水流衔接状态及其消能途径与所采用的消能措施密切相关。由于泄出水流的条件不同，下游河道的地形、地质条件的差别以及各个工程的作用、功能、要求的不同，都会影响到设计采用的消能措施的具体形式。水工实践中的衔接消能措施种类繁多，但从水力学角度来看，研究衔接消能问题实质上是分析从泄水建筑物泄出的高速射流按不同方式射入下游河道的低速广阔水域中，通过扩散、混掺作用消耗大量余能的过程。按照泄出水流与尾水及河床的相对位置，可以将常见的衔接消能方式分为：底流型衔接消能、挑流型衔接消能、面流型衔接消能三种。

#### 9.1.2.1 底流型衔接消能

底流型衔接消能就是在泄水建筑物下游采取一定的工程措施，使沿建筑物下泄的急流贴槽底射出，利用水跃原理，有效地控制水跃发生的位置，使下泄的高速水流通过水跃转变为缓流，通过主流在水跃区的扩散、混掺达到消能的目的。这种衔接消能方式中，高流速的主流位于底部，故称为底流型衔接消能，如图 9.3 所示。

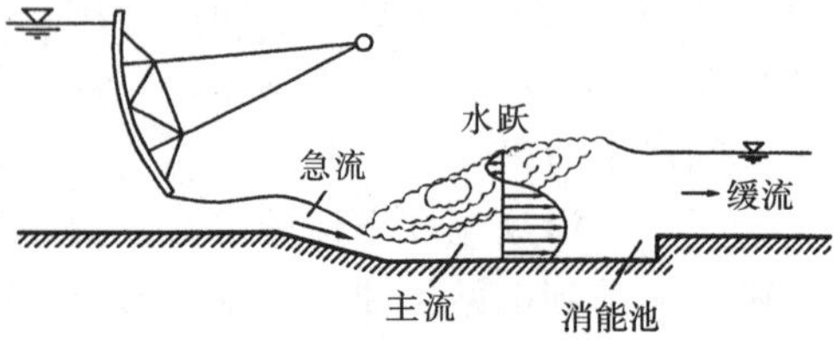


图 9.3

底流型衔接消能的水流形态比较稳定，能适应较大范围内的流量变化；消能效率高，可以达到上下游能量差的 65%左右；平面上易于使水流扩散；消能过程中水流雾化影响很小；分析和试验研究的时间比较长，已有一整套计算方法，能够满足工程设计的要求；适用于地质条件比较差的情况。但一般认为底流消能主要适用于中低水头的溢流坝和水闸，此外，工程费用较挑流和面流大，同时不利于排泄漂浮物。

**9.1.2.2**　挑流型衔接消能

挑流型衔接消能就是利用下泄水流所挟带的巨大动能，采用挑流鼻坎因势利导将水股挑射空中，后跌落在离建筑物较远的下游，使射流所造成的冲刷坑不会危及水工建筑物的安全。下泄水流的余能一部分在空中消散，大部分则在水股跌入下游冲刷坑水垫塘之后，通过水股前后两侧的水滚而消除，如图 9.4 所示。

挑流型衔接消能主要适用于高水头大单宽流量岩石基础河床，节约下游护坦，构造简单，便于维修，工程费用较底流消能节省。挑流鼻坎的体型可灵活变化，便于对水舌实施有效控制。但挑流消能也存在缺点，如雾气大、尾水波动大，鼻坎设计不当时会引起空蚀破坏，冲刷坑石渣堆积较高时将使尾水抬高，影响电站出力，不利于排泄漂浮物等。

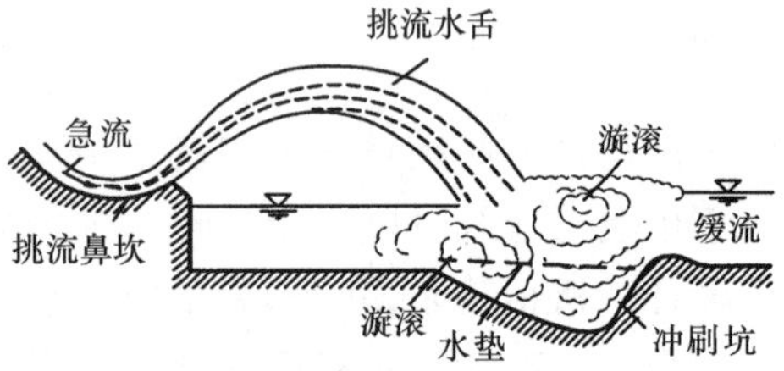


图 9.4

**9.1.2.3**　面流型衔接消能

面流型衔接消能就是在建筑物的出流部分采用跌坎，将泄出水流导入下游水域表层(当然要求下游水深比较大而且比较稳定)，主流和河床之间由巨大的底部漩滚隔开，避免了高速主流对河床的冲刷。余能主要通过水舌扩散、流速分布的调整以及底部漩滚与主流之间的相互作用而消除。由于衔接消能段高速主流位于表层，故称为面流型衔接消能，如图 9.5 所示。

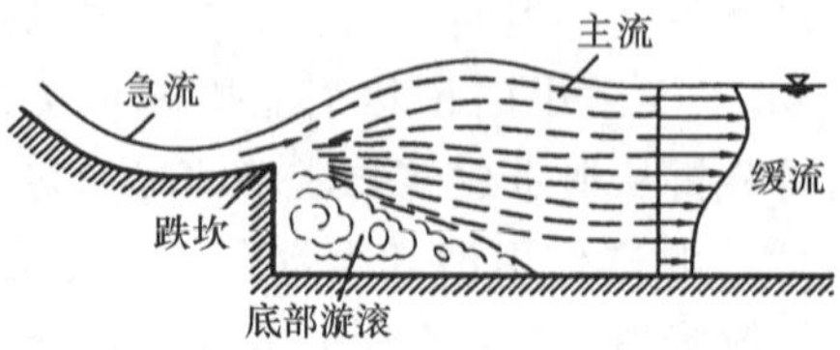


图 9.5

面流型衔接消能便于排泄漂浮物，对下游河床防冲要求低，工程费用较节省。其不足主要表现在下游水面波动大，要求下游水位较高（比底流消能淹没水跃所要求的下游水位还要高）而且比较稳定，随下游水位的变化可能出现多种形式的流态演变（底流、自由面流、自由混合流、淹没混合流、淹没面流、回复底流），工程中较难确切控制。此外，由于水流衔接形式复杂，计算理论不完善，应用时最好进行模型试验。

实际工程中的消能措施往往不是单一的某一种衔接消能方式，而是两种甚至三种衔接消能方式的混合应用。例如，消力戽消能就是底流消能与面流消能的结合。

#### 9.1.2.4　戽流型衔接消能

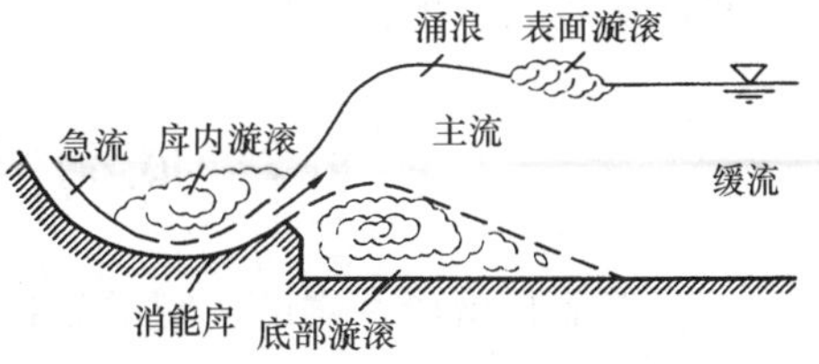


图 9.6

戽流型衔接消能是在泄水建筑物的末端建造一个具有较大反弧半径和挑角的形同戽勺的鼻坎，下泄水流由于受到下游水位的顶托，在戽内形成表面漩滚，主流则仍然贴着戽壁沿鼻坎挑起，形成涌浪，并向下游扩散，同时在鼻坎下产生一个反向漩滚，涌浪后面产生一个微弱的表面漩滚，即“三滚一浪”是戽流型衔接消能的典型流态。其余能主要是依靠戽内漩滚、鼻坎下底部漩滚以及涌浪后的掺气和扩散过程来消除，如图 9.6 所示。

戽流型衔接消能的消能效率高于底流式消能，可以不建造护坦，工程费用较省，适应水深变化范围比面流广，流态也比较稳定。但不利于排泄漂浮物，戽面及戽端易被水流挟带的泥沙磨损。随下游水深的变化，可能出现多种流态演变（挑流、临界戽流、典型戽流、淹没戽流、回复底流），分析计算理论不完善，应用时要做模型试验。

实际上，随着水利水电工程建设的发展，高坝不断出现，从工程实际需要出发，消能方式已从过去的单一消能工模式向多种消能工模式转变，新型消能工不断出现。比如，传统的戽流消能工采用单圆弧体型，难以适应高坝泄洪的要求，出现了兼备“戽”与“池”特点的戽式消能池，并已在岩滩等实际工程中采用。高低坎大差动消能工可使水流产生三维扩散和撞击，促使水舌紊动掺气，扩大射流入水面积，减轻对河床及岸坡的冲刷。白山水电站的 4 个表孔和 3 个中孔采用不同高程、不同挑角的大差动挑流鼻坎，组成了空间消能结构。窄缝式挑流鼻坎利用水流的纵向扩散增强了消能效果，同时由于射流所占宽度较小，因而特别适用于河谷狭窄的泄洪工程。如坝高 157m 的东江双曲拱坝右岸滑雪式溢洪道末端采用此种挑坎，出口底宽仅 2.5m，单宽流量达到 $588m^3/(s \cdot m)$。宽尾墩消能工为我国首创，利用尾部加宽的闸墩形成坝面溢流的横向收缩、纵向扩散、分散掺气、紊动消能，最先用于潘家口水库，后相继应用于安康、五强溪、隔河岩等实际工程中。

在确定衔接消能方式时，一定要因地制宜、协调配合，充分发挥各单项泄洪建筑物的消能优势，形成立体泄洪结构，以取得最佳组合效应。乌江渡水电站的“厂前挑流—滑雪式溢洪道—岸边泄洪隧洞”联合消能系统；安康水电站的“宽尾墩—消能池—异型挑坎”联合消能系统；五强溪、隔河岩水电站的“宽尾墩—底孔挑流—消能池”联合消能系统；白山水电站的“表、中孔间隔布置、上下对冲”联合消能系统；岩滩水电站的“宽尾墩—戽式消能池”联合消能系统；宝珠寺水电站的“小挑坎—水垫塘—导扩鼻坎”联合消能系统。二滩水电站位于四川省境内雅砻江下游河段，最大坝高 240m，电站装机容量 330 万 kW，库容 58 亿 $m^3$。设计流量 $20600m^3/s$，校核流量 $23900\ m^3/s$，下泄功率 3900 万 kW。设 7 个泄洪表孔（11×11.5m）、6 个中孔（5×6m）、4 个放空底孔（3×5m）、右岸两条明流泄洪洞。根据“分散泄洪、削弱水流冲刷能力，加固河床、增强河道抗冲能力”的综合治理措施，经多方案比较研究和泄洪消能可靠度计算与风险分析，最后确定的泄洪方案为：表孔采用大差动高低坎，末端设分流齿坎；中孔采用平面拐弯、立面上翘，尾端横向扩散、竖向收缩的“压力上翘”型坝身中孔新型消能工；表孔和中孔水舌空中碰撞消能；下游设两道坝，形成水垫消力塘；右岸设两条明流泄洪洞，共三套泄洪设施联合泄洪。“多种设施，分散泄洪，双层多孔，水流撞击，分区消能，按需防护”的二滩泄洪消能模

希望是附丽于存在的，有存在，便有希望，有希望，便是光明。（【当代】鲁迅《伤逝》）

式为我国峡谷高坝泄洪消能提供了成功的经验。

## 9.2 底流型衔接消能的水力计算

底流消能是借助一定的工程措施控制水跃位置，通过水跃发生的表面漩滚和强烈紊动来消除余能。泄水建筑物下游水跃发生的位置既取决于通过建筑物下泄水流的特性，又与下游河道中的水深及流速大小有关。当通过一定流量时，下泄水流的特性常以水深最小、流速最大的过水断面上的水力要素为代表，这个断面称为收缩断面。而与下泄流量相应的下游水深及流速则取决于下游河道底坡、断面形状尺寸、粗糙系数等参数，通常是已知的。底流消能的水力计算需要首先确定泄水建筑物下游水流衔接形式，即确定水跃发生的具体位置；其次决定要采取的工程措施。

### 9.2.1 收缩水深计算

如图 9.7 所示，沿溢流面下泄的水流，由于势能不断地转化为动能，水深减小，流速增大，到达下游坝趾断面必然会形成水深最小、流速最大的 $c$—$c$ 收缩断面，其水深称为收缩水深，以 $h_c$ 表示。上游 0—0 断面与 $c$—$c$ 收缩断面对过下游护坦的水平面 0—0 为基准面列能量方程。

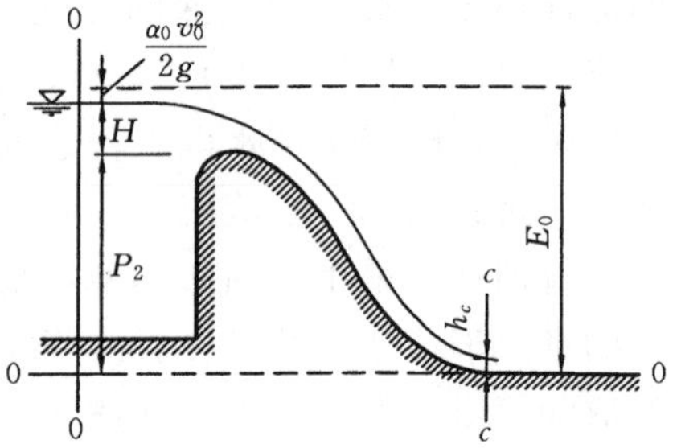

图 9.7

$$P_2+H+\frac{\alpha_0 v_0^2}{2g}=h_c+\frac{\alpha_c v_c^2}{2g}+\zeta\frac{v_c^2}{2g}$$

式中：$\zeta$ 为溢流坝局部水头损失系数。

一般情况下，上游 0—0 断面的运动要素为已知，记为 $E_0$，即 $E_0=P_2+H+\frac{\alpha_0 v_0^2}{2g}$，表示的是以收缩断面最低点为基准面的上游总水头。则上式可写为

$$E_0=h_c+(\alpha_c+\zeta)\frac{v_c^2}{2g}$$

令流速系数 $\varphi=\frac{1}{\sqrt{\alpha_c+\zeta}}$，则上式可表示为

$$E_0=h_c+\frac{v_c^2}{2g\varphi^2}$$

以 $v_c=\frac{Q}{A_c}$ 代入上式可得

$$E_0=h_c+\frac{Q^2}{2g\varphi^2 A_c^2} \tag{9.1}$$

对矩形断面，$A_c=bh_c$，取单宽流量计算，则上式可改写为

$$E_0=h_c+\frac{q^2}{2g\varphi^2 h_c^2} \tag{9.2}$$

这就是矩形断面收缩水深计算公式。从式（9.2）可以看到，收缩水深 $h_c$ 取决于 $E_0$、$q$、$\varphi$。其中，流速系数 $\varphi$ 主要取决于堰顶入口部分的局部水头损失和水流流经溢流面时的沿程水头损失、局部水头损失，数值大小与堰型、堰高及入流条件有关，影响因素复杂，可查表 9.1 确定或采用如下经验公式估算。

**表 9.1**　　　　　　　　**泄水建筑物出流的流速系数 $\varphi$**

| 序　号 | 建筑物泄流方式 | 图　形 | $\varphi$ |
|---|---|---|---|
| 1 | 堰顶有闸门的曲线实用堰 | 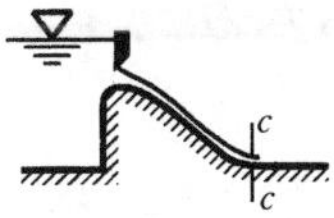 | 0.85～0.95 |
| 2 | 无闸门的曲线实用堰 (1) 溢流面长度较短<br>(2) 溢流面长度中等<br>(3) 溢流面较长 | 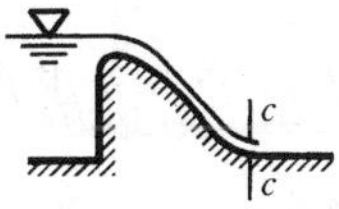 | 1.00<br>0.95<br>0.90 |
| 3 | 平板闸门下闸孔出流 | 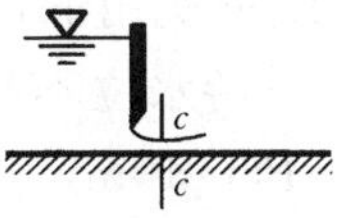 | 0.97～1.00 |
| 4 | 折线实用断面（多边形断面）堰 | 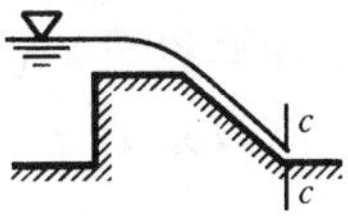 | 0.80～0.90 |
| 5 | 宽顶堰 | 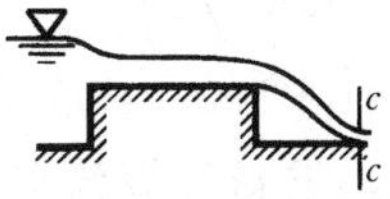 | 0.85～0.95 |
| 6 | 跌水 | 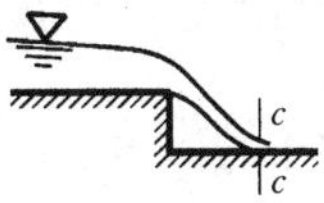 | 1.00 |
| 7 | 末端设闸门的跌水 | 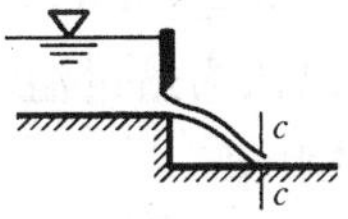 | 0.97～1.00 |

$$\varphi=1-0.0155\frac{P_1}{H} \tag{9.3}$$

式（9.3）是由综合系统试验资料得出的，适用于实用剖面堰自由溢流无显著掺气现象，且 $P_1/H<30$ 的情况。

$$\varphi=\left(\frac{q^{\frac{2}{3}}}{s}\right)^{0.2} \tag{9.4}$$

式中：$s$ 为坝上游库水位至出流收缩断面底部的高程差，m；$q$ 为单宽流量，$m^3/(s\cdot m)$。

式（9.1）、式（9.2）虽然是由溢流坝推导出的，但对那些流程较短的其它泄水建筑物（如宽顶堰、水闸等）仍然适用，只是收缩断面的位置和流速系数 $\varphi$ 要视具体情况确定，参见表 9.1。注意，对平顶堰上闸孔出流，闸后收缩水深也可按式（8.17）即 $h_c=\varepsilon_2 e$ 确定。

由于式（9.1）或式（9.2）是关于收缩水深 $h_c$ 的高次函数，不能直接求解，通常用试算法或试算—图解法求解。对于矩形断面，除采用试算法求解外，还可采用查图法（见附图Ⅴ）、迭代法求解，详见【例 9.1】。

矩形断面收缩水深的迭代公式为

$$h_{ci+1}=\frac{\frac{q}{\varphi\sqrt{2g}}}{\sqrt{E_0-h_{ci}}} \tag{9.5}$$

式（9.5）中，$\frac{q}{\varphi\sqrt{2g}}$为常数，可事先求出。$i$ 为迭代次数。收缩水深 $h_c\in(0,E_0)$，取初值 $h_{c1}=0$，可很快得到迭代结果。

**【例 9.1】** 某拦河坝采用曲线型实用堰，筑堰位置河道上下游断面可近似看作矩形。已知溢流宽度等于原河道宽度，下游水位不超过堰顶。堰上水头 $H=3$m，流量系数 $m=0.49$，上、下游坝高相等，$P_1=P_2=10$m，溢流坝流速系数 $\varphi=0.95$。试问：当下游河道中水深 $h_t=4.0$m 时，计算坝趾断面收缩水深并判明溢流坝下游水流衔接状况。

**解**：由于流量未知，故应先计算流量。河道宽度未知，可按单宽流量进行计算。由题目可知：下游水位不超过堰顶，淹没系数 $\sigma_s=1$；溢流宽度等于原河道宽度，侧收缩系数 $\varepsilon_1=1$。

设行近流速 $v_0=0$，则单宽流量 $q$ 为

$$q=\sigma_s\varepsilon_1 m\sqrt{2g}H_0^{3/2}=1\times1\times0.49\sqrt{2\times9.8}\times3^{3/2}=11.3\ [\text{m}^3/(\text{s}\cdot\text{m})]$$

计入行近流速水头的影响，重新计算流量。

$$v_0=\frac{q}{P_1+H}=\frac{11.3}{10+3}=0.87(\text{m/s})$$

$$H_0=H+\frac{\alpha_0 v_0^2}{2g}=3+\frac{1\times0.87^2}{2\times9.8}=3.039(\text{m})$$

$$q=1\times1\times0.49\times\sqrt{2\times9.8}\times3.03^{3/2}=11.5\ [\text{m}^3/(\text{s}\cdot\text{m})]$$

与前次求得的流量相近，可以认为通过溢流坝的单宽流量就是 $q=11.5\ \text{m}^3/(\text{s}\cdot\text{m})$。

下面采用不同方法计算收缩水深。

$$E_0=P_2+H_0=10+3.039=13.039(\text{m})$$

（1）试算法。

设 $h_c=0.5$m，按公式（9.2）可得 $E_0=0.5+\frac{11.5^2}{2\times9.8\times0.95^2\times0.5^2}=14.705$m，大于已知 $E_0$ 值，需继续试算。由公式（9.2）可知：$E_0$ 值增大，$h_c$ 值减小。为此，设 $h_c=0.8$m，按公式（9.2）可得 $E_0=0.8+\frac{11.5^2}{2\times9.8\times0.95^2\times0.8^2}=12.482$m，略小于已知 $E_0$ 值，继续试算。

设 $h_c=0.78$m，按公式（9.2）可得 $E_0=0.78+\frac{11.5^2}{2\times9.8\times0.95^2\times0.78^2}=13.069$m，与已知 $E_0$ 值接近，可以认为试算完成。

（2）查图法。

查图法需要首先计算出临界水深。由矩形断面临界水深公式可得

$$h_k=\sqrt[3]{\frac{\alpha q^2}{g}}=\sqrt[3]{\frac{1\times 11.5^2}{9.8}}=2.381(\text{m})$$

$$\zeta_0=\frac{E_0}{h_k}=\frac{13.039}{2.381}=5.477$$

由已知的 $\varphi=0.95$ 及 $\zeta_0=5.477$ 查附图Ⅴ可得：$\zeta_c=0.32$。

由于 $\zeta_c=\frac{h_c}{h_k}$，则相应的 $h_c=\zeta_c\times h_k=0.32\times 2.318=0.762(\text{m})$。

尽管附图Ⅴ也能查出相应的 $\zeta_c''$，并由 $\zeta_c''=\frac{h_c''}{h_k}$求得收缩水深相共轭的跃后水深 $h_c''$。但由于矩形断面的共轭水深可由公式直接计算，一般不再查图求 $h_c''$。

（3）迭代法。

利用公式（9.5）进行迭代计算。先计算常数$\frac{q}{\varphi\sqrt{2g}}=\frac{11.5}{0.95\times\sqrt{2\times 9.8}}=2.734$，然后取初值 $h_{c1}=0$，迭代过程和结果为 $h_{c1}=0\Rightarrow h_{c2}=0.757\Rightarrow h_{c3}=0.780\Rightarrow h_{c4}=0.7809$。显然，三步迭代即达到足够高的准确性，可取 $h_c=0.78\text{m}$。与试算法和查图法比较，迭代法具有迅速准确的优点，而且知道计算精度（如 1‰）。

计算收缩水深相共轭的跃后水深 $h_c''$ 以判明水流衔接状况。

$$h_c''=\frac{h_c}{2}\left(\sqrt{1+8\frac{q^2}{gh_c^3}}-1\right)=\frac{0.78}{2}\times\left(\sqrt{1+8\times\frac{11.5^2}{9.8\times 0.78^3}}-1\right)=5.51(\text{m})$$

由于 $h_c<h_k$，收缩断面水流为急流；下游水深 $h_t>h_k$，水流为缓流。据此可判定收缩断面下游有水跃发生。由 $h_t<h_c''$ 可知，溢流坝下游发生远驱水跃。

**【课堂练习 9.1】**

已知条件同【例 9.1】，试用试算—图解法完成收缩水深的计算。

### 9.2.2　消能池设计

当泄水建筑物下游为远驱水跃衔接时，通过设置消能池，可迫使远驱水跃变为稍有淹没的水跃，从而缩短下游急流段长度，达到在最短距离内集中消除余能的目的。其中，消能池是控制水跃并利用水跃消除余能的水工建筑物。根据水跃衔接方式的分析可知，局部增大下游水深将促使远驱水跃变为淹没水跃。工程实际中，局部增大下游水深的措施有两种：一是降低护坦高程形成消能池，即挖深式消能池；二是在护坦末端设置消能坎或消能墙以壅高水位，使坎前形成消能池，即消能坎式消能池。另外，也有同时采用这两种措施的综合式消能池。

消能池设计的主要任务就是确定消能池的轮廓尺寸。

#### 9.2.2.1　降低护坦高程形成的消能池

1. 池深 $d$ 的确定

降低护坦高程形成消能池后，池中水流情况如图 9.8 所示。

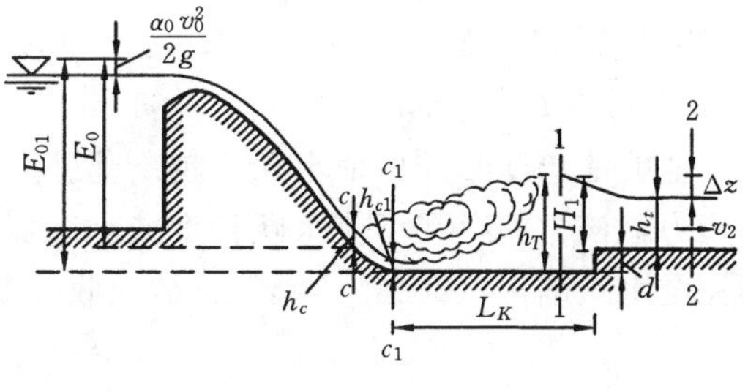


图 9.8

为使消能池内产生稍许淹没的水跃，则消能池末端水深应为

$$h_T=\sigma_j h_{c1}'' \qquad (9.6)$$

式中：$\sigma_j$ 为水跃淹没系数，一般取 $\sigma_j$

$=1.05\sim1.10$；$h''_{c1}$为护坦高程降低后收缩水深$h_{c1}$相共轭的跃后水深。

形成消能池后，水跃将发生在池内，离开消能池的水流，由于竖向收缩，水面将跌落一个$\Delta z$值，其水流特性与淹没宽顶堰流相同。由几何关系可知

$$h_T=d+H_1=d+h_t+\Delta z \tag{9.7}$$

将式（9.6）代入式（9.7）中，可得到消能池池深计算公式

$$d=\sigma_j h''_{c1}-(h_t+\Delta z) \tag{9.8}$$

式中：$h''_{c1}$、$\Delta z$都是未知量，故需建立$h''_{c1}$及$\Delta z$的关系式。

由水跃共轭方程可知

$$h''_{c1}=\frac{h_{c1}}{2}\left(\sqrt{1+8\frac{q^2}{gh_{c1}^3}}-1\right) \tag{9.9}$$

而$h_{c1}$可由收缩水深公式求得，即

$$E_{01}=h_{c1}+\frac{q^2}{2g\varphi^2 h_{c1}^2} \tag{9.10}$$

$$E_{01}=E_0+d \tag{9.11}$$

下面来推求消能池出口水面跌落值$\Delta z$。

对消能池出口上游断面1—1及下游断面2—2列能量方程，以通过2—2断面底部的水平面为基准面，则得到

$$H_1+\frac{\alpha_1 v_1^2}{2g}=h_t+\frac{\alpha_2 v_2^2}{2g}+\zeta\frac{v_2^2}{2g}$$

$$\Delta z=H_1-h_t=\frac{v_2^2}{2g\varphi'^2}-\frac{\alpha_1 v_1^2}{2g}$$

式中：$\varphi'$为消能池流速系数，它取决于消能池出口处的顶部形式，一般取0.95。

令$\alpha_1=1$，并以$v_2=\dfrac{q}{h_t}$，$v_1=\dfrac{q}{\sigma_j h''_{c1}}$代入上式，则得

$$\Delta z=\frac{q^2}{2g}\left[\frac{1}{(\varphi' h_t)^2}-\frac{1}{(\sigma_j h''_{c1})^2}\right] \tag{9.12}$$

当已知$E_0$、$q$、$\varphi$时，联立式（9.8）、式（9.9）、式（9.10）、式（9.11）及式（9.12）可求得池深$d$。由于是复杂的函数关系，故需要试算求解。

初步估算时，可取池深$d=\sigma_j h''_c-h_t$。

也可将式（9.12）代入式（9.8），化简整理成如下形式

$$\sigma_j h''_{c1}+\frac{q^2}{2g(\sigma_j h''_{c1})^2}-d=h_t+\frac{q^2}{2g(\varphi' h_t)^2} \tag{9.13}$$

联立式（9.9）、式（9.10）、式（9.11）及式（9.13），用试算—图解法可求出池深$d$，参见【例9.2】。

2. 池长$L_k$的确定

消能池长度必须保证水跃不越出池外。由于降低护坦高程形成的坎对水跃有一个反向作用力，该力的存在可使水跃长度减小。实验表明，消能池中水跃的长度要比无升坎阻挡的完全水跃缩短（20%～30%），故从收缩断面算起的消能池长度为

$$L_k=(0.7\sim0.8)L_j \tag{9.14}$$

式中：$L_j$为平底完全水跃的长度。

3. 消能池设计流量的选择

上面讨论的池深及池长设计都是针对某一个给定的流量及相应的下游水深，但建成的消能池必须在不同的流量情况下工作。为使所设计的消能池在不同流量情况下，都能形成稍许淹没的水跃，就必须选择一个恰当的设计消能池尺寸的设计流量。

从 $d=\sigma_j h''_c-h_t$ 可以看到，池深 $d$ 随着 $(h''_c-h_t)$ 的增大而增大。所以，可以认为相当于 $(h''_c-h_t)_{max}$ 时的流量 $q$ 即为消能池池深的设计流量。据此求得的池深 $d$ 应该是各种流量下所需消能池深度的最大值。实践表明，消能池池深 $d$ 的设计流量不一定是建筑物所通过的最大流量。实际计算时，应在给定的流量范围内，找出 $(h''_c-h_t)_{max}$ 时的流量，以此作为池深的设计流量。

池长的设计流量一般选用建筑物通过的最大流量，其原因是水跃长度随流量的增大而增大。

**【例 9.2】** 已知条件同【例 9.1】，且已判知拦河坝下游发生远驱水跃衔接，需要设计消能池。试设计挖深式消能池的尺寸。

**解：** 按式 (9.13)，应用试算—图解法计算消能池池深 $d$。

先计算右端常数，设 $A=h_t+\dfrac{q^2}{2g(\varphi' h_t)^2}$，取消能池出口流速系数 $\varphi'=0.95$，取水跃淹没系数 $\sigma_j=1.05$，则常数

$$A=4+\frac{11.5^2}{2\times 9.8\times(0.95\times 4)^2}=4.467(\text{m})$$

设 $f(d)=\sigma_j h''_{c1}+\dfrac{q^2}{2g(\sigma_j h''_{c1})^2}-d$，则假设池深 $d$，可求出相应的函数值 $f(d)$，绘出 $d—f(d)$ 关系曲线图，运用试算—图解法可求得所需池深值，计算结果见表 9.2。

**表 9.2　池深 $d$ 的试算—图解法计算结果**

| $d$ (m) | $E_{01}$ (m) | $h_{c1}$ (m) | $h''_{c1}$ (m) | $f(d)$ (m) |
|---|---|---|---|---|
| 1.000 | 14.040 | 0.750 | 5.638 | 5.112 |
| 1.500 | 14.540 | 0.736 | 5.699 | 4.672 |
| 2.000 | 15.040 | 0.723 | 5.761 | 4.233 |

利用表 9.2 数据，绘出的 $d—f(d)$ 关系曲线如图 9.9 所示。由 $d—f(d)$ 关系曲线查得 $f(d)=A=4.467$ 所对应的池深 $d=1.74$m。

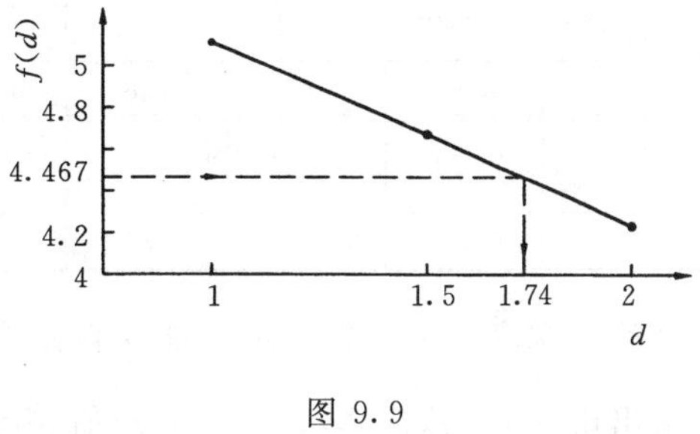

图 9.9

按池深 $d=1.74$m，重新计算得到的 $h_{c1}=0.73$m，据此可求得消能池长度 $L_K$。

按公式 $L_j=10.8h_{c1}(Fr_{c1}-1)^{0.93}$ 计算水跃长度。

$$Fr_{c1}=\sqrt{\frac{\alpha q^2}{g h_{c1}^3}}=\sqrt{\frac{1\times 11.5^2}{9.8\times 0.73^3}}=5.89$$

$$L_j=10.8\times 0.73\times(5.89-1)^{0.93}=34.497(\text{m})$$

通常情况下，消能池长度 $L_k=(0.7\sim 0.8)L_j$。在此按 $L_k=0.75L_j$ 计算，则得到 $L_k=0.75\times 34.497=25.873(\text{m})$，取 $L_k=26$m。

贫而无怨，难；富而无骄，易。（【春秋】孔子《论语·宪问》）

### 9.2.2.2 护坦末端建造消能坎形成的消能池

当河床开挖困难或开挖太深不经济时，可在护坦末端建造消能坎，壅高坎前水位，形成消能池内具有一定淹没程度的水跃。其水力计算的主要任务是确定消能坎高度 $c$ 及池长 $L_k$。

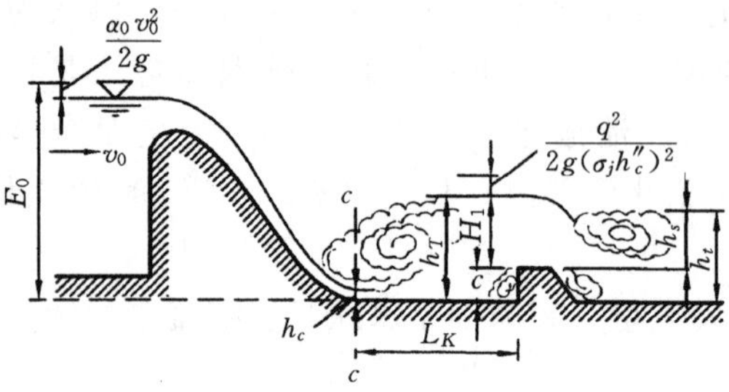

图 9.10

1. 坎高 $c$ 的确定

护坦末端建造消能坎形成消能池之后的水流情况如图 9.10 所示。消能坎一般做成折线形实用堰或曲线型实用堰形式，流经坎顶的水流一般属于实用堰流，这一点与降低护坦高程形成的消能池的水流现象不同。

要使消能池内产生稍许淹没的水跃，其消能坎前水深应为

$$h_T=\sigma_j h_c''$$

式中：$\sigma_j$ 为水跃淹没系数，一般取 $\sigma_j=1.05\sim1.10$；$h_c''$ 为收缩水深 $h_c$ 相共轭的跃后水深。由图中几何关系可知

$$h_T=c+H_1 \tag{9.15}$$

式中：$H_1$ 为消能坎的坎顶水头，可由堰流公式求得。即

$$H_1=H_{10}-\frac{q^2}{2g(\sigma_j h_c'')^2}=\left(\frac{q}{\sigma_s m_1\sqrt{2g}}\right)^{\frac{2}{3}}-\frac{q^2}{2g(\sigma_j h_c'')^2} \tag{9.16}$$

式中：$m_1$ 为消能坎的流量系数，与坎的形状及池内水流状态有关，目前尚无系统资料，初步设计时可取 $m_1=0.42$；$\sigma_s$ 为消能坎的淹没系数，其值与 $\frac{h_t-c}{H_{10}}=\frac{h_s}{H_{10}}$ 有关。由于消能坎前存在水跃，它与一般的实用堰前水流状态不同。故淹没系数及淹没判定条件也应有所不同。消能坎的淹没判定条件是：$\frac{h_s}{H_{10}}\leqslant0.45$，消能坎为非淹没堰，$\sigma_s=1$；$\frac{h_s}{H_{10}}>0.45$，消能坎为淹没堰，此时淹没系数 $\sigma_s<1$，其值可参考表 9.3 确定。

**表 9.3　消能坎的淹没系数**

| $\frac{h_s}{H_{10}}$ | ≤0.45 | 0.50 | 0.55 | 0.60 | 0.65 | 0.70 | 0.72 | 0.74 | 0.76 |
|---|---|---|---|---|---|---|---|---|---|
| $\sigma_s$ | 1.000 | 0.990 | 0.985 | 0.975 | 0.960 | 0.940 | 0.930 | 0.915 | 0.900 |
| $\frac{h_s}{H_{10}}$ | 0.78 | 0.80 | 0.82 | 0.84 | 0.86 | 0.88 | 0.90 | 0.92 | 0.95 |
| $\sigma_s$ | 0.885 | 0.865 | 0.845 | 0.815 | 0.785 | 0.750 | 0.710 | 0.651 | 0.535 |

计算坎高 $c$ 时，先假定消能坎自由出流，即取 $\sigma_s=1$，由式（9.15）、式（9.16）可直接求出坎高 $c$。然后再根据 $\frac{h_t-c}{H_{10}}$ 的值判断上述假定是否成立。若消能坎为非淹没堰，则前面算出的坎高 $c$ 即为所求，但要校核消能坎后的水流衔接状况，见【例 9.3】。即将消能坎看作溢流堰，计算坎后收缩水深及其共轭水深，并与下游水深相比较。若消能坎后为远驱式水跃衔接，则需要设置第二道消能坎或采取其它消能措施，并注意校核第二道消能坎后水流衔接状况，直至消能坎后产生淹没水跃衔接为至。校核消能坎后水流衔接状况时，

消能坎的流速系数 $\varphi$ 可取 0.90～0.95。若消能坎为淹没出流，则需考虑淹没系数之后重新计算坎高 $c$，此时，坎高 $c$ 需要试算求解，见【例 9.4】。

大多数的水闸和低水头的溢流坝设一级消能池就能满足工程要求，也有设二级甚至三级消能池的工程。

坎高 $c$ 的计算也可将式（9.16）代入式（9.15），整理成如下形式。

$$c+\left(\frac{q}{\sigma_s m_1\sqrt{2g}}\right)^{\frac{2}{3}}=\sigma_j h''_c+\frac{q^2}{2g(\sigma_j h''_c)^2} \tag{9.17}$$

利用式（9.17），采用试算—图解法可求得消能坎淹没出流时的坎高 $c$，参见【例 9.4】。

2. 池长 $L_k$ 的确定

池长 $L_k$ 仍由水跃长度确定，即 $L_k=(0.7\sim0.8)L_j$。

3. 设计流量的选择

当所设计的建筑物在 $q_{min}$ 与 $q_{max}$ 之间运用时，则应在流量范围内选择几个有代表性的流量值，分别计算坎高 $c$，然后取坎高 $c$ 的最大值作为设计值，相应的流量即为设计流量。也可认为 $(h''_c-H_1)_{max}$ 值对应的流量为坎高 $c$ 的设计流量。池长的设计流量仍然是建筑物通过的最大流量。

**【例 9.3】** 按【例 9.1】的水流条件，已判知拦河坝下游为远驱水跃衔接。试设计消能坎式消能池。取消能坎流量系数 $m_1=0.42$m，消能坎流速系数 $\varphi'=0.90$。

**解：** 先假设消能坎自由出流，取水跃淹没系数 $\sigma_j=1.05$，直接计算坎高 $c$。

$$c=\sigma_j h''_c-H_1=\sigma_j h''_c-\left[H_{10}-\frac{q^2}{2g(\sigma_j h''_c)^2}\right]$$

$$H_{10}=\left(\frac{q}{\sigma_s m_1\sqrt{2g}}\right)^{\frac{2}{3}}=\left(\frac{11.5}{1.0\times0.42\times\sqrt{2\times9.8}}\right)^{\frac{2}{3}}=3.369(\text{m})$$

代入数据得

$$c=1.05\times5.51-3.369+\frac{11.5^2}{2\times9.8\times(1.05\times5.51)^2}=2.618(\text{m})$$

验证消能坎是否为自由出流。$\dfrac{h_t-c}{H_{10}}=\dfrac{4.0-2.618}{3.369}=0.410<0.45$，假设正确，消力坎确为自由出流，坎高 $c=2.618$m 即为所求。但此时尚应校核坎后水流衔接状况，以判定是否需要修筑第二道消能坎。为此，需计算消能坎下游收缩水深 $h_{c1}$ 及其共轭水深 $h''_{c1}$。

首先计算

$$E_{01}=c+H_{10}=2.618+3.369=5.987(\text{m})$$

由 $E_{01}=5.987$m 及 $\varphi'=0.90$，通过迭代计算可求得收缩水深 $h_{c1}=1.339$m，相应的共轭水深 $h''_{c1}=3.870$m。显然，$h''_{c1}<h_t$，消能坎后发生淹没水跃衔接，无需修筑第二道消能坎。

由【例 9.1】可知：$h_c=0.78$m，相应的收缩断面佛汝德数

$$Fr_c=\sqrt{\frac{\alpha q^2}{g h_c^3}}=\sqrt{\frac{1\times11.5^2}{9.8\times0.78^3}}=5.333$$

按公式 $L_j=10.8h_c(Fr_c-1)^{0.93}$ 计算水跃长度，得到

不信但看檐前水，点点滴在旧窝池。（《增广贤文》）

$$L_j=10.8\times0.78\times(5.333-1)^{0.93}=32.938(\text{m})$$

通常情况下，消能池长度 $L_k=(0.7\sim0.8)L_j$ 。在此按 $L_k=0.75L_j$ 计算，则得到 $L_k=0.75\times32.938=24.704(\text{m})$，取 $L_k=25\text{m}$。

从【例 9.2】,【例 9.3】可以看到，同样的水流条件，挖深式消能池的池深 $d$ 与消能坎式消能池的坎高 $c$ 数值上并不相等，所需消能池长度也不相等，试问为什么？

**【例 9.4】** 若下游水深 $h_t=4.5\text{m}$，其它条件同【例 9.1】。同样可判定拦河坝下游为远驱水跃衔接。试重新设计消能坎式消能池。取消能坎流量系数 $m_1=0.42\text{m}$，消能坎流速系数 $\varphi'=0.90$。

**解：** 同【例 9.3】，先假设消能坎自由出流，可直接求得坎高 $c=2.618\text{m}$。由于下游水深较【例 9.3】增大，需重新验证消能坎是否为自由出流。

$\dfrac{h_t-c}{H_{10}}=\dfrac{4.5-2.618}{3.369}=0.559>0.45$，消能坎为淹没出流，坎高 $c$ 需试算求解，但此时无需再校核坎后水流衔接状况。

按式（9.17）采用试算—图解法计算坎高 $c$。

取水跃淹没系数 $\sigma_j=1.05$，计算式（9.17）右端常数 $A$。

$$A=\sigma_j h''_c+\frac{q^2}{2g(\sigma_j h''_c)^2}=1.05\times5.51+\frac{11.5^2}{2\times9.8\times(1.05\times5.51)^2}=5.987(\text{m})$$

设 $f(c)=c+\left(\dfrac{q}{\sigma_s m_1\sqrt{2g}}\right)^{\frac{2}{3}}$，假设不同坎高 $c$，可求出相应的函数值 $f(c)$，绘出 $c—f(c)$ 关系曲线图，运用试算—图解法可求得所需坎高 $c$ 值，计算结果见表 9.4。

**表 9.4　坎高 $c$ 的试算—图解法计算结果**

| $c$ (m) | $H_1$ (m) | $H_{10}$ (m) | $\dfrac{h_t-c}{H_{10}}$ | $\sigma_s$ | $f(c)$ (m) |
|---|---|---|---|---|---|
| 1.000 | 4.786 | 4.987 | 0.702 | 0.940 | 4.514 |
| 2.000 | 3.786 | 3.987 | 0.627 | 0.966 | 5.450 |
| 3.000 | 2.786 | 2.987 | 0.502 | 0.990 | 6.394 |

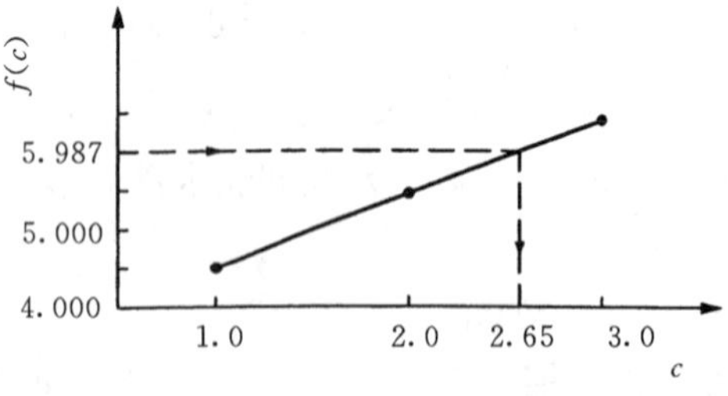


图 9.11

利用表 9.4 数据，绘出的 $c—f(c)$ 关系曲线如图 9.11 所示。由 $c—f(c)$ 关系曲线查得 $f(c)=A=5.987$ 所对应的坎高 $c=2.65\text{m}$。

**【课堂练习 9.2】**

已知条件同【例 9.4】，试计算消能池长度 $L_k$，并与【例 9.3】计算结果比较。

限于篇幅，上述消能池设计中仅考虑了一个流量，未进行设计流量选择。事实上，消能池池深或坎高的设计流量与池长的设计流量不一定相等，也不一定与泄水建筑物的设计流量相等。实际工作中，为保证消能池正常稳定工作，必须进行设计流量的选择。

#### 9.2.2.3　综合式消能池

如果单纯降低护坦高程开挖量太大，单纯建造消能坎，坎又太高，坎后容易形成远驱式水跃衔接。在这种情况下，可以考虑适当降低护坦高程，同时修建高度不大的消能坎，这种型式的消能池称为综合式消能池，如图 9.12 所示。综合式消能池的设计原则是消能池中及坎后均产生临界水跃，据此计算坎高和池长。然后，为了产生稍许淹没的水跃，再将消能坎和池底整体地降低一个高程，从而使消能池中产生稍许淹没的水跃，必要时还应校核消能池中水跃的淹没程度。

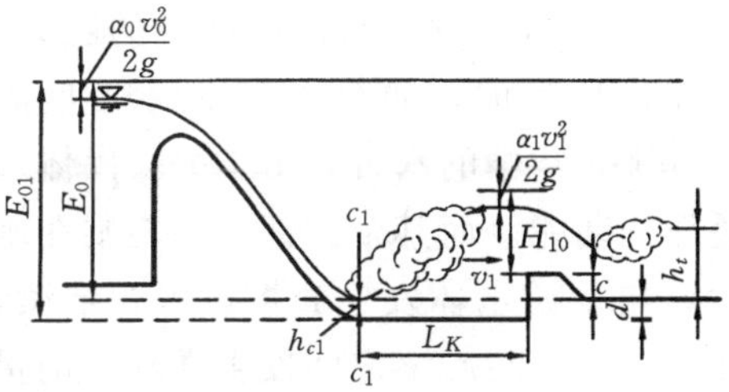


图 9.12

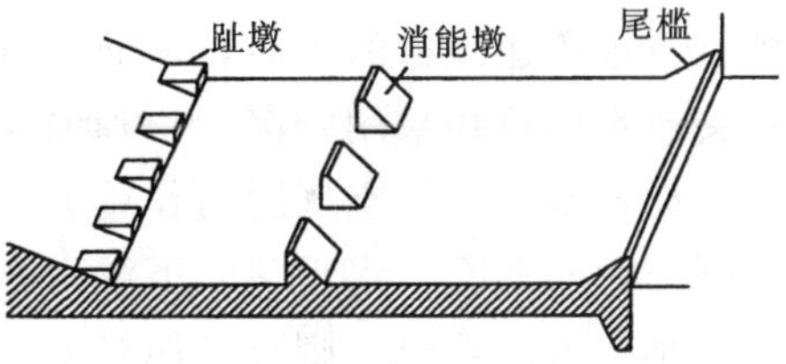


图 9.13

### 9.2.2.4　辅助消能工

为提高消能效率而附设在消能池中的墩或槛统称辅助消能工。其体型繁多，这里仅介绍常用的几种辅助消能工，如图 9.13 所示。

（1）分流齿墩（也称趾墩）：布置在消能池进口，其作用是分散入池水股，增加水跃区中主流与漩滚的交界面，加剧紊动混掺，提高消能效率。

（2）消能墩：布置在消能池内$\left(\frac{1}{3}\sim\frac{1}{2}\right)$池长的护坦上，其作用除分散水流，形成更多的漩涡以增加消能效率之外，还有迎拒水流，对水流的冲击产生反作用力。根据动量方程可知，这个反作用力降低了水跃共轭水深的要求，具有减小池深和池长的作用。

（3）尾槛：设置在消能池末端，其作用是将池末流速较大的底部水流挑起，导入下游水体上层，以改善消能池后的水流流速分布，减轻对下游河床的冲刷。

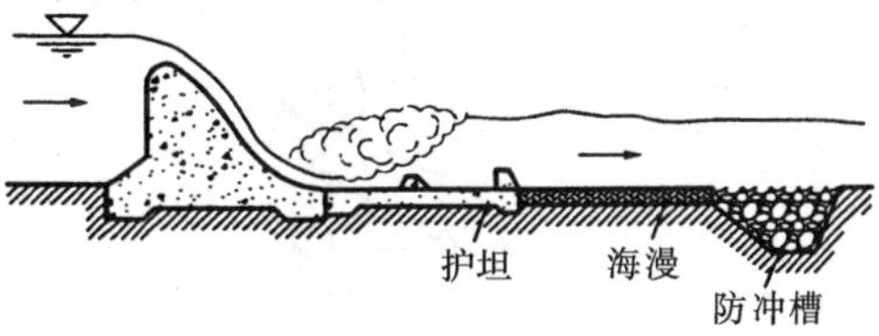


图 9.14

这些辅助消能工可以根据具体情况分别采用或合并采用。一般能起到缩短池长，减小挖深的作用。但必须注意到在流速较高时，设置在护坦前部的消能工容易产生空蚀。一般来说，设置趾墩和消能墩处的流速应小于 15～18m/s，其布置方式与位置以及型体和尺寸应经过试验验证。另外，有漂浮物或推移质的河道，辅助消能工常遭撞击破坏。

### 9.2.2.5　护坦下游河床保护

由于水跃跃后段的底部流速仍然较大，对河床仍具有较大的冲刷能力。除河床岩质较好的情况外，通常在护坦后还需设置河床保护段，称为海漫。海漫常用粗石料或表面凹凸不平的混凝土块铺砌而成，以加速跃后段水流紊动能量的衰减。海漫长度可按如下公式计算。

$$L_p=(1.63\sim2.40)L_j \tag{9.18}$$

离开海漫的水流还具有一定的冲刷能力，一般应在海漫末端设置防冲槽，如图 9.14 所示。

以上介绍的消能池内水流衔接计算，只是目前应用的方法之一。上述设计方法只适用于等宽矩形断面消能池的水力计算。扩散槽等其它情况消能池的设计需查阅相关资料。跌水下游消能池设计时，需考虑水股跌落射程，具体应用可参阅相关资料。

## 9.3　挑流消能的水力计算

挑流消能就是在泄水建筑物的末端修建挑流鼻坎，利用下泄水流所挟带的巨大动能，将水流挑射至远离建筑物的下游，从而达到消除余能的目的，如图 9.15 所示。挑流消能是中高水头泄水建筑物采用较多的一种消能方式。挑入空中的水舌，由于失去固体边界的约束，在紊动、掺气以及空气阻力作用下，消耗部分动能。而其余大部分动能则在水舌落入下游冲刷坑后被消除。水舌落入下游水体之后，与下游水体发生碰撞，水舌继续扩散，流速逐渐减小，入水点附近则形成两个巨大的旋滚，主流与旋滚之间发生强烈的动量变换及剪切作用。潜入河底的主流则冲刷河床形成冲刷坑。要求冲刷坑的发展不能危及建筑物的安全，即冲刷坑与建筑物之间必须要有足够长的距离。

挑流消能水力计算的主要任务是：按已知的水力条件选定适宜的挑坎型式，确定挑坎的高程、反弧半径和挑射角，计算挑流射程和下游冲刷坑深度。

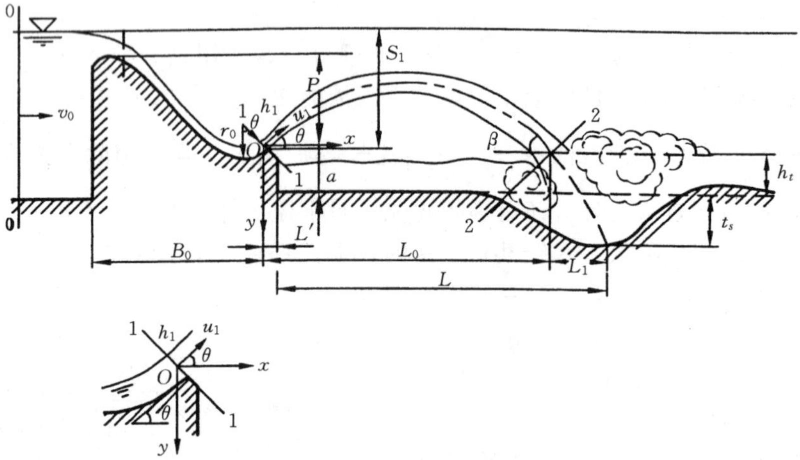


图 9.15

### 9.3.1　挑流射程的计算

挑流射程是指挑坎末端至冲刷坑最深点之间的水平距离。从图 9.15 可以看到

$$L=L_0+L_1-L'$$

式中：$L_0$ 为挑坎出口断面中心点到水舌轴线与下游水面交点间的水平距离，即空中射程；$L_1$ 为水舌轴线与下游水面交点到冲刷坑最深点之间的水平距离，即水下射程；$L'$ 为挑坎出口断面中心点到挑坎下游端的水平距离，一般可忽略不计。这样一来，挑流射程可表示为

$$L\approx L_0+L_1 \tag{9.19}$$

#### 9.3.1.1　空中射程 $L_0$ 的计算

当挑坎为平滑的连续坎时，射程 $L_0$ 可由物理学中质点斜抛运动方程求得，如图 9.15 所示。设 1—1 断面的水流速度为 $u_1$，沿挑流鼻坎的切线方向，与水平方向的夹角为 $\theta$，

则水舌轴线上质点轨迹方程为

$$x=\frac{u_1^2\cos\theta\cdot\sin\theta}{g}\left(1+\sqrt{1+\frac{2gy}{u_1^2\sin^2\theta}}\right) \tag{9.20}$$

根据边界条件：当 $x=L_0$ 时，$y=a-h_t+\frac{h_1}{2}\cos\theta$，则

$$L_0=\frac{u_1^2\cos\theta\cdot\sin\theta}{g}\left[1+\sqrt{1+\frac{2g\left(a-h_t+\frac{h_1}{2}\cos\theta\right)}{u_1^2\sin^2\theta}}\right] \tag{9.21}$$

式中：$a$ 为鼻坎高；$h_t$ 为未受冲刷的下游水深；$h_1$ 为 1—1 断面的水深。认为 1—1 断面的流速均匀分布，即 $u_1=v_1$。对上游 0—0 断面和 1—1 断面列能量方程，可得

$$v_1=\varphi\sqrt{2g(S_1-h_1\cos\theta)} \tag{9.22}$$

将式（9.22）代入式（9.21）得

$$L_0=\varphi^2\sin2\theta(S_1-h_1\cos\theta)\left[1+\sqrt{1+\frac{a-h_t+\frac{h_1}{2}\cos\theta}{\varphi^2\sin^2\theta(S_1-h_1\cos\theta)}}\right] \tag{9.23}$$

对于高坝 $S_1\gg h_1$，忽略 $h_1$ 后，式（9.23）简化为

$$L_0=\varphi^2S_1\sin2\theta\left(1+\sqrt{1+\frac{a-h_t}{\varphi^2S_1\sin^2\theta}}\right) \tag{9.24}$$

式中：$S_1$ 为上游水面至挑坎顶部的高差；$\varphi$ 为坝面流速系数。

由于挑流时有明显掺气，推导时又忽略了空气阻力。工程上常常采用原型观测资料整理得到的经验公式计算流速系数 $\varphi$，公式如下。

$$\varphi=\sqrt[3]{1-\frac{0.055}{K_E^{0.5}}} \tag{9.25}$$

$$K_E=\frac{q}{\sqrt{g}z^{1.5}}$$

式中：$K_E$ 称为流能比；$q$ 为单宽流量；$z$ 为上下游水位差。

该式适用范围：$K_E=0.004\sim0.15$；当 $K_E>0.15$ 时，取 $\varphi=0.95$。

$$\varphi=1-\frac{0.0077}{\left(\frac{q^{2/3}}{S_0}\right)^{1.15}} \tag{9.26}$$

式中：$S_0$ 为坝面流程，近似按 $S_0=\sqrt{P^2+B_0^2}$。其中，$P$ 为挑坎顶端以上的坝高，m；$B_0$ 为溢流面的水平投影长度，m。

该式适用范围：$\frac{q^{2/3}}{S_0}=0.025\sim0.25$；当$\frac{q^{2/3}}{S_0}>0.25$ 时，可取 $\varphi=0.95$。

#### 9.3.1.2 水下射程 $L_1$ 的计算

如图 9.15 所示，水舌自 2—2 断面进入下游水体后，属于射流的潜没扩散运动，与质点的自由抛射运动有区别。可以近似认为水舌沿入水角方向直线前进，即

$$L_1=\frac{t_s+h_t}{\tan\beta} \tag{9.27}$$

式中：$\beta$ 为水舌入水角；$t_s$ 为冲刷坑深度。

入水角 $\beta$ 可由水舌轨迹方程式（9.20）求一阶导数得到。

礼尚往来，来而不往非礼也。（《礼记·曲礼上》）

$$\tan\beta=\frac{\mathrm{d}y}{\mathrm{d}x}=\frac{gx}{u_1^2\cos^2\theta}-\tan\theta$$

在水舌射入下游水体位置，$x=L_0$，将其代入上式可得

$$\tan\beta=\sqrt{\tan^2\theta+\frac{a-h_t+\frac{h_1}{2}\cos\theta}{\varphi^2\cos^2\theta(S_1-h_1\cos\theta)}} \tag{9.28}$$

将式（9.28）代入式（9.27），并略去鼻坎末端水深 $h_1$，得到水下射程 $L_1$ 计算公式为

$$L_1=\frac{t_s+h_t}{\sqrt{\tan^2\theta+\frac{a-h_t}{\varphi^2 S_1\cos^2\theta}}} \tag{9.29}$$

#### 9.3.1.3 挑流射程 $L$ 的计算

联立式（9.24）和式（9.29），得到的挑流射程计算公式为

$$L=\varphi^2 S_1\sin2\theta\left(1+\sqrt{1+\frac{a-h_t}{\varphi^2 S_1\sin^2\theta}}\right)+\frac{t_s+h_t}{\sqrt{\tan^2\theta+\frac{a-h_t}{\varphi^2 S_1\cos^2\theta}}} \tag{9.30}$$

### 9.3.2 冲刷坑深度估算

当水舌跌入下游河道时，主流潜入下游河底，主流前后形成两个大旋滚而消除一部分能量。当潜入下游河底的水舌所具有的冲刷能力仍然大于河床的抗冲能力时，河床被冲刷，从而形成冲刷坑。随着冲刷坑深度的增加，水垫的消能作用加大，水舌冲刷能力降低。直至水舌的冲刷能力与河床的抗冲能力达到平衡时，冲刷坑才趋于稳定。即冲刷坑的深度取决于水流的冲刷能力与河床的抗冲能力两方面因素。水舌的冲刷能力主要与单宽流量、上下游水位差、下游水深的大小以及水舌空中分散、掺气的程度和水舌的入水角等因素有关。而河床的抗冲能力则与河床的组成、河床的地质条件有关。对于砂、卵石河床，其抗冲能力与散粒体的大小、级配和单位体积的重量有关。对于岩石河床，抗冲能力主要取决于岩基节理的发育程度、地层的产状和胶结的性质等因素。

由于影响因素的多样性和地质条件的复杂性，冲刷坑深度的计算只能依据经验公式。

对于岩石河床，计算冲刷坑深度的经验公式为

$$t_s=k_s q^{0.5}z^{0.25}-h_t \tag{9.31}$$

式中：$t_s$ 为冲刷坑深度，m；$z$ 为上下游水位差，m；$h_t$ 为冲刷坑后的下游水深，m；$q$ 为单宽流量，$\mathrm{m^3/(s\cdot m)}$，指水舌落入下游水面时的单宽流量值；$k_s$ 为反应岩基特性的系数，表 9.5 列出了 $k_s$ 参考值。

**表 9.5　岩基构造特性及系数 $k_s$ 值**

| 岩基构造特性描述 | 岩基类型 | $k_s$ 值 |
|---|---|---|
| 节理很发育、裂隙很杂乱、岩石成碎块状，裂隙内部分为黏土充填，包括松软结构、松散结构和破碎带 | Ⅳ | 1.5～2.0 |
| 节理较发育、岩石成块状，部分裂隙为黏土充填 | Ⅲ | 1.2～1.5 |
| 节理发育、岩石成大块状，裂隙密闭，少有充填 | Ⅱ | 0.9～1.2 |
| 节理不发育，多为密闭状，延展不长，岩石呈巨块状 | Ⅰ | 0.8～0.9 |

对于砂卵石河床，冲刷坑深度估算公式参阅有关书籍。

冲刷坑是否会危及建筑物的基础，这与冲刷坑深度及河床基岩节理裂隙、层理发育情况有关。一般认为，冲刷坑上游侧与挑坎末端的距离大于2.5～5倍冲刷坑深度时，将不会危及建筑物的安全。

### 9.3.3　挑坎型式及尺寸选择

常见的挑坎有连续式及差动式两种，如图9.16所示。连续式挑坎的优点是施工简便，比相同条件下的差动式挑坎射程远。差动式挑坎的特点是将水流分成上下两层、垂直方向有较大的扩散，可以减轻对河床的冲刷，但流速高时易产生空蚀。

下面简略介绍连续式挑坎尺寸的选择。

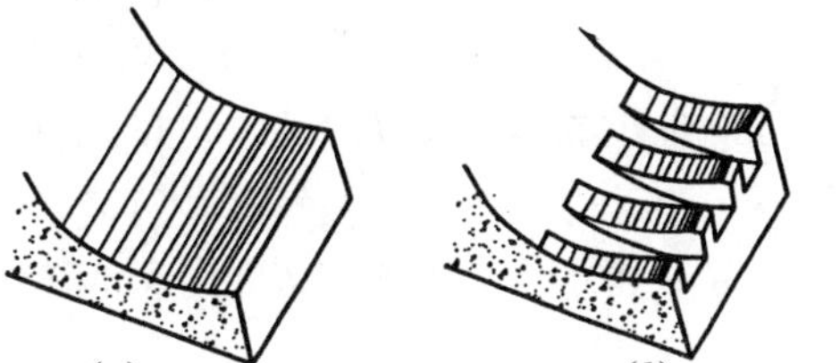


图9.16
(*a*) 连续式；(*b*) 差动式

挑坎尺寸包括挑坎高程，反弧半径 $r_0$ 及挑角 $\theta$。

1. 挑坎高程

挑坎高程愈低，出口断面流速愈大，射程愈远。同时，挑坎高程低，工程量也小，可以降低造价。但是，当下游水位较高并超过挑坎一定程度时，水流挑不出去，达不到挑流消能的目的。所以，工程设计中常使挑坎最低高程等于或略低于下游最高尾水位。这时，由于挑流水舌将水流推向下游，因此，紧靠挑坎下游的水位仍低于挑坎高程。

2. 反弧半径 $r_0$

水流在挑坎反弧段内运动时所产生的离心力，将使反弧段内动水压强增大。反弧半径愈小，离心力愈大，挑坎内水流的压能增大，动能减小，射程也减小。因此，为保证有较好的挑流条件，反弧半径 $r_0$ 至少应大于反弧最低点水深 $h_c$ 的4倍。一般设计时，多采用 $r_0=(6\sim10)h_c$。

3. 挑角 $\theta$

按质点抛射运动考虑，当挑坎高程与下游水位同高时，挑角愈大（$\theta<45°$），空中射程 $L_0$ 愈大。但挑角 $\theta$ 增大，入水角 $\beta$ 也增大，水下射程 $L_1$ 减小。同时，入水角增大后，冲刷坑深度增加。另外，随着挑角增大，开始形成挑流的流量，即所谓起挑流量也增大。当实际通过的流量小于起挑流量时，由于动能不足，水流挑不出去，而在挑坎的反弧段内形成旋滚。然后，沿挑坎溢流而下，在紧靠挑坎下游形成冲刷坑，对建筑物威胁较大。所以，挑角不宜选得过大，一般在15°～35°。

**【例9.5】** 某水库溢流坝按WES曲线堰设计，末端设挑流鼻坎，挑角 $\theta=35°$。下泄流量 $450m^3/s$，上游水位1688.65m，下游水位1661.96m，下游河床高程1657.30m，溢流宽度与挑坎宽度相同，$b$ 为30m，其余尺寸如图9.17所示。坝下游河床岩基为Ⅲ类，试计算挑流射程和冲刷坑深度。

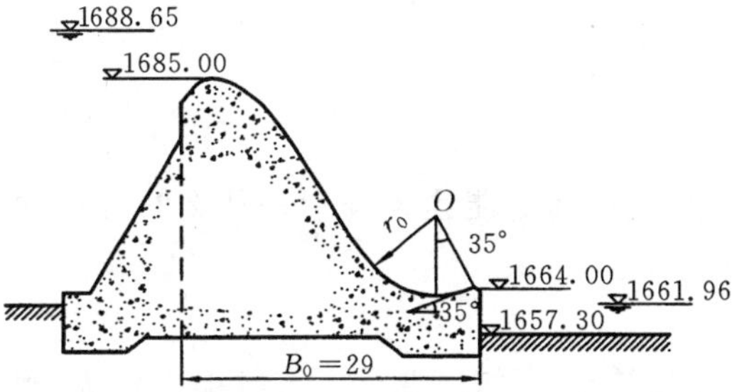


图9.17　（单位：m）

**解：** 根据已知数据求得



发愤忘食，乐以忘忧，不知老之将至。（【春秋】孔子《论语·述而》）

$$h_t = 1661.96 - 1657.30 = 4.66(\text{m})$$
$$a = 1664.00 - 1657.30 = 6.7(\text{m})$$
$$q = \frac{Q}{b} = \frac{450}{30} = 15\ [\text{m}^3/(\text{s} \cdot \text{m})]$$
$$S_0 = \sqrt{P^2 + B_0^2} = \sqrt{(1685.00 - 1664.00)^2 + 29^2} = 35.8(\text{m})$$
$$z = 1688.65 - 1661.96 = 26.69(\text{m})$$
$$S_1 = 1688.65 - 1664.00 = 24.65(\text{m})$$

按式（9.26）计算流速系数

$$\varphi = 1 - \frac{0.0077}{(q^{2/3}/S_0)^{1.15}} = 1 - \frac{0.0077}{(15^{2/3}/35.8)^{1.15}} = 0.941$$

对Ⅲ类岩基，取 $k_s=1.3$，按式（9.31）计算冲刷坑深度

$$t_s = 1.3 \times 15^{0.5} \times 26.69^{0.25} - 4.66 = 6.784(\text{m})$$

取 $\varphi=0.94$，按式（9.30）计算挑距

$$L = 0.94^2 \times 24.65 \times \sin70° \times \left(1 + \sqrt{1 + \frac{6.7 - 4.66}{0.94^2 \times 24.65 \times \sin^2 35°}}\right)$$
$$+ \frac{6.784 + 4.66}{\sqrt{\tan^2 35° + \frac{6.7 - 4.66}{0.94^2 \times 24.65 \times \cos^2 35°}}} = 43.666 + 14.420 = 58.086(\text{m})$$

由于 $\frac{t_s}{L} = \frac{6.784}{50.086} = \frac{1}{7.383} < \frac{1}{5}$，因此，冲刷坑不会危及建筑物安全。

限于篇幅，面流消能、消力戽消能的水力计算方法不再介绍，实际应用时可参阅相关资料。

## 本　章　小　结

1. 泄水建筑物下泄水流的特点：①________________；②________________。

2. 提高消能效率的一般原则：①________________；②________________。

3. 泄水建筑物下游水流衔接与消能的基本形式：①__________；②__________；③__________。

4. 泄水建筑物下游水力设计的主要任务：____________________。

5. 底流消能水力计算的主要任务：______________________。

6. 泄水建筑物下游收缩水深的计算方法有：________________。

7. 泄水建筑物下游水跃衔接方式有：①__________；②__________；③__________。

## 思　考　题

1. 为什么要采取工程措施消能？

2. 泄水建筑物下游常见的水流衔接与消能形式及其消能途径分别是什么？各自的适用条件与特点又是什么？

3. 挑流消能水力计算的主要任务是什么？

4. 随着泄水建筑物上游 $E_0$ 值的增大，收缩水深 $h_c$ 值如何变化？与收缩水深 $h_c$ 相共轭的跃后水深 $h_c''$ 又如何变化？

5. 泄水建筑物下游水跃衔接方式有几种？如何判断？

6. 挖深式消能池与消能坎式消能池的设计步骤分别是什么？

7. 消能池深度 $d$ 及消能坎高度 $c$ 的设计流量 $Q_d$ 如何确定？消能池长度 $L_k$ 的设计流量又如何确定？

## 作　业　题

1. 如图 9.18 所示的单孔溢流坝，护坦宽与堰宽相同。已知：坝高 $P_1=P_2=7\text{m}$，单宽流量 $q=8\text{m}^3/(\text{s}\cdot\text{m})$，流量系数 $m=0.49$，流速系数 $\varphi=0.95$，当下游水深 $h_t=3.5\text{m}$ 时，试判定溢流坝下游水跃衔接形式，并设计一挖深式消能池。

（参考答案：$h_c=0.645\text{m}$，$h_c''=4.21\text{m}$，远驱式水跃。池深 $d=0.9\text{m}$，$L_j=25.8\text{m}$，取 $L_k=19\text{m}$）

2. 某水库溢洪道设 5 孔闸门，每孔净宽 $b=7\text{m}$，闸墩厚度 2m，各高程如图 9.19 所示。今已知各孔闸门全开，通过流量 $Q=1400\text{m}^3/\text{s}$，流速系数 $\varphi=0.95$，上游水位高程为 162.4m；堰顶高程为 155.0m，下游水位高程为 110.0m；底部护坦高程 100.0m。试判断下游水跃衔接形式。若需要，可设计一消能坎式消能池。

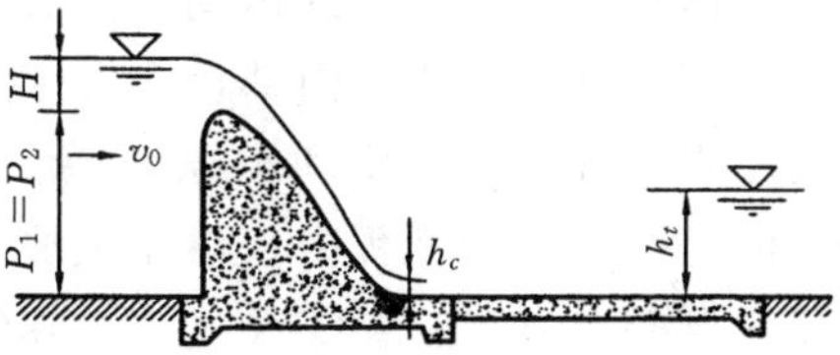


图 9.18

（参考答案：$h_c=0.99\text{m}$，$h_c''=14.3\text{m}$，远驱式水跃。坎高 $c=8.54\text{m}$，取 $L_k=65\text{m}$）

3. 某电站溢流坝为 3 孔，每孔宽 $b$ 为 16m；闸墩厚 4m；设计流量 $Q$ 为 $6480\text{m}^3/\text{s}$；相应的上、下游水位高程及河底高程如图 9.20 所示。今在坝末端设一挑坎，采用挑流消能。已知：挑坎末端高程为 218.5m；挑坎挑角 $\theta$ 为 25°；反弧半径 $R$ 为 24.5m；下游河床为Ⅲ类岩基。试计算挑流射程和冲刷坑深度。

（参考答案：$L=142.9\text{m}$，$t_s=9.46\text{m}$）

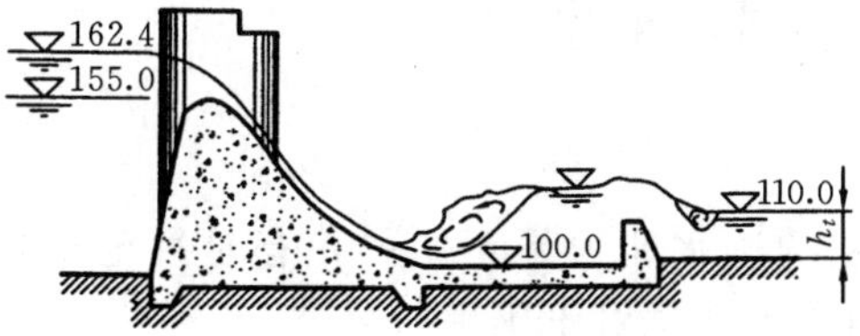


图 9.19　（单位：m）

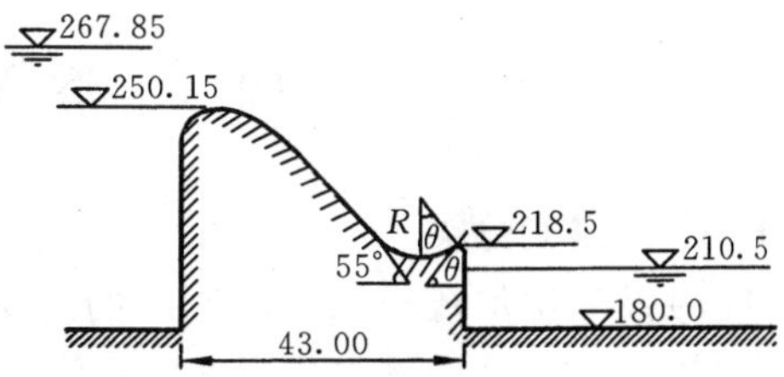


图 9.20　（单位：m）

以直报怨，以德报德。（【春秋】孔子《论语・宪问》）

# 第10章　渗流的水力计算

**【情景提示】**

1. “千里长堤，溃于蚁穴”。隐喻的哲理不言自明，蕴含的水力学道理你可明白？

2. 在曾经发生的土石坝、堤防工程事故中，因渗流引发的事故较多，渗流的水力计算包括哪些内容？

3. 防汛抢险中，巡堤查险是一项极其重要的工作，关注的重点有哪些？

**【本章导读】**

流体在孔隙介质中的运动称为渗流。流体包括水、石油、天然气等。孔隙介质是指由颗粒或碎块材料组成的内部包含许多互相连通的孔隙和裂隙的物质。常见的孔隙介质包括土壤、岩层等多孔介质和裂隙介质。有些水工建筑物本身就是由孔隙介质构成的，如土坝、河堤等。水利工程中，渗流主要是指水在地表以下土壤或岩层孔隙中的运动。常见的渗流问题集中体现在：①经过挡水建筑物的渗流，如土坝、围堰等。②水工建筑物地基中的渗流。③集水建筑物的渗流，如井、排水沟、廊道等。④水库及河渠的渗流。各类渗流问题就其水力学内容来说，关注的重点是：渗流量；浸润线位置；渗流压力；渗流对土壤的破坏作用。而从国内外工程建设的实践经验看，不少工程事故都可能由于渗流问题没有妥善处理而造成。

**【教学要求】**

①掌握渗流与渗流模型的概念。②掌握渗流基本定律——达西定律，掌握非均匀渐变渗流公式——杜比公式。③了解棱柱体地下河槽中浸润曲线的变化规律及其计算。④了解均质土坝的渗流计算。⑤了解水工建筑物地基中的有压渗流及其计算方法。

## 10.1　渗流的基本概念

### 10.1.1　土壤的分类

土壤及岩层均能透水，但不同的土壤或岩层的透水能力是不同的，有时甚至相差很大。可以根据土壤的透水能力在整个渗流区域内有无变化对土壤进行分类。

任一点处各个方向透水能力都相同的土壤称为各向同性土壤，否则称为各向异性土壤。

所有各点在同一方向上透水能力都相同的土壤称为均质土壤，否则称为非均质土壤。

均质且各向同性的土壤就透水能力而言是一种最为简单的土壤。严格说来，只有当土壤由等直径的圆球颗粒组成时，其透水能力才不随空间位置及方向变化，才符合均质及各向同性条件。实际土壤的情况非常复杂，为了使问题简化，大多数情况下都假定土壤是均质的各向同性土壤。

有时渗流区中包括若干透水能力各不相同的土壤，这类土壤称为层状土壤。就其每一



千里之堤，溃于蚁穴。(【战国】韩非子《韩非子·喻老》)

层而言，仍可看作均质各向同性土壤。当两层土壤的透水能力相差很大时，就可以将透水性很小的土壤近似看作不透水层。

### 10.1.2　水在土壤中的存在形式

土是多孔多相的松散颗粒集合体，具有透水性、溶水性、持水性、给水性等水力特性（土壤的水力特性是指与水分的储存和运移有关的性质，即水文地质性质）。因此，水在土中的渗流规律一方面取决于水的物理力学性质，另一方面还要受到土的水力特性的制约。水在土中的存在形式有如下几种类型。

（1）气态水：以水蒸气形式混合于空气之中，存在于土壤孔隙之内。数量很少，一般不考虑。

（2）附着水和薄膜水：受土颗粒分子的引力作用而挟持于土壤之中，很难运移。因此，又称为结合水。

（3）毛细水：指在毛管力作用下形成的可以运移的水，其特点是可以传递静水压强。

（4）重力水：指重力作用下在土壤孔隙中运动的水。作为研究宏观机械运动的水力学，主要研究的是重力水的运动。

土壤按水的存在状态可分为饱和带与非饱和带（又称包气带）。饱和带土壤孔隙全部为水所充满，主要为重力水区，也包括饱和的毛细水区。毛细水区与重力水区的分界面上的压强等于大气压强，此分界面称为潜水面或地下水面。通常，将潜水面作为饱和带的顶面。非饱和带的土壤孔隙为水和空气所共同充满。其中气态水、附着水、薄膜水、毛细水、重力水都可能存在，其流动规律与饱和带重力水的流动规律不同。非饱和带中的水，除受重力外，还有土粒吸力、表面张力等作用，而且液流横断面和渗透性都随含水量的变化而变化，比较复杂。

饱和带重力水按其含水层的埋藏条件可分为潜水与承压水。

### 10.1.3　渗流模型

由于土壤孔隙的形状、大小、分布情况极为复杂，使得渗流水质点在土壤孔隙中的运动轨迹也很不规则，要详细研究渗流在每一孔隙中的运动是非常困难的。况且在工程实际中，也没有必要了解具体孔隙中的渗流情况，只需要了解渗流的宏观平均效果。为此，按照生产实际需要对渗流加以简化，提出了渗流模型的概念。其概念要点如下：①不考虑渗流路径的迂回曲折，只考虑渗流的主要流向；②不考虑土颗粒存在，认为整个渗流空间全部为液体所充满。由此看来，渗流模型是指整个渗流区全部为液体所充满，似乎无土颗粒存在一样。显然，渗流模型的实质在于把实际上并不是充满全部空间的液体运动看作是连续空间内连续介质的运动。这样一来，渗流就符合连续介质假定，就可以利用前面已经建立的有关描述液体运动的基本概念与基本方程。例如，在渗流场内就存在着渗流流线、流管、过水断面、断面平均流速、流量等一系列概念。也可将渗流划分为恒定渗流与非恒定渗流、均匀渗流与非均匀渗流、渐变渗流和急变渗流等。还可按渗流有无自由表面将其划分为有压渗流和无压渗流。简言之，前面介绍的研究液体运动的方法和概念都可以直接应用到渗流中来。由于渗流模型是对真实渗流的简化，为了使渗流模型在水力特性方面和真实渗流相一致，要求渗流模型必须满足以下几点要求：

（1）对于同一过水断面，渗流模型的流量应等于通过该断面的真实渗流的流量，即流量相等。

人无远虑，必有近忧。（【春秋】孔子《论语·卫灵公》）

（2）渗流模型与真实渗流在相同距离内的水头损失应相等，即阻力相等。

（3）对某一作用面而言，渗流模型与真实渗流的动水压力应相等，即压力相等。

那么，渗流模型与真实渗流的流速是否相等呢？很明显，根据渗流模型的概念以及必须满足的要求，在过水断面面积不同的条件下，要使流量相等，则渗流流速一定不等。设渗流模型的流速为 $v$，真实渗流的流速为 $v'$，两者之间的关系为

$$v=nv' \tag{10.1}$$

式中：$n$ 为土壤的孔隙率，由于 $n<1$，故 $v<v'$，即渗流模型的流速小于真实渗流的流速。以后所研究的渗流流速都是指渗流模型的流速。

## 10.2　渗流基本定律——达西定律

### 10.2.1　达西试验与达西定律

达西（Henri Darcy）试验装置如图 10.1 所示。有一个上部开口的圆筒，筒中装有均质砂土，其上部设有进水管及保持水位恒定的溢流装置，在相距 $L$ 的两个过水断面 1—1 断面与 2—2 断面位置装设测压管。水自圆筒上部经过砂土渗透，由滤网排出。当筒的上部水位恒定时，通过砂土的渗流就是恒定均匀渗流，两支测压管水位差就是渗流流程上的水头损失，测出流量可得到流速。

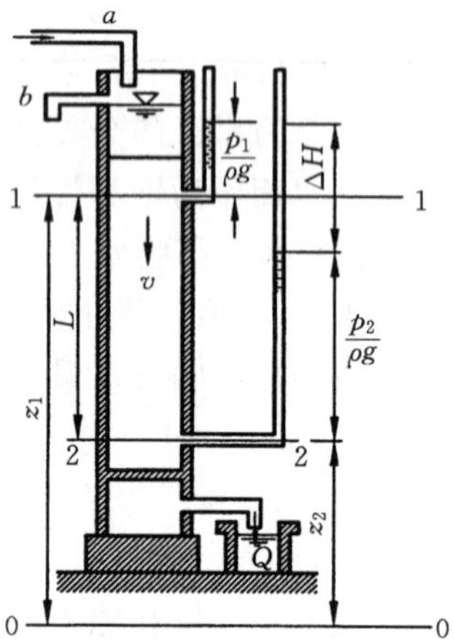


图 10.1

通过试验发现，在不同尺寸的圆筒和不同类型土的渗流过程中，渗流流量与圆筒的断面面积及水力坡度成正比，并与土的透水性质有关，即

$$Q=kAJ \tag{10.2}$$

式中：$k$ 为反映土的透水性质的比例系数，称为渗透系数。

渗流过水断面上的平均流速可表示为

$$v=\frac{Q}{A}=kJ \tag{10.3}$$

从式（10.3）可以看到：均质孔隙介质中渗流流速与水力坡度的一次方成正比，并与土的性质有关。这就是著名的达西定律，也称为渗流线性定律。

达西试验中，渗流区为圆柱形均质砂土，属恒定均匀渗流。可以认为各点的流动状态是相同的，任一点的渗流流速 $u$ 等于断面平均流速 $v$，故达西定律也可表示为

$$u=kJ \tag{10.4}$$

若将水力坡度表示为 $J=-\frac{\mathrm{d}H}{\mathrm{d}s}$，则渗流场任意一点处的渗流流速用达西公式可表示为

$$u=-k\frac{\mathrm{d}H}{\mathrm{d}s} \tag{10.5}$$

### 10.2.2　达西定律的适用范围

达西公式中，水头损失与渗流流速的一次方成正比。从沿程水头损失的变化规律来看，渗流符合层流运动。事实上，大多数渗流因流速很小，确实处于层流状态，即服从达

西定律。只有在堆石坝及堆石排水体等裂隙介质中的渗流才是紊流。渗流运动的层流与紊流仍然用雷诺数判断，只是雷诺数的表达式与管流不同。巴甫洛夫斯基给出的结论是：$Re<Re_k$ 时，渗流为层流。其中，$Re$ 为渗流的实际雷诺数，按式（10.6）计算

$$Re=\frac{1}{0.75n+0.23}\frac{vd}{\nu} \tag{10.6}$$

式中：$n$ 为孔隙率；$d$ 为土的有效粒径，一般可用 $d_{10}$ 来代表有效粒径。

$Re_k$ 为渗流的临界雷诺数，取 $Re_k=7\sim9$。

对于非层流的渗流，可以用式（10.7）来表示其流动规律

$$v=kJ^{\frac{1}{m}} \tag{10.7}$$

式中：$m$ 为指数，与渗流流态有关，层流 $m=1$，完全紊流 $m=2$，层流到紊流的过渡区 $m=1\sim2$。

### 10.2.3　渗透系数及其确定方法

渗透系数是反映土壤渗流特性的一个综合指标，其大小主要与土颗粒的形状、大小、级配及水温有关。确定渗透系数的方法有如下 3 类。

1. 经验法

在进行初步估算时，可参照有关规范和已成工程资料选择渗透系数值。表 10.1 中给出了部分渗透系数参考值。

表 10.1　土的渗透系数参考值

| 土的种类 | 渗透系数 $k$ (cm/s) |
|---|---|
| 密实（经夯实）黏土 | $1\times10^{-7}\sim1\times10^{-10}$ |
| 黏土 | $1\times10^{-4}\sim1\times10^{-7}$ |
| 砂质黏土 | $5\times10^{-3}\sim1\times10^{-4}$ |
| 混有黏土的砂土 | $1\times10^{-2}\sim5\times10^{-3}$ |
| 纯砂土 | 1.0～0.01 |

2. 室内测定法

将天然土取若干土样，在试验室进行渗透系数测定。由于天然土并非完全均质土，所取土样又不可能太多，因此也不可能完全反映真实情况。但这种方法毕竟是从实际出发，并且设备简单，费用较省，特别是以土作为建筑材料时，测定渗透系数常用此方法。

3. 野外测定法

对所研究的渗流区域进行现场渗透系数测定，可以获得较为符合实际情况的大面积平均渗透系数，但费用较高，一般用于大型工程。通常是钻井或挖试坑，采用抽水或注水的方式进行试验。

## 10.3　地下河槽中恒定均匀渗流和非均匀渐变渗流

广阔地层中的地下水流动，在很多情况下具有潜水面（自由表面），属于无压渗流，其渗流区域常称为地下河槽。地下河槽渗流是指位于不透水基底上的孔隙区域内的地下水流动。

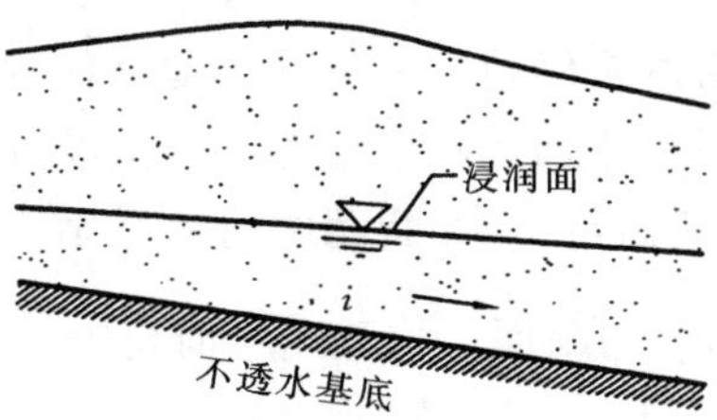


图 10.2

在自然界中，不透水基底可能是不规则的，为了简单起见，一般都假定不透水基底是平面，并以 $i$ 表示其底坡，如图 10.2 所示。地下河槽和一般明渠一样，也可以分为棱柱体地下河槽和非棱柱体地下河槽。地下河槽水流的水力要素沿流程不变的渗流称为均匀

渗流，否则称为非均匀渗流。在非均匀渗流中，若流线近乎于平行的直线，则称为非均匀渐变渗流，否则称为非均匀急变渗流。地下河槽的自由表面称为浸润面，其非均匀渗流的水面线称为浸润线。

### 10.3.1 均匀渗流

均匀渗流时，各断面上的断面平均流速都相等，水力坡度与底坡相等，由达西公式可得渗流流量计算公式为

$$Q=kiA_0 \tag{10.8}$$

式中：$A_0$ 为均匀渗流时地下河槽的过水断面面积。

在很多情况下，地下河槽很宽阔，其过水断面可视为矩形。令 $h_0$ 为均匀渗流的正常水深，则通过地下河槽的单宽流量可表示为

$$q=kih_0 \tag{10.9}$$

### 10.3.2 非均匀渐变渗流的基本公式——杜比公式

达西定律给出了均匀渗流的断面平均流速及渗流区域内任一点处的渗流流速计算公式。为研究非均匀渐变渗流的运动规律，还必须建立非均匀渐变渗流的基本公式——杜比(J. Dupuit) 公式。

在图 10.3 所示的非均匀渐变渗流中取一微小流束 $AB$，$A$ 点与 $B$ 点的测压管水头差为 $\mathrm{d}H=H_2-H_1$，流段长度为 $\mathrm{d}s$。根据达西公式，微小流束上 $A$ 点的流速可以表示为

$$u_A=-k\frac{\mathrm{d}H}{\mathrm{d}s}$$

相应的 1—1 过水断面的断面平均流速为

$$v=\frac{1}{A}\int_A u\,\mathrm{d}A=\frac{1}{A}\int_A -k\frac{\mathrm{d}H}{\mathrm{d}s}\mathrm{d}A$$

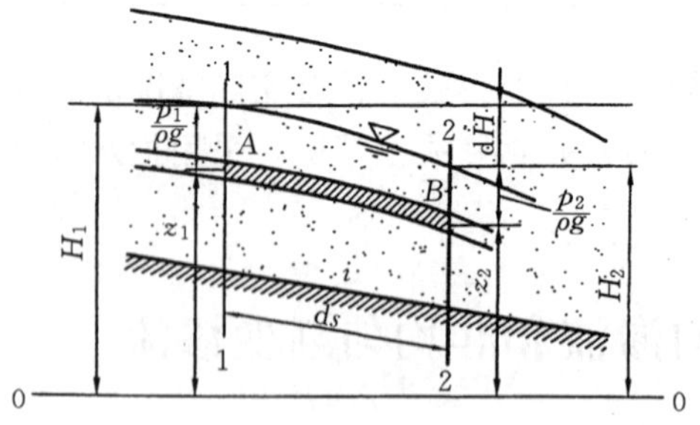


图 10.3

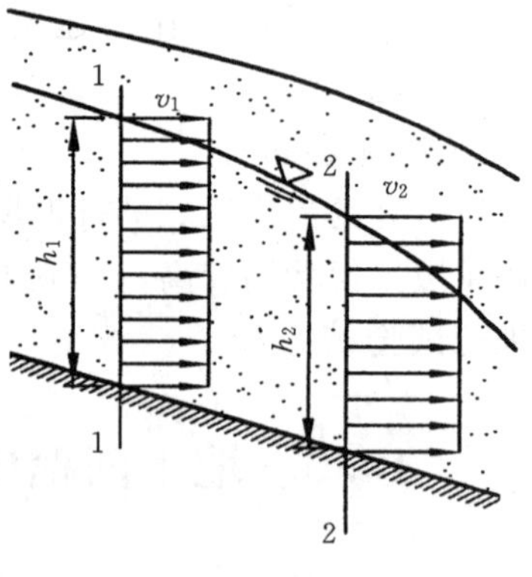


图 10.4

在渐变流中，一方面，同一过水断面上各点的测压管水头维持同一常数，即对任一微小流束而言，在流段 $\mathrm{d}s$ 上的水头差都相等，均为 $\mathrm{d}H$。另一方面，在渐变流中，流线近似平行，各流段的长度也近似相等，都为 $\mathrm{d}s$。那么，1—1 断面与 2—2 断面之间各微小流束的水力坡度也都相等，均为$\frac{\mathrm{d}H}{\mathrm{d}s}$。这样一来，1—1 过水断面的断面平均流速可简化为

$$v=-k\frac{\mathrm{d}H}{\mathrm{d}s}=u_A \tag{10.10}$$

式（10.10）就是杜比公式。该式表明：非均匀渐变渗流同一过水断面上各点的流速都相等，并等于断面平均流速。说明流速分布图形为矩形，如图 10.4 所示。但与均匀渗流相比，其不同点表现在过水断面不同，渗流流速的大小不同，即矩形流速分布图的大小不一样。而均匀渗流条件下，各个过水断面的流速分布图形大小都相同，即矩形流速分布图的大小都一样。

杜比公式是在一维渗流情况下将渗流过水断面简化为宽阔的矩形断面分析得到的，只适用于渐变流情形。当渗流过水断面变化较大，浸润线坡度较陡时，渗流将不是渐变流，而是急变流，杜比公式也不再适用。对急变渗流而言，关于点流速的达西公式还是可以应用的。

## 10.4　棱柱体地下河槽恒定非均匀渐变渗流浸润曲线

棱柱体地下河槽恒定非均匀渐变渗流浸润曲线分析与计算的目的在于了解某一地区地下水水位的变化规律以及地下水的动向和补给情况等，不仅可以积累水文地质资料，而且能为水利及其它部门提供必需的技术资料。

### 10.4.1　渐变渗流的基本微分方程式

以杜比公式为基础，利用能量方程，就可以建立非均匀渐变渗流水力要素沿流程变化的关系式，即非均匀渐变渗流的基本微分方程式。

如图 10.5 所示，1—1 断面与 2—2 断面间的测压管水头差值为

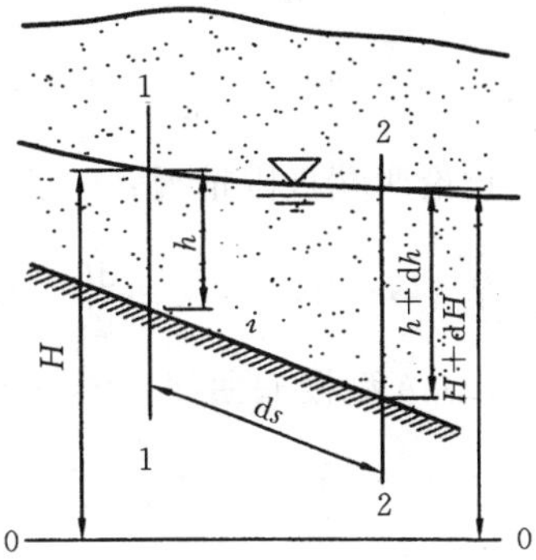


图 10.5

$$dH=dz+dh=-i ds+dh$$

$$J=-\frac{dH}{ds}=i-\frac{dh}{ds}$$

由杜比公式可得

$$v=-k\frac{dH}{ds}=k\left(i-\frac{dh}{ds}\right) \tag{10.11}$$

相应的渗流流量

$$Q=Av=kA\left(i-\frac{dh}{ds}\right) \tag{10.12}$$

这就是棱柱体地下河槽恒定非均匀渐变渗流的基本微分方程式。利用该式就可以完成非均匀渐变渗流浸润曲线的分析和计算。

### 10.4.2　地下河槽中浸润曲线的分析与计算

分析地下河槽浸润曲线的方法与分析明渠水面曲线的方法相类似，都是借助相应的微分方程。棱柱体地下河槽恒定非均匀渐变渗流浸润线分析与计算时，认为流量 $Q$、渗透系数 $k$ 以及不透水层底坡 $i$ 均为已知。由非均匀渐变渗流的基本微分方程式可以确定渗流浸润线的形状及渗流水深沿程的变化规律。由于渗流流速很小，其流速水头可以略去不计。这样一来，断面比能实际上就等于水深，比能曲线变为直线，断面比能不存在极小值，也就不存在临界水深和临界底坡。如此一来，地下河槽的底坡仅有正坡、平坡、反坡 3 种类型。在正坡条件下，可能发生均匀渗流，即存在均匀渗流水深 $h_0$，随着实际水深 $h$ 与 $h_0$

知之为知之，不知为不知，是知也。（【春秋】孔子《论语·为政》）

相对大小的不同，可以有两种类型的浸润曲线。平坡和反坡条件下，不能形成均匀渗流，认为均匀渗流水深 $h_0$ 在无穷远处，其渗流的浸润线就仅有一种类型。如此看来，地下河槽的浸润线共有 4 种类型。在进行地下河槽浸润曲线的分析与计算时，首先分析浸润线的形状，然后推导浸润线计算公式。

1. 正坡（$i>0$）地下河槽中的浸润曲线

对正坡地下河槽，与渗流流量 $Q$ 相对应的水深为 $h_0$，流量以均匀渗流关系表示，即 $Q=kA_0i$。此时，渐变渗流微分方程将变为

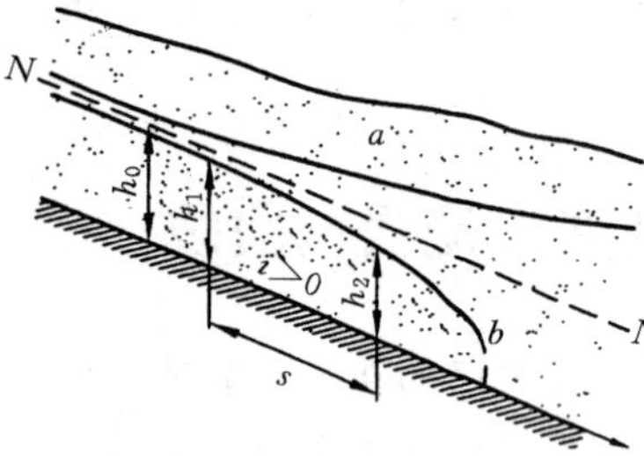


图 10.6

$$\frac{dh}{ds}=i\left(1-\frac{A_0}{A}\right) \quad (10.13)$$

利用上式即可分析正坡地下河槽的浸润曲线。与明渠类似，正常水深 $N—N$ 线将渗流区域分成了两个区，如图 10.6 所示。$h>h_0$，为 $a$ 区，相应的浸润曲线为 $a$ 型；$h<h_0$，为 $b$ 区，相应的浸润曲线 $b$ 型。

（1）$a$ 型浸润曲线（$h_0<h<+\infty$）。

$h>h_0\Rightarrow A>A_0\Rightarrow\frac{dh}{ds}>0$　壅水曲线，如图 10.6 所示。

讨论两端极限情况：上游端 $h\to h_0\Rightarrow A\to A_0\Rightarrow\frac{dh}{ds}\to 0$，浸润曲线以 $N—N$ 线为渐近线。下游端 $h\to\infty\Rightarrow A\to\infty\Rightarrow\frac{dh}{ds}\to i$，浸润曲线以水平线为渐近线。

（2）$b$ 型浸润曲线（$0<h<h_0$）。

$h<h_0\Rightarrow A<A_0\Rightarrow\frac{dh}{ds}<0$　降水曲线，如图 10.6 所示。

讨论两端极限情况：上游端 $h\to h_0\Rightarrow A\to A_0\Rightarrow\frac{dh}{ds}\to 0$，浸润曲线以 $N—N$ 线为渐近线。下游端 $h\to 0\Rightarrow A\to 0\Rightarrow\frac{dh}{ds}\to -\infty$，浸润曲线与槽底呈正交趋势。这只是数学分析的结果，说明渗流不再属于渐变渗流。实际上浸润曲线将会以某一不等于零的水深为终点，这个水深的值取决于具体的边界条件。

由于地层广阔，地下河槽的渗流常按一维流动处理，并将过水断面简化为宽阔的矩形断面，此时 $\frac{A_0}{A}=\frac{h_0}{h}$。若令 $\eta=\frac{h}{h_0}$，则 $dh=h_0d\eta$，将其代入微分方程式（10.13），化简整理可得

$$ds=\frac{h_0d\eta}{i\left(1-\frac{1}{\eta}\right)}=\frac{h_0}{i}\frac{\eta d\eta}{\eta-1}=\frac{h_0}{i}\left(1+\frac{1}{\eta-1}\right)d\eta$$

对上式积分可得

$$s=\frac{h_0}{i}\left(\eta_2-\eta_1+2.3\lg\frac{\eta_2-1}{\eta_1-1}\right) \quad (10.14)$$

$$\eta_2=\frac{h_2}{h_0},\ \eta_1=\frac{h_1}{h_0}$$

式中：$\eta_1$、$\eta_2$、$h_1$、$h_2$ 分别为断面 1—1 与断面 2—2 的水深比及水深；$s$ 为两断面间的流段距离。

这就是正坡棱柱体地下河槽的浸润曲线方程，可用来求解 $a$ 型、$b$ 型浸润曲线。

2. 平坡浸润曲线

以 $i=0$ 代入渗流基本微分方程可得

$$Q=-kA\frac{\mathrm{d}h}{\mathrm{d}s}$$

$$\frac{\mathrm{d}h}{\mathrm{d}s}=-\frac{Q}{kA}$$

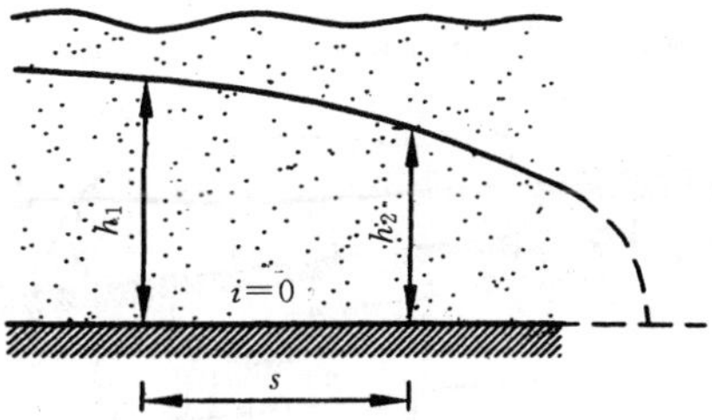


图 10.7

由于 $\frac{\mathrm{d}h}{\mathrm{d}s}<0$，故可断定平坡上的浸润曲线是唯一的降水曲线，如图 10.7 所示。

讨论两端极限情况：上游端 $h\to\infty\Rightarrow\frac{\mathrm{d}h}{\mathrm{d}s}\to 0$，浸润曲线以水平线为渐近线。下游端 $h\to 0\Rightarrow\frac{\mathrm{d}h}{\mathrm{d}s}\to-\infty$，浸润曲线与槽底呈正交趋势。

对于矩形地下河槽，上式简化为

$$\frac{\mathrm{d}h}{\mathrm{d}s}=-\frac{q}{kh}$$

$$\frac{q}{k}\mathrm{d}s=-h\mathrm{d}h$$

积分可得

$$s=\frac{k}{2q}(h_1^2-h_2^2) \tag{10.15}$$

利用式（10.15）可进行平坡浸润曲线的计算。

3. 反坡上的浸润曲线

对于反坡，没有正常水深，渗流仅有一个区，故只有一条浸润曲线。设想有一正坡 $i'=-i$，对 $i'$ 而言，可能出现均匀渗流，流量可用均匀流关系代替，即 $q=kh_0'i'$。这样一来，渗流基本微分方程式（10.12）将改写为

$$kh_0'i'=kh\left(i-\frac{\mathrm{d}h}{\mathrm{d}s}\right) \tag{10.16}$$

以 $i=-i'$ 代入，并令 $\eta'=\frac{h}{h_0'}$，则式（10.16）简化为

$$\frac{\mathrm{d}h}{\mathrm{d}s}=-i'\left(1+\frac{1}{\eta'}\right) \tag{10.17}$$

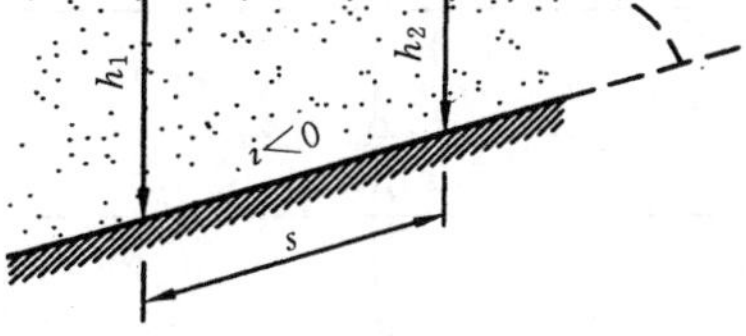


图 10.8

由式（10.17）可知，$\frac{\mathrm{d}h}{\mathrm{d}s}<0$，故反坡上的浸润曲线为降水曲线，如图 10.8 所示。

讨论两端极限情况：上游端 $h\to\infty\Rightarrow\frac{\mathrm{d}h}{\mathrm{d}s}\to-i'=i$，浸润曲线以水平线为渐近线。下游端 $h\to 0\Rightarrow\frac{\mathrm{d}h}{\mathrm{d}s}\to-\infty$，

浸润曲线与槽底呈正交趋势。

以 $dh=h_0'd\eta'$代入式（10.17），分离变量求积分，可得

$$s=\frac{h_0'}{i'}\left(\eta_1'-\eta_2'+2.3\lg\frac{\eta_2'+1}{\eta_1'+1}\right) \tag{10.18}$$

式中：$h_0'$为与底坡 $i'$相应的正坡上渗流的正常水深。利用式（10.18）即可进行反坡浸润曲线的计算。

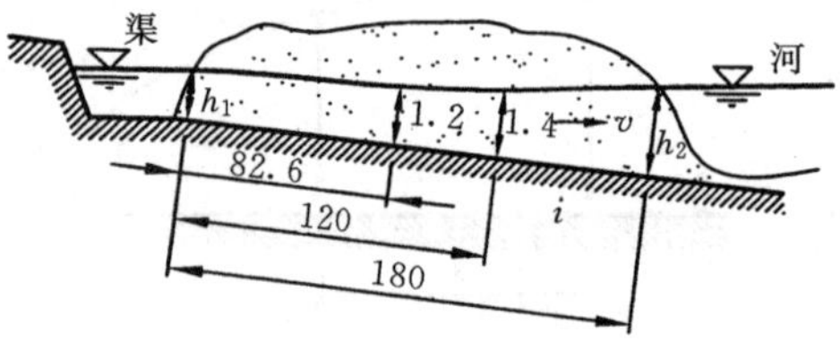


图 10.9 （单位：m）

**【例 10.1】** 如图 10.9 所示，在渠道与河流之间为一透水的土层，其不透水层基底坡度 $i=0.02$，渗透系数 $k=0.005\text{cm/s}$，渠与河之间距离 $s=180\text{m}$，自渠中渗出之地下水流的水深 $h_1=1\text{m}$，流入河道时地下水深 $h_2=1.9\text{m}$，试求每米长渠道向河道的渗流流量并计算浸润曲线。

**解：**（1）先计算渗流流量。

由题目可知，$i>0$，属于正坡，渗流水深沿程增大，浸润曲线为 $a$ 型。已知两端水深和流段距离，按公式（10.14）可求出均匀渗流水深 $h_0$，从而求得渗流流量 $Q$。

由于 $\eta_2=\frac{h_2}{h_0}$，$\eta_1=\frac{h_1}{h_0}$，将其代入式（10.14），并化简整理可得

$$is-h_2+h_1=2.3h_0\lg\frac{h_2-h_0}{h_1-h_0}$$

代入数据可得

$$h_0\lg\frac{1.9-h_0}{1-h_0}=1.172$$

显然，上式是一复杂函数关系，不能直接求解，可以采用试算法求解。计算结果见表 10.2。

**表 10.2 水深 $h_0$ 试算法计算结果**

| $h_0$（m） | $f(h_0)=h_0\lg\frac{1.9-h_0}{1-h_0}$ |
|---|---|
| 0.92 | 1.001 |
| 0.94 | 1.131 |
| 0.96 | 1.315 |

根据表 10.2 数据，采用作图或内插的方法，求得 $h_0=0.95\text{m}$，相应的每米长渠道内渗出的流量为

$$\begin{aligned}q&=kih_0=5\times10^{-5}\times0.02\times0.95\\&=0.95\times10^{-7}[\text{m}^3/(\text{s}\cdot\text{m})]\end{aligned}$$

（2）计算浸润曲线。

从已知水深 $h_1$ 开始，按浸润曲线的变化规律，假定水深 $h_2$，根据公式（10.14）可求得流段距离 $s$，从而逐段计算出浸润曲线。计算结果见表 10.3。

**表 10.3 浸润曲线计算结果**

| $h_1$（m） | $\eta_1=\frac{h_1}{h_0}$ | $h_2$（m） | $\eta_2=\frac{h_2}{h_0}$ | $s$（m） |
|---|---|---|---|---|
| 1.0 | 1.058 | 1.2 | 1.27 | 82.6 |
| | | 1.4 | 1.48 | 120.0 |
| | | 1.7 | 1.80 | 159.0 |
| | | 1.9 | 2.01 | 180.0 |

根据表 10.3 数据，可绘制渗流的浸润曲线，如图 10.9 所示。

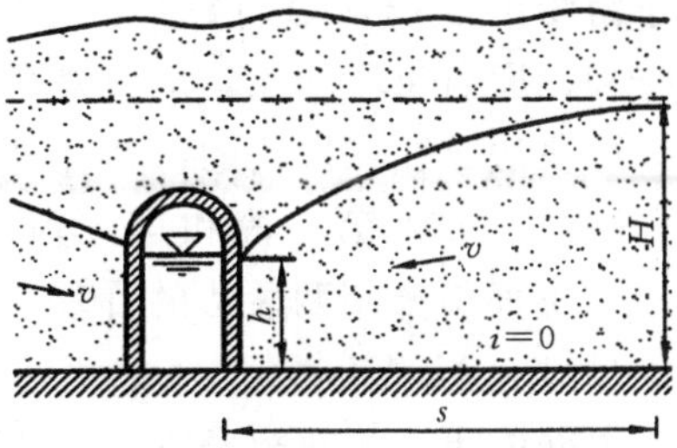

图 10.10

**【例 10.2】** 集水廊道可以用来取水，也可用来降低地下水位。某工厂区为降低地下水位，在水平不透水层上修建一条长度 $l=100\text{m}$ 的集水廊道，如图 10.10 所示。根据实测资料，在距廊道边缘 $s=1333\text{m}$ 位置处，地下水位开始下降，该处地下水水深 $H=7.6\text{m}$，廊道内水深 $h=3.6\text{m}$，并保持不变。土层渗透系数 $k=0.04\text{cm/s}$，试计算廊道的总渗流流量 $Q$。

**解：** 由式（10.15）可求得

$$q=\frac{k}{2s}(h_1^2-h_2^2)=\frac{0.0004}{2\times1333}(7.6^2-3.6^2)=6.722\times10^{-6}[\text{m}^3/(\text{s}\cdot\text{m})]$$

由于廊道中汇积的地下水流量由两侧土层中渗出，渗流总流量为

$$Q=2lq=2\times100\times6.722\times10^{-6}=1.344\times10^{-3}(\text{m}^3/\text{s})$$

井是最常见的集水建筑物，但限于篇幅，其渗流计算将不再介绍，请参阅有关资料。

## 10.5　水平不透水层上均质土坝的渗流计算

土坝是应用最广泛的一种挡水坝。土坝渗流分析和计算的主要任务是确定浸润线的位置以及计算渗流流速和渗透流量。前二者关系到土坝的稳定安全，后者关系到水量损失。一般情况下，沿河宽土坝断面比较一致，土坝渗流可以看作是平面问题。若地基土壤的渗透系数比坝体土壤的渗透系数小百倍以上，则可以认为该地基为不透水地基。水平不透水地基上均质土坝的渗流计算，属于最简单的土坝渗流问题，可近似按一维渐变渗流处理。

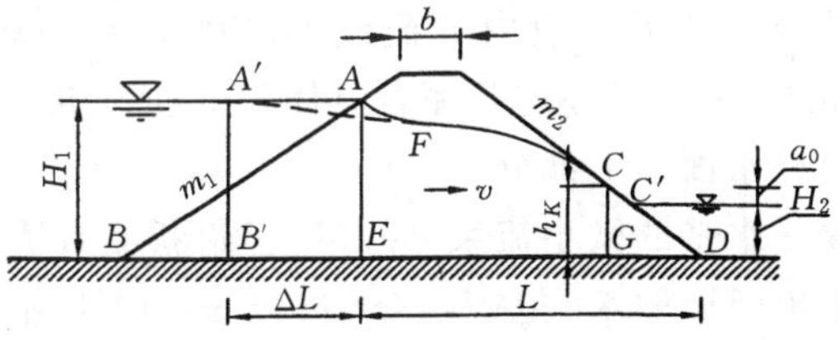

图 10.11

水平不透水地基上的均质土坝，如图 10.11 所示。上游水深为 $H_1$，下游水深为 $H_2$，上、下游水深保持不变，则渗流为恒定流。在上、下游水位差作用下，水流从上游坝面 $AB$ 向坝体入渗，由于克服阻力，渗流不断损失能量，水头不断降低，直到下游坝坡。其中一部分渗流从下游坝面 $CC'$ 渗出，顺坡而下，另一部分则从 $C'D$ 流入下游，结果形成了如图 10.11 所示的浸润线形状。由于上游坝面 $AB$ 是渗流的起始过水断面，而浸润线则是最上面的一条流线，根据流线应垂直过水断面的原则，浸润线必然与上游坝坡垂直。此外，浸润线也代表了测压管水头线的变化，根据能量沿程减小原则，浸润线应该逐渐降低，并在 $C$ 点与下游坝坡相切，切点 $C$ 称为逸出点。逸出点与下游水位之间的距离 $CC'$ 称为渗出段，渗出段 $CC'$ 的竖向高度以 $a_0$ 表示。

### 10.5.1　渗流流量计算

土坝渗流分析常用的计算方法是分段法，且有两段法和三段法之分。三段法是把坝体内渗流区划分为三段，第一段为上游三角楔形体 $ABE$，第二段为中间段 $AEGC$，第三段

为下游渗出段 $CGD$。对每一段可应用非均匀渐变渗流的杜比公式计算渗流流量。根据连续方程，通过每段的流量应该相等，联合求解即可得到整个土坝的渗流流量及逸出点水深。两段法是在三段法的基础上进行简化，把上游 $ABE$ 用一个等效矩形 $AEB'A'$ 代替，这样一来，可将第一段和第二段合并为一段，即上游渗流段为 $A'B'GC$，下游流段为 $CGD$。下面就介绍两段法的计算过程。

1. 上游段 $A'B'GC$

根据试验，等效矩形体宽度 $\Delta L$ 可由下式确定。

$$\Delta L=\frac{m_1}{1+2m_1}H_1 \tag{10.19}$$

式中：$m_1$ 为上游边坡系数；$H_1$ 为上游水深。

渗流从 $A'B'$ 至 $CG$ 的水头差为 $\Delta H=H_1-h_K$，取两过水断面间渗流路径为 $L+\Delta L-m_2h_K$，由杜比公式可求得上游段平均渗流流速为

$$v=kJ=\frac{k(H_1-h_K)}{L+\Delta L-m_2h_K}$$

上游段单宽坝长的平均过水断面面积为 $A=\frac{H_1+h_K}{2}$，则上游段的单宽渗流流量为

$$q=vA=\frac{k(H_1^2-h_K^2)}{2(L+\Delta L-m_2h_K)} \tag{10.20}$$

其中，$q$ 及 $h_K$ 均为未知量，故还需要建立下游段的渗流量公式。

2. 下游段 $GCD$

对于下游段的渗流情况，由于在下游水面以下的渗流为有压渗流，在水面以上的渗流为无压渗流，因此需要分开计算。同时根据实际流线情况，把下游段内的流线都看作是水平线，建立如图 10.12 所示坐标系，具体分析过程如下。

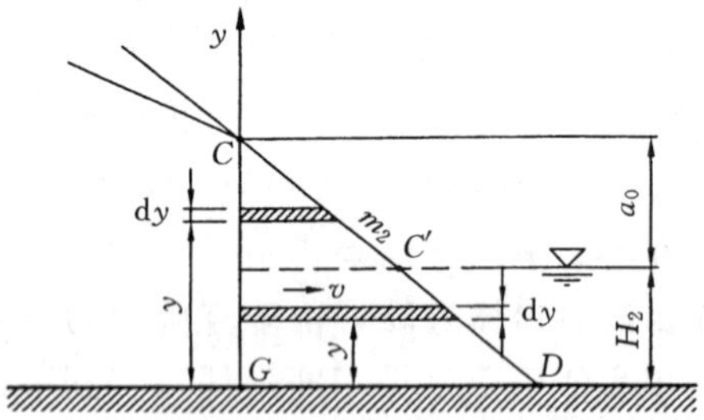


图 10.12

(1) 水面以上部分。

取一水平的微小流束 $dy$，其起始断面 $GC$ 至末端流出断面的水头差为 $a_0+H_2-y$，微小流束的长度为 $m_2(a_0+H_2-y)$，该微小流束的水力坡度应该为 $\frac{1}{m_2}$，通过该微小流束的单宽流量为 $dq_1=k\frac{1}{m_2}dy$，整个水面以上部分通过的渗流单宽流量为

$$q_1=\int dq_1=\int_{H_2}^{H_2+a_0}k\frac{1}{m_2}dy=\frac{ka_0}{m_2} \tag{10.21}$$

(2) 水面以下部分。

同理取一微小流束，对有压渗流而言，渗流的水头差恒为 $a_0$，微小流束长度仍可表示为 $m_2(a_0+H_2-y)$，通过该微小流束的单宽流量为 $dq_2=k\frac{a_0}{m_2(a_0+H_2-y)}dy$，整个水面以下部分通过的渗流单宽流量为

$$q_2=\int \mathrm{d}q_2=\int_0^{H_2}\frac{ka_0}{m_2(a_0+H_2-y)}\mathrm{d}y$$

$$=\frac{ka_0}{m_2}\ln\frac{a_0+H_2}{a_0}=\frac{2.3ka_0}{m_2}\lg\frac{a_0+H_0}{a_0} \tag{10.22}$$

（3）通过下游 $GCD$ 段的全部单宽流量。

$$q=q_1+q_2=\frac{ka_0}{m_2}\left(1+2.3\lg\frac{a_0+H_2}{a_0}\right) \tag{10.23}$$

其中，$a_0=h_K-H_2$。由上游段和下游段的流量相等，联立式（10.20）、式（10.23）可解出逸出点高度 $h_K$ 及渗流流量 $q$。但由于函数关系复杂，一般不能直接解出，需采用试算法或图解法。试算法的思路：假定 $a_0$ 值，利用上游段和下游段的流量公式分别求出渗流流量，当两个渗流流量相等时，$a_0$ 值即为所求。图解法的思路则是利用上游段和下游段的渗流流量计算结果做出 $a_0$—$q$ 曲线，两曲线的交点即为所求流量 $q$ 及逸出段高度 $a_0$，见【例 10.3】。

### 10.5.2　坝内浸润曲线

以等效矩形体代替上游三角楔形体之后，认为入渗起始断面为 $A'B'$。建立如图 10.13 所示坐标系，推导浸润线方程。

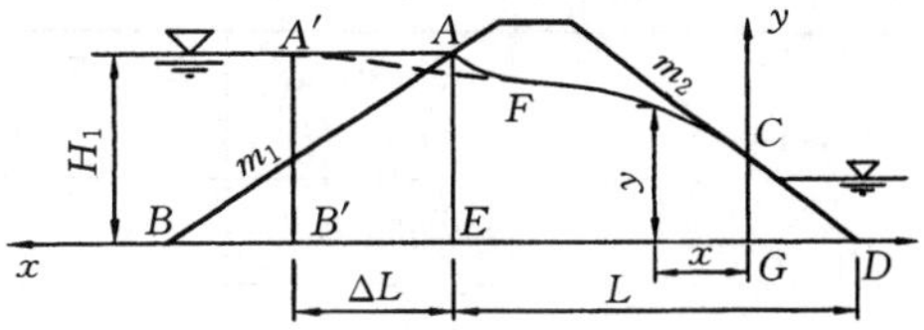


图 10.13

在任意断面 $x$ 处，其水深为 $y$，根据杜比公式该断面的断面平均流速可表示为

$$v=k\frac{\mathrm{d}y}{\mathrm{d}x} \tag{10.24}$$

相应的单宽流量为 $q=ky\dfrac{\mathrm{d}y}{\mathrm{d}x}$，分离变量求积分可得

$$qx=\frac{1}{2}ky^2+C \tag{10.25}$$

式中的积分常数 $C$ 可由边界条件确定。当 $x=L+\Delta L-m_2h_K$ 时（即 $A'$点），$y=H_1$，代入式（10.25）可得积分常数 $C=q(L+\Delta L-m_2h_K)-\dfrac{1}{2}kH_1^2$，将积分常数 $C$ 代入式（10.25）化简整理可得

$$y^2=H_1^2-\frac{2q}{k}[(L+\Delta L-m_2h_K)-x]$$

将渗流流量关系式（10.20）代入上式，得到的坝内浸润线方程为

$$y=\sqrt{\frac{x(H_1^2-h_K^2)}{L+\Delta L-m_2h_K}+h_K^2} \tag{10.26}$$

假定一系列的 $x$ 值，代入式（10.26）可求得相应的 $y$ 值，从而绘出浸润线。但这样得到的浸润线是从上游端 $A'$点开始的，而实际入渗点为 $A$，故浸润线的前端 $A'F$ 应予以修正。实用上常采用近似修正方法，即将 $A$ 点作为浸润线的上游起点，选择恰当的曲线使之与浸润线光滑衔接，即以 $AF$ 代替 $A'F$，如图 10.11 或图 10.13 所示。

**【例 10.3】** 某水平不透水地基上的均质土坝，如图 10.11 所示。坝高 $H_n=17$m，坝顶宽度 $b=12$m，上、下游边坡系数分别为 $m_1=3$，$m_2=2$，土壤渗透系数 $k=3\times10^{-4}$cm/s。坝上、下游水深分别为 $H_1=15$m，$H_2=0$m。试求土坝的单宽渗流量。

得道多助，失道寡助。（【战国】孟子《孟子·公孙丑下》）

**解**：按两段法计算，等效矩形体宽度

$$\Delta L=\frac{m_1}{1+2m_1}H_1=\frac{3\times15}{1+2\times3}=6.43\ (\mathrm{m})$$

坝底面宽度

$$L=m_2H_n+b+m_1(H_n-H_1)=2\times17+12+3\times(17-15)=52\ (\mathrm{m})$$

上游段的单宽渗流流量按式（10.20）计算。其中 $h_K=a_0+H_2=a_0$，代入数据整理得

$$\frac{q}{k}=\frac{225-a_0^{\ 2}}{2\times(52+6.43-2a_0)}=F_1(a_0)$$

下游段单宽流量按式（10.23）计算

$$\frac{q}{k}=\frac{a_0}{2}\left(1+2.3\lg\frac{a_0+H_2}{a_0}\right)=\frac{a_0}{2}=F_2(a_0)$$

由于 $F_1(a_0)=F_2(a_0)$，可采用试算—图解法计算得到 $a_0$ 值，计算结果见表 10.4。

**表 10.4　　逸出段高度 $a_0$ 计算结果**

| $a_0$ (m) | $F_1(a_0)$ (m) | $F_2(a_0)$ (m) |
|---|---|---|
| 2 | 2.030 | 1 |
| 4 | 2.072 | 2 |
| 6 | 2.035 | 3 |
| 10 | 1.626 | 5 |

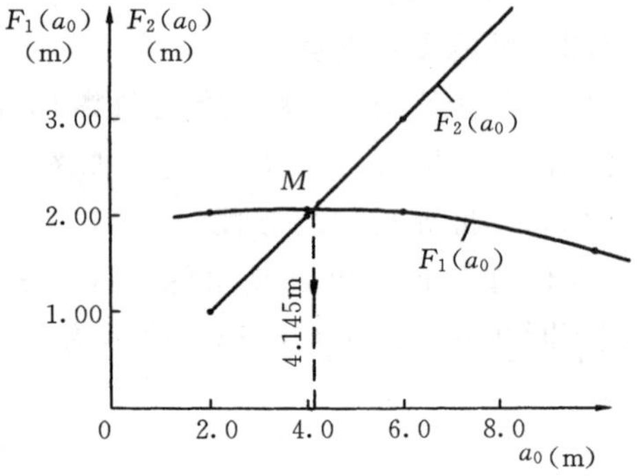


图 10.14

根据表 10.4 数据，采用作图方法可求得 $a_0=4.145$m，如图 10.14 所示。相应的土坝单宽渗流量为

$$q=\frac{ka_0}{2}=\frac{3\times10^{-6}\times4.145}{2}=6.218\times10^{-6}[\mathrm{m^3/(s\cdot m)}]$$

## 10.6　有压渗流的水力计算

前面介绍的棱柱体地下河槽与均质土坝的渗流都是无压渗流。而在透水地基上修建的闸、坝等水工建筑物，随着上游水位的抬高，在上、下游水位差作用下，建筑物透水地基中必然会产生渗流。这种渗流因受建筑物基础的限制，一般无自由表面，故称为有压渗流。

有压渗流水力计算的主要任务包括：渗流流量计算、渗流流速计算、渗透压强计算。作用在坝基、闸基的渗透压力是一个向上的作用力，对建筑物的稳定是一个不利因素。工程建设中，常常要采取一定的工程措施，减小渗透压力的数值。

有压渗流水力计算方法有：流网解法、直线比例法、阻力系数法、数值解法等。

### 10.6.1　流网法

#### 10.6.1.1　流网的概念

流网是渗流区域内由流线和等势线（即等水头线）组成的具有曲线正方形（或矩形）

网格的图形。曲线正方形指的是组成这种正方形的 4 条边一般是曲线，但 4 条边必须是正交的（即流线与等水头线相互垂直），用直线连接其对角点时，两条对角线的长度近似相等且近似正交，如图 10.15 所示。

流网法实质上是一种近似图解法。首先要根据渗流区的边界条件以及流网的特性，用作图的方法逐步近似地绘出流线与等势线，从而得到流网。绘出正确的流网是用流网法求解渗流问题的基础。流网的绘制方法有解析法、近似图解法、实验法。下面介绍图解法绘制流网以及利用流网求解渗流问题的方法。

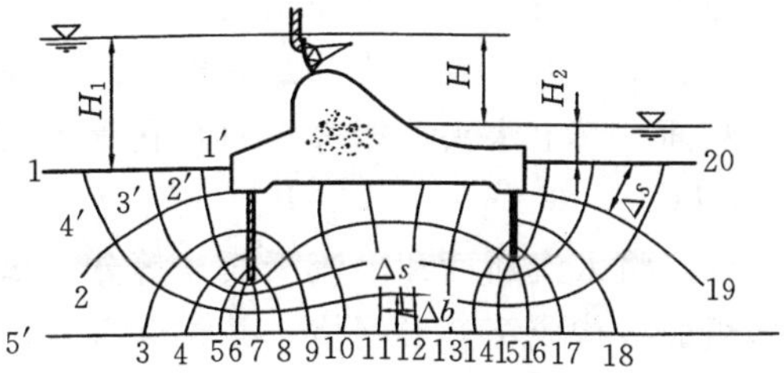

图 10.15

### 10.6.1.2 流网的绘制原则及方法

1. 确定边界条件

在绘制流网时，首先需要确定边界条件。边界条件一般有固体边界、自由水面边界、入流断面和出流断面边界。

（1）固体边界：固定的固体边界上的运动条件是垂直于边界的流速分量等于零。所以液体必然沿着固体边界流动。这样，固体边界必然是流线之一，等势线必然与边界垂直。

（2）自由水面边界：与固体边界类似，和水面垂直的流速分量也等于零。所以自由水面也是一条流线，等势线也一定与之垂直。但自由水面上的压强必须等于大气压强，即 $\frac{p}{\rho g}=0$，这是自由水面的动力学条件。另外，固体边界的位置、形状是已知的，而自由水面边界的位置和形状是未知的，需要根据自由水面的动力条件在绘制流网的过程中逐步验证，最后才能确定自由水面的位置。具体来讲，就是先假定一个自由水面位置来绘制流网，在逐步修改的过程中检验自由水面上的每一点是否满足能量守恒条件。通过修改自由水面位置（即修改 $z$ 坐标）使其满足下列方程式。

$$z+\frac{u^2}{2g}=H_0 \tag{10.27}$$

式中：$H_0$ 为入流断面总水头，其值为常数；$z$、$\frac{u^2}{2g}$ 为自由表面任意点的位置水头、流速水头。对自由水面而言，$\frac{p}{\rho g}=0$。

若式（10.27）成立，则流网的自由水面绘制正确。注意：对于有压渗流，无自由水面边界。

（3）入流断面和出流断面边界：入流断面和出流断面上的部分运动条件是已知的，根据这些已知条件可以确定这些断面上的流线和等势线位置。通常采用等分过水断面水深，以保证流线间距相等。

2. 流网的绘制步骤

（1）绘制流网时，先按一定比例绘出流动边界。

（2）根据边界条件定出边界上的流线和等势线。

边界轮廓线和不透水边界线都是流线。在图 10.15 中，线 1′、线 5′都是流线，位于它

欲速则不达，见小利则大事不成。（【春秋】孔子《论语·子路》）

们两者之间的中间流线包括线 2′、线 3′、线 4′。如果透水地基很深，就不必将流网绘到不透水层表面。常以建筑物地下轮廓线水平长度的中点为圆心，以建筑物水平尺寸的两倍或以建筑物最大地下垂直尺寸（如板桩或帷幕）的 3～5 倍为半径，在透水地基区域内绘圆弧与上、下游河床表面线相交，此圆弧就可作为流网的边界流线。

上、下游河床表面线都是等水头线。在图 10.15 中，线 1 和线 20 分别是入渗断面和出流断面，其上水头值相等，而其它等水头线值则介于它们两者之间，如图 10.15 中的线 2～线 19。

（3）将入流断面和出流断面 $n$ 等分，试绘第 $n-1$ 条流线及与之相垂直的等势线，力求两组曲线构成正方形网格，并相互垂直。初绘之后，应根据流线与等水头线正交的性质进行检查修改。检查的方法是在流网网格上绘出对角线。如对角线也呈正方形，则原来所绘的流网正确，否则，应进行修改。

注意：①入流断面等分数目 $n$ 值越大，流网越密，精度越高，但绘制工作量增大。②所谓每个网格都成正方形是理论上应该做到的，只有当网格边长为无穷小的情况下才能实现。实际绘制时，网格不可能绘至无穷小。所以随着边界的变化，在某些地方常常不能做到，但这并不会影响流网的整体性。③流网形状只与渗流区的边界条件有关，而与上下游水位差的大小无关，当土体为均质各向同性时，也与土壤的渗透系数无关。

**10.6.1.3**　利用流网进行渗流计算

1. 渗流流速的计算

计算某一网格内的渗流流速，首先从图中量取该网格的平均流线长度 $\Delta s$。然后，计算求出渗流在该网格内的水头差 $\Delta H$。若流网中等势线（即等水头线）条数为 $m$（包括边界等势线在内，图 10.15 中，$m=20$），则

$$\Delta H=\frac{H}{m-1} \tag{10.28}$$

式中：$H$ 为渗流的上下游水位差。

所求网格处的渗流流速为

$$u=kJ=k\frac{\Delta H}{\Delta s}=\frac{kH}{(m-1)\Delta s} \tag{10.29}$$

2. 渗流流量的计算

任意两条流线间通过的渗流流量 $\Delta q$ 均相等。若全部流线的数目为 $n$（包括边界流线在内，图 10.15 中，$n=5$），则通过整个渗流区的单宽流量可表示为

$$q=(n-1)\Delta q \tag{10.30}$$

在求任一网格的渗流流量时，必须先求出该网格的渗流流速 $u$，则

$$\Delta q=u\Delta b$$

$$q=(n-1)\Delta q=\frac{kH(n-1)\Delta b}{(m-1)\Delta s} \tag{10.31}$$

由此可见，只要任意选择一个网格，量出该网格的平均流线长度 $\Delta s$ 及过水断面宽度 $\Delta b$，并数出流线与等势线总数目，即可求出渗流流速与渗流流量。

3. 渗透压强的计算

对于图 10.15 所示渗流区域的流网而言，以上下游水头基准线为基准面（图 10.16 所示的 0—0 线），从上游入渗断面（第一条等水头线）算起的第 $i$ 条等水头线上的渗透水

头为

$$H_i = H_1 - \frac{(i-1)H}{m-1} \tag{10.32}$$

式中：$i$ 为从上游入渗断面开始计算的等水头线，$i \in [1, m]$。对渗流区内的任意点 $i$，总有过该点的一条等水头线。

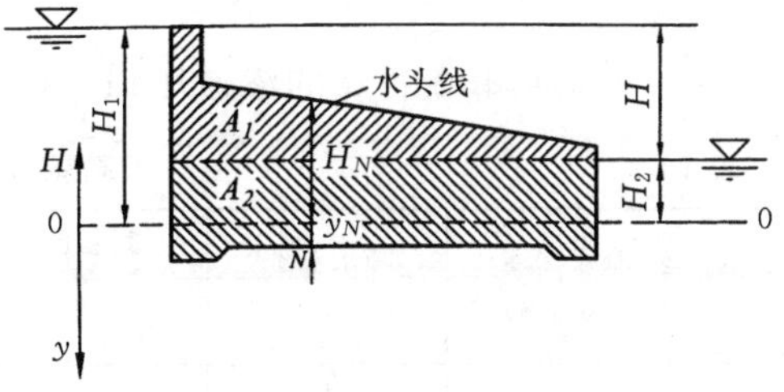


图 10.16

由于以上、下游水头基准线为基准面时，基底轮廓线上的水头值可能为负，应用上很不方便。通常，设上、下游水头基准线到基础轮廓线的垂直距离为 $y$（反映位置坐标的变化），并以铅直向下为正。则作用在基底轮廓线上任意点 $N$ 处的渗透压强（图 10.16 中阴影区域）可表示为

$$\frac{p_N}{\rho g} = H_1 + y_N - \frac{(i-1)H}{m-1} = H_N - \frac{(i-1)H}{m-1} \tag{10.33}$$

式中：$H_N$ 为点 $N$（对应第 $i$ 条等水头线）在上游液面以下的淹没深度，$H_N = H_1 + y_N$；$y_N$ 为点 $N$ 离开上、下游水头基准线的距离（铅垂向下为正）。

在工程实际中，若以 $A_1$ 和 $A_2$ 分别表示以下游水位为基准的以上部分和以下部分的面积（图 10.16），常将 $\rho g A_1$ 称为单宽渗透压力，$\rho g A_2$ 称为单宽浮托力，$\rho g A_1 + \rho g A_2$ 称为单宽扬压力。在水力学中 $A_1 + A_2$ 称为渗透压强分布图，即渗透压强包括了渗透力和浮托力两者。

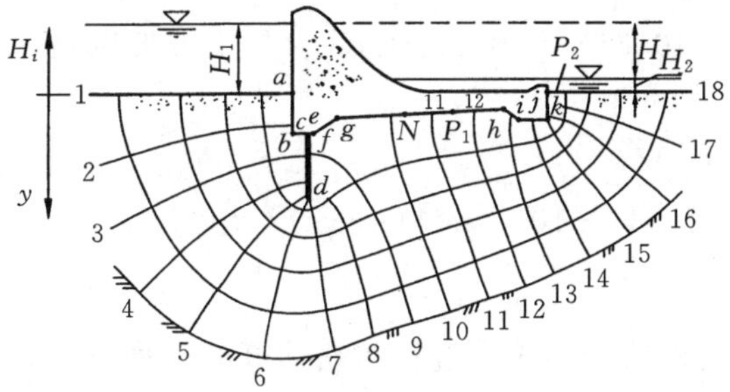


图 10.17

**【例 10.4】** 某溢流坝的基础轮廓和已绘出的流网如图 10.17 所示。$H_1 = 25\text{m}$，$H_2 = 5\text{m}$，渗透系数 $k = 5 \times 10^{-5}\ \text{m/s}$。以上、下游水头基准线为基准面，坝基轮廓线各点的位置坐标 $y_i$（向下为正）见表 10.5。求：

（1）图中 $P_1$ 点的渗透压强。

（2）坝基轮廓线各点的渗透压强。

（3）图中 $P_2$ 点的逸出流速。已知 $P_2$ 点网格的 $\Delta s = \Delta b = 3\text{m}$。

（4）单宽渗流量。

**表 10.5**　　**坝基轮廓线各点位置坐标 $y_i$**

| 点号 | 位置坐标值（m） | 点号 | 位置坐标值（m） | 点号 | 位置坐标值（m） | 点号 | 位置坐标值（m） |
|---|---|---|---|---|---|---|---|
| $a$ | 0 | $d$ | 37.5 | $g$ | 10 | $j$ | 12.5 |
| $b$ | 15 | $e$ | 15 | $h$ | 6.25 | $k$ | 0 |
| $c$ | 15 | $f$ | 15 | $i$ | 12.5 | | |

**解：** 从已知流网可以看到：等头水线总条数 $m = 18$，流线总条数 $n = 6$，上、下游水头差 $H = 25 - 5 = 20\text{m}$，并以上、下游水头基准线（图 10.17 中的河底线，亦即线 1、线 18）为计算基准面。

天将降大任于斯人也，必先苦其心志，劳其筋骨。（【战国】孟子《孟子·告子下》）

（1）图中 $P_1$ 点的渗透压强。$P_1$ 点处于第 11 与第 12 条等水头线之间，$i=11.5$。同时，已知 $P_1$ 点 $y_i=7.5$m。按式（10.33）计算渗透压强。

$$\frac{p_{P_1}}{\rho g}=25+7.5-\frac{11.5-1}{18-1}\times 20=20.147(\text{m})$$

（2）坝基轮廓线各点的渗透压强。按式（10.33）计算，计算结果见表 10.6。

**表 10.6**　　坝基轮廓线各点渗透压强

| 点号 | 淹没深度 $H_N$（m） | 等水头线 $i$ | 渗透压强 $\frac{p_N}{\rho g}$（m） | 点号 | 淹没深度 $H_N$（m） | 等水头线 $i$ | 渗透压强 $\frac{p_N}{\rho g}$（m） |
|---|---|---|---|---|---|---|---|
| $a$ | 25 | 1 | 25.00 | $g$ | 35 | 9.6 | 24.88 |
| $b$ | 40 | 2.2 | 38.59 | $h$ | 31.25 | 12.7 | 17.49 |
| $c$ | 40 | 2.4 | 38.35 | $i$ | 37.5 | 13.5 | 22.79 |
| $d$ | 62.5 | 6.5 | 56.03 | $j$ | 37.5 | 15 | 21.03 |
| $e$ | 40 | 9.25 | 30.29 | $k$ | 25 | 18 | 5.00 |
| $f$ | 40 | 9.3 | 30.24 | | | | |

（3）图中 $P_2$ 点的逸出流速。按式（10.29）计算

$$u=5\times 10^{-5}\times\frac{20}{(18-1)\times 3}=1.961\times 10^{-5}(\text{m/s})$$

（4）单宽渗流量。可选择任一网格按式（10.31）计算。通常认为是正方形网格，即 $\frac{\Delta b}{\Delta s}=1$。

$$q=\frac{5\times 10^{-5}\times 20\times(6-1)}{18-1}=2.941\times 10^{-4}[\text{m}^3/(\text{s}\cdot\text{m})]$$

### 10.6.2　直线比例法

直线比例法简单快捷，是工程中对堰闸底板所受扬压力进行粗略估算的一种方法，但其结果的精度较低，而且不能据此计算出其它渗流的水力要素。

如图 10.18（$a$）所示的闸基渗流，当下游排水比较好时，上、下游水位差 $H=H_1-H_2$，$H$ 为渗流的作用水头。通常，从上游渗流到下游之后，作用水头 $H$ 就全部损失掉了。直线比例法假定渗流中的水头损失 $H$ 是沿经折算的地下轮廓线均匀分配。这样一来，渗流的水位差 $H$ 沿建筑物基底轮廓线的分布图就是一个三角形，如图 10.18（$c$）所示。

地下轮廓线上某点 $i$ 的渗流水头 $H_i$（以水头表示，可折算为渗透压强）为

$$H_i=H_1-\frac{S_i}{L}H \tag{10.34}$$

式中：$H$ 为上、下游水位差；$L$ 为经折算后的地下轮廓线的总长度（或称总折算长度）；$S_i$ 为自上游入渗点（$a$ 点）至任意计算点 $i$ 的折算长度，如图 10.18 中的 $a\sim i$。此式与式（10.32）类似，是以上、下游水头基准线为基准面进行计算的。

经折算后的地下轮廓线总长度 $L$ 按下式计算

$$L=L_V+\frac{1}{3}L_H \tag{10.35}$$

式中：$L_H$ 为水平的和与水平线的夹角小于或等于 45°的地下轮廓线长度；$L_V$ 为垂直的和与水平线的夹角大于 45°的地下轮廓线长度。

$S_i$ 与 $L$ 的计算公式一样，可表示为

$$S_i = S_{iV} + \frac{1}{3}S_{iH} \tag{10.36}$$

式中：$S_{iH}$、$S_{iV}$ 与 $L_H$、$L_V$ 具有相似的意义。

作用在基底轮廓线上任意点 $i$ 处的渗透压强可按下式计算

$$\frac{p_i}{\rho g} = H_1 + y_i - \frac{S_i}{L}H = H_i - \frac{S_i}{L}H \tag{10.37}$$

式中：$y_i$、$H_i$ 意义同式（10.33）。式（10.37）求得的渗透压强就是基底扬压力。应用举例参见第 11 章 11.2.2.3。

图 10.18（$a$）所示的闸基扬压力绘制过程如下：画出由于地下轮廓在下游水面以下而形成的浮托力图形，如图 10.18（$b$）所示，而后根据式（10.35）计算地下轮廓线总长度 $L$，渗透水头 $H$ 将沿长度为 $L$ 的直线均匀地损失掉，形成如图 10.18（$c$）所示的三角形。再从三角形图上量取与地下轮廓各转折点相对应的渗透水头值，并将其点绘在转折点的水平投影上，连接起来就得到渗透水头分布，如图 10.18（$d$）所示。最后，将图 10.18（$d$）和图 10.18（$b$）叠加，就得到作用在地下轮廓上的扬压力分布图，如图 10.18（$e$）所示。

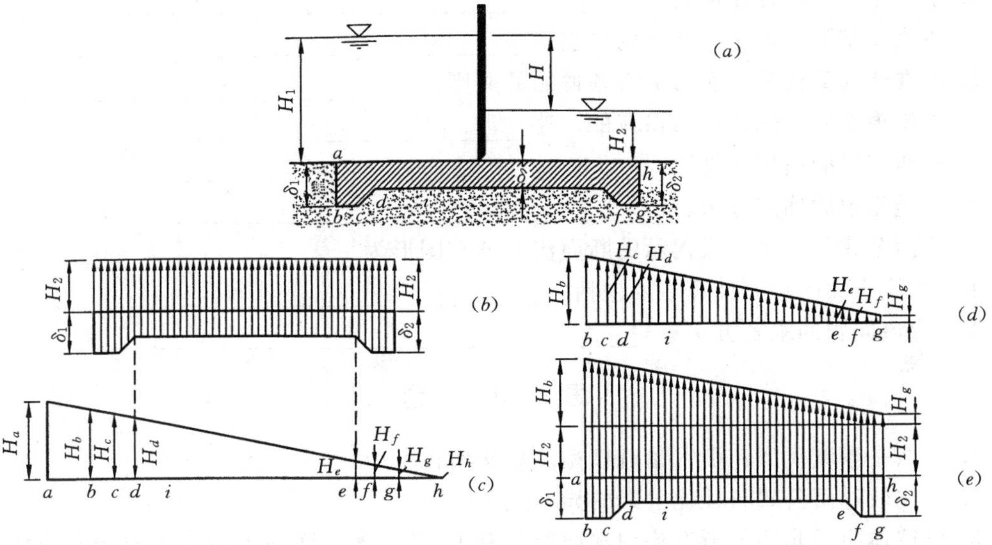


图 10.18

渗流流量的大小不但决定着水库的渗漏损失，而且决定着应该采取的防渗措施或排水方案。渗流流速的大小决定着地基土是否会发生渗透变形，也在一定程度上影响着水工建筑物的稳定安全。为防止水工建筑物基底土壤被淘刷，通常要求渗流速度较小，即渗流的水力坡度较小。也就是说，要求渗流的渗径 $L$ 要大。

在初步计算中，为了迅速估算为安全所必须的地下轮廓线的长度，根据水工建筑物地基防止土体渗流破坏的要求，经折算的地下轮廓线长度 $L'$ 可按下式计算。

$$L' = cH \tag{10.38}$$

式中：$c$ 为渗径系数（莱茵系数），与地基的土类有关。

当渗流逸出处无反滤层时，可取表 10.7 中的数值；对不大重要的建筑物，可减少 20％采用。$H$ 为上、下游水位差。

表 10.7　　参径系数 $c$

| 土　类 | $c$ | 土　类 | $c$ |
|---|---|---|---|
| 极细砂或淤泥 | 8.5 | 粗砾石并含有粗卵石 | 3.0 |
| 细　砂 | 7.0 | 漂砾并含有一些粗卵石和砾石 | 2.5 |
| 中　砂 | 6.0 | 软黏土 | 3.0 |
| 粗　砂 | 5.0 | 中等硬度的黏土 | 2.0 |
| 细砾石 | 4.0 | 硬黏土 | 1.8 |

工程实践中，按防渗要求，不透水部分的轮廓线长度应满足 $L \geqslant L'$。通常，可采用加长地下轮廓线的措施（如上游设铺盖，底部设板桩等）增大渗径，以保证水工建筑物的稳定安全。

## 本 章 小 结

1. 渗流是________________________________。
2. 水利工程中常见的渗流问题包括：________________________________。
3. 水在土壤中的存在形式：________________________________。
4. 渗流模型与实际渗流之间的区别：________________________________。
5. 以渗流模型代替真实渗流必须遵循的原则：________________________________。
6. 渗流模型的流速比真实渗流的流速________________________________。
7. 达西定律的适用条件：________________________________。
8. 渗透系数的确定方法：________________________________。
9. 达西公式与杜比公式揭示的断面流速分布图形为________________________________。
10. 均质土坝的渗流计算主要包括：________________________________。
11. 渗流问题的求解方法有________________________________。

## 思 考 题

1. 什么是渗流模型？引入渗流模型的意义何在？

2. 试比较达西公式与杜比公式的异同点。

3. 棱柱体明渠非均匀渐变流的水面曲线有 12 条之多，而地下河槽中的浸润曲线只有 4 条，为什么？试解释之。

4. 水平不透水层上均质土坝渗流分析的方法？坝内浸润曲线有何特点？

5. (1) 两水闸的地下轮廓线相同，渗透系数也相同，但作用水头不同，流网是否相同？为什么？

(2) 两水闸的地下轮廓线相同，作用水头也相同，但渗透系数不同，流网是否相同？为什么？

## 作 业 题

1. 某河冬季由地下水补给水量，如图 10.19 所示。今测得不透水层坡度 $i=0.0025$，1—1 断面含水层厚度 $h_1=3\text{m}$，2—2 断面含水层厚度 $h_2=4\text{m}$，两断面间距离 $s=500\text{m}$，土的渗透系数 $k=0.05\text{cm/s}$，试计算地下水单宽渗流流量？

［参考答案：$q=0.868\text{cm}^3/(\text{s}\cdot\text{m})$］

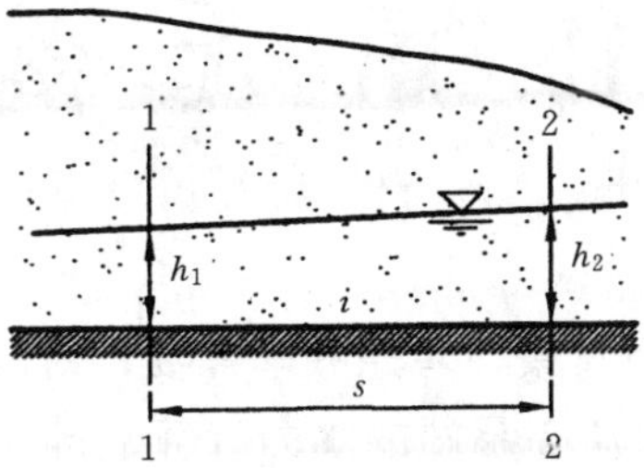


图 10.19

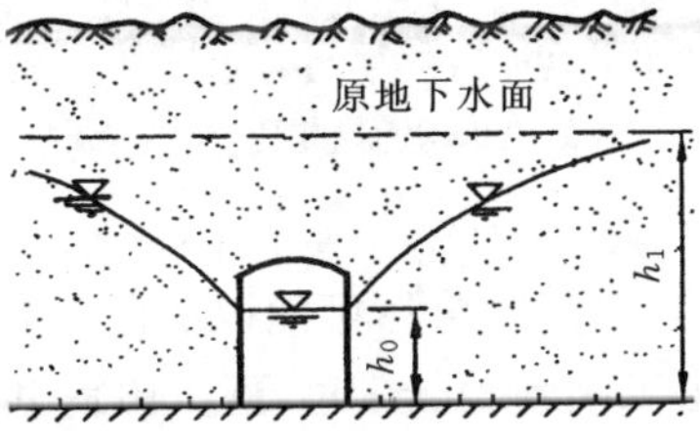


图 10.20

2. 如图 10.20 所示，某集水廊道位于不透水基底上的砂土含水层，已知廊道长 $L=250\text{m}$，含水层厚度 $h_1=4\text{m}$，廊道中水深 $h_0=1\text{m}$，两过水断面间距离为 500m，土的渗透系数 $k=0.005\text{cm/s}$，试计算廊道中的渗流流量？

（参考答案：$Q=3.75\times10^{-4}\text{m}^3/\text{s}$）

3. 某均质土坝建于不透水地基上，如图 10.21 所示。坝高 $H_n=17\text{m}$，坝顶宽 $b=6\text{m}$，上、下游边坡系数分别为 $m_1=3$，$m_2=2$，经实验测得坝身土壤的渗透系数 $k=1\times10^{-5}$ cm/s。坝上、下游水深分别为 $H_1=15\text{m}$，$H_2=2\text{m}$。试计算坝体的单宽渗流量并画出坝内浸润曲线。

［参考答案：$q=2.36\times10^{-7}\text{m}^3/(\text{s}\cdot\text{m})$］

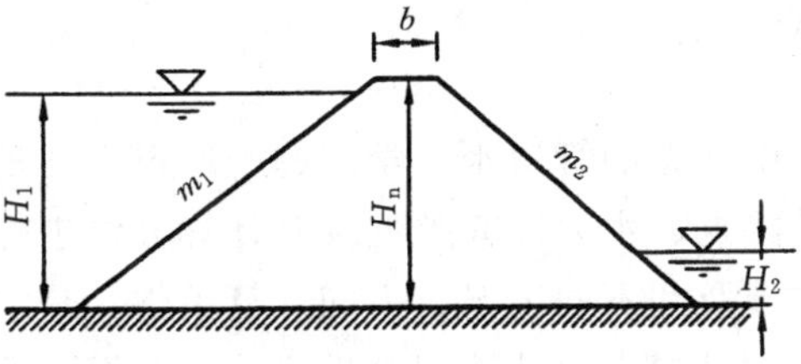


图 10.21

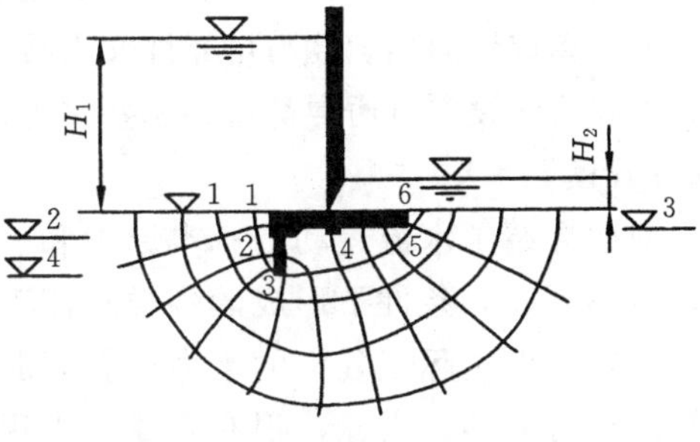


图 10.22

4. 有一水闸，闸前水深 $H_1=12\text{m}$，闸后水深 $H_2=2\text{m}$，闸基渗流流网已绘出，如图 10.22 所示。闸底板顶面高程$\nabla_1$为 100m，底面高程$\nabla_3$为 99.0 m，底板前端齿墙脚底高程$\nabla_2$为 98.5m，板桩底高程$\nabla_4$为 96m，已知渗透系数 $k=1\times10^{-3}\text{cm/s}$，试求闸底板底部各处的渗透压强及闸基的渗流量。

［参考答案：$q=4\times10^{-5}\text{m}^3/(\text{s}\cdot\text{m})$，渗透压强见表 10.8］

**表 10.8**　　渗透压强计算表

| 计算点 | 1 | 2 | 3 | 4 | 5 | 6 |
|---|---|---|---|---|---|---|
| $h_N$ (m) | 12 | 13.5 | 16.0 | 13.0 | 13.0 | 12.0 |
| $h_f$ (m) | 0 | 1.0 | 4.0 | 6.0 | 9.0 | 10.0 |
| $\frac{p}{\rho g}$ (m) | 12 | 12.5 | 12.0 | 7.0 | 4.0 | 2.0 |

# 第三篇　综 合 应 用 实 例

“综合应用实例”篇尽可能以实际工程项目为背景，考虑教学需要，对题目进行适当简化，以突出不同水力计算主题。该篇共包括“离心泵站的水力计算、排洪闸的水力计算、拦河溢流坝的水力计算、河岸溢洪道的水力计算、有压泄洪洞的水力计算”5个应用实例，以提高综合应用前面所学水力学知识解决实际水力学问题的能力。当然，所选的综合应用实例不一定很有代表性，内容也不一定非常全面，但其水力计算的基本思路与基本方法仍然对类似工程的水力计算具有重要的参考价值。

## 第11章　水力计算综合应用实例

**【情景提示】**

从2000多年前的都江堰水利枢纽到今天的三峡水利枢纽、南水北调工程，其水利建设的技术水平在不断提高，其计算内容、计算方法、计算手段都日益完善。工程实际中，与水相关的建设项目的勘察、设计、施工、运行、管理等环节，都离不开水力计算内容的支撑。而水力计算成果的准确性与可靠性又直接关系到工程的水力安全性、运行稳定性、工程可靠性。不同的建设项目通常都包括哪些水力计算内容?

**【本章导读】**

前面介绍了水流运动的基本原理和工程实际中常见的管道水力学问题与明渠水力学问题，对不同边界条件下形成的各类水流现象及其特点、水力计算类型及其计算方法进行了分类介绍。但实际工程中的水力计算问题，往往涉及到不同工况、不同计算条件，是水力计算的综合应用。因此，很有必要对工程实际中常见的水力计算问题进行综合介绍，促使学生更加全面地了解工程实际问题的水力计算过程与计算方法。

**【教学要求】**

通过综合实训环节，初步掌握管道和明渠水力计算的基本方法和基本技巧，为更好地适应工作需要奠定基础。

### 11.1　离心泵站的水力计算

#### 11.1.1　基本资料

某农场有一块19000亩岗田，长期以来因缺少灌溉条件而无法发挥最大的经济效益。计划以农场内高家淀为灌溉水源，兴建一座灌溉泵站。计划用明渠引水至坡脚处，在岗地适当位置建出水池，以控制全部岗地的农田灌溉。本区域主要种植冬小麦，兼种棉花等经济作物。根据灌溉保证率及灌溉用水率确定的设计流量为$Q=1.615m^3/s$。干渠渠首控制水位 217.38m，最低水位 217.08m。高家淀水量充沛，淀中有部分水生植物，水质优良，正常水位 192.3m，最高水位 192.7m，最低水位 191.7m，高家淀底高程 190.0m。淀边有南北向公路经过，路边有 10kV 输电线路，所需建筑材料可就近购买。

根据站址地形特点，泵站拟布置成有引渠式正向进水侧向出水型泵站。泵房布置在坡底即高程 196.0m 附近的开阔地段，距高家淀水源约 110.0m。引渠与公路正交，拟另建公路桥一座。10kV 线路沿引渠北侧另行架设至泵房旁，引渠南侧修简易公路连接泵房。在高程 217.0～218.0m 处的开阔地上布置侧向式出水池与灌溉干渠渠首相接。灌溉泵站总体枢纽布置，如图 11.1 所示。

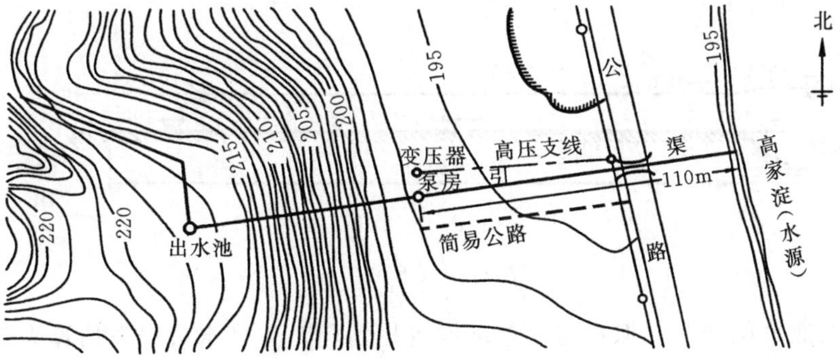


图 11.1

### 11.1.2　水力计算任务

#### 11.1.2.1　设计扬程估算

设计扬程应按进、出水池设计水位差考虑管路水头损失后加以确定。

1. 进水池水位推求

（1）引渠断面设计。引水渠拟采用梯形断面，按明渠均匀流方法确定引水渠断面尺寸。取边坡系数 $m=1.5$，采用浆砌石衬砌，$n=0.025$，根据地形选择渠道底坡 $i=\frac{1}{6000}$，初步确定渠道底宽 $b=2.1$m，采用试算法求得渠道正常水深 $h_0=1.1$m。

为保证试算结果可靠，需进行渠道过流量复核。

当 $b=2.1$m，$h_0=1.1$m 时

$$A=(b+mh)h=(2.1+1.5\times1.1)\times1.1=4.125\ (\text{m}^2)$$

$$\chi=b+2h\sqrt{1+m^2}=2.1+2\times1.1\times\sqrt{1+1.5^2}=6.07(\text{m})$$

$$R=\frac{A}{\chi}=\frac{4.125}{6.07}=0.68(\text{m})$$

$$C=\frac{1}{n}R^{\frac{1}{6}}=\frac{1}{0.025}\times0.68^{\frac{1}{6}}=37.5(\text{m}^{\frac{1}{2}}/\text{s})$$

$$Q=AC\sqrt{Ri}=4.125\times37.5\times\sqrt{0.68\times\frac{1}{6000}}=1.65(\text{m}^3/\text{s})$$

大于已知引水渠流量 1.615$\text{m}^3$/s，设计断面满足要求。

渠道设计流速

$$v=\frac{Q}{A}=\frac{1.65}{4.125}=0.4(\mathrm{m/s})$$

渠道采用浆砌石衬砌，抗冲能力大，渠道流速满足不冲允许流速要求。输水含沙量很低，可不校核不淤允许流速。

(2) 引渠底高程确定。以高家淀最低水位时能引进泵站设计流量，尽量减少土方开挖量为原则。若渠首进口水面降落值为5cm（估算值），则引水渠渠首底高程应为191.7－1.1－0.05＝190.55（m）。根据规划布置图，引水渠长度为110m，则渠末底高程为$190.55-110\times\frac{1}{6000}=190.53$（m），引渠纵断面如图11.2所示。

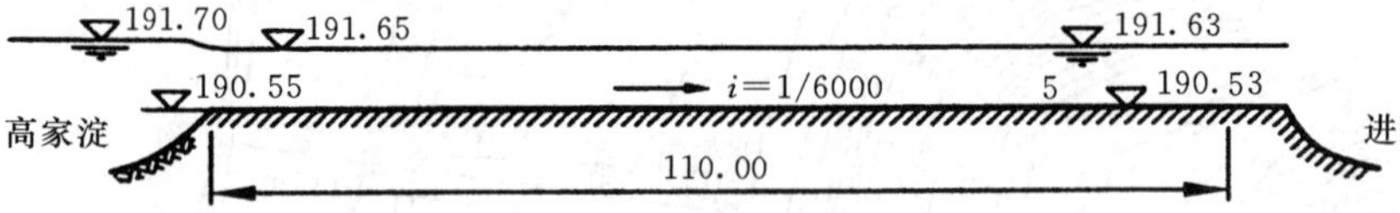


图 11.2（单位：m）

(3) 进水池水位计算。拟在前池首端设置拦污栅，过栅水头损失估算为5cm，则进水池水位推求结果见表11.1。

**表 11.1　　进水池水位推求结果**

| 特征水位 | 高家淀水位（m） | 渠首水面降落值（m） | 引渠水面坡降值（m） | 拦污栅水头损失（m） | 进水池水位（m） |
|---|---|---|---|---|---|
| 最高 | 192.7 | 0.05 | $110\times\frac{1}{6000}=0.02$ | 0.05 | 192.58 |
| 设计 | 192.3 | 0.05 | | 0.05 | 192.18 |
| 最低 | 191.7 | 0.05 | | 0.05 | 191.58 |

2. 出水池水位推求

一般情况下，出水池与灌溉干渠用过渡段连接，过渡段水头损失估算为0.1m。由于出水池位置地面高程217.0～218.0m，故拟定的出水池控制水位为

$$217.38+0.1=217.48(\mathrm{m})$$

3. 初估水泵扬程

进、出水池的设计水位差即静扬程（几何扬程）$z=217.48-192.18=25.3(\mathrm{m})$，管路系统的水头损失按静扬程的20%估算，则初估的水泵扬程为

$$H_P=1.2\times25.3=30.36(\mathrm{m})$$

根据初估的设计扬程，可进行水泵选型与配套设备选择。为应用方便，初步决定选用5台14sh－19型泵，水泵铭牌流量为$0.35\mathrm{m^3/s}$，考虑各种修正之后的允许吸上真空高度$h_v=3.18\mathrm{m}$，机组效率取0.88，相应的配套功率为

$$N=\frac{\rho gQH_P}{\eta}=\frac{1\times10^3\times9.8\times0.35\times30.36}{0.88}=118.335(\mathrm{kW})$$

**11.1.2.2　管道系统的水力计算**

1. 吸水管水力计算

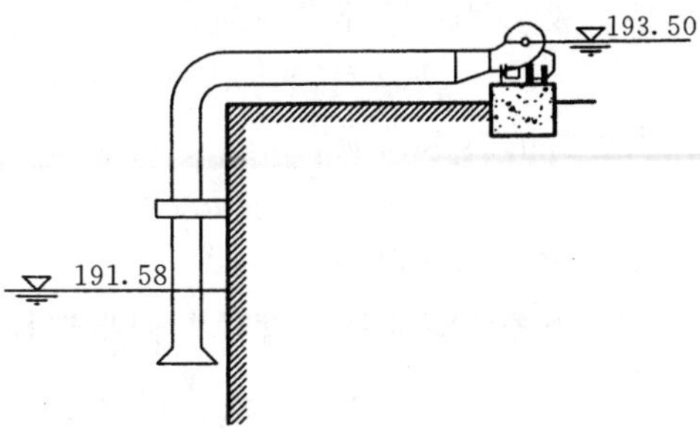

图 11.3

(1) 按经济流速选择管径。吸水管管路布置如图 11.3 所示，吸水管总长度 $l_1=11\text{m}$。吸水管拟采用耐久性好的铸铁管，设计耐压强度 441kPa。按经济流速选择管径，其附件资料如下：进口喇叭管的大头直径 630mm，小头直径 500mm，长度 310mm。考虑用直立式池壁的进水池，选用转弯半径 $\rho=700\text{mm}$，内径 500mm 的双法兰 90°弯头，中心线长度 1183mm；选用长度 890mm，小头直径 350mm，大头直径 500mm 的偏心异径接头，水泵进口装真空表一只。

初步选择经济流速，$v_e=1.5\text{m/s}$，则相应的经济管径

$$d_e=\sqrt{\frac{4Q}{\pi v}}=\sqrt{\frac{4\times0.35}{3.14\times1.5}}=0.545(\text{m})$$

规格化之后，可取吸水管直径 $d_1=500\text{mm}$，相应的管道流速为 $v_1=1.783\text{m/s}$。

(2) 水头损失计算。吸水管水头损失包括沿程水头损失和局部损失两者。取铸铁管粗糙系数 $n=0.013$，则相应的沿程水头损失为

$$\lambda_1=124.5\,\frac{n^2}{d_1^{\frac{1}{3}}}=124.5\times\frac{0.013^2}{0.5^{\frac{1}{3}}}=0.0265$$

$$h_{f1}=\lambda_1\frac{l_1}{d_1}\frac{v_1{}^2}{2g}=0.0265\times\frac{11}{0.5}\times\frac{1.738^2}{2\times9.8}=0.095(\text{m})$$

吸水管局部水头损失系数的确定：

1) 进口喇叭管。

已知大头直径 630mm，小头直径 500mm，长度 310mm，则 $\frac{A_2}{A_1}=\left(\frac{0.5}{0.63}\right)^2=0.63$，$\theta=2\arcsin\frac{0.63-0.5}{2\times0.31}=24.207°$，可查图得 $\zeta_j=0.012$，相应局部水头损失

$$h_{j1}=\zeta_j\frac{v_1{}^2}{2g}=0.012\times\frac{1.783^2}{2\times9.8}=0.002\ (\text{m})$$

2) 90°弯管。

$$\zeta_b=\left[0.131+0.1632\left(\frac{d}{\rho}\right)^{7/2}\right]\left(\frac{\theta}{90°}\right)^{1/2}=\left[0.131+0.1632\times\left(\frac{0.5}{0.7}\right)^{7/2}\right]\left(\frac{90°}{90°}\right)^{1/2}=0.181$$

相应的局部水头损失

$$h_{j2}=\zeta_b\frac{v_1{}^2}{2g}=0.181\times\frac{1.783^2}{2\times9.8}=0.029(\text{m})$$

3) 偏心变径渐缩管。

长度 890mm，小头直径 350mm，大头直径 500mm 的偏心异径接头的局部水头损失系数 $\zeta_s=0.2$，变化后流速 $v_s=\frac{4Q}{\pi d_s{}^2}=\frac{4\times0.35}{3.14\times0.35^2}=3.64(\text{m/s})$，相应的局部水头损失

$$h_{j3}=\zeta_s\frac{v_1{}^2}{2g}=0.2\times\frac{3.64^2}{2\times9.8}=0.135(\text{m})$$

---

千磨万击还坚劲，任尔东西南北风。(【清】郑板桥《题画·竹石》)

整个吸水管的局部水头损失为

$$h_{j吸}=h_{j1}+h_{j2}+h_{j3}=0.002+0.029+0.135=0.166(\mathrm{m})$$

吸水管的总水头损失

$$h_{w1}=0.095+0.166=0.261(\mathrm{m})$$

2. 压水管水力计算

(1) 按经济流速选择管径。初步选择经济流速 $v_e=2.0\mathrm{m/s}$，则相应的经济管径

$$d_e=\sqrt{\frac{4Q}{\pi v_e}}=\sqrt{\frac{4\times 0.35}{3.14\times 2.0}}=0.472(\mathrm{m})$$

规格化之后，可取压水管直径 $d_2=500\mathrm{mm}$，相应的管道流速为 $v_2=1.783\mathrm{m/s}$。

(2) 水头损失计算。根据地形条件，压水管平行出泵房后设起坡镇墩，在坡面上收缩布置，经坡顶镇墩后再平行入出水池。压水管出口中心高程 215.68m（按出水池最低水位以下控制 1.5m 淹没深度考虑），压水管长度 $l_2=91.7\mathrm{m}$，管道布置的倾角 14°，管道材料仍然选用铸铁管，粗糙系数 $n=0.013$，其沿程水头损失为

$$h_{f2}=0.0265\times\frac{91.7}{0.5}\times\frac{1.738^2}{2\times 9.8}=0.788(\mathrm{m})$$

出水管路附件包括水泵出水口渐扩管、闸阀、管路出口渐扩管和拍门等。其局部水头损失系数和局部水头损失计算如下：

1) 水泵出水口渐扩管：水泵出口直径 300mm，出水管路直径 500mm。查资料选用长度为 690mm、大头直径 500mm、小头直径 300mm 的标准正心铸铁渐扩管，则 $\frac{D_2}{D_1}=\frac{0.5}{0.3}=1.667$，$\theta=2\arcsin\frac{0.5-0.3}{2\times 0.69}=16.666°$，可查表得 $\zeta_{k1}=0.19$，变化前流速 $v_1=\frac{4\times 0.35}{3.14\times 0.3^2}=4.954(\mathrm{m/s})$，相应局部水头损失 $h_{j1}=\zeta_{k1}\frac{v_1^2}{2g}=0.19\times\frac{4.954^2}{2\times 9.8}=0.238$ (m)。

2) 闸阀：为确保正常启动、停机和调节功率，选用内径为 500mm、长度为 700mm、公称压力为 $100\mathrm{N/cm^2}$ 的 Z48T—10 暗杆平行式双闸板闸阀。查《水力计算手册》，全开时，$\zeta_{fm}=0.06$，$h_{j2}=\zeta_{fm}\frac{v_1^2}{2g}=0.06\times\frac{1.783^2}{2\times 9.8}=0.01(\mathrm{m})$。

3) 拍门：为节约扬程，出水管路出口为淹没式出流，停机时池水倒流用拍门止逆。查资料选用“节能型自由侧翻式拍门”，其局部水头损失较小，取内径为 550mm 的拍门。$h_{j3}=0.04\mathrm{m}$。

4) 管路出口渐扩管：在拍门与管路间设置正心渐扩管，以减低出口流速，回收动能，扩散段锥角按经验取 12°，管段长度取 0.24m。则 $\frac{D_2}{D_1}=\frac{0.55}{0.5}=1.1$，$\theta=12°$，可查表得 $\zeta_{k2}=0.04$，相应局部水头损失 $h_{j4}=\zeta_{k2}\frac{{v_1}^2}{2g}=0.04\times\frac{1.783^2}{2\times 9.8}=0.006(\mathrm{m})$。

5) 折管：取泵房外及出水池附近折管角度 $\theta=14°$，其局部水头损失系数为 $\zeta_z=0.946\sin^2 7+2.05\sin^4 7=0.015$，相应局部水头损失

$$h_{j5}=\zeta_z\frac{{v_1}^2}{2g}=0.015\times\frac{1.783^2}{2\times 9.8}=0.002(\mathrm{m})$$

压水管的总局部水头损失

$$h_{j压}=h_{j5}+h_{j1}+h_{j2}+h_{j3}+h_{j4}+h_{j5}=0.002+0.238+0.01+0.04+0.006+0.002=0.294(\text{m})$$

压水管的总水头损失

$$h_{w2}=0.788+0.294=1.082(\text{m})$$

#### 11.1.2.3　水泵安装高程确定

水泵安装高度为

$$z_s=h_v-h_{f1}-h_{j吸}-\frac{v_1{}^2}{2g}=3.18-0.095-0.166-\frac{3.64^2}{2\times9.8}=2.243(\text{m})$$

相应的水泵安装高程为

$$\nabla_s=\nabla_{\min}+z_s-K=191.58+2.243-0.3=193.523(\text{m})$$

式中：$\nabla_{\min}$为进水池最低水位，取 191.58m；$K$ 为安全系数，取 0.3。实际工程中，可取安装高程为 193.5m，水泵安装高程状况如图 11.3 所示。

#### 11.1.2.4　水泵扬程复核

根据压力管道系统的水力计算，可得到设计流量时的水泵扬程为

$$\begin{aligned}H_P&=z+h_{w1}+h_{w2}=25.3+0.261+1.082\\&=26.643(\text{m})\end{aligned}$$

计算的扬程小于初估扬程值，选择的水泵完全满足要求。

#### 11.1.2.5　水击压力估算

出水管路上不设置逆止阀，水泵处管段承受的水锤压力可按正常工作压力的 0.5 倍估算。正常工作压力可按静水头的 1.15 倍估算，则正常工作压力

$$H=1.15\times(217.48-192.18)=29.095(\text{m})$$

水击压力

$$\Delta H=0.5\times29.095=14.548(\text{m})$$

泵出口总工作水头 $H_{\max}=29.095+14.548=43.643(\text{m})$，所选管材耐压能力满足要求。

注意：泵系统水击压力计算比较复杂，需要考虑水泵的性能曲线，通常要采用程序进行计算。但限于篇幅及工程具体情况，这里仅按经验关系进行估算。

## 11.2　排洪闸的水力计算

### 11.2.1　基本资料

某平底水闸担负汛期部分排洪任务。当邻闸泄洪流量达到 5000$\text{m}^3/\text{s}$ 时，本闸开始泄洪。

进行水力计算的有关资料如下：

（1）水闸宽度设计标准。

1）设计洪水流量为 1680$\text{m}^3/\text{s}$，相应的上游水位为 7.18m，下游水位为 6.98m。

2）校核洪水流量为 1828$\text{m}^3/\text{s}$，相应的上游水位为 7.58m，下游水位为 7.28m。

（2）消能设计标准。因水闸通过设计流量时，上、下游水位差很小，过闸水流呈淹没出流状态，故不以设计洪水流量作为消能设计标准。现考虑汛期邻闸泄洪流量为 5000$\text{m}^3/\text{s}$ 时，本闸开始泄洪，此时，上、下游水位差最大，可作为消能设计标准，其相应的上游水位为

今日复今日，今日何其少！今日又不为，此事何时了！（【明】文嘉《今日歌》）

5.5m，下游水位为 2.5m，并规定闸门第一次开启高度 $e=1.2$m。

(3) 闸身稳定计算标准（考虑闸门关闭，上、下游水位差最大的情况）。

1) 设计情况：上游水位为 6.50m，下游水位为−1.20m。

2) 校核情况：上游水位为 7.00m，下游水位为−1.20m。

(4) 水闸底板采用倒拱形式，底板前段闸坎用浆砌块石填平。为了与河底高程相适应，闸坎高程为−1.00m，倒拱底板高程为−1.50m。

(5) 闸门闸墩及翼墙型式。闸门为平面闸门，分为上下两扇。闸墩墩头为半圆形，墩厚 $d_0=1.0$m，翼墙为圆弧形，圆弧半径 $r=12$m。

(6) 闸址处河道断面近似矩形，河宽 $B_0=160$m。

(7) 闸基土壤为中等硬度的黏土。

(8) 水闸纵剖面图及各部分尺寸如图 11.4 所示。

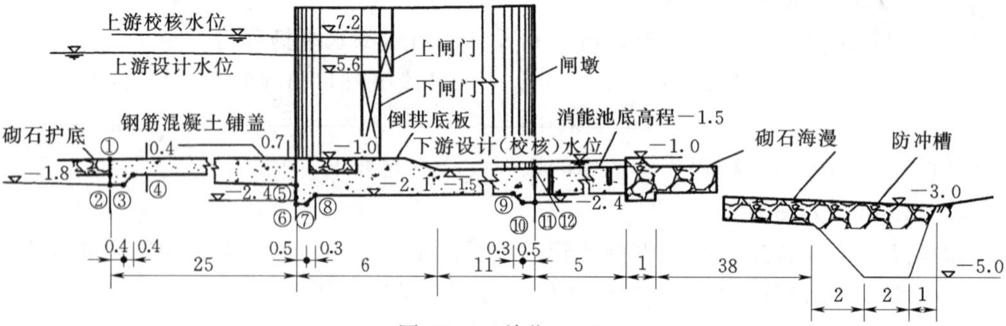


图 11.4（单位：m）

### 11.2.2 水力计算任务

#### 11.2.2.1 水闸溢流宽度及闸孔数目确定

平底水闸属无坎宽顶堰，在闸门全开情况下，通常属于堰流，应按堰流计算溢流宽度。

1. 计算设计洪水情况下所需溢流宽度

已知设计洪水流量 $Q=1680\text{m}^3/\text{s}$ 时，相应的上游水位 7.18m，下游水位为 6.98m，闸底坎高程为−1.00m，相应的堰上水头

$$H=7.18-(-1.00)=8.18(\text{m})$$

堰前行近流速

$$v_0=\frac{1680}{160\times8.18}=1.28(\text{m/s})$$

堰顶全水头

$$H_0=H+\frac{v_0^2}{2g}=8.18+\frac{1.28^2}{2\times9.8}=8.264(\text{m})$$

判定是否淹没出流：$h_s=6.98-(-1.00)=7.98$m，$\frac{h_s}{H_0}=\frac{7.98}{8.264}=0.966>0.8$，为淹没出流，必须计入淹没系数的影响，查表得淹没系数 $\sigma_s=0.545$。

由于流量系数与闸孔数目以及墩头形状等有关，必须试算。先假设 $m=0.35$，由堰流基本公式可求得所需闸孔过流总宽度。

$$B=\frac{1680}{0.545\times0.35\times\sqrt{2\times9.8}\times8.264^{\frac{3}{2}}}=83.742(\text{m})$$

初步选定闸孔净宽 6m，则所需闸孔数目为 14 孔，则水闸实际溢流宽度为 84m。

根据确定的溢流宽度以及闸墩、边墩的头部形状，查表确定流量系数，然后复核过流能力。

中孔流量系数应按圆弧翼墙查表确定：$b=6\text{m}$，$B=7\text{m}$，$r=0.5$。由 $\frac{r}{b}=\frac{0.5}{6}=0.083$，$\frac{b}{B}=\frac{b}{b+d}=\frac{6}{7}=0.857$ 查得 $m_m=0.369$。

边孔流量系数也按圆弧翼墙查表确定：$b=6\text{m}$，$\Delta=12\text{m}$，$r=12$。由 $\frac{r}{b}=\frac{12}{6}=2>0.5$，$\frac{b}{B}=\frac{b}{b+2\Delta}=\frac{6}{6+2\times12}=0.2$，查得 $m_s=0.362$。

则加权平均后的流量系数

$$m=\frac{0.362+(14-1)\times0.369}{14}=0.352$$

复核相应的过流能力为

$$Q=0.352\times0.545\times14\times6\times\sqrt{2\times9.8}\times8.264^{\frac{3}{2}}=1694.780(\text{m}^3/\text{s})$$

大于要求通过的设计流量，说明所设计的闸孔数目及闸孔宽度满足过流能力要求。

2. 检验溢流宽度是否满足校核洪水要求

按设计洪水求得溢流宽度之后，应重新计算流量，以检验是否满足校核洪水的要求。已知校核洪水流量为 $1828\text{m}^3/\text{s}$，相应的上游水位为 7.58m，下游水位为 7.28m。

堰上水头

$$H=7.58-(-1.00)=8.58(\text{m})$$

堰前行近流速

$$v_0=\frac{1828}{160\times8.58}=1.332(\text{m/s})$$

堰顶全水头

$$H_0=H+\frac{v_0^2}{2g}=8.58+\frac{1.332^2}{2\times9.8}=8.670(\text{m})$$

判定是否淹没出流：$h_s=7.28-(-1.00)=8.28\text{m}$，$\frac{h_s}{H_0}=\frac{8.28}{8.670}=0.955>0.8$，为淹没出流，必须计入淹没系数的影响，查表得淹没系数 $\sigma_s=0.620$。

溢流宽度以及闸墩、边墩的头部形状保持不变，则流量系数仍然为 0.352，相应的过流能力为

$$Q=0.352\times0.62\times14\times6\times\sqrt{2\times9.8}\times8.670^{\frac{3}{2}}=2071.819(\text{m}^3/\text{s})$$

大于已知的校核流量，所取溢流宽度满足要求。决定采用 14 孔闸门，单孔净宽 6m。

**11.2.2.2**　闸下消能计算

1. 计算过闸流量

根据设计要求，闸下消能按上游水位 5.50m，下游水位 2.50m，闸门开启高度 $e=1.2\text{m}$ 进行计算。

闸前作用水头

$$H=5.50-(-1.00)=6.50(\text{m})$$

闸门相对开度

$$\frac{e}{H}=\frac{1.2}{6.5}=0.185<0.65\text{，为闸孔出流。}$$

由于流量未知，需先求出流量，方可进行消能设计。

设闸前行近流速 $v_0=0$，则闸前全水头

$$H_0=H=6.50\text{m}$$

流量系数

$$\mu=0.60-0.176\frac{e}{H}=0.60-0.176\times0.185=0.586$$

假定闸孔自由出流，即 $\sigma_s=1$，则通过闸孔的流量为

$$Q_1=\sigma_s\mu be\sqrt{2gH_0}=1.0\times0.586\times14\times6\times1.2\times\sqrt{2\times9.8\times6.50}=645.680(\text{m}^3/\text{s})$$

闸后单宽流量

$$q=\frac{Q_1}{nb+(n-1)d_0}=\frac{645.680}{14\times6+(14-1)\times1}=6.656[\text{m}^3/(\text{s}\cdot\text{m})]$$

闸后临界水深

$$h_k=\sqrt[3]{\frac{\alpha q^2}{g}}=\sqrt[3]{\frac{1.0\times6.656^2}{9.8}}=1.653(\text{m})$$

下面检验闸孔是否为自由出流。

由于闸后接陡坡，收缩水深不在闸后（0.5～1.0）$e$ 处，而在下游，应按式（9.2）或式（9.5）计算收缩水深。取流速系数 $\varphi=0.99$，已知 $E_0=H_0=6.50\text{m}$，通过迭代计算求得闸后收缩水深 $h_c=0.627\text{m}$。

相应的共轭水深为

$$h_c''=\frac{h_c}{2}\left(\sqrt{1+8\frac{q^2}{gh_c^3}}-1\right)=\frac{0.627}{2}\times\left(\sqrt{1+8\times\frac{645.680^2}{9.8\times97^2\times0.627^3}}-1\right)=3.498(\text{m})$$

下游水深

$$h_t=2.50-(-1.00)=3.50(\text{m})$$

由于 $h_c<h_k$，$h_t>h_k$，闸后有水跃发生。而 $h_c''=h_t$，可判知闸后发生临界水跃衔接，闸孔为自由出流，淹没系数 $\sigma_s=1$，原假设正确。

再考虑行近流速的影响，即计入行近流速计算流量。

$$v_0=\frac{Q_1}{B_0H}=\frac{645.680}{160\times6.50}=0.621(\text{m/s})$$

$$H_0=H+\frac{\alpha v_0^2}{2g}=6.50+\frac{1.0\times0.621^2}{2\times9.8}=6.520(\text{m})$$

通过闸孔的流量为

$$Q_2=1.0\times0.586\times14\times6\times1.2\times\sqrt{2\times9.8\times6.52}=646.672(\text{m}^3/\text{s})$$

显然，两次流量计算结果很接近，可取过闸流量 $Q=646.672\text{m}^3/\text{s}$，单宽流量 $q=6.667\text{m}^3/(\text{s}\cdot\text{m})$。

2. 设计消能池

闸后发生临界水跃，仍需设计消能池。拟设一挖深式消能池，采用试算—图解法计算



爱人者，人恒爱之；敬人者，人恒敬之。（【战国】孟子《孟子·离娄章句下》）

消能池池深 $d$。

先计算右端常数，设 $A=h_t+\frac{q^2}{2g(\varphi' h_t)^2}$，取消能池出口流速系数 $\varphi'=0.95$，取水跃淹没系数 $\sigma_j=1.05$，则常数 $A=3.5+\frac{6.667^2}{2\times9.8\times(0.95\times3.5)^2}=3.705(\text{m})$。

设 $f(d)=\sigma_j h''_{c1}+\frac{q^2}{2g(\sigma_j h''_{c1})^2}-d$，则假设池深 $d$，可求出相应的函数值 $f(d)$，绘出 $d$—$f(d)$关系曲线图，运用试算—图解法可求得所需池深值，计算结果见表 11.2。

**表 11.2　　池深 $d$ 的试算—图解法计算结果　　单位：m**

| $d$ | $E_{01}$ | $h_{c1}$ | $h''_{c1}$ | $f(d)$ |
|---|---|---|---|---|
| 0.100 | 6.620 | 6.621 | 3.524 | 3.766 |
| 0.200 | 6.720 | 0.748 | 3.660 | 3.847 |
| 0.400 | 6.920 | 0.735 | 3.701 | 3.686 |
| 0.800 | 7.320 | 0.711 | 3.779 | 3.360 |

利用表 11.2 数据，绘出的 $d$—$f(d)$关系曲线如图 11.5 所示。由 $d$—$f(d)$关系曲线查得 $f(d)=A=3.705$ 所对应的池深 $d=0.17\text{m}$。因闸底为倒拱，可利用闸坎后一段长 11m 的倒拱底板作为消能池的一部分，以节省工程量。故以倒拱底板高程 −1.5m 作为消能池池底高程，即取池深 $d=0.5\text{m}$。

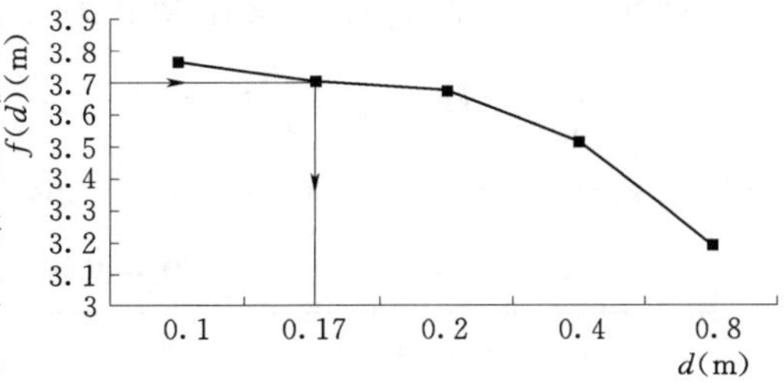


图 11.5

按池深 $d=0.5\text{m}$，$E_{01}=7.02\text{m}$，重新计算得到的 $h_{c1}=0.6\text{m}$，据此可求得消能池长度 $L_k$。

按公式 $L_j=10.8h_{c1}\ (Fr_{c1}-1)^{0.93}$计算水跃长度。

$$Fr_{c1}=\sqrt{\frac{\alpha q^2}{gh_{c1}^3}}=\sqrt{\frac{1\times6.667^2}{9.8\times0.6^3}}=4.578$$

$$L_j=10.8\times0.6\times(4.578-1)^{0.93}=21.23(\text{m})$$

通常情况下，消能池长度 $L_k=(0.7\sim0.8)L_j$。在此按 $L_k=0.75L_j$ 计算，则得到 $L_k=0.75\times21.23=15.92\text{m}$，取 $L_k=16\text{m}$。

3. 海漫长度

取海漫长度

$$L_p=1.875L_j=1.875\times21.23=38.214(\text{m})$$

取海漫长度 $L_p=39\text{m}$。

### 11.2.2.3　闸基渗流计算

闸基渗流主要是计算渗径长度、闸底渗透压强。至于渗流流量，因闸基是黏性土壤，渗透性小，且本工程对控制渗流量要求不高，故不必计算。

闸基渗透压强的计算采用直线比例法，计算过程如下。

1. 渗径长度

渗径长度应能满足上、下游水位差最大时的防渗要求。故按上、下游水位差最大的情况进行计算。上、下游水位差最大的情况正好是闸身稳定计算中的校核情况，即上游水位

人之相识，贵在相知；人之相知，贵在知心。（【战国】孟子《孟子·万章下》）

7.0m，下游水位－1.2m，此时，最大水位差 $H=7.0-(-1.2)=8.2$m。

按水闸结构布置要求，初步拟定闸底轮廓线，再核算渗径长度是否满足要求。初步拟定的闸底轮廓线如图 11.4 所示。为便于计算，将闸底不透水部分轮廓线的转折点按顺序编号，①、②、…、⑫，共 12 点。下面采用直线比例法进行渗流计算。

如图 11.4 所示，折算后的地下轮廓线总长度 $L$ 计算过程如下：

$$L_V=l_{1-2}+l_{3-4}+l_{5-6}+l_{7-8}+l_{9-10}+l_{11-12}$$

$$=0.8+\sqrt{0.4^2+0.4^2}+0.7+\sqrt{0.3^2+0.3^2}+\sqrt{0.3^2+0.3^2}+0.9=3.81(\text{m})$$

$$L_H=l_{2-3}+l_{4-5}+l_{6-7}+l_{8-9}+l_{10-11}=0.4+24.2+0.5+15.4+0.5=41.0(\text{m})$$

$$L=L_V+\frac{1}{3}L_H=3.81+\frac{1}{3}\times41.0=17.48(\text{m})$$

闸基土壤为中等硬度的黏土，查表 10.7 可得 $c=2.0$，计算得 $L'=2.0\times8.2=16.4$m。$L>L'$，闸底轮廓线长度满足防渗要求。

2. 求闸底渗流压强

闸底渗流压强是进行水闸整体稳定计算和底板强度计算的主要荷载之一。按式（10.37）即 $\frac{p_i}{\rho g}=H_1+y_i-\frac{S_i}{L}H=H_i-\frac{S_i}{L}H$ 可计算出水闸底板轮廓线特征点的渗流压强，计算结果见表 11.3。其中，$L=17.48$m，$H=8.2$m。

**表 11.3　底板轮廓线特征点的渗透压强**　单位：m

| 点号 | 位置坐标 $y_i$ | 上游水深 $H_1$ | 淹没深度 $H_i$ | 渗径长度 $S_i$ | 渗透压强 $\frac{p_i}{\rho g}$ |
|---|---|---|---|---|---|
| 1 | 1.00 | 7.00 | 8.00 | 0.00 | 8.00 |
| 2 | 1.80 | 7.00 | 8.80 | 0.80 | 8.42 |
| 3 | 1.80 | 7.00 | 8.80 | 0.93 | 8.36 |
| 4 | 1.40 | 7.00 | 8.40 | 1.50 | 7.70 |
| 5 | 1.70 | 7.00 | 8.70 | 9.57 | 4.21 |
| 6 | 2.40 | 7.00 | 9.40 | 10.27 | 4.58 |
| 7 | 2.40 | 7.00 | 9.40 | 10.43 | 4.51 |
| 8 | 2.10 | 7.00 | 9.10 | 10.86 | 4.01 |
| 9 | 2.10 | 7.00 | 9.10 | 15.99 | 1.60 |
| 10 | 2.40 | 7.00 | 9.40 | 16.41 | 1.70 |
| 11 | 2.40 | 7.00 | 9.40 | 16.58 | 1.62 |
| 12 | 1.50 | 7.00 | 8.50 | 17.48 | 0.30 |

设计情况：上游水位为 6.50m，下游水位为－1.20m，水位差 $H=6.5-(-1.2)=7.7$m，请参考上述方法采用直线比例法自行完成闸基渗流压强计算。

## 11.3　拦河溢流坝的水力计算

### 11.3.1　基本资料

为解决农田灌溉问题，需在河流上建造拦河溢流坝一座，用以抬高河道水位，引水灌溉。进行水力计算的有关资料如下：

(1) 设计洪水流量为 $540m^3/s$。

(2) 坝址处河底高程为 43.50m。

(3) 由灌区高程及灌溉要求确定的坝顶高程为 48.00m。

(4) 为减小建坝后的壅水对上游的影响，根据坝址处河面宽度，采用坝的溢流宽度 $b=60m$。

(5) 溢流坝为无闸墩及闸门的单孔溢流堰，采用 WES 实用堰剖面，并设有圆弧形翼墙，边墩厚度 $\Delta=5m$。

(6) 坝前水位与河道过水断面面积关系曲线如图 11.6 所示。

(7) 坝下水位与河道流量关系曲线如图 11.7 所示。

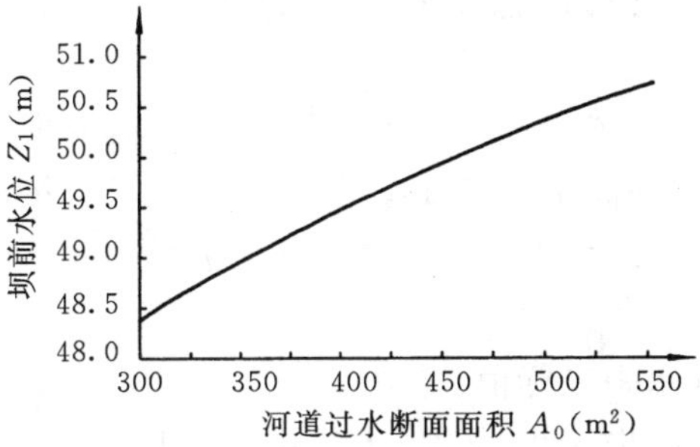


图 11.6

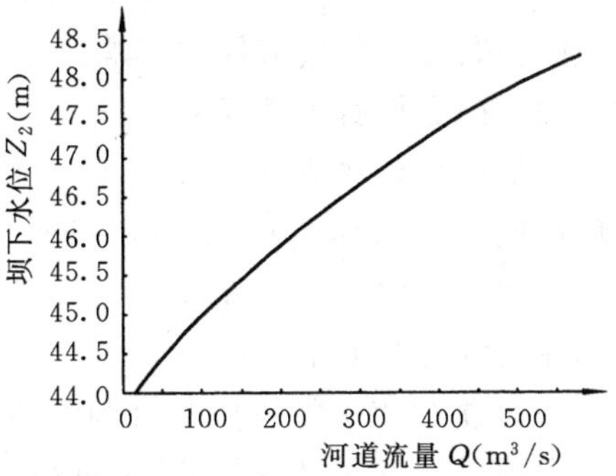


图 11.7

(8) 坝基土壤为中砾石。

(9) 近似认为河道上游为等腰梯形断面，边坡系数 $m=1.5$，底宽 $b=64m$，平均底坡 $i=0.00127$，实测平均糙率 $n=0.04$。

### 11.3.2　水力计算任务

#### 11.3.2.1　确定坝前设计洪水位

坝前设计洪水位决定于坝顶高程及设计水头 $H_d$，但由灌区高程及灌溉要求已确定了坝顶高程为 48.00m。因此，只要按曲线型实用堰计算出设计水头 $H_d$，即可得到坝前设计洪水位。但由于侧收缩系数、淹没系数等均与堰上水头有关，构成复杂的函数关系，需试算求解。

设 $H_d=2.53m$，则坝前设计洪水位 $z_{1d}=48.00+2.53=50.53m$。据此查图 11.6 可得该坝前水位对应的河道过水断面面积 $A_0=525m^2$，设计流量 $Q_d=540m^3/s$，上、下游坝高 $P_1=P_2=48.00-43.5=4.5m$。此时，$\dfrac{P_1}{H_d}=\dfrac{4.5}{2.53}=1.779\geqslant 1.33$，该溢流坝为高堰，行近流速水头可以略去不计，即 $H_0=H=H_d$，相应的设计流量系数 $m=m_d=0.502$。

根据设计洪水流量查图 11.7 得到对应的坝下游水位 $z_{2d}=48.12m$。

坝顶以上的下游水深 $h_s=48.12-48.00=0.12m$，$\dfrac{h_s}{H_0}=\dfrac{0.12}{2.53}=0.047\leqslant 0.75$。由图 8.9 及表 8.1 确定边墩形状系数 $\zeta_k$ 和闸墩形状系数 $\zeta_0$，得到 $\zeta_k=0.7$，$\zeta_0=0$，并按式 (8.9) 计算侧收缩系数。

言必信，行必果。(【春秋】《论语·子路》)

$$\varepsilon_1=1-0.2[\zeta_k+(n-1)\zeta_0]\frac{H_0}{nb}=1-0.2\times0.7\times\frac{2.53}{1\times60}=0.994$$

查图确定淹没系数 $\sigma_s$。$\frac{h_s}{H_0}=\frac{0.12}{2.53}=0.047\leqslant0.15$，$\frac{P_2}{H_0}=\frac{4.5}{2.53}=1.779<2.0$，查图 8.11 得到淹没系数 $\sigma_s=0.999$。

将上述流量系数、侧收缩系数、淹没系数代入堰流水力计算公式，可求得相应的堰上水头值。

$$H_d=\left(\frac{Q}{\sigma_s\varepsilon_1 mnb'\sqrt{2g}}\right)^{\frac{2}{3}}=\left(\frac{540}{0.999\times0.994\times0.502\times1\times60\times\sqrt{2\times9.8}}\right)^{\frac{2}{3}}=2.553(\text{m})$$

计算值与假定值相当接近，可取 $H_d=2.55$m，相应的坝前设计洪水位

$$z_{1d}=48.00+2.55=50.55\text{m}$$

试问：若计入行近流速的影响，求得的设计水头 $H_d$ 值增大还是减小？

**11.3.2.2 确定坝身剖面尺寸**

已知剖面设计水头 $H_d=2.55$m，堰高 $P_1=P_2=48.00-43.5=4.5$m。设溢流坝下游斜坡段坡比 $m_c=\cot\alpha=0.7$，即 $\alpha=55°$。由于下游坝高 $P_2<10$m，其反弧半径 $r$ 可按经验关系确定，取 $r=0.5P_2=0.5\times4.5=2.25$m。设上游面垂直，选用 WES 实用剖面堰，其坝身剖面尺寸计算如下：

(1) 堰顶 $O$ 点上游三段复合圆弧的半径及其水平坐标值。

以堰顶最高点为坐标原点 $O$，$OX$ 水平轴以指向下游为正，$OY$ 铅垂轴以向下为正，则有

$R_1=0.50H_d=0.50\times2.55=1.275$ (m)，$x_1=-0.175H_d=-0.175\times2.55=-0.446$(m)

$R_2=0.20H_d=0.20\times2.55=0.510$ (m)，$x_2=-0.276H_d=-0.276\times2.55=-0.704$(m)

$R_3=0.04H_d=0.04\times2.55=0.102$ (m)，$x_3=-0.282H_d=-0.282\times2.55=-0.719$(m)

(2) 堰顶曲线 $OC$ 段的方程。

$$\frac{y}{H_d}=0.5\left(\frac{x}{H_d}\right)^{1.85}$$

即

$$y=0.5\times\left(\frac{x^{1.85}}{2.55^{0.85}}\right)=0.2256x^{1.85}$$

据此可计算出堰面曲线的坐标并点绘出堰面曲线，见表 11.4 和图 11.8。

**表 11.4** 堰面曲线坐标计算结果

| $x$ | 0.500 | 1.000 | 1.500 | 2.000 | 2.500 | 3.000 | 3.500 | 4.000 | 4.500 | 5.000 |
|---|---|---|---|---|---|---|---|---|---|---|
| $y$ | 0.063 | 0.226 | 0.478 | 0.813 | 1.229 | 1.722 | 2.291 | 2.932 | 3.646 | 4.431 |

(3) 堰顶下游曲线段与直线段的切点 $C$ 的坐标计算。

$$x_C=\frac{1.096H_d}{m_c^{1.177}}=\frac{1.096\times2.55}{0.7^{1.177}}=4.253(\text{m})$$

$$y_C=\frac{0.592H_d}{m_c^{2.177}}=\frac{0.592\times2.55}{0.7^{2.177}}=3.282(\text{m})$$

(4) 下游直线段与反弧段的切点 $D$ 的坐标计算。

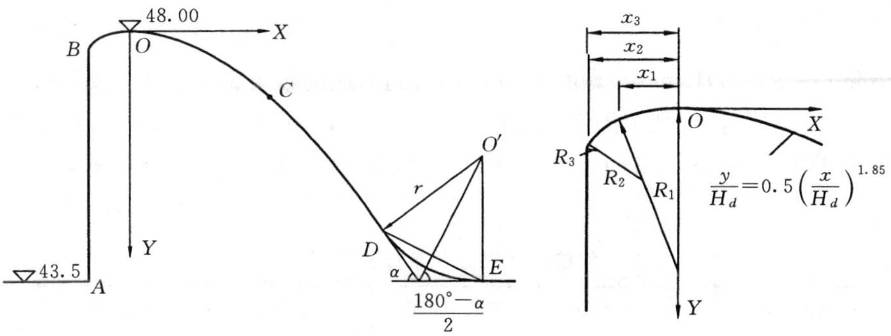


图 11.8

$$x_D=4.253+0.7\times(4.5-3.282)+2.25\times\cot\left(\frac{180°-55°}{2}\right)-2.25\times\sin55°=4.434(\text{m})$$

$$y_D=4.5-2.25+2.25\times\cos55°=3.541(\text{m})$$

（5）反弧段与河床的切点 $E$ 的坐标计算。

$$x_E=4.253+0.7\times(4.5-3.282)+2.25\times\cot\left(\frac{180°-55°}{2}\right)=6.277(\text{m})$$

$$y_E=4.5\text{m}$$

（6）反弧段圆心 $O'$ 坐标计算

$$x_{O'}=6.277\text{m}$$

$$y_{O'}=4.5-2.25=2.25(\text{m})$$

根据上述设计成果，绘制出的坝剖面如图 11.8 所示。

**11.3.2.3**　坝前水位流量关系的确定

选定不同的堰上水头 $H$，按堰流基本公式就能得到相应的流量，计算结果见表 11.5。根据计算结果，可绘制出坝前水位流量关系曲线，如图 11.9 所示。

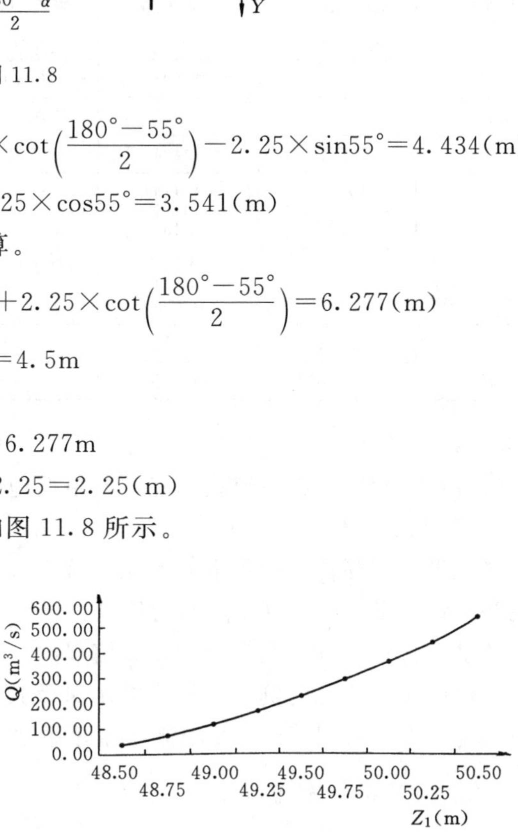


图 11.9

现以 $H=2.0$m 为例，说明坝前水位流量关系的求解方法。

由于该溢流坝为 WES 型高堰，行近流速可忽略不计，$H_0=H$。

由 $\frac{P_1}{H_d}\geqslant1.33$ 及 $\frac{H_0}{H_d}=\frac{2}{2.55}=0.784$，查图 8.8 可得 $\frac{m}{m_d}=0.965$，$m=0.965\times0.502=0.484$。

由于对应 $H=2.0$m 堰上水头的流量未知，故不能由图 11.7 得到对应的坝下游水位。为此，假设溢流坝自由出流，即 $\sigma_s=1$。

按 $\frac{h_s}{H_0}\leqslant0.75$ 查图 8.9 及表 8.1 确定边墩形状系数 $\zeta_k$ 和闸墩形状系数 $\zeta_0$，得到，$\zeta_k=0.7$，$\zeta_0=0$，按式（8.9）计算侧收缩系数。

$$\varepsilon_1=1-0.2[\zeta_k+(n-1)\zeta_0]\frac{H_0}{nb}=1-0.2\times0.7\times\frac{2}{1\times60}=0.995$$

墙上芦苇，头重脚轻根底浅；山间竹笋，嘴尖皮厚腹中空。（【明】解缙）

此时，对应的流量为

$$Q=\sigma_s\varepsilon_1 mnb'\sqrt{2g}H_0^{\frac{3}{2}}=1.0\times0.995\times0.484\times1\times60\times\sqrt{2\times9.8}\times2^{\frac{3}{2}}=361.804(m^3/s)$$

根据流量 $Q=361.804m^3/s$，查图 11.7，可得到对应的坝下游水位 $z_2=46.9m<48.00m$，即下游水位不超过堰顶，可判定溢流坝自由出流，$\sigma_s=1$，假设正确，流量即为所求。

假定不同的堰上水头，按照上述方法，可计算出坝前水位流量关系，计算结果见表 11.5。

表 11.5　　坝前水位流量关系计算结果

| 堰上水头 $H$ (m) | 上游水位 $z_1$ (m) | 流量系数 $m$ | 侧收缩系数 $\varepsilon_1$ | 淹没系数 $\sigma_s$ | 流量 $Q$ ($m^3/s$) | 备注 |
|---|---|---|---|---|---|---|
| 2.550 | 50.550 | 0.502 | 0.994 | 0.999 | 540.000 | 淹没出流 |
| 2.250 | 50.250 | 0.493 | 0.995 | 1.000 | 439.642 | 自由出流 |
| 2.000 | 50.000 | 0.484 | 0.995 | 1.000 | 361.928 | 自由出流 |
| 1.750 | 49.750 | 0.474 | 0.996 | 1.000 | 290.283 | 自由出流 |
| 1.500 | 49.500 | 0.461 | 0.997 | 1.000 | 224.170 | 自由出流 |
| 1.250 | 49.250 | 0.45 | 0.997 | 1.000 | 166.560 | 自由出流 |
| 1.000 | 49.000 | 0.434 | 0.998 | 1.000 | 115.010 | 自由出流 |
| 0.750 | 48.750 | 0.417 | 0.998 | 1.000 | 71.817 | 自由出流 |
| 0.500 | 48.500 | 0.397 | 0.999 | 1.000 | 37.239 | 自由出流 |

#### 11.3.2.4　消能设计

溢流坝下游拟采用底流式消能，并根据地质条件选定挖深式消能池。

1. 设计流量选择

消能设计需要首先判定下游水跃衔接方式，并选定消能池的设计流量。挖深式消能池的池深设计流量为$(h''_c-h_t)_{max}$时的流量，可针对不同流量计算收缩水深及其共轭水深，并与下游水深比较，方能确定池深设计流量。

下面以设计情况为例，计算收缩水深及其共轭水深，并判定水跃衔接形式。已知上、下游坝高 $P_1=P_2=4.5m$，取溢流坝流速系数 $\varphi=0.95$。当堰上水头 $H=2.55m$ 时，$Q=540m^3/s$，相应的单宽流量 $q=\frac{540}{60}=9m^3/(s\cdot m)$。

查图 11.7 得到设计流量对应的坝下游水位为 48.12m，相应的下游水深 $h_t=48.12-43.5=4.62m$。

查图 11.6 得到设计流量对应的上游河道过水断面面积 $A_0=525m^2$。

此时坝前行近流速为 $v_0=\frac{Q}{A_0}=\frac{540}{525}=1.029$ (m/s)。

$$H_0=H+\frac{\alpha v_0^2}{2g}=2.55+\frac{1\times1.029^2}{2\times9.8}=2.604(m)$$

$$E_0=P_2+H_0=4.5+2.604=7.104(m)$$

利用公式 (9.5) 进行收缩水深的迭代计算。先计算常数 $\frac{q}{\varphi\sqrt{2g}}=\frac{9}{0.95\times\sqrt{2\times9.8}}=2.14$，然后取初值 $h_{c1}=0$，迭代过程和结果为

$$h_{c1}=0\Rightarrow h_{c2}=0.803\Rightarrow h_{c3}=0.853\Rightarrow h_{c4}=0.856\Rightarrow h_{c5}=0.856$$

取 $h_c=0.856\text{m}$。

计算收缩水深相共轭的跃后水深 $h''_c$。

$$h''_c=\frac{h_c}{2}\left(\sqrt{1+8\frac{q^2}{gh_c^3}}-1\right)=\frac{0.856}{2}\times\left(\sqrt{1+8\times\frac{9^2}{9.8\times0.856^3}}-1\right)=3.987(\text{m})$$

计算临界水深

$$h_k=\sqrt[3]{\frac{\alpha q^2}{g}}=\sqrt[3]{\frac{1\times9^2}{9.8}}=2.022(\text{m})$$

由于 $h_c<h_k$，收缩断面水流为急流；下游水深 $h_t>h_k$，水流为缓流。据此可判定收缩断面下游有水跃发生。由 $h_t>h''_c$ 可知，拦河坝下游为淹没水跃衔接。

其它流量收缩水深与共轭水深计算结果见表 11.6。

**表 11.6　收缩水深与共轭水深计算结果**

| 堰上水头 $H$（m） | 上游水位 $z_1$（m） | 流量 $Q(\text{m}^3/\text{s})$ | 下游水位 $z_2$（m） | 下游水深 $h_t$（m） | 上游河道面积 $A_0$（$\text{m}^2$） | 行近流速 $v_0$（m/s） | 上游断面总能量 $E_0$（m） | 收缩水深 $h_c$（m） | 共轭水深 $h''_c$（m） | 临界水深 $h_k$（m） | $h''_c-h_t$（m） |
|---|---|---|---|---|---|---|---|---|---|---|---|
| 2.550 | 50.550 | 540.000 | 48.120 | 4.620 | 525.000 | 1.029 | 7.104 | 0.856 | 3.987 | 2.020 | −0.633 |
| 2.250 | 50.250 | 439.642 | 47.600 | 4.100 | 480.000 | 0.916 | 6.793 | 0.706 | 3.602 | 1.762 | −0.498 |
| 2.000 | 50.000 | 361.928 | 47.100 | 3.600 | 455.000 | 0.795 | 6.532 | 0.588 | 3.271 | 1.548 | −0.329 |
| 1.750 | 49.750 | 290.283 | 46.600 | 3.100 | 425.000 | 0.683 | 6.274 | 0.478 | 2.932 | 1.336 | −0.168 |
| 1.500 | 49.500 | 224.170 | 46.100 | 2.600 | 400.000 | 0.560 | 6.016 | 0.374 | 2.579 | 1.125 | −0.021 |
| 1.250 | 49.250 | 166.560 | 45.580 | 2.080 | 375.000 | 0.444 | 5.760 | 0.282 | 2.225 | 0.923 | 0.145 |
| 1.000 | 49.000 | 115.010 | 45.200 | 1.700 | 355.000 | 0.324 | 5.505 | 0.198 | 1.850 | 0.721 | 0.150 |
| 0.750 | 48.750 | 71.817 | 44.600 | 1.100 | 335.000 | 0.214 | 5.252 | 0.126 | 1.464 | 0.527 | 0.364 |
| 0.500 | 48.500 | 37.239 | 44.250 | 0.750 | 305.000 | 0.122 | 5.001 | 0.066 | 1.055 | 0.341 | 0.305 |

从表 11.6 可以看到：$(h''_c-h_t)_{\max}$ 对应的流量 $Q=71.817\text{m}^3/\text{s}$，该流量即为消能池池深的设计流量。下面就以此流量对应的相关参数为依据，计算消能池的池深 $d$。

2. 池深 $d$ 的计算

按式（9.13），应用试算—图解法计算消能池池深 $d$。

先计算右端常数，设 $A=h_t+\dfrac{q^2}{2g(\varphi' h_t)^2}$，取消能池出口流速系数 $\varphi'=0.90$，取水跃淹没系数 $\sigma_j=1.05$，则常数 $A=1.1+\dfrac{1.197^2}{2\times9.8\times(0.9\times1.1)^2}=1.175(\text{m})$。

设 $f(d)=\sigma_j h''_{c1}+\dfrac{q^2}{2g(\sigma_j h''_{c1})^2}-d$，则假设池深 $d$，可求出相应的函数值 $f(d)$，绘出 $d$—$f(d)$ 关系曲线图，运用试算—图解法可求得所需池深值，计算结果见表 11.7。

**表 11.7　池深 $d$ 的试算—图解法计算结果**

| $d$（m） | $E_{01}$（m） | $h_{c1}$（m） | $h''_{c1}$（m） | $f(d)$（m） |
|---|---|---|---|---|
| 0.200 | 5.452 | 0.123 | 1.480 | 1.384 |
| 0.300 | 5.552 | 0.122 | 1.487 | 1.292 |
| 0.400 | 5.652 | 0.121 | 1.495 | 1.199 |
| 0.500 | 5.752 | 0.120 | 1.503 | 1.107 |

吾尝终日而思矣，不如须臾之所学也。（【战国】荀子《荀子·劝学》）

利用表 11.7 数据，绘出的 $d-f(d)$ 关系曲线如图 11.10 所示。由 $d-f(d)$ 关系曲线查得 $f(d)=A=1.175$ 所对应的池深 $d=0.425$m。

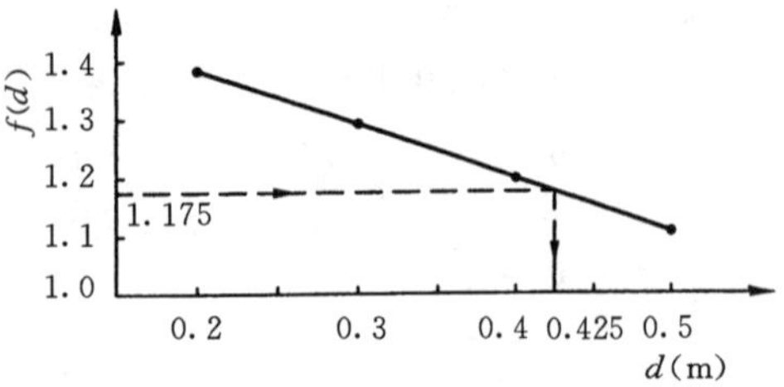


图 11.10

3. 池长 $L_k$ 计算

池长的设计流量一般选用建筑物通过的最大流量。因此，应按池深 $d=0.425$m，堰上水头 $H=2.55$m，流量 $Q=540\text{m}^3/\text{s}$ 重新计算收缩水深与共轭水深，并计算水跃长度 $L_j$ 与消能池长度 $L_k$。此时，$E_{01}=7.104+0.425=7.529$m。

采用迭代法求得 $h_{c1}=0.827$m，相应的共轭水深 $h''_{c1}$ 为

$$h''_{c1}=\frac{h_{c1}}{2}\left(\sqrt{1+8\frac{q^2}{gh_{c1}^3}}-1\right)=\frac{0.827}{2}\times\left(\sqrt{1+8\times\frac{9^2}{9.8\times0.827^3}}-1\right)=4.078(\text{m})$$

按公式 $L_j=10.8h_{c1}(Fr_{c1}-1)^{0.93}$ 计算水跃长度。

$$Fr_{c1}=\sqrt{\frac{\alpha q^2}{gh_{c1}^3}}=\sqrt{\frac{1\times9^2}{9.8\times0.827^3}}=3.825$$

$$L_j=10.8\times0.827\times(3.825-1)^{0.93}=23.445(\text{m})$$

通常情况下，消能池长度 $L_k=(0.7\sim0.8)L_j$。在此按 $L_k=0.75L_j$ 计算，则得到 $L_k=0.75\times23.445=17.584$（m），取 $L_k=18$m。

4. 海漫长度计算

取海漫长度

$$L_p=1.875L_j=1.8\times22.445=42.2(\text{m})$$

**11.3.2.5**　坝上游壅水曲线计算

根据设计洪水流量，计算坝上游壅水曲线。因缺乏河道的水文及断面实测资料，近似认为河道上游为梯形断面，边坡系数 $m=1.5$，底宽 $b=64$m，平均底坡 $i=0.00127$，实测平均糙率 $n=0.04$。在设计流量条件下，已知坝前水深 $h_1=4.5+2.55=7.05$（m），以此为控制水深，采用分段求和法可计算出坝上游的壅水曲线。

（1）计算参考水深，判定水面线类型。用试算—图解法求得正常水深 $h_0=3.823$m，临界水深 $h_k=1.898$m。

$h_0>h_k$，据此可判断底坡为缓坡。而 $h_1>h_0>h_k$，可判定水面线为 $a_1$ 型壅水曲线。

（2）采用分段求和法列表计算水面线。从题目可以看到，计算类型为已知两端水深，求流段距离。计算结果见表 11.8，其中平均水力坡度按 $\overline{J}=\frac{\overline{v}^2}{\overline{C}^2\,\overline{R}}$ 计算。

**表 11.8**　　坝上游壅水曲线计算结果

| $z$ (m) | $h$ (m) | $A$ ($\text{m}^2$) | $\chi$ (m) | $R$ (m) | $C$ ($\text{m}^{\frac{1}{2}}/\text{s}$) | $v$ (m/s) | $\alpha v^2/2g$ (m) | $E_s$ (m) | $\overline{J}$ | $i-\overline{J}$ | $\Delta s$ (m) | $s$ (m) |
|---|---|---|---|---|---|---|---|---|---|---|---|---|
| 50.550 | 7.050 | 525.754 | 89.419 | 5.880 | 33.589 | 1.027 | 0.054 | 7.104 | | | | |
| 50.576 | 6.850 | 508.784 | 88.698 | 5.736 | 33.450 | 1.061 | 0.057 | 6.907 | 0.00017 | 0.00110 | 178.030 | 178.030 |
| 50.605 | 6.650 | 491.934 | 87.977 | 5.592 | 33.308 | 1.098 | 0.061 | 6.711 | 0.00018 | 0.00109 | 180.586 | 358.616 |

续表

| z (m) | h (m) | A ($m^2$) | χ (m) | R (m) | C ($m^{\frac{1}{2}}/s$) | v (m/s) | $\alpha v^2/2g$ (m) | $E_s$ (m) | $\overline{J}$ | $i-\overline{J}$ | Δs (m) | s (m) |
|---|---|---|---|---|---|---|---|---|---|---|---|---|
| 50.639 | 6.450 | 475.204 | 87.256 | 5.446 | 33.162 | 1.136 | 0.066 | 6.516 | 0.00020 | 0.00107 | 183.602 | 542.218 |
| 50.676 | 6.250 | 458.594 | 86.535 | 5.300 | 33.012 | 1.178 | 0.071 | 6.321 | 0.00023 | 0.00104 | 187.197 | 729.415 |
| 50.720 | 6.050 | 442.104 | 85.814 | 5.152 | 32.857 | 1.221 | 0.076 | 6.126 | 0.00025 | 0.00102 | 191.527 | 920.942 |
| 50.770 | 5.850 | 425.734 | 85.092 | 5.003 | 32.697 | 1.268 | 0.082 | 5.932 | 0.00028 | 0.00099 | 196.812 | 1117.754 |
| 50.828 | 5.650 | 409.484 | 84.371 | 4.853 | 32.531 | 1.319 | 0.089 | 5.739 | 0.00032 | 0.00095 | 203.363 | 1321.117 |
| 50.897 | 5.450 | 393.354 | 83.650 | 4.702 | 32.360 | 1.373 | 0.096 | 5.546 | 0.00036 | 0.00091 | 211.636 | 1532.753 |
| 50.979 | 5.250 | 377.344 | 82.929 | 4.550 | 32.184 | 1.431 | 0.104 | 5.354 | 0.00041 | 0.00086 | 222.331 | 1755.084 |
| 51.079 | 5.050 | 361.454 | 82.208 | 4.397 | 32.000 | 1.494 | 0.114 | 5.164 | 0.00046 | 0.00081 | 236.567 | 1991.651 |
| 51.205 | 4.850 | 345.684 | 81.487 | 4.242 | 31.810 | 1.562 | 0.125 | 4.975 | 0.00053 | 0.00074 | 256.268 | 2247.919 |
| 51.367 | 4.650 | 330.034 | 80.766 | 4.086 | 31.612 | 1.636 | 0.137 | 4.787 | 0.00061 | 0.00066 | 285.022 | 2532.941 |
| 51.586 | 4.450 | 314.504 | 80.045 | 3.929 | 31.406 | 1.717 | 0.150 | 4.600 | 0.00071 | 0.00056 | 330.381 | 2863.322 |
| 51.909 | 4.250 | 299.094 | 79.324 | 3.771 | 31.191 | 1.805 | 0.166 | 4.416 | 0.00082 | 0.00045 | 411.419 | 3274.741 |
| 52.464 | 4.050 | 283.804 | 78.602 | 3.611 | 30.966 | 1.903 | 0.185 | 4.235 | 0.00096 | 0.00031 | 594.177 | 3868.918 |
| 54.263 | 3.833 | 267.350 | 77.820 | 3.435 | 30.711 | 2.020 | 0.208 | 4.041 | 0.00115 | 0.00012 | 1587.623 | 5456.541 |

据此，可以绘出坝上游壅水曲线。根据水力计算成果，绘出的拦河溢流坝上、下游水流衔接状况如图 11.11 所示。

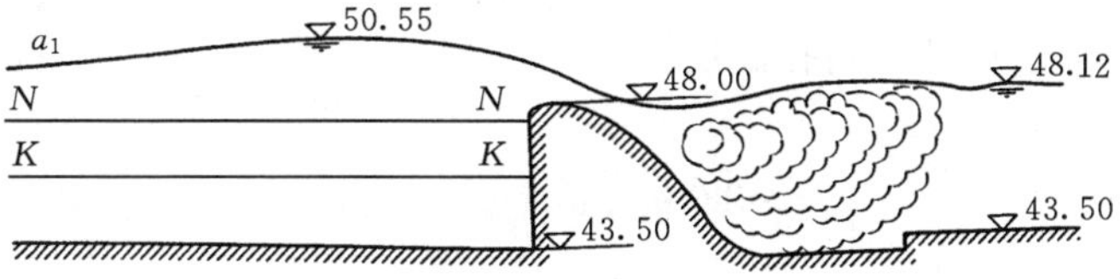


图 11.11　(高程单位：m)

## 11.4　河岸溢洪道的水力计算

### 11.4.1　基本资料

某水库设带胸墙的宽顶堰式河岸溢洪道，用弧形闸门控制泄流量，如图 11.12 所示。

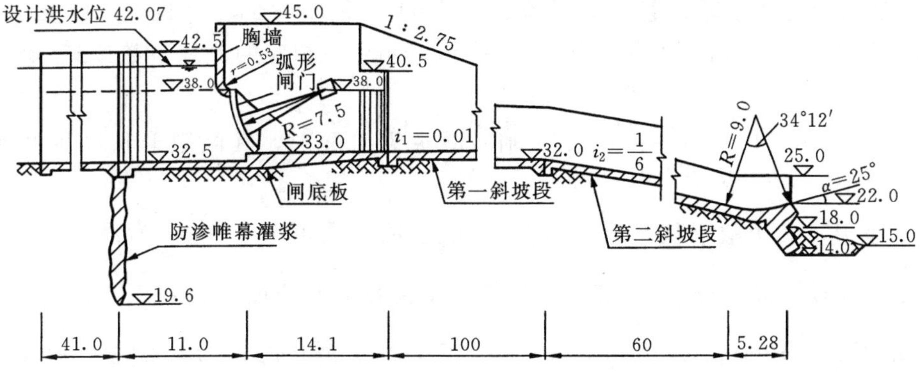


图 11.12　(单位：m)

忧劳可以兴国，逸豫可以亡身。(【宋】欧阳修《伶官传序》)

溢洪道共3孔，每孔净宽10m，闸墩墩头为尖圆形，墩厚2m，翼墙为八字形。闸底板高程为33.0m，胸墙底部为圆弧形，圆弧半径为0.53m，胸墙底高程为38.00m，闸门圆弧半径为7.5m，门轴高程为38.00m。闸后接第一斜坡段，底坡 $i_1=0.01$，长度为100m，第一斜坡段后接第二斜坡段，底坡 $i_2=1:6$，水平长度为60m。第二斜坡段末端设连续式挑流坎，挑射角 $\alpha=25°$，上述两斜坡段的断面均为具有铅直边墙、底宽 $b=34$m 的矩形断面，其余尺寸如图11.12所示。溢洪道用混凝土浇筑，糙率 $n=0.014$。溢洪道地基为岩石，在闸底板前端设帷幕灌浆以防渗。水库设计洪水位为42.07m，校核洪水位为42.40m，溢洪道下游水位及流量关系如图11.13所示。

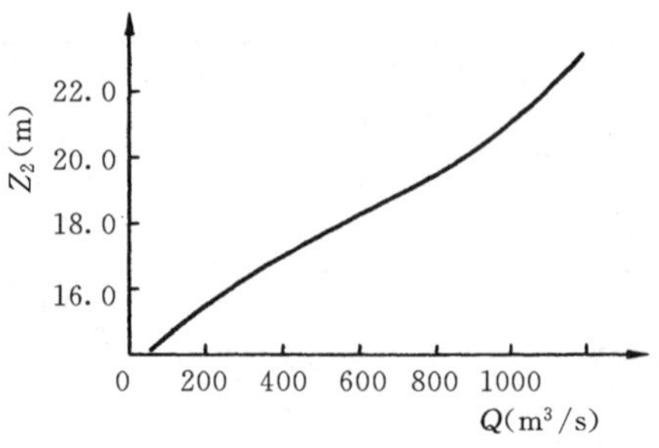


图11.13

泄洪过程中，溢洪道闸门全开，试按此情况完成相应的水力计算内容。

### 11.4.2　水力计算任务

#### 11.4.2.1　绘制库水位与溢洪道流量关系曲线

1. 确定堰流和孔流的分界水位

宽顶堰上堰流与闸孔出流的界限为 $\frac{e}{H}=0.65$。由于有胸墙限制，即使闸门全开，也可能是孔口出流。闸门全开时，闸孔高度

$$e=38.0-33.0=5.0(\text{m})$$

则堰流与孔流分界时的相应水头

$H=\frac{e}{0.65}=\frac{5.0}{0.65}=7.7$（m）。因此，堰流与孔流的分界水位是 $z_e=33.0+7.7=40.7$（m）。即库水位在40.7m以下时，按堰流计算；库水位在40.7m以上时，按孔流计算。

2. 堰流流量计算

过堰流量可按堰流基本公式（8.2）进行计算。已知闸门孔数 $n=3$，单孔净宽 $b=10$m。溢洪道上游为水库，忽略行近流速的影响，即 $H_0=H$。从图11.12可知，宽顶堰为直角进口，上游堰高 $P_1=33.0-32.5=0.5$(m)，相应的流量系数按式（8.12）计算，$m=0.32+0.01\dfrac{3-\frac{P_1}{H}}{0.46+0.75\frac{P_1}{H}}$。闸墩墩头为尖圆形，其闸墩形状系数 $\zeta_0=0.25$，翼墙为八字形，其边墩形状系数 $\zeta_k=0.7$，侧收缩系数可按 $\varepsilon_1=1-0.2[\zeta_k+(n-1)\zeta_0]\frac{H_0}{nb}$ 计算。因闸后为陡坡段，下游水位较低，不会影响堰的过水能力，即取 $\sigma_s=1.0$。选择不同的水位，按堰流公式 $Q=\sigma_s\varepsilon_1 mnb\sqrt{2g}H_0^{3/2}$ 可求得相应的流量，计算结果见表11.9。



道虽迩，不行不至；事虽小，不为不成。（【战国】荀子《荀子·修身》）

表 11.9　　不同水位堰流流量计算结果

| 库水位 (m) | 堰上水头 $H$ (m) | $\frac{e}{H}$ | $m$ | $\varepsilon_1$ | $\sigma_s$ | $Q$ ($m^3/s$) | 备注 |
|---|---|---|---|---|---|---|---|
| 35.000 | 2.000 | 2.500 | 0.362 | 0.984 | 1.000 | 133.981 | 堰流 |
| 37.000 | 4.000 | 1.250 | 0.372 | 0.968 | 1.000 | 382.511 | 堰流 |
| 39.000 | 6.000 | 0.833 | 0.376 | 0.952 | 1.000 | 698.355 | 堰流 |
| 40.700 | 7.700 | 0.649 | 0.378 | 0.938 | 1.000 | 1005.770 | 堰流 |

3. 闸孔出流流量计算

闸孔出流流量按式（8.19）计算。流量系数可按式（8.22）计算，即

$$\mu=\left(0.97-0.81\frac{\alpha}{180°}\right)-\left(0.56-0.81\frac{\alpha}{180°}\right)\frac{e}{H}$$

已知 $C=38.0-33.0=5.0$（m），$R=7.5$m，$e=38.0-33.0=5.0$（m），则闸门下缘切线与水平方向的夹角 $\alpha$ 值可按 $\cos\alpha=\frac{C-e}{R}$计算。由 $\cos\alpha=\frac{C-e}{R}=\frac{5.0-5.0}{7.5}=0$，可得 $\alpha=90°$。

因闸后为陡坡段，下游水位较低，不会影响过水能力，可取 $\sigma_s=1.0$。溢洪道上游为水库，忽略行近流速的影响，即 $H_0=H$。为此，选择不同的水位，按闸孔出流公式 $Q=\sigma_s\mu be\sqrt{2gH_0}$可求得相应的流量，计算结果见表 11.10。

表 11.10　　不同水位闸孔出流流量计算结果

| 库水位 (m) | 堰上水头 $H$ (m) | $\frac{e}{H}$ | $\mu$ | $\sigma_s$ | $Q$ ($m^3/s$) | 备注 |
|---|---|---|---|---|---|---|
| 40.700 | 7.700 | 0.649 | 0.464 | 1.000 | 855.679 | 闸孔出流 |
| 41.500 | 8.500 | 0.588 | 0.474 | 1.000 | 917.372 | 闸孔出流 |
| 42.070 | 9.070 | 0.551 | 0.480 | 1.000 | 959.091 | 闸孔出流，设计水位 |
| 42.400 | 9.400 | 0.532 | 0.483 | 1.000 | 982.491 | 闸孔出流，校核水位 |

按表 11.9 及表 11.10 中的数据，可绘制库水位与溢洪道流量关系曲线，如图 11.14 所示。

#### 11.4.2.2　绘制库水位为设计洪水位时的溢洪道水面曲线

水库设计洪水位为 42.07m，由表 11.10 可知道相应的作用水头 $H=9.07$m，相应的过流量 $Q=959.091m^3/s$。溢洪道水面曲线由闸后水平段、第一斜坡段及第二斜坡段上的水面曲线所组成。下面将分别计算各段的水面曲线，以确定边墙高度。

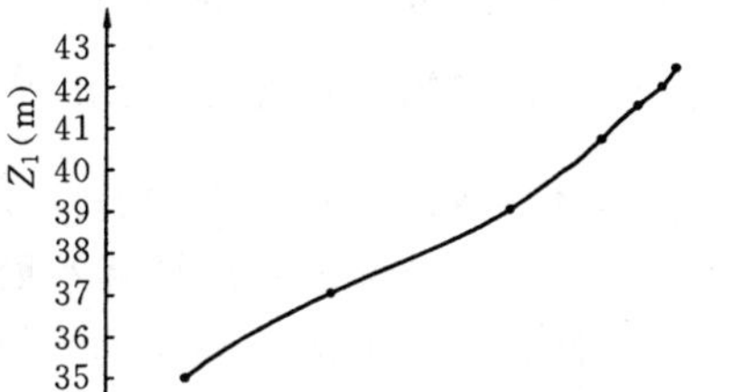


图 11.14

1. 闸门后水平段

由图 11.12 可知，闸门后水平段长度 $\delta=14.1$m（堰坎厚度）。当库水位为设计洪水位 42.07m 时，相应的水流为闸孔出流，闸前作用水头 $H=9.07$m。由 $\alpha=90°$查表 8.5 得到垂直收缩系数 $\varepsilon_2=0.62$，相应的闸门后收缩断面水深为 $h_c=0.62\times5.0=3.1$（m）。

士虽有学，而行为本焉。（【战国】墨子《墨子·修身》）

闸后单宽流量

$$q=\frac{959.091}{3\times10+(3-1)\times2}=28.209[m^3/(s\cdot m)]$$

闸后临界水深

$$h_k=\sqrt[3]{\frac{\alpha q^2}{g}}=\sqrt[3]{\frac{1.0\times28.209^2}{9.8}}=4.330(m)$$

$h_c<h_k$，可知闸后水平段可能发生 $c_0$ 型水面曲线。通常认为，闸后水平段接陡坡，陡坡段进口处的控制水深为临界水深。弧形闸门的闸后收缩断面位置离开闸门约（2～3）$e$，即收缩断面离开闸门断面的距离为 2.5×5.0=12.5（m），已接近水平段末端，即 $c_0$ 型水面曲线长度很短。故可以认为第一段斜坡进口处的控制水深为 $h_1=1.01h_c=3.131$（m）。

2. 第一斜坡段水面曲线计算

已知设计流量 $Q=959.091m^3/s$，矩形断面，边坡系数 $m=0$，底宽 $b=34m$，底坡 $i=0.01$，糙率 $n=0.014$，进口控制水深 $h_1=3.131m$，水平长度 $l_1=100m$，其斜长 $s=100.005m$。从进口控制水深开始，采用分段求和法计算水面曲线。

（1）计算参考水深，判定水面线类型。用试算—图解法求得正常水深 $h_0=2.403m$，临界水深 $h_k=4.330m$。

$h_0<h_k$，据此可判断底坡为陡坡。而 $h_0<h_1<h_k$，可判定水面线为 $b_2$ 型降水曲线。

（2）采用分段求和法列表计算水面线。从题目可以看到，计算类型是已知一端水深和流段距离，求另一端水深。计算结果见表 11.11，其中平均水力坡度按 $\overline{J}=\frac{\overline{v}^2}{\overline{C}^2\overline{R}}$ 计算。

表 11.11　　第一斜坡段水面曲线计算结果

| $h$ (m) | $A$ ($m^2$) | $\chi$ (m) | $R$ (m) | $C$ ($m^{\frac{1}{2}}/s$) | $v$ (m/s) | $\alpha v^2/2g$ (m) | $E_s$ (m) | $\overline{J}$ | $i-\overline{J}$ | $\Delta s$ (m) | $s$ (m) |
|---|---|---|---|---|---|---|---|---|---|---|---|
| 3.131 | 106.454 | 40.262 | 2.644 | 83.997 | 9.009 | 4.141 | 7.272 | | | | |
| 3.081 | 104.754 | 40.162 | 2.608 | 83.807 | 9.156 | 4.277 | 7.358 | 0.00446 | 0.00554 | 15.440 | 15.440 |
| 3.031 | 103.054 | 40.062 | 2.572 | 83.613 | 9.307 | 4.419 | 7.450 | 0.00469 | 0.00531 | 17.391 | 32.831 |
| 2.981 | 101.354 | 39.962 | 2.536 | 83.416 | 9.463 | 4.569 | 7.550 | 0.00494 | 0.00506 | 19.675 | 52.506 |
| 2.931 | 99.654 | 39.862 | 2.500 | 83.216 | 9.624 | 4.726 | 7.657 | 0.00521 | 0.00479 | 22.382 | 74.888 |
| 2.881 | 97.954 | 39.762 | 2.464 | 83.013 | 9.791 | 4.891 | 7.772 | 0.00550 | 0.00450 | 25.640 | 100.528 |

3. 第二斜坡段水面曲线计算

已知条件同第一斜坡段，只是底坡 $i_2=\frac{1}{6}=0.1667$。第二斜坡段进口控制水深为第一斜坡段末端水深，即 $h_1=2.881m$。水平长度 $l_2=60m$，其斜长 $s=60.828m$。从进口控制水深开始，采用分段求和法计算水面曲线。

（1）计算参考水深，判定水面线类型。用试算—图解法求得正常水深 $h_0=1.003m$，临界水深 $h_k=4.330m$。

$h_0<h_k$，据此可判断底坡为陡坡。而 $h_0<h_1<h_k$，可判定水面线为 $b_2$ 型降水曲线。

（2）采用分段求和法列表计算水面线。从题目可以看到，计算类型是已知一端水深和流段距离，求另一端水深。计算结果见表 11.12，其中平均水力坡度按 $\overline{J}=\frac{\overline{v}^2}{\overline{C}^2\overline{R}}$ 计算。

表 11.12　　第二斜坡段水面曲线计算结果

| $h$ (m) | $A$ ($m^2$) | $\chi$ (m) | $R$ (m) | $C$ ($m^{\frac{1}{2}}/s$) | $v$ (m/s) | $\alpha v^2/2g$ (m) | $E_s$ (m) | $\overline{J}$ | $i-\overline{J}$ | $\Delta s$ (m) | $s$ (m) |
|---|---|---|---|---|---|---|---|---|---|---|---|
| 2.881 | 97.954 | 39.762 | 2.464 | 83.013 | 9.791 | 4.891 | 7.772 | | | | |
| 2.781 | 94.554 | 39.562 | 2.390 | 82.595 | 10.143 | 5.249 | 8.030 | 0.00597 | 0.16073 | 1.606 | 1.606 |
| 2.681 | 91.154 | 39.362 | 2.316 | 82.161 | 10.522 | 5.648 | 8.329 | 0.00669 | 0.16001 | 1.868 | 3.474 |
| 2.581 | 87.754 | 39.162 | 2.241 | 81.712 | 10.929 | 6.094 | 8.675 | 0.00752 | 0.15918 | 2.175 | 5.649 |
| 2.481 | 84.354 | 38.962 | 2.165 | 81.244 | 11.370 | 6.596 | 9.077 | 0.00850 | 0.15820 | 2.536 | 8.185 |
| 2.381 | 80.954 | 38.762 | 2.088 | 80.758 | 11.847 | 7.161 | 9.542 | 0.00966 | 0.15704 | 2.965 | 11.150 |
| 2.281 | 77.554 | 38.562 | 2.011 | 80.252 | 12.367 | 7.803 | 10.084 | 0.01103 | 0.15567 | 3.480 | 14.630 |
| 2.181 | 74.154 | 38.362 | 1.933 | 79.724 | 12.934 | 8.535 | 10.716 | 0.01268 | 0.15402 | 4.103 | 18.733 |
| 2.081 | 70.754 | 38.162 | 1.854 | 79.171 | 13.555 | 9.375 | 11.456 | 0.01468 | 0.15202 | 4.867 | 23.600 |
| 1.981 | 67.354 | 37.962 | 1.774 | 78.593 | 14.240 | 10.345 | 12.326 | 0.01711 | 0.14959 | 5.818 | 29.418 |
| 1.881 | 63.954 | 37.762 | 1.694 | 77.986 | 14.997 | 11.474 | 13.355 | 0.02011 | 0.14659 | 7.021 | 36.439 |
| 1.781 | 60.554 | 37.562 | 1.612 | 77.347 | 15.839 | 12.799 | 14.580 | 0.02384 | 0.14286 | 8.573 | 45.012 |
| 1.681 | 57.154 | 37.362 | 1.530 | 76.674 | 16.781 | 14.367 | 16.048 | 0.02855 | 0.13815 | 10.627 | 55.639 |
| 1.640 | 55.760 | 37.280 | 1.496 | 76.387 | 17.200 | 15.094 | 16.734 | 0.03258 | 0.13412 | 5.117 | 60.756 |

根据上述水面曲线计算成果即可确定溢洪道的边墙高度。由于第二斜坡段水流流速较大，应考虑掺气影响。在确定边墙高度时，掺气水深可按有关经验公式估算。

**11.4.2.3**　计算溢洪道下游最大冲坑深度及相应的挑距

设一系列不同流量，由图 11.13、图 11.14 可查出相应的下游水位与上游水位值，并求得一系列冲刷坑深度和挑射距离，并可据此验算冲刷坑是否会危及建筑物安全。已知：溢洪道宽度 $b=34$m，进口堰顶高程 33.000m，挑流鼻坎末端出口高程 22.000m，下游河床高程 15.000m，挑射角 $\theta=25°$，下游河床岩基类型为Ⅲ类，取岩基构造特性系数 $k_s=1.25$。按式（9.26）计算流速系数 $\varphi$，按式（9.30）计算挑距 $L$，按式（9.31）计算冲刷坑深度 $t_s$，具体计算结果见表 11.13。

表 11.13　　不同水位、流量下冲刷坑深度和挑射距离计算结果

| $Q$ ($m^3/s$) | 上游水位 (m) | 下游水位 (m) | $h_t$ (m) | $a$ (m) | $z$ (m) | $S_1$ (m) | $\varphi$ | 冲坑深 $t_s$ (m) | 挑距 $L$ (m) | $t_s/L$ |
|---|---|---|---|---|---|---|---|---|---|---|
| 133.981 | 35.000 | 15.300 | 0.300 | 7.000 | 19.700 | 13.000 | 0.873 | 4.928 | 26.200 | 0.188 |
| 382.511 | 37.000 | 17.430 | 2.430 | 7.000 | 19.570 | 15.000 | 0.920 | 6.388 | 32.000 | 0.200 |
| 698.355 | 39.000 | 19.000 | 4.000 | 7.000 | 20.000 | 17.000 | 0.936 | 7.980 | 39.183 | 0.204 |
| 855.679 | 40.700 | 19.710 | 4.710 | 7.000 | 20.990 | 18.700 | 0.938 | 8.712 | 45.387 | 0.192 |
| 917.372 | 41.500 | 20.280 | 5.280 | 7.000 | 21.220 | 19.500 | 0.938 | 8.656 | 50.222 | 0.172 |
| 959.091 | 42.070 | 20.450 | 5.450 | 7.000 | 21.620 | 20.070 | 0.938 | 8.866 | 53.015 | 0.167 |
| 982.491 | 42.400 | 21.100 | 6.100 | 7.000 | 21.300 | 20.400 | 0.938 | 8.335 | 61.348 | 0.136 |

从表 11.13 可以看到：最大冲坑深度为 $t_s=8.866$m，相应的流量为设计流量，对应的水位为设计水位。最大挑距对应的流量为校核流量，相应的水位为校核水位。但 $t_s/L$ 值均不超过临界值 $\left(\frac{1}{2.5}\sim\frac{1}{5}\right)$，冲刷坑发展不会危及建筑物安全。

知之者，不如好之者；好之者，不如乐之者。（【春秋】孔子《论语·雍也》）

# 11.5　有压泄洪洞的水力计算

## 11.5.1　基本资料

某水库有压泄洪隧洞，由进口喇叭段、进口闸门段、进口渐变段、洞身段、出口渐变段、出口闸门段、扩散段和消能池段所组成，如图 11.15 所示。

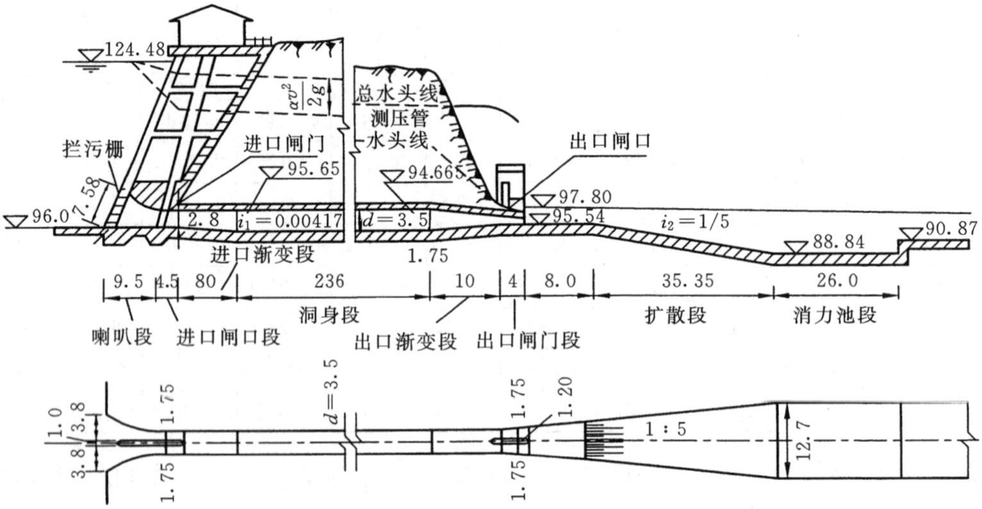


图 11.15　（单位：m）

初步拟定隧洞各部分尺寸如下：隧洞进口为两个高 7.58m、宽 3.8m 的矩形断面，进口断面与水平面的夹角为 $\theta=67°23'$；进口处设有拦污栅，栅条横断面为矩形，栅格厚度 $t=1\text{cm}$，栅条间净距 $b=5\text{cm}$；进口闸门段的断面为两个高 2.8m，宽 1.75m 的矩形断面，该段设有检修隧洞的平面闸门；洞身段断面为直径 $d=3.5\text{m}$ 的圆形断面，该段底坡 $i_1=0.00417$。进口闸门段与洞身段之间用进口渐变段连接；出口闸门段的断面为两个边长 1.75m 的正方形断面，并设有控制隧洞流量的平面闸门；洞身段与出口闸门段之间用出口渐变段连接；扩散段的断面为矩形，底宽由 4.7m 增至 12.7m，前段为 8m 水平段，后段为底坡 $i_2=0.2$ 的斜坡段；消能池断面为矩形，底宽为 12 .7m；各段长度及高程如图 11.15 所示。隧洞洞身用钢筋混凝土衬砌，糙率 $n=0.014$。水库设计洪水位为 124.48m，相应的隧洞设计流量 $Q=108\text{m}^3/\text{s}$，相应于设计流量的下游水位为 94.47m。

## 11.5.2　水力计算任务

### 11.5.2.1　校核隧洞能否通过设计流量

当隧洞闸门全开时，库水位为设计洪水位 124.48m，相应的下游水位为 94.47m，低于隧洞出口底部高程 95.54m。因此，可以确定隧洞水流为自由出流。

有压隧洞自由出流的流量可按下式计算

$$Q=\mu_c A\sqrt{2g(T_0-h_p)}$$

式中：$A$ 为隧洞出口断面面积；$T_0$ 为上游水面与隧洞出口底板高程差及上游行近流速水头之和。因隧洞上游为水库，$v_0\approx 0$，则隧洞水头 $T_0=124.48-95.54=28.94$ (m)；



取之有度，用之有节，则常足。（【宋】司马光《资治通鉴》）

$h_p$ 为隧洞出口断面水流的平均单位势能，$h_p=0.5a+\frac{\overline{p}}{\rho g}$，$a$ 为出口断面洞高，$\frac{\overline{p}}{\rho g}$为出口断面平均单位压能。当有压隧洞出口为自由出流时，$\frac{\overline{p}}{\rho g}$的值取决于出口断面下游的边界衔接情况和出口断面水流的佛汝德数，一般常小于 0.5$a$，它反映了出口断面压力分布不符合静水压力分布规律和出口段顶部存在负压的情况。当出口段为逐渐收缩并注意改善出口断面与下游边界的衔接条件时，出口段顶部负压得以消除，可取$\frac{\overline{p}}{\rho g}=0.5a$ 计算。此时，$h_p=0.5a+0.5a=a=1.75$（m）。$\mu_c$ 为流量系数，可按下式计算。

$$\mu_c=\frac{1}{\sqrt{\alpha+\sum\frac{2gl_i}{C_i^2R_i}\left(\frac{A}{A_i}\right)^2+\sum\zeta_i\left(\frac{A}{A_i}\right)^2}}$$

式中：$A_i$、$C_i$、$R_i$、$l_i$、$\zeta_i$ 分别是第 $i$ 段隧洞相对应的过水断面面积、谢才系数、水力半径、隧洞长度、局部水头损失系数。

注意：上述计算公式本质上与有压管道恒定流短管的水力计算公式类似，可借助能量方程得到。下面只需确定各段的沿程水头损失与局部水头损失即可。

1. 确定隧洞各局部水头损失系数 $\zeta_i$

（1）拦污栅：拦污栅栅条横断面为矩形，$\beta=2.34$，栅格厚度 $t=1$cm。

$$\zeta_1=\beta\sin\theta\left(\frac{t}{b}\right)^{\frac{4}{3}}=2.34\times\sin67°23'\times\left(\frac{1}{5}\right)^{\frac{4}{3}}=0.253$$

（2）进口：喇叭形进口，取 $\zeta_2=0.1$。

（3）进口闸门槽：对于平面闸门门槽，取 $\zeta_3=0.1$。

（4）进口渐变段：进口渐变段断面由矩形变为圆形，取 $\zeta_4=0.05$。

（5）出口渐变段：出口渐变段断面由圆形变为矩形，取 $\zeta_5=0.02$。

（6）出口闸门槽：出口闸门槽亦为平面闸门槽，取 $\zeta_6=0.1$。

各局部水头损失可按 $h_{ji}=\zeta_i\frac{v_i^2}{2g}$计算。引入连续方程，局部水头损失公式可简化为 $h_{ji}=\zeta_i\left(\frac{A}{A_i}\right)^2\frac{v^2}{2g}$，即统一用出口断面流速水头表示。

整个隧洞的局部水头损失系数计算结果见表 11.14。注意：局部水头损失系数对应的流速位置。

**表 11.14　局部水头损失系数计算结果**

| 局部损失位置 | 设计断面尺寸（m×m） | 面积 $A_i$（$m^2$） | 局部水头损失系数 $\zeta_i$ | $\zeta_i\left(\frac{A}{A_i}\right)^2$ |
|---|---|---|---|---|
| 拦污栅 | 2×3.8×7.58 | 57.608 | 0.253 | 0.003 |
| 进口喇叭段 | 2×1.75×2.8 | 9.800 | 0.100 | 0.039 |
| 进口闸门段 | 2×1.75×2.8 | 9.800 | 0.100 | 0.039 |
| 进口渐变段 | $d=3.5$ | 9.616 | 0.050 | 0.020 |
| 出口渐变段 | 2×1.75×1.75 | 6.125 | 0.020 | 0.020 |
| 出口闸门段 | 2×1.75×1.75 | 6.125 | 0.100 | 0.100 |
| 出口断面 | 4.7×1.75 | 6.130 | | |
| 合计 | | | | 0.221 |

事父母，能竭其力。（【春秋】孔子《论语·学而》）

2. 确定沿程水头损失系数

已知粗糙系数 $n=0.014$，采用谢才公式计算沿程水头损失。即 $C=\frac{1}{n}R^{\frac{1}{6}}$，$\lambda=\frac{8g}{C^2}$，将其代入沿程水头损失计算公式可得

$$h_{fi}=\lambda_i\frac{l_i}{4R_i}\frac{v_i^2}{2g}=\frac{2gl}{C_i^2R_i}\frac{v_i^2}{2g}$$

将连续方程 $A_iv_i=Av$ 代入上式可得 $h_{fi}=\frac{2gl}{C_i^2R_i}\left(\frac{A}{A_i}\right)^2\frac{v^2}{2g}$，即统一用出口断面流速水头表示。

整个隧洞的沿程水头损失计算结果见表 11.15。注意：沿程水头损失计算时，断面面积、湿周、水力半径等几何要素可取各段进、出口平均值。

**表 11.15　　沿程水头损失计算结果**

| 隧洞位置 | 长度 $l$ (m) | 面积 $A_i$ ($m^2$) | 糙率 $n$ | 湿周 $\chi$ (m) | 水力半径 $R$ (m) | 谢才系数 $C$ ($m^{\frac{1}{2}}/s$) | $\frac{2gl}{C_i^2R_i}\left(\frac{A}{A_i}\right)^2$ |
|---|---|---|---|---|---|---|---|
| 进口喇叭段 | 9.500 | 35.104 | 0.014 | 26.310 | 1.334 | 74.946 | 0.001 |
| 进口闸门段 | 4.500 | 12.600 | 0.014 | 14.700 | 0.857 | 69.616 | 0.005 |
| 进口渐变段 | 8.000 | 11.108 | 0.014 | 10.645 | 1.043 | 71.937 | 0.009 |
| 洞身段 | 236.000 | 9.616 | 0.014 | 10.990 | 0.875 | 69.856 | 0.440 |
| 出口渐变段 | 10.000 | 8.923 | 0.014 | 11.945 | 0.747 | 68.039 | 0.027 |
| 出口闸门段 | 4.000 | 8.225 | 0.014 | 12.900 | 0.638 | 66.266 | 0.016 |
| 出口断面 | | 6.130 | | | | | |
| 合计 | | | | | | | 0.498 |

3. 计算隧洞的过流量

流量系数

$$\mu_c=\frac{1}{\sqrt{1+0.498+0.221}}=0.763$$

流量

$$Q=0.763\times6.13\times\sqrt{2\times9.8\times(28.94-1.75)}=107.939(m^3/s)$$

与要求的泄洪流量相当，拟定的隧洞尺寸满足设计要求。根据上述计算结果，可以绘出隧洞通过设计流量时的总水头线和测压管水头线，如图 11.15 所示。

### 11.5.2.2　绘制库水位与隧洞流量关系曲线

保证隧洞为有压流的最小洞前水深为 $1.5D=1.5\times3.5=5.25$（m），则保证隧洞为有压流的最低库水位为 $96.00+5.25=101.25$（m）。

在库水位为 101.25m 以上，设一系列库水位值，按上述计算方法，可计算出一系列相应的流量。流量系数、隧洞出口断面面积不变，只是水位有变，计算成果列于表 11.16，按表 11.16 的数据可绘制库水位与隧洞流量关系曲线，如图 11.16 所示。

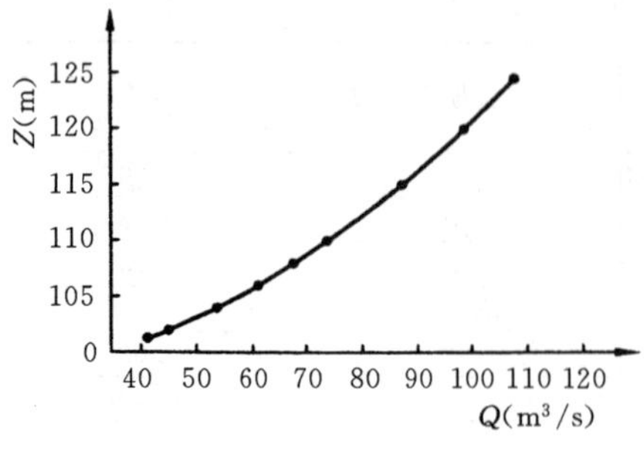


图 11.16

表 11.16　　不同库水位时隧洞泄流量计算结果

| 上游库水位 (m) | $T_0-h_p$ (m) | 流量 $Q$ ($m^3/s$) | 上游库水位 (m) | $T_0-h_p$ (m) | 流量 $Q$ ($m^3/s$) | 上游库水位 (m) | $T_0-h_p$ (m) | 流量 $Q$ ($m^3/s$) |
|---|---|---|---|---|---|---|---|---|
| 101.250 | 3.960 | 41.204 | 106.000 | 8.710 | 61.109 | 115.000 | 17.710 | 87.137 |
| 102.000 | 4.710 | 44.937 | 108.000 | 10.710 | 67.762 | 120.000 | 22.710 | 98.674 |
| 104.000 | 6.710 | 53.636 | 110.000 | 12.710 | 73.819 | 124.480 | 27.190 | 107.969 |

### 11.5.2.3　按设计流量进行隧洞出口消能计算

隧洞消能设计的已知资料：流量 $Q=108m^3/s$，下游水位为 94.47m，隧洞出口断面水深 1.75m，相应的断面平均流速 $v=\frac{108}{6.13}=17.618(m/s)$，隧洞出口断面底部高程为 95.54m，下游河底高程为 90.87m。

1. 判别下游水跃衔接形式

隧洞出口断面之后，水流变为明渠流。因此，上游断面单位总能量 $E_0$ 为

$$E_0=95.54-90.87+1.75+\frac{17.618^2}{2\times9.8}=22.257(m)$$

扩散段末端单宽流量

$$q=\frac{108}{12.7}=8.504\ [m^3/(s\cdot m)]$$

相应的临界水深

$$h_k=\sqrt[3]{\frac{1.0\times8.504^2}{9.8}}=1.947(m)$$

近似按折线形实用堰上闸孔出流计算，由表 9.1 查得流速系数 $\varphi=0.9$。

采用迭代法计算收缩水深，$h_c=0.457m$，相应的共轭水深 $h''_c=5.458m$。下游水深 $h_t=94.47-90.87=3.60$ (m)，由此可判定下游发生远驱水跃，需要建造消能池。

2. 计算消能池深度

按式（9.13)，应用试算—图解法计算消能池池深 $d$。

先计算右端常数，设 $A=h_t+\frac{q^2}{2g(\varphi' h_t)^2}$，取消能池出口流速系数 $\varphi'=0.90$，取水跃淹没系数 $\sigma_j=1.05$，则常数

$$A=3.60+\frac{8.504^2}{2\times9.8\times(0.9\times3.60)^2}=3.951(m)$$

设 $f(d)=\sigma_j h''_{c1}+\frac{q^2}{2g(\sigma_j h''_{c1})^2}-d$，则假设池深 $d$，可求出相应的函数值 $f(d)$，绘出 $d—f(d)$关系曲线图，运用试算—图解法可求得所需池深值，计算结果见表 11.17。

表 11.17　　池深 $d$ 的试算—图解法计算结果

| $d$ (m) | $E_{01}$ (m) | $h_{c1}$ (m) | $h''_{c1}$ (m) | $f(d)$ (m) |
|---|---|---|---|---|
| 1.000 | 23.257 | 0.447 | 5.528 | 4.914 |
| 1.500 | 23.757 | 0.442 | 5.561 | 4.448 |
| 2.000 | 24.257 | 0.437 | 5.595 | 3.981 |
| 2.500 | 24.757 | 0.433 | 5.627 | 3.514 |

礼之用，和为贵。（【春秋】孔子《论语·学而》）

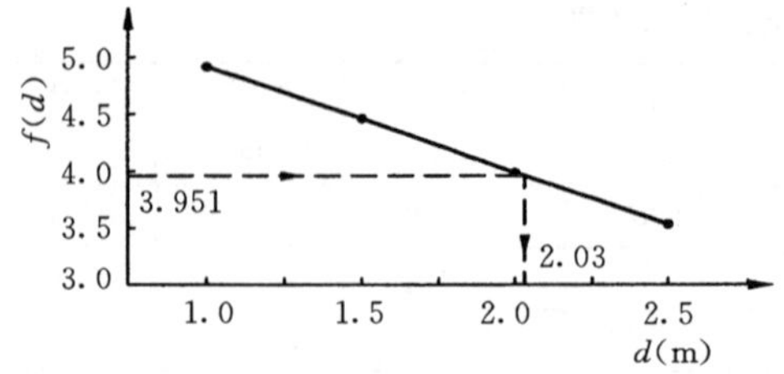


图 11.17

利用表 11.17 数据，绘出的 $d—f(d)$ 关系曲线如图 11.17 所示。由 $d—f(d)$ 关系曲线查得 $f(d)=A=3.951$ 所对应的池深 $d=2.03$m，相应的消能池池底高程为 88.84m。

3. 池长 $L_k$ 计算

应按池深 $d=2.03$m 重新计算收缩水深与共轭水深，并计算水跃长度 $L_j$ 与消能池长度 $L_k$。此时，$E_{01}=22.257+2.03=24.287$（m）。采用迭代法求得 $h_{c1}=0.437$m，相应的共轭水深 $h''_{c1}$ 为

$$h''_{c1}=\frac{h_{c1}}{2}\left(\sqrt{1+8\frac{q^2}{gh_{c1}^3}}-1\right)=\frac{0.437}{2}\times\left(\sqrt{1+8\times\frac{8.504^2}{9.8\times0.437^3}}-1\right)=5.597(\mathrm{m})$$

按公式 $L_j=10.8h_{c1}(Fr_{c1}-1)^{0.93}$ 计算水跃长度。

$$Fr_{c1}=\sqrt{\frac{\alpha q^2}{gh_{c1}^3}}=\sqrt{\frac{1\times8.504^2}{9.8\times0.437^3}}=9.402$$

$$L_j-10.8\times0.437\times(9.402-1)^{0.93}-34.168(\mathrm{m})$$

通常情况下，消能池长度 $L_k=(0.7\sim0.8)L_j$。在此按 $L_k=0.75L_j$ 计算，则得到 $L_k=0.75\times34.168=25.626$（m），取 $L_k=26$m。

## 综合实训题

1. 分枝状管网的水力计算。

已知某分枝状供水管网如图 11.18 所示。其结点流量、管段长度、地面标高等基本资料见表 11.18。要求每条支路末端处结点自由水头不小于 8m，管材可选择钢管或塑料管。

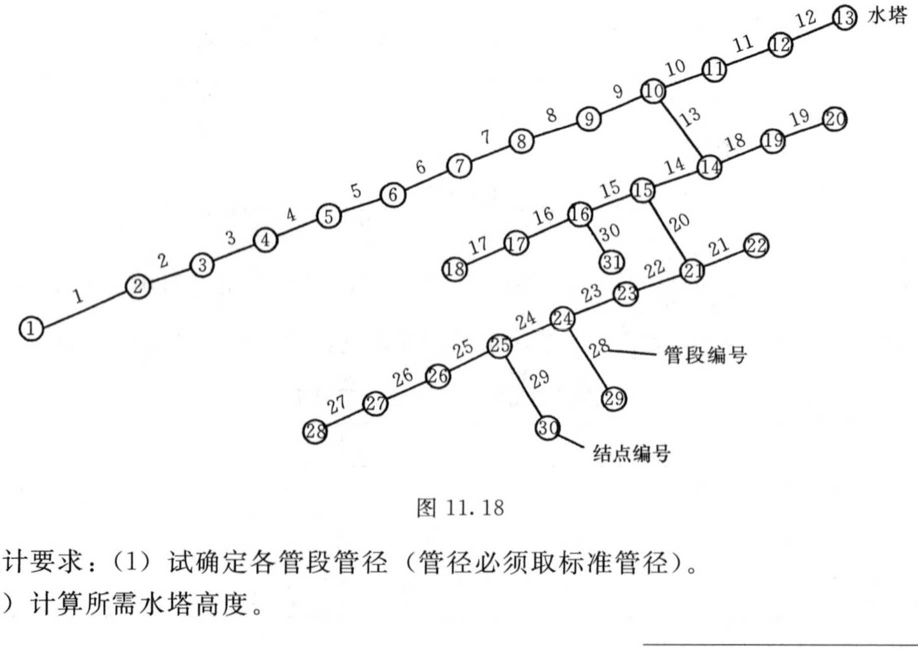


图 11.18

设计要求：(1) 试确定各管段管径（管径必须取标准管径）。

(2) 计算所需水塔高度。

**表 11.18　　结点编号、结点流量、管段长度、地面标高等基本资料**

| 结点编号（见图） | 地面标高（m） | 结点流量（t/h） | 管段编号（见图） | 管段长度（m） | 结点编号（见图） | 地面标高（m） | 结点流量（t/h） | 管段编号（见图） | 管段长度（m） |
|---|---|---|---|---|---|---|---|---|---|
| 1 | 672.562 | 0.7033 | | | 17 | 671.950 | 0.3403 | 16 | 69 |
| 2 | 672.135 | 0.0000 | 1 | 120 | 18 | 671.690 | 0.3933 | 17 | 50 |
| 3 | 672.027 | 0.0000 | 2 | 120 | 19 | 671.980 | 1.1419 | 18 | 256 |
| 4 | 670.512 | 0.0000 | 3 | 60 | 20 | 672.601 | 0.0454 | 19 | 100 |
| 5 | 669.951 | 0.0000 | 4 | 228 | 21 | 671.990 | 0.5445 | 20 | 108 |
| 6 | 669.901 | 0.0000 | 5 | 43 | 22 | 672.910 | 0.5218 | 21 | 136 |
| 7 | 669.665 | 0.0000 | 6 | 45 | 23 | 672.123 | 0.4386 | 22 | 95 |
| 8 | 669.650 | 0.0000 | 7 | 64 | 24 | 672.300 | 0.0000 | 23 | 132 |
| 9 | 669.606 | 0.0000 | 8 | 62 | 25 | 672.891 | 0.5445 | 24 | 58 |
| 10 | 669.600 | 0.0000 | 9 | 64 | 26 | 672.791 | 0.6731 | 25 | 90 |
| 11 | 664.630 | 0.0000 | 10 | 601 | 27 | 672.999 | 0.8621 | 26 | 90 |
| 12 | 668.200 | 0.0000 | 11 | 150 | 28 | 672.001 | 0.0000 | 27 | 60 |
| 13 | 668.200 | 0.0000 | 12 | 45 | 29 | 672.580 | 0.4538 | 28 | 96 |
| 14 | 671.700 | 1.1344 | 13 | 246 | 30 | 671.991 | 0.8394 | 29 | 105 |
| 15 | 671.700 | 0.0000 | 14 | 30 | 31 | 671.990 | 0.5445 | 30 | 100 |
| 16 | 671.901 | 0.0000 | 15 | 43 | | | | | |

2. 开敞式溢洪道水力计算。

某水库拦河坝为黏土心墙土石坝，河岸式溢洪道纵断面如图 11.19 所示。根据地形条件采用宽顶堰进口堰上游设八字翼墙，扩散角 45°，长度 15m。初步确定堰顶高程 172.0m，堰坎厚度 20m，宽顶堰下接一矩形陡槽，底坡 1∶5，水平长度 89m。为减小土石方开挖量，底宽采用逐渐收缩形式。溢洪道采用混凝土衬砌，糙率 $n=0.014$。因溢洪道底部岩基风化严重，而且下游不远处有一公路桥和铁路桥，故不采用挑流消能，拟采用底流消能形式。上游河道近似为棱柱体梯形明渠，底宽 $b=500$m，平均底坡 $i=0.006$，边坡系数 $m=1.3$，粗糙系数 $n=0.035$。水库设计洪水位 174.7m，设计流量 392m$^3$/s，相应的下游河道水位 157.7m。水库校核洪水位 175.6m，校核流量 600m$^3$/s，下游河道水位 158.05m。上下游河床高程 154.2m。工程运行范围流量水位关系见表 11.19。

**表 11.19　　工程运行范围流量—水位关系**

| 流量（m$^3$/s） | 100 | 200 | 300 | 392 | 500 | 600 |
|---|---|---|---|---|---|---|
| 上游水库水位（m） | 173.2 | 173.5 | 174.2 | 174.7 | 175.3 | 175.6 |
| 下游河道水位（m） | 155.9 | 156.6 | 157.2 | 157.7 | 157.9 | 158.05 |

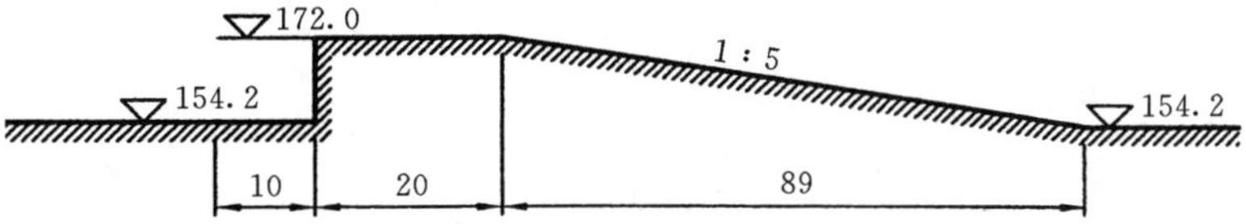


图 11.19（单位：m）

精卫衔微木，将以填沧海。（【晋】陶渊明《读〈山海经〉》）

设计任务：

（1）确定溢洪道宽度。

（2）确定槽底收缩程度及陡槽边墙高度。

（3）确定消能池尺寸。

（4）离开大坝上游 3000m 位置有一重要乡镇，其防洪最低点高程为 174.00m，试问大坝的修建是否会影响到该乡镇的防洪安全，并计算上游河道水面曲线，以确定回水淹没范围。

# 附图Ⅰ　梯形及矩形渠道底宽求解图

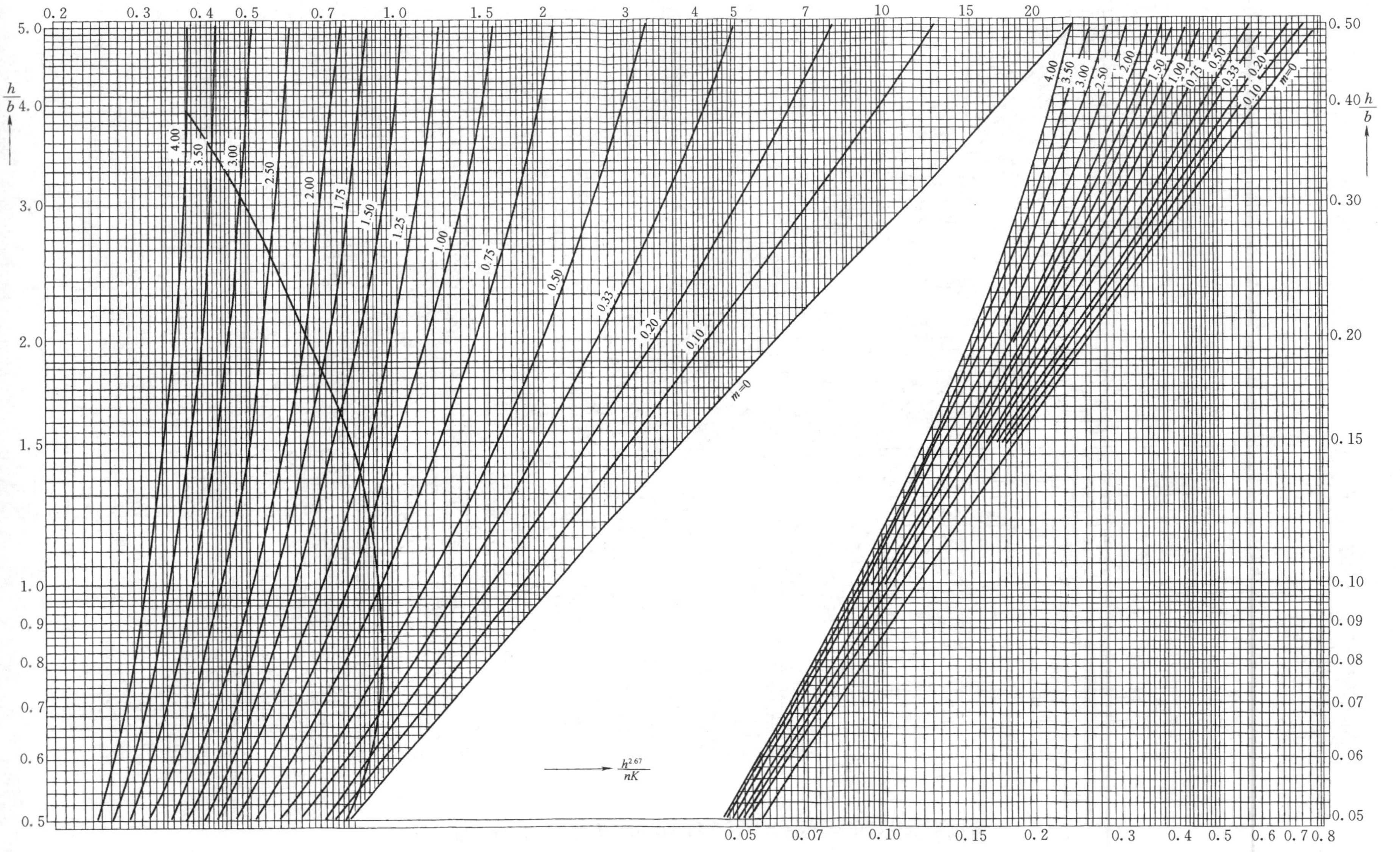

# 附图Ⅱ　梯形及矩形渠道均匀流水深求解图

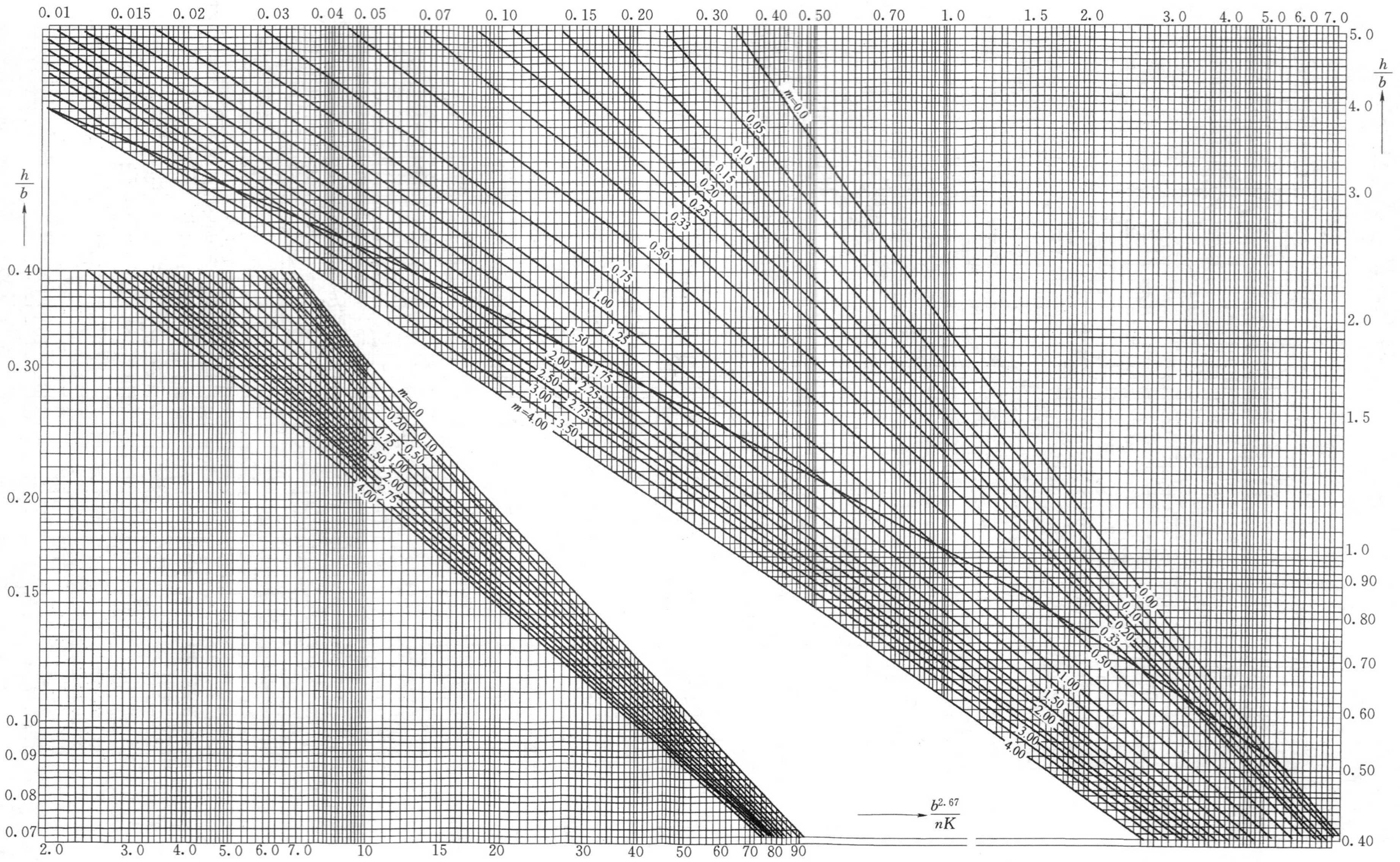

# 附图Ⅲ　梯形渠道临界水深求解图

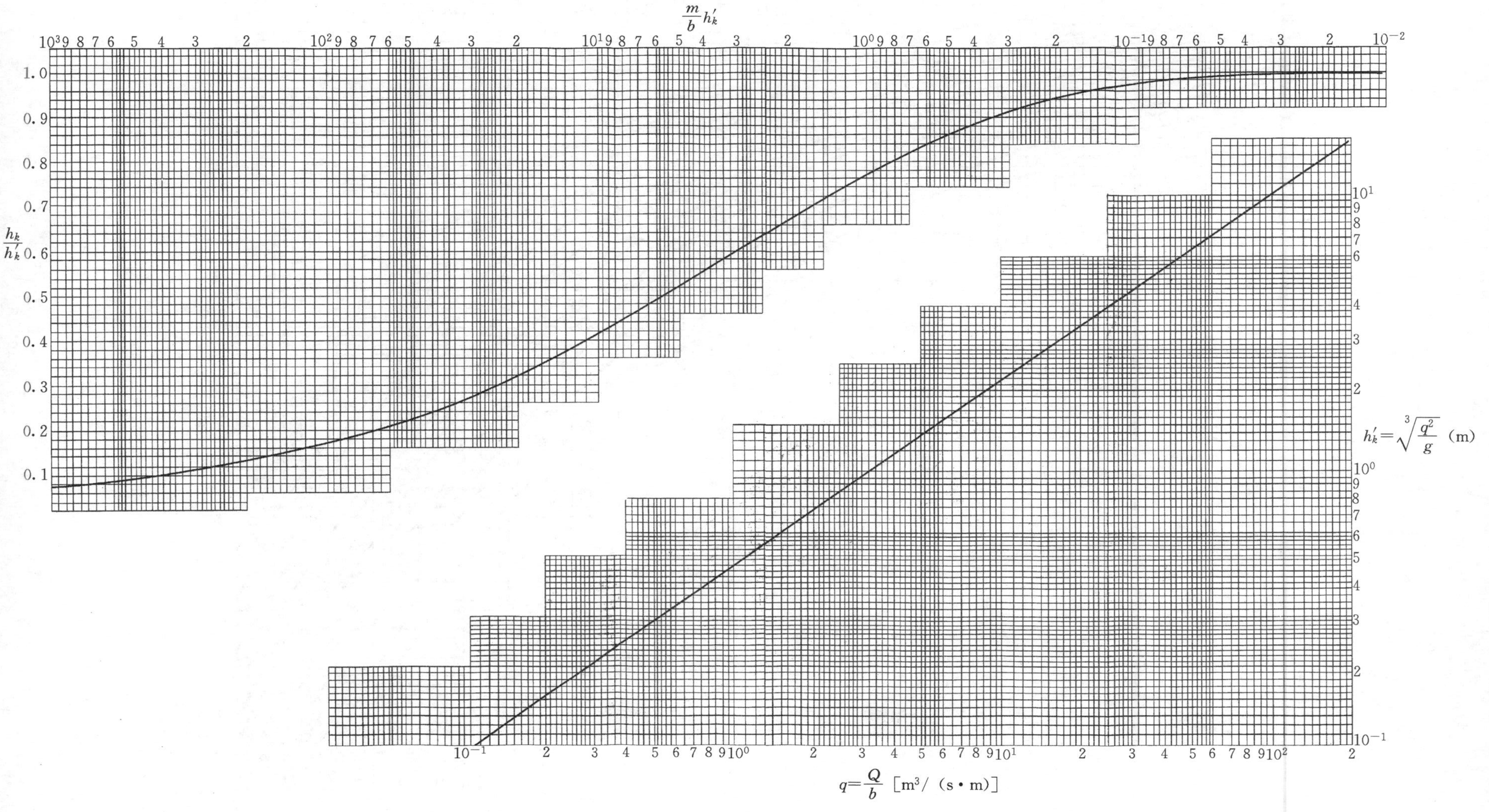

# 附图Ⅳ　梯形渠道共轭水深求解图

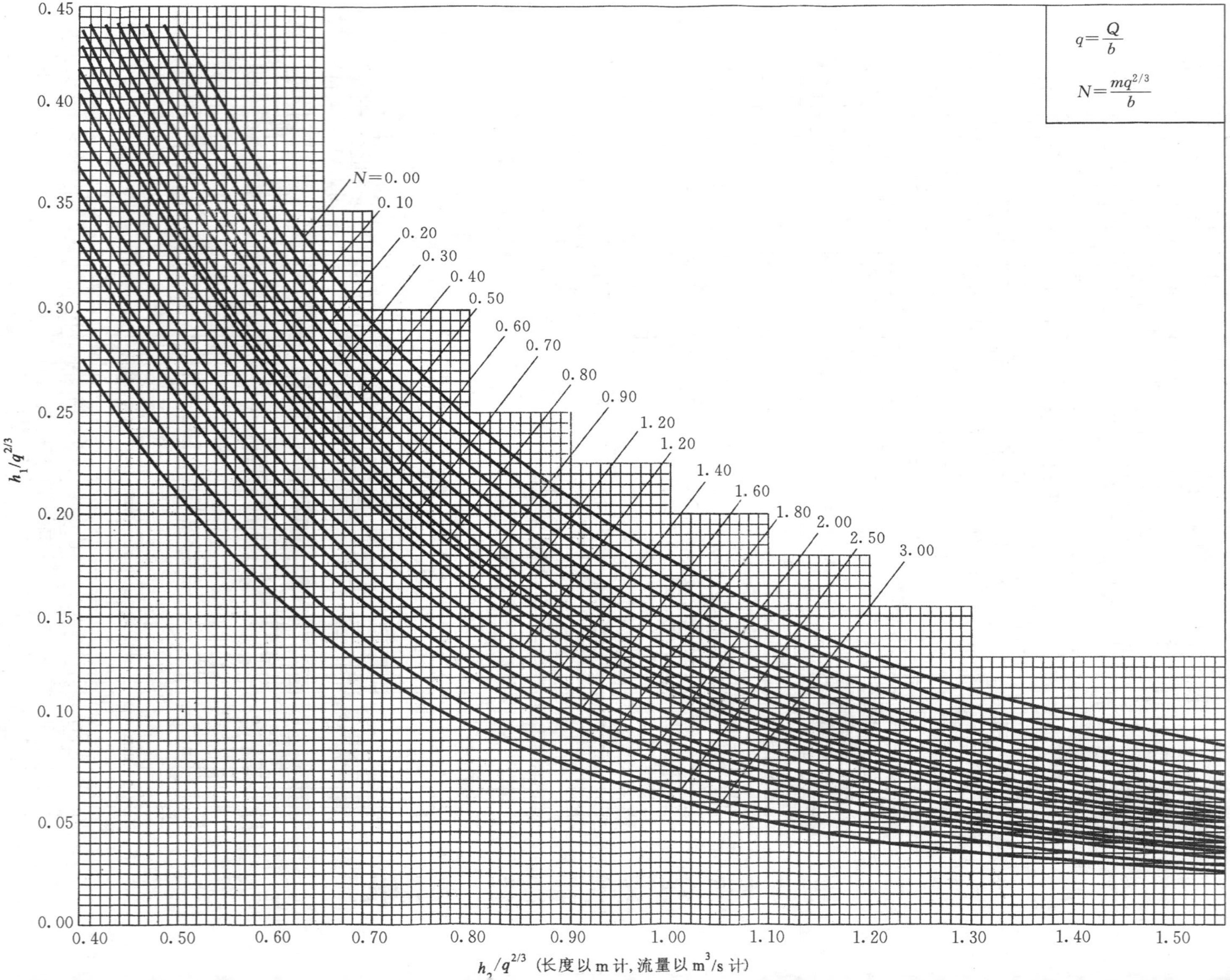

# 附图Ⅴ　矩形渠道收缩水深及其共轭水深求解图

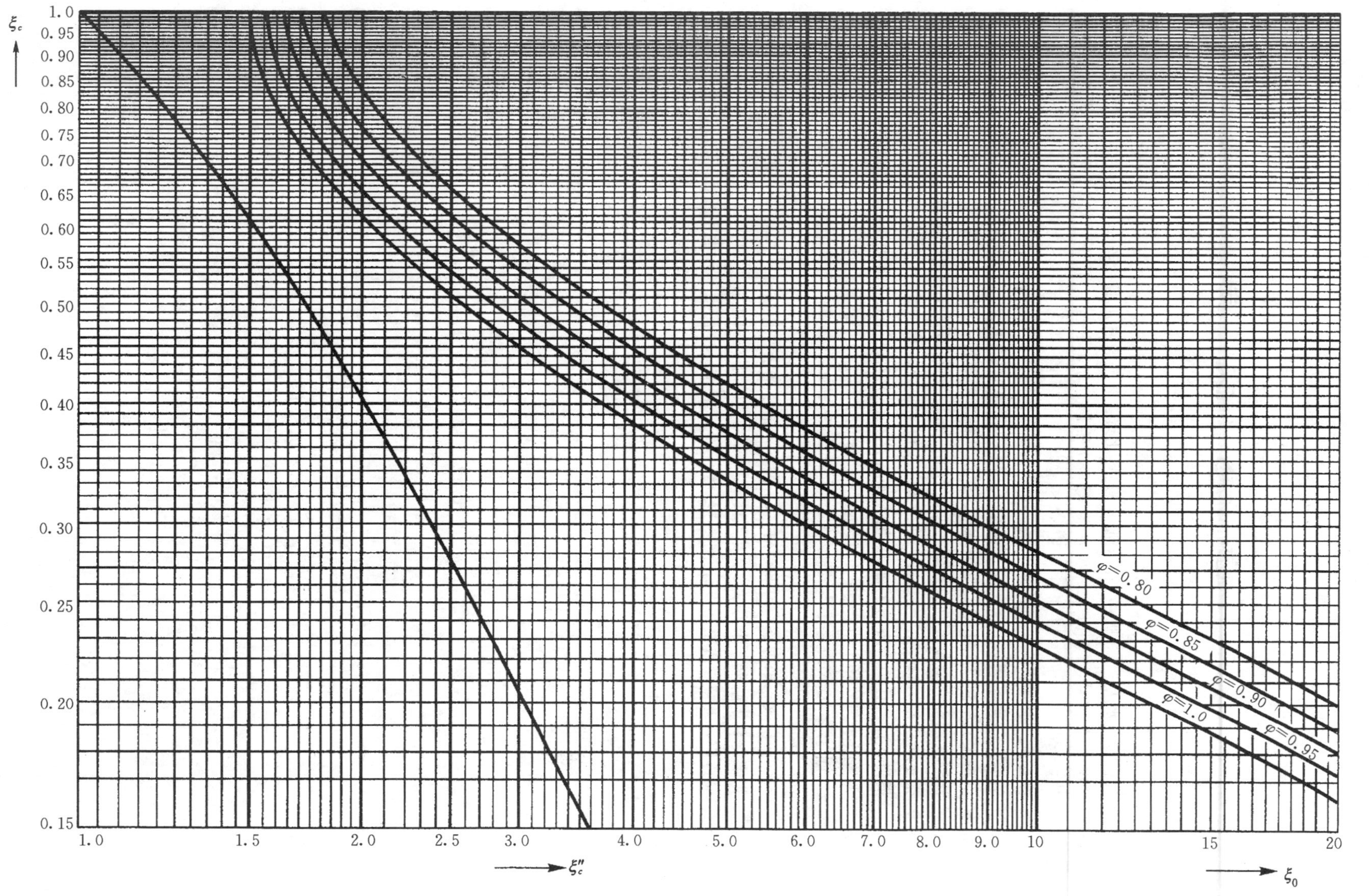

# 参 考 文 献


[1] 吴持恭．水力学．3版：上、下册［M］．北京：高等教育出版社，2003.

[2] 清华大学水力学教研室．水力学（1980年修订版）：上、下册［M］．北京：人民教育出版社，1981.

[3] 徐正凡．水力学：上、下册［M］．北京：高等教育出版社，1986.

[4] 刘润生，何建京，王忖，等．水力学［M］．河海大学出版社，2007.

[5] 华东水利学院．水力学．2版［M］．北京：科学出版社，1984.

[6] 武汉水利电力学院水力学教研室．水力学［M］．北京：人民教育出版社，1974.

[7] 张小兵．水力学［M］．北京：中国水利水电出版社，2004.

[8] 周谟仁．流体力学泵与风机．2版［M］．北京：中国建筑工业出版社，1985.

[9] 李炜．水力计算手册．2版［M］．北京：中国水利水电出版社，2006.

[10] 大连工学院水力学教研室．水力学解题指导及习题集．2版［M］．北京：高等教育出版社，1984.

[11] 纪立智．水力学理论与习题［M］．上海：上海交通大学出版社，1987.

[12] 张耀先，丁新求．水力学．2版［M］．郑州：黄河水利出版社，2008.

[13] 吴德广，刘黎．水泵站设计示例与习题［M］．北京：中国水利水电出版社，1997.